AF411265

TRAITÉ

HISTORIQUE ET PRATIQUE

SUR LES

MALADIES ÉPIZOOTIQUES.

PARIS. — IMPRIMERIE DE COSSON,
rue Saint-Germain-des-Prés, 9.

TRAITÉ

HISTORIQUE ET PRATIQUE

SUR LES

MALADIES ÉPIZOOTIQUES

DES BÊTES A CORNES ET A LAINE,

OU

SUR LA PICOTE ET LA CLAVELÉE;

PAR M. DUPUY,

Médecin-vétérinaire, titulaire de l'Académie royale de médecine, directeur fondateur de l'École vétérinaire de Toulouse, correspondant de la Société de médecine et d'agriculture de la même ville, et honoraire de la Société des sciences naturelles et médicales de Dresde, ancien professeur de l'École vétérinaire d'Alfort.

> En tout ouvrage, regarde le but de l'auteur,
> quoîqu'il ne soit pas exempt de fautes ; ne sois
> pas prompt à le critiquer.
> *Essai sur la critique.*

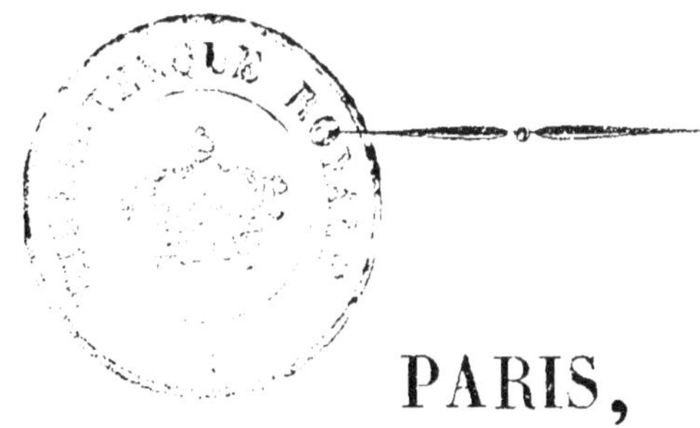

PARIS,

MÉQUIGNON-MARVIS PÈRE ET FILS, LIBRAIRES ÉDITEURS,
RUE DU JARDINET, 13.

—

1836.

AVERTISSEMENT.

La monographie varioleuse que nous publions est divisée en quatre parties ; 1° partie historique ; 2° partie expérimentale ; 3° partie administrative, et 4° partie médicale.

Nous avions pour la partie historique à choisir entre l'ordre méthodique et l'ordre chronologique ; nous avons accordé la préférence à l'ordre chronologique, parce que nous voulions conserver à chaque auteur son empreinte originelle. En effet, les descriptions avaient été faites, pour ainsi dire, sous la même dictée, sous l'influence de l'hypothèse ou de la doctrine qui régnait alors dans les écoles de médecine. Elles avaient donc un air de famille qu'il importait de conserver.

L'ordre méthodique, dans l'état où se trouve la médecine comparée, aurait présenté de très-grandes difficultés dans l'exécution. Il serait arrivé que les descriptions des auteurs qui avaient publié leurs ouvrages à la même époque auraient été séparées et disséminées çà et là dans des articles très-éloignés les uns des autres. Nous ferons observer qu'une table de matières remédie à l'inconvénient d'éparpiller les objets d'étude, défaut ordinaire de l'ordre chronologique. Cette table sert, en quelque sorte, de fil conducteur pour empêcher le lecteur de se livrer à des recherches infructueuses. Nous avons reconnu le principe avancé par Bourgelat. En effet, tous les projets que l'on fait et tous les plans que l'on trace en entreprenant un ouvrage ne peuvent être que vagues et généraux ; les objets, alors dans l'éloignement, trompent les yeux de l'esprit ; leur volume se perd dans la distance qu'il y a du dessein à l'exécution : ce n'est qu'à mesure que nous nous en approchons, que les parties qui en formaient le total ou l'ensemble, se développent, se détachent et se présentent séparément sous une multitude de faces qui nous conduisent et nous entraînent malgré nous dans des détails que l'exactitude ne nous permet ni de négliger ni d'omettre.

Notre premier dessein avait été de renfermer la partie historique dans des tables synoptiques. Chaque table aurait compris toute la substance d'un auteur. Les matières auraient été distribuées dans cinq colonnes ou cases.

La première aurait fait connaître l'année où l'ouvrage avait été publié.

La deuxième aurait indiqué le titre, le nom de l'auteur et la ville où l'ouvrage avait été imprimé.

Nous avions consacré la troisième colonne à ce

qui regarde l'anatomie pathologique ; la lésion étant l'élément de la maladie le moins variable, le plus fixe. Pouvant, dans la médecine comparée, disposer, librement et sans obstacle, des animaux morts ; en outre, la lésion se trouvant placée entre la cause et le symptôme, elle éclaire nécessairement l'un et l'autre. Nous voulions de plus faire connaître les écrits où la lésion n'était pas mentionnée, et où elle était remplacée par une supposition, une hypothèse, telle que celle des vers, de l'influence attribuée à la queue d'une comète, à une éclipse de lune, de soleil ; la mortalité, comme déterminée par le sang acide, alcalin, trop épais, dissout.

La quatrième colonne devait comprendre la description ou l'exposition des symptômes.

Enfin, la cinquième et dernière était destinée à tout ce qui était relatif au traitement, aux indications et aux moyens conseillés et employés pour préserver et guérir la maladie épizootique. Nous avons été obligé d'abandonner notre premier plan ; les frais d'impression auraient été trop considérables. Qu'en est-il résulté ? Que nous avons été forcé de remanier tout un travail que nous nous proposions de perfectionner à loisir, lorsque des malheurs imprévus sont venus fondre sur nous et nous ont ôté le courage nécessaire pour faire avec fruit cette grande revue.

Nous publions donc notre ouvrage avec toutes ses imperfections, et nous le plaçons entre l'indulgence et la sagacité du lecteur.

D'autres monographies ne tarderont pas à paraître, surtout celle strumeuse, tuberculeuse, vulgairement morve, la claveleuse, la charbonneuse; cachexie aqueuse, vermineuse, adipeuse.

———

TRAITÉ

HISTORIQUE ET PRATIQUE

SUR LES

MALADIES DES ANIMAUX,

DIVISÉ

EN MONOGRAPHIES.

INTRODUCTION.

La pathologie comparée est très-vaste, très complexe et très-peu avancée. Les difficultés qu'elle présente sont de nature à effrayer; elle ne reconnaît pas de bornes, surtout lorsqu'on envisage la masse des faits isolés dont elle se compose. Nous croyons qu'il ne faut pas se contenter d'étudier une série de ces faits, de ces observations, pour en laisser dans l'obscurité une autre série tout aussi importante, tout aussi utile. Une étude partielle serait incomplète, l'instruction insuffisante. On conviendra avec nous qu'il faut une grande patience pour explorer les faits et faire un choix raisonné, afin de s'élever des faits particuliers, sans lien commun, à des généralités, qui sont le résultat de tout travail scientifique. Nous avons cherché à ne rien omettre d'essentiel, nous avons tâché de réunir les élémens identiques, tout en négligeant les détails insignifians. Enfin nous avons évité avec soin de surcharger la pathologie vétérinaire d'observations inutiles.

Si cette science était bien faite, chaque observation ne ferait que confirmer les principes établis, les lois reconnues; mais comme il n'en est pas ainsi, cherchons à coordonner les faits de la pathologie vétérinaire. Quelle méthode employer? quel parti devons-nous prendre?

Après bien des essais, des réflexions, nous étant convaincu que la pathologie comparée n'était pas arrivée à l'époque où les faits qui la constituent pouvaient être rapportés à un seul principe, qu'il serait prématuré de vouloir établir ce qu'on appelle une théorie, nous avons dû préférer, pour exposer les objets et les matières à traiter, de les présenter dans des monographies particulières. Chaque monographie sera aussi complète que possible (1). Elle se composera de descriptions générales, bien faites, répandues dans les auteurs, et de l'analyse de leurs ouvrages, ou fera connaître également les règles établies pour le diagnostic, le pronostic et le traitement.

Les faits rapportés dans cette division seront historiques, et nous les considérons comme des prémisses de l'argument.

La deuxième partie comprendra les observations que nous avons recueillies, les expériences que nous avons faites pour éclairer les points obscurs de la maladie qui sera l'objet de la monographie. Ainsi on étudiera le commence-

---

(1) La monographie varioleuse sera plus étendue qu'une autre, vu la perte de bestiaux qu'elle occasione, le grand nombre d'auteurs qui en ont parlé et son importance sous le rapport de l'économie politique.

ment, l'état, les terminaisons diverses, les lésions observées à l'ouverture des animaux ; on établira les sources des indications, les moyens curatifs. On cherchera à apprécier l'utilité de chaque remède en usage, les effets de la maladie après la guérison, ses effets comme pouvant occasioner d'autres maladies. Nous ferons connaître la place qu'elle occupe dans les nosologies vétérinaires; la synonymie ne sera pas négligée.

Nous indiquerons les nouvelles recherches à faire.

Enfin nous terminerons par un résumé, dans lequel nous ferons l'appréciation des ouvrages de ceux qui auront traité de la maladie.

Tel est le but que nous nous proposons d'atteindre.

L'entreprise est vaste, difficile, nous espérons ne pas rester au dessous de notre sujet d'étude.

PREMIÈRE MONOGRAPHIE.

CACHEXIE OU DIATHÈSE VARIOLEUSE.

Cette épizootie affecte surtout les bêtes bovines. Nommée varioleuse, s'accompagnant d'éruptions analogues à celles de la petite-vérole, serait-ce une varioloïde, le cowpox ?

SYNONYMIE. — *Ramazzini*, petite-vérole des bœufs. — *Lancisi*, peste des bœufs. — *Layard*, maladies contagieuses. — *Camper*, fièvre putride. — *Vicq d'Azir*, peste varioleuse. — *Paulet*, phlogoso-gangréneuse. — *Gilbert*, fièvre putride et gangréneuse. — *Buniva*, peste boshongroise. — *Guersent*, typhus contagieux.

Le mot cachexie est pris dans son acception la plus générale. La mauvaise disposition de l'économie qu'il exprime, peut se rencontrer tantôt dans les solides, tantôt dans les humeurs, enfin dans les forces qui animent l'un ou l'autre.

PARTIE HISTORIQUE.

Nous devons faire connaître, avant d'entrer en matière, les motifs qui nous ont fait entreprendre une analyse des différens ouvrages que nous avons pu consulter touchant les épizooties, et les autres maladies des bestiaux.

Bourgelat avance que, quelque faibles que soient les lumières qu'on peut attendre de la lecture des ouvrages des anciens, la Société d'agriculture de Paris, persuadée que les plus légers secours sont toujours d'une véritable utilité, quand'on est dans une disette extrême, a pensé qu'on ne devait pas dédaigner les notions que leurs écrits pouvaient donner. Ils n'offrent pas une histoire détaillée des maladies des animaux, ils n'en développent ni la nature , ni la marche, ni les événemens, nulle idée du mécanisme des corps animés. Mais on peut y trouver, sinon des symptômes bien vus, du moins des indices capables de conduire des gens éclairés à la découverte des vrais mouvemens maladifs sous le poids desquels des troupeaux entiers ont succombé.

L'ordre chronologique offre d'ailleurs le moyen de remonter jusqu'à la plus haute antiquité. Il s'agit de recueillir des matériaux épars, de les coordonner et de faire connaître leur insuffisance. Les auteurs donnent sur les maladies des bestiaux très-peu de détails. On est disposé à juger ainsi , par le laconisme que le plus grand nombre emploient dans leur description. On doit aussi regretter de ne pouvoir obtenir des renseignemens des peuples nomades qui vivent habituellement avec les animaux. Nourrissant de grands troupeaux, dont ils s'occupent continuellement , ils ont dû observer les maladies qui les attaquent, la manière de les traiter. Mais on manque de renseignemens , ou du moins nous n'avons pu nous les procurer. D'ailleurs les voyageurs rapportent que leur science se réduit à quelques pratiques superstitieuses, et à l'application empirique d'un très-petit nombre de médicamens.

On connaît ce que Kœmpfer raconte de la médecine des Chinois; elle est, suivant lui, un assemblage monstrueux d'objets contraires et bizarres. Ces récits sont peu capables de nous faire regretter ce que les obscurités historiques n'ont pu mettre au jour.

Contentons-nous des notes répandues dans ces anciens ouvrages.Ces citations sont la preuve de ce que nous venons d'avancer, en même temps qu'elles rempliront une lacune dans la science vétérinaire. Jusqu'aux temps modernes, dit Sprengel, cet art (vétérinaire) n'a pas été cultivé, même chez les peuples les plus policés, avec le soin convenable pour qu'il atteignît complétement son but, c'est-à-dire la conservation des bestiaux, objet si nécessaire à la prospérité d'un état. Les médecins négligent la théorie de l'art vétérinaire, dont ils abandonnent l'exercice aux pâtres, aux maréchaux et à d'autres personnes non moins ignorantes qu'inexpérimentées.

Il se trouve dans le précis historique d'Amoreux un passage qui, comme celui de Bourgelat, nous a engagé à faire des recherches historiques sur les épizooties des bêtes bovines. Le voici (*pag.* 195) :

« Des historiens et des poètes n'ont parlé que superficiellement des épizooties cruelles qui ont ravagé différentes contrées. On frémit à ce mot, par le triste souvenir qui nous en reste, et ce mot est encore bien vague ; il continuera même de l'être jusqu'à ce que l'on ait formé le tableau comparatif des différens genres et espèces d'épizooties plus ou moins bien observées jusqu'ici, lesquelles seraient caractérisées d'après les symptômes essentiels. D'après le prototype il serait plus facile de reconnaître le retour de ces maladies par leurs nuances, et de les distinguer des maladies analogues. »

On sait, ajoute l'auteur, que le mot épizootie est appliqué à toutes les maladies des bestiaux qui règnent épidémiquement, soit avec ou sans contagion.

Il serait donc temps que l'on se mît à distinguer les diffé-

rentes épizooties, à les classer, à présenter leur exacte nomenclature, dans une série de tableaux qui montrerait d'un
coup d'œil le rapport et la dissemblance de toutes les espèces
de ces maladies, observées et décrites dans le cours de plus
de deux siècles : car on en a vu, disent les observateurs, de
varioleuses, de putrides, de malignes, de contagieuses, et
cela parmi les diverses espèces d'animaux.

En général, ce sont les médecins qui ont porté la plus
grande attention sur les épizooties, soit avant, soit même
après l'établissement des écoles vétérinaires (1).

RECHERCHES HISTORIQUES.

PREMIÈRE ÉPOQUE.

(Depuis Moïse jusqu'à J.-C.)

Paulet fixe le commencement de cette première époque
à Moïse, qui vivait environ 1751 ans avant J.-C.

D'après les Tables chronologique de John Blair, traduites
de l'anglais par Chantrans, il serait dit que Moïse en 1491
avant J.-C. opéra, par ordre de Dieu, un grand nombre de
prodiges qui sont connus sous le nom de plaies d'Égypte (2).

Dans la cinquième plaie, les bestiaux furent frappés d'une
horrible maladie : ceux des Israélites ont été épargnés.

Dans la sixième plaie il se manifesta par toute l'Égypte
des tumeurs et des ulcères sur les hommes et les animaux.

Dans la septième plaie, Dieu fit naître un grand nombre

---

(1) La perte des bestiaux est toujours une perte ruineuse pour le cultivateur quand c'est l'effet d'une épizootie, et l'état s'en ressent aussi.
Grégoire rapporte qu'on a vendu dans la Frise en 1782 du beurre et du
fromage pour vingt-trois millions de francs.

(2) Voyez Tables chronologiques de John Blair.

de sauterelles qui dévorèrent tout ce que la grêle avait épargné.

On vit, en 1689, la Pologne frappée d'une semblable calamité. D'affreuses nuées de sauterelles, poussées par un vent d'Asie, vinrent couvrir d'un pied d'épaisseur les campagnes de ce royaume. Elles dévorèrent tous les fruits de la terre, jusqu'à l'écorce des arbres. Ce fléau dura deux mois, lorsqu'un vent du nord, qui occasiona du froid, le fit cesser tout à coup. Les sauterelles périrent ; leurs corps aidèrent à produire, en se décomposant, une abondante moisson l'année suivante. (*Fastes de la Pologne.*)

Les anciens n'ont parlé des épizooties que comme d'une époque de l'histoire dont ils osaient à peine transmettre le récit à la postérité.

Les Grecs croyaient reconnaître dans les maladies pestilentielles le sceau de la puissance divine, qui voulait punir ou épouvanter les hommes.

Moïse recommande de séparer les animaux immondes de ceux qui sont purs ; il prescrit de se purifier lorsqu'on a touché aux premiers. Bien différent de *Bolus Mendesius*, cité par Columelle, qui conseille de tuer la première brebis attaquée du *feu sacré*, et de l'enfouir à l'entrée de la bergerie. Ce funeste conseil est encore donné et suivi par les empiriques de nos jours. Nous l'avons vu indiquer comme moyen efficace.

D'après les tables de John Blair, Homère a publié ses poèmes vers l'an 907 avant J.-C. On lit pages 4 et 5, tome premier, livre 1, d'une traduction de l'Iliade, Paris, chez C. Barbin, MDCLXXXI : « Apollon, s'étant enveloppé d'un nuage, s'arrêta proche les navires des Grecs, tirant aussitôt sur leur camp une de ses flèches qui fit un long sifflement dans les airs. Il frappa premièrement les chevaux, les mulets et les chiens ; mais ensuite il tira sur les hommes, dont il étendit un grand nombre sur la terre. Car pendant neuf jours entiers les flèches terribles de ce dieu volaient continuellement dans toute l'armée, où l'on ne voyait plus que des bûchers. »

C'est une image poétique pour faire connaître que cette maladie fut occasionée par des chaleurs excessives ; on jeta à la mer tout ce qu'il y avait d'impur dans le camp pour arrêter la maladie.

On ne trouve que quelques passages sur les maladies des bestiaux dans les écrits d'Hippocrate. Il dit que les bœufs sont sujets aux luxations de la cuisse. Il parle aussi des vers hydatigènes entozoaires qu'on observe fréquemment chez les bœufs et les brebis. Il donne une très-bonne description du tubercule. Il est difficile, d'après les documens que nous possédons, de décider si Hippocrate, qui a écrit sur l'art vétérinaire est le grand Hippocrate, le père de la médecine. Valentini, médecin de l'hôpital du Saint-Esprit à Rome a donné une nouvelle édition de l'Hippocrate vétérinaire. Nous regrettons de n'avoir pu consulter cet ouvrage.

« L'année 473 avant J.-C. fut marquée, dit Tite-Live, par des maux et des dangers sans nombre, par les séditions, la famine, et presque l'asservissement de Rome, séduite par la douceur de largesses intéressées. Le seul fleau qui nous manqua fut la guerre étrangère ; si elle fût venue compliquer les embarras de notre position, le secours de tous les dieux aurait suffi à peine pour nous soutenir.

« Nos malheurs commencèrent par la famine, soit que

l'année eût été peu favorable aux biens de la terre, soit que l'attrait des assemblées et de la ville eût fait négliger la culture, car on lui donna les deux causes (1). »

Paulet observe avec raison que les anciens Romains avaient la coutume de soigner eux-mêmes leurs troupeaux. Cette cohabitation continuelle et l'usage des sacrifices et celui de fouiller les entrailles des animaux pour en tirer des augures étaient les principales causes de la communication des maladies des animaux à l'homme. Tout fait présumer que ces maladies devaient avoir des analogies plutôt avec les affections ou cachexies charbonneuses qu'avec les cachexies varioleuses qui nous occupent actuellemeut.

L'ouvrage d'Aristote (2) s'est présenté à Buffon comme une table de matières qu'on aurait extraite avec le plus grand soin de plusieurs milliers de volumes remplis de descriptions et d'observations de toute espèce : c'est l'abrégé le plus savant qui ait été fait, si la science est l'histoire des faits; et quand même on supposerait qu'Aristote aurait tiré de tous les livres de son temps ce qu'il a mis dans le sien, le plan de l'ouvrage, sa distribution, le choix des exemples, la justesse des comparaisons, une certaine tournure dans les idées que j'appellerais volontiers le caractère philosophique, ne laissent pas douter un instant qu'il ne fût lui-même plus riche que ceux dont il aurait emprunté.

(1) Tite-Live rapporte, livre 3, § XXXII, que deux fléaux terribles éclatèrent en même temps : la famine et une peste non moins funeste aux hommes qu'au bétail. Ellle dépeupla les campagnes, épuisa la ville, et plongea dans le deuil une foule d'illustres maisons. Cette calamité se manifesta 450 ans avant J.-C.

(2) *Histoire des animaux*, d'Aristote, traduite par M. Camus, avocat du parlement, censeur royal de Paris; chez la veuve Desaint, libraire, rue du Foin-Saint-Jacques, MDCCLXXXIII. 2 volumes in-4°.

Voyez *Histoire naturelle générale et particulière*, tome 1, page 44 et suivantes, in-4°.

Aristote dit que les poissons ne paraissent sujets à aucune des maladies contagieuses qui attaquent l'espèce humaine et les quadrupèdes vivipares. Cependant ils ne sont pas exempts de maladies. Quelquefois on trouve dans la même pêche des espèces qui sont maigres, dont la couleur n'est pas naturelle. On en prend qui sont aveugles, d'autres renferment une grande quantité de vers.

Voyez dans le tome III des *Instructions vétérinaires*, troisième partie, l'exposé d'une maladie qui a fait périr les poissons de la rivière de Dive, en Normandie, par M. Adam, médecin.

Les ânes, suivant Aristote, ne sont sujets qu'à une seule maladie appelée *melide*; elle attaque la tête; l'animal jette par les narines des flegmes roux et épais. Lorsqu'elle descend sur les poumons, il périt; tant que la tête seule est affectée, la maladie n'est pas mortelle.

Les bœufs qui vivent en troupeaux sont attaqués de la goutte et des écrouelles; la première leur fait enfler les pieds; la deuxième les fait promptement périr. Le bœuf qui en est attaqué a les oreilles pendantes; il refuse de manger; sa respiration est laborieuse et chaude. On trouve à l'ouverture de son corps le poumon gâté.

Les chevaux qu'on laisse en liberté ne sont sujets qu'à la goutte : ceux qu'on nourrit à l'écurie sont exposés à un plus grand nombre de maladies, telles que la colique et la phrénésie qu'on apaise par la saignée; le tétanos, dans lequel toutes les veines ainsi que la tête et le col sont tendus et les jambes raides ; la fourbure ; le vertige, dans lequel le cheval baisse les yeux à terre, et ne cesse de tourner : la rage, qu'on aperçoit à l'œil triste, à ce que les oreilles sont tantôt en arrière, tantôt étendues en avant, que l'animal tombe en convulsions et haletant ; la cardialgie, qu'on reconnaît au resserremeñt des flancs et aux douleurs que le cheval éprouve ; dans le déplacement de la vessie il y a impossibilité d'uriner, et le cheval tire la hanche et traîne le pied ; il est encore sujet à jeter ; et la plupart de ces maladies sont incurables. L'odeur d'une lampe éteinte suffit pour faire avorter les jumens.

Les porcs sont sujets à plusieurs maladies. 1° Une inflammation qui attaque les mâchoires et le gosier ; elle se jette souvent aux pieds, quelquefois aux oreilles ; la partie enflammée et celles qui l'avoisinent se corrompent promptement ; la corruption gagne jusqu'au poumon, et l'animal meurt ; les progrès en sont rapides, et ceux qui ont soin de ces animaux ne connaissent point d'autre remède pour la guérir, dès les premiers signes qu'ils aperçoivent, que d'amputer entièrement la partie qui en est attaquée. C'est surtout après des étés chauds, et lorsque les porcs sont très-gras, qu'ils sont exposés à cette inflammation. On peut les soulager en leur donnant à manger des mûres, en les lavant amplement avec l'eau chaude et en les saignant sous la langue. 2° Une douleur et une pesanteur de tête qui les emporte en trois ou quatre jours, malgré le vin dont on recommande de leur frotter les narines. 3° Un flux de ventre qui est regardé comme incurable.

La ladrerie fait partie des maladies qui affectent le porc. Si la chair est trop humide, il s'y forme comme des grains de grêle aux cuisses, au cou, aux épaules ; s'ils sont en petit nombre, la chair du porc est plus douce ; mais s'ils se multiplient, la chair perd toute sa saveur. On reconnaît cette maladie à des grains qu'on aperçoit sous la langue. Les soies arrachées à la région du front ont à la racine un peu de sang. L'animal ne peut demeurer tranquille des pieds de derrière. Le remède indiqué est de donner du seigle. Aristote croit que le gland donné pour unique nourriture peut y donner lieu. Cette maladie est particulière au porc.

La rage, l'esquinancie et la goutte, sont des maladies auxquelles le chien est exposé ; elles le font périr. La première est la plus à redouter, parce qu'elle se communique à tous les animaux que les chiens enragés ont mordus.

Le huitième livre offre un grand intérêt sous le point de vue des maladies. On voit qu'Aristote fait connaître un assez grand nombre de celles qui attaquent les animaux domestiques. On doit regretter qu'un aussi habile et savant observateur n'ait pas donné plus de détails et n'ait fait que les indiquer d'une manière très-abrégée et très-sommaire. Il est vrai que l'*Histoire des animaux* d'Aristote est un ouvrage éminent sous une foule de rapports ; il est encore, comme l'observe Buffon, ce que nous avons de mieux fait en ce genre. Il fallait un génie comme celui d'Aristote pour comprendre sous un petit volume un nombre presque infini de faits différens, et pour y conserver en même temps de l'ordre et de la netteté.

L'ouvrage sur l'économie rurale de Caton l'ancien a plus de deux mille ans de date.

Caton dit qu'on doit offrir tous les ans, dans les bois, du miel, du lard et du vin à Mars Sylvanus, pour détourner la mortalité des bestiaux. Il ajoute :

« Si l'on avait des raisons de craindre une épizootie, il fallait donner aux bestiaux sains une mixtion de sel, de feuilles de laurier, d'ognons, de gousses d'ail, d'encens, de farine de rue, de charbon ardent avec un peu de vin.

» Si l'animal devient malade, faites lui manger un œuf en entier, et le lendemain donnez-lui une gousse d'ail détrempée dans du vin. »

Ces prescriptions sont encore regardées du vulgaire comme efficaces contre les épizooties. Cette circonstance nous a dé-terminé à les rapporter, pour faire connaître qu'elles ne sont pas nouvelles.

Ce passage et beaucoup d'autres sont des preuves de l'ignorance profonde de Caton sur les maladies des bestiaux.

On voit de quelles sources les empiriques de nos jours ont tiré l'usage d'œufs frais, d'ognon, d'ail, de vin, qu'ils regardent encore comme très-efficaces.

Ainsi ces formules absurdes se sont perpétuées, tandis qu'on a oublié les bons principes.

Caton mourut vers le temps de la prise de Carthage, environ six cents ans après la fondation de Rome, et cent quarante-huit avant J.-C. Ce grand homme, que les Romains regardaient comme le père des lettres, composa plusieurs ouvrages; ceux sur l'agriculture tiennent le premier rang, au jugement de Pline. On y trouve très-peu de détails sur les maladies des animaux; il parle de la gale des brebis; il propose de les frotter avec le marc d'huile d'olives, et d'en répandre sur les pâturages. Dans son chap. 103, il indique, pour faire revenir l'appétit des bœufs qui seront dégoûtés, d'arroser de lie d'huile le fourrage qu'on leur donne. Il ajoute qu'on peut leur en administrer avec moitié d'eau, tous les quatre à cinq jours. Il assure que, par cette méthode, les bœufs seront à l'abri des maladies, et maintenus en bon état de santé.

Par le peu que nous rapportons, on voit que Caton ne s'était guère occupé des maladies des animaux. On trouve quelques conseils, tels que le suivant : « Donnez au bœuf des feuilles d'orme, de peuplier, de chêne, de figuier, ainsi que du feuillage vert aux brebis ; conservez avec soin le fourrage sec pour l'hiver, et n'oubliez pas que cette saison est de longue durée. »

Le chou était regardé par Caton comme une panacée universelle contre toutes les maladies.

Les médecins furent long-temps repoussés de Rome par les magistrats. Il nous reste à ce sujet une lettre de Caton l'ancien, vraiment curieuse par la stupide férocité qu'elle respire.

C'était lui-même, ajoute Cabanis, qui traitait sa famille et ses esclaves malades. Les moyens dont il faisait usage supposaient la plus dégoûtante ignorance et la plus risible superstition (1).

L'épizootie décrite par Virgile dans le IIIe liv. des *Géorgiques*, fit périr les bestiaux sur les Alpes juliennes, sur les bords du Timave, soixante-dix ans avant J-C.; rien n'échappa au fléau régnant, pas même les poissons.

Il est difficile de fixer les caractères de cette mortalité, par

_____

(1) Voyez *Rei rusticæ scriptores veteres latini iidem, cum notis variorum, ex novâ Math. Gesneri recensione.* Lipsiæ, Fritsch, 2 vol. in-4°; 1735. Ouvrages relatifs à l'agriculture et à la médecine vétérinaire, par Saboureux de la Bonneterie, écuyer. 6 vol., Paris, 1773, par les frères Didot.

les termes indéfinis dont se sert Virgile. Les causes paraissent avoir été des chaleurs étouffantes de l'automne, l'infection des eaux et celle des pâturages.

La maladie se manifestait par des symptômes très-différens, tels qu'une chaleur interne, une soif ardente accompagnée de sueur et d'altération des os et gangrène. Les chiens présentaient des symptômes de rage. Les porcs étaient affectés d'une toux suffocante et d'enflure de la gorge, qui leur ôtait la respiration. Les chevaux refusaient toute nourriture, frappaient du pied. Ils avaient les oreilles tombantes, et une sueur froide précédait la mort ; la peau devenait dure, sèche et adhérente aux os. Le taureau tombait tout à coup sous le joug qu'il portait, et expirait en jetant par la bouche et les narines des mucosités mêlées de sang. Le vin fit du bien à quelques uns, d'autres entrèrent en fureur après en avoir pris.

Paulet remarque à ce sujet que, dans la maladie pestilentielle de Hongrie, *lues Hungaria* de 1566, tous les hommes adonnés au vin ou qui en prirent dans leur maladie, en moururent. Les malades qu'on sauva n'avaient pas pris de vin.

La poésie ne fut pas le seul titre qui mit Virgile en faveur. Ceux qui croient le mieux connaître le génie du poète mantouan, ignorent, peut-être, qu'il était bon écuyer.

A travers les fictions du poète, on reconnaît une épizootie meurtrière qui étendait ses ravages sur tous les animaux. Il semble qu'il ait voulu faire connaître différentes maladies de chaque espèce. Il indique la *rage* du chien, l'*angine gangréneuse* du porc, les affections charbonneuses du cheval, du bœuf, des bêtes à laine ; il désigne sous les noms de *feu sa-*

cré, de *charbon*, la maladie des brebis. Elle se manifeste par un bouton qui dégénère bientôt en gangrène.

DEUXIÈME ÉPOQUE.

(Depuis J. C. jusqu'au dix-huitième siècle.)

L'*Économie rurale* de Columelle comprend douze livres. Saboureux, qui en a donné une traduction, dit que c'est le monument le plus complet et le plus digne de notre attention , tant par l'éloquence que par l'élégance du style.

Cet ouvrage rappelle la belle latinité du siècle d'Auguste.

Columelle, qui donne des préceptes sur les objets qui regardent l'agriculture, n'offre que très-peu de bons détails sur les maladies des bestiaux.

Dans le livre sixième, chapitre v, il annonce sciemment que la racine de *consiligo,* , remède efficace, doit être arrachée de terre de la main gauche , avant le lever du soleil. Cueillie de cette façon, elle a plus de vertu; il indique ensuite la manière de s'en servir. On grave en rond la partie la plus large de l'oreille de l'animal avec une alène de cuivre, de façon que le sang qui vient à couler semble tracer un petit cercle qui a la forme de la lettre O. Lorsque cette opération est faite, tant dans la partie intérieure de l'oreille que dans sa partie extérieure, on perce d'outre en outre , avec la même alène, le centre du petit cercle que l'on a décrit, et l'on insinue cette racine dans le trou. Dès que les lèvres de la plaie, encore récente , ont saisi cette racine, elles la serrent si bien qu'elle ne peut plus s'échapper ; et dès-lors toute l'activité de la maladie et le virus pestilentiel sont attirés vers cette oreille, jusqu'à ce que sa partie circonscrite avec l'alêne tombe morte, et que la tête se trouve sauvée aux dépens de cette partie d'elle-même. Cornélius Celsus ordonne encore de leur verser dans les narines du vin dans lequel on aura broyé des feuilles de gui. Voilà, dit Columelle, ce qu'il faut employer si tout un troupeau est malade; il faut ensuite connaître ce qu'on doit faire lorsqu'il n'y a que quelques bêtes attaquées. *Voyez* p. 464 et suivante de la traduction de Saboureux, t. III.

Dans le chapitre IX on lit: Quand un bœuf a la fièvre, il convient de l'empêcher de manger l'espace d'un jour, de lui tirer le lendemain, avant qu'il ait mangé, *un peu de sang* sous la queue, et de lui faire avaler une heure après trente tiges de chou cuites dans l'huile. On continuera de lui donner de cette nourriture pendant cinq jours, à jeun, en lui présentant en outre des cimes de lentisque ou d'olivier, ou toute autre espèce de feuillages très-tendres, ou des pampres de vignes, et on lui fera boire de l'eau froide trois fois par jour. Ce traitement doit être fait à la maison; on ne doit pas laisser sortir l'animal avant la guérison. Il indique après les signes de la fièvre, qui sont quand les larmes lui coulent des yeux, qu'il a la tête lourde, que ses yeux sont fermés, que la salive lui tombe de la bouche, que sa respiration est plus longue qu'à l'ordinaire, et qu'elle semble embarrassée, ou quelquefois même accompagnée de mugissemens.

Nous rapporterons encore ce que l'auteur avance, chapitre XIV. C'est une maladie grave que l'ulcération des poumons; elle produit la toux, la maigreur et enfin la phthisie. Pour empêcher l'animal de mourir, on lui insère dans l'oreille , après l'avoir percée de la manière enseignée, de la racine de consiligo. On fait prendre après un breuvage avec du jus de poreau, de l'huile et du vin ; quelquefois il vient un gonflement au palais du bœuf , qui fait que l'animal refuse la nourriture , pousse des soupirs, et semble incertain du côté sur lequel il tombera. On lui déchirera le palais avec le fer pour en faire couler le sang, on lui donnera de l'ers écossé et détrempé.

Ce qui précède ne donne pas une haute idée des connaissances de Columelle, si grand maître en économie rurale , sur ce qui touche au traitement des maladies des bestiaux; c'est le produit d'un empirisme aveugle et grossier. On voit que , comme Caton , il accordait de très-grandes vertus au chou. Enfin il indique qu'un séton à l'oreille est le remède qui convient le mieux contre les maladies pestilentielles. Mais on peut observer que Columelle n'a décrit d'une manière exacte aucune des maladies qui se trouvent mentionnées dans son ouvrage. Il propose de séparer les bestiaux malades d'avec ceux qui sont sains : *segregandi à sanis morbidi*.

Pline l'ancien a écrit plusieurs chapitres sur l'origine et l'histoire de la médecine de l'homme , sur la matière médicale , sur les formules composées. Son histoire naturelle est aussi variée que la nature, il la peint toujours en beau ; c'est, dit Buffon , si l'on veut, une compilation de tout ce qui avait été fait d'excellent et d'utile à savoir ; mais cette copie a de si grands traits, cette compilation contient des choses rassemblées d'une manière si neuve , qu'elle est préférable à la plupart des ouvrages originaux qui traitent des mêmes matières. Cet auteur célèbre a donné très-peu de détails sur les maladies épizootiques des bestiaux. On doit regretter qu'un aussi grand génie ne nous ait rien laissé sur cet objet d'un grand intérêt social.

En consultant le t. V des *Instructions vétérinaires*, 4ᵉ p., page 468, on trouve que si Vitet avait examiné l'édition de Végèce de 1574, qu'il cite, il aurait vu par la date de l'épître dédicatoire de Faber Emmeus, qui a été conservée page 4, qu'elle n'est pas la première ; qu'il y en a eu une antérieure de 1528, dont Sambuc n'était point l'éditeur, mais bien le même Faber Emmeus, imprimeur à Bâle ; que Sambuc n'a rien ajouté à son édition, comme le dit Vitet page 18, puisque la première renferme tout ce que contient celle de 1574 ; il aurait vu encore que l'épître dédicatoire de Sambuc à Rodolphe, chef des haras et des écuries de l'empereur Maximilien II, est datée de Vienne, 1574 ; il aurait épargné à Amoreux et aux autres qui l'ont copié, de répéter toutes ces erreurs (1).

Végèce n'était pas le plus ancien de ceux qui ont traité de l'art vétérinaire ; Végèce déclare avoir tiré parti des écrits des hippiâtres grecs et romains. Cet ouvrage est regardé par M. Huzard, à qui nous empruntons en grande partie ces intéressans détails bibliographiques, comme une compilation des écrits qui ont paru avant le sien.

Saboureux, qui a donné une traduction de l'ouvrage de

---

(1) *Vegetii Renati ars veterinaria, sive mulo medicina*. Joanne Sambuco edente, vol. in-4º. Basil. 1574. Vitet, t. III, part. 2, pag. 1. — Amoreux (44) donne le titre suivant : *Publii Vegetii Renati artis veterinariæ, seu mulo medicinæ*, libri IV. Apud Jo. Fabrum Emmeum, 1528, in-4º. Une autre édition par J. M. Gesner, in-8. Manh. 1781.

Végèce, formant le tome sixième de sa traduction, dit, pag. LV de sa préface : On a mis dans la classe des ouvrages relatifs à l'économie rurale, les quatre livres de l'*Art vétérinaire* de Végèce. L'auteur est connu d'ailleurs par son traité *De re militari*.

Cet homme illustre, suivant Amoreux, était comte de Constantinople ; il vivait au quatrième siècle, sous l'empereur Valentinien, qui le favorisait beaucoup, et à qui il dédia son livre sur l'art militaire, qui ne lui acquit pas moins de gloire que celui dont nous rendons compte.

La médecine vétérinaire de Végèce est divisée en quatre livres. Les deux premiers renferment les maladies du cheval ; le troisième renferme les maladies du bœuf, le quatrième présente la description générale de quelques parties du corps du cheval et du bœuf, et la composition de plusieurs remèdes.

Paulet, qui a partagé les erreurs de Vitet et d'Amoreux, prétend que ce traité est ce que nous avons reçu de plus complet sur cet objet, de l'antiquité.

Vitet, qui a donné de l'ouvrage de Végèce une analyse très-étendue (*voyez* troisième volume de sa *Médecine vétérinaire*, analyse des auteurs), termine son analyse de trente-six pages par dire : Quoique l'*Art vétérinaire* de Végèce contienne beaucoup d'erreurs sur la description des maladies, et particulièrement sur leur curation, il n'est cependant aucun écrivain, soit collecteur, soit compilateur, soit innovateur, qui ose se flatter d'avoir écrit avec autant d'élégance, de clarté et de précision, et où l'on trouve la description d'un si grand nombre de maladies internes. Sprengel est loin d'être du même avis, puisqu'il attribue cette compilation à un moine ignorant du douzième ou treizième siècle, qui nomme la morve *malleus*, parle ensuite d'un *morbus humidus et siccus*, et renferme des exemples des idiotismes italiens du traducteur.

Végèce assure qu'il est dangereux de tenir le bœuf dans une écurie de cochons ou de poules ; bientôt il souffre de violentes coliques, le ventre s'enfle et l'animal meurt. Si le bœuf a mangé de la fiente de porc, il faut le traiter comme un animal pestiféré, lui interdire toute communication avec les bestiaux, séparer aussitôt des bestiaux sains ceux qu'on soupçonne l'avoir touché et même l'avoir approché, les transporter dans un endroit où il ne puisse nuire à aucune espèce d'animaux. Les cadavres des pestiférés seront enterrés dans des fosses profondes et éloignées des villages, et seront recouverts d'une grande quantité de terre ; et vous abandonnerez les pâturages où les animaux pestiférés ont couché.

Sous le nom de peste, il ne faut pas comprendre une seule maladie : la peste en renferme tant d'espèces, qu'il est bien difficile de décrire toutes celles qui ont existé ; il en est quelques unes dont le caractère est connu : la peste humide, dont les signes sont un écoulement d'humeur par les naseaux et par la bouche, et un dégoût ; la peste sèche ; la peste articulaire, toutes les fois que le bœuf boite des jambes de devant ou des jambes de derrière, les ongles étant sains ; la peste sous-rénale ; la peste farcineuse ; la peste sous peau, quand une humeur de mauvaise nature attaque différentes parties du corps et y fait des ravages ; la peste éléphantiasique, lorsqu'il paraît sous la peau de petites cicatrices semblables à celles de la gale ou à des lentilles ; la peste maniaque , dès que les bœufs n'entendent ni ne voient : ils meurent très-promptement de cette maladie, quoiqu'ils soient gais et gras. Toutes ces maladies sont contagieuses. Si un animal en est attaqué, aussitôt il infecte tous les autres; c'est pourquoi il faut séparer promptement les pestiférés, de manière qu'il n'y ait aucune communication immédiate ou médiate avec les sains ; ensuite vous ferez tous vos efforts pour guérir la maladie. Donnez l'eringium maritime, l'encens pulvérisé, délayé dans du vin et versé par le nez, les plantes amères, centaurée, absinthe. Les parfums, soit avec le soufre, le bitume, l'origan, non seulement favorisent les effets des remèdes, mais tendent encore à détruire le virus pestilentiel, et à préserver les animaux sains de la peste.

Il est évident que Sprengel a raison de dire que cette compilation, attribuée à un comte de Constantinople, est d'un moine du douzième ou treizième siècle ; elle ne mérite en aucune manière les éloges que Vitet, Amoreux et Paulet ont donnés à cette pitoyable production.

Lorsqu'on refléchit aux auteurs que les vétérinaires des siècles passés ont pris pour modèles, on ne doit plus être étonné du peu de progrès qu'a dû faire l'art vétérinaire. En suivant de tels guides, on ne pouvait que tomber dans l'erreur. Laberblaine regarde cependant Végèce comme l'Hippocrate vétérinaire, n'est-ce pas profaner un nom vénéré des médecins, que de l'approprier à un compilateur aussi ignorant que Végèce? Trouve-t-on dans l'ouvrage de Végèce de ces descriptions de maladies, faites avec cette clarté, cette lucidité, cette précision admirable qui distinguent le livre des épidémies d'Hippocrate.

Laberblaine, dans ses *Notions fondamentales sur l'Art vétérinaire,* t. I, p. 56, rapporte que, dans le troisième siècle, le vrai père de cet art, l'Hippocrate vétérinaire, Végèce, publia son livre, qui, pendant plusieurs siècles, fut consulté comme un oracle, et a servi de base à la plupart des améliorations qui ont eu lieu depuis. Il vante, avec une extrême exagération, la description que Végèce donne de la fièvre qui attaque le cheval; suivant lui, quiconque rapprochera cet article de ce que d'autres, venus après Végèce, ont écrit sur le même sujet, n'aura pas de peine à reconnaître que l'art, loin d'avoir fait de nouveaux progrès, avait au contraire rétrogradé, cédant sa place à l'ignorance et à la barbarie.

Végèce se plaint que, déjà de son temps, on n'apportait plus à l'étude de l'art vétérinaire une application proportionnée à son importance, qui lui avait toujours fait assigner le second rang après la médecine de l'homme.

Il est évident que le Végèce qui a fait cette compilation n'est pas le même que celui qui a écrit sur les institutions militaires; un autre ouvrage, suivant Sprengel, que nous possédons sous le nom de Végèce, paraît appartenir à une époque très-récente.

Je le regarde (c'est Sprengel qui parle) comme une traduction grecque faite dans le douzième ou le treizième siècle, par un moine ignorant, qui prouve clairement qu'il n'a pas compris le texte grec.

Si nous comparons à présent ce que dit le même auteur sur les vétérinaires grecs, nous aurons une autre idée de leur mérite.

Celui qui paraît le plus instruit est Apsyrte de Pruse, qui

fit, sous Constantin IV Pogonate, la campagne contre les Bulgares, sur le Danube ; tous les auteurs le répètent presque mot pour mot.

Apsyrte dit que quand le cheval a la fièvre, il a la tête pesante et immobile, les yeux tuméfiés, qu'à grande peine il les ouvre, que les lèvres et tout le corps sont mous, que les testicules sont pendans, que l'haleine et le corps sont brûlans, qu'il tend les jambes, qu'il est insensible aux coups, et qu'en marchant il semble qu'à tout moment il est sur le point de tomber.

Les violentes courses peuvent la produire, ainsi que la chaleur, le froid et l'indigestion, surtout celle qui provient d'avoir trop mangé d'herbes nouvelles au printemps.

Les moyens curatifs qu'il propose sont la saignée des tempes et de la tête ; il dit de l'exercer modérément le premier jour. En hiver, il faut le couvrir et le tenir dans une écurie chaude ; s'il commence à se mieux porter, il faudra, si le temps lep ermet, le laisser aller au pâturage ou arroser le foin sec avec de l'eau fraîche, ne lui augmenter son manger que peu à peu : on peut aussi lui donner de l'eau d'orge. Pour reconnaître qu'un cheval a la fièvre, il faut lui présenter de l'avoine ou de l'orge ; s'il en mange, on jugera qu'il est fatigué, parce que le cheval qui a la fièvre abhorre l'aliment, est triste, et ne veut que boire ; il se jette par terre et ne peut se relever. Il faut avoir soin de tirer du sang des veines éloignées des nerfs (il faut entendre tendons), parce qu'ils souffrent des distensions.

Il ajoute : Si la maladie augmente, l'animal meurt, ne pouvant supporter la violence de la fièvre que trois jours.

L'on ne doit pas croire ceux qui prétendent que l'on peut

reconnaître la fièvre en touchant les oreilles ou le repli des épaules.

On ne doit pas saigner le cheval fatigué, parce qu'en affaiblissant les forces, on le mettrait en danger ; mais seulement lorsque la tête est surchargée et que la maladie le requiert.

Hiéroclès, autre hippiâtre, donne une description de la fièvre qui diffère très-peu ; ilsemble même qu'il ait copié celle d'Apsyrte. Les moyens curatifs qu'il propose sont semblables ou diffèrent très-peu.

C'est par ces raisons que nous avons cru utile de ne pas faire mention de ce que rapporte Hiéroclès.

A la fin du chapitre des fièvres, on dit qu'on peut inférer que le cheval est exposé à plusieurs sortes de fièvres, savoir : la diarie, la tierce, la fièvre quarte, continue et pestilentielle. La diarie se termine en vingt-quatre heures, elle est causée par tous les excès. C'est une inflammation des esprits qui se portent au sang ; elle se guérit par le repos, enfin par son contraire.

La fièvre tierce commence par le frisson, et finit par la sueur. Le paroxysme ne dure que douze heures ; lorsqu'elle dépasse ce temps elle est appelée bâtarde. Pour la guérir, il faut tirer du sang en plus grande quantité que les auteurs ne l'indiquent ; l'expérience fait voir que la saignée du cou est très-salutaire. Les boissons rafraîchissantes sont aussi efficaces. Il faut tenir le ventre libre par des lavemens émolliens de mauve, mercuriale, miel, etc.

La fièvre continue provient d'humeurs pourries dans l'intérieur des vaisseaux. Il faut donner des alimens qui humectent et rafraîchissent, chiendent, pourpier, décoction de farine d'orge, ainsi que des lavemens composés des mêmes substances. Saignée du cou.

On voit des chevaux gros et gras être attaqués, en automne, de fièvre continue ; elle est très-difficile à guérir. Elle provient de pituite abondante, à cause d'alimens grossiers dont on a fait usage. Il faut exercer modérément ces chevaux ; frotter la peau avec de l'huile chaude, celle de mélilot, camomille.

La nourriture sera chaude, comme persil, foin arrosé ; on donnera de la poudre de réglisse, des pois chiches, des baies de laurier.

Pélagonius, hippiâtre grec, prétend que les chevaux sont frappés de la peste par le trop grand travail, par des chaleurs excessives, par le froid vif, d'autres fois pour avoir souffert de la faim, avoir trop couru après un long repos, ou avoir bu étant en sueur.

Il indique un antidote composé de myrrhe, de baies de laurier, de raclure d'ivoire, gentiane, aristoloche, le tout mis en poudre et délayé dans du vin ; on en donne une chopine tous les matins, jusqu'à ce que le cheval soit guéri.

L'autre remède, que Pélagonius propose, est bien plus merveilleux. Il faut prendre un jeune cygne avec ses plumes, le faire cuire dans un pot, jusqu'à ce que le tout soit réduit en cendres ; on en donnera une cuillerée avec du bon vin, jusqu'à ce qu'il soit guéri. On lui jettera de la saumure dans les narines.

Nous avons rapporté ces formules pour faire connaître l'origine des remèdes qui se trouvent répétés dans beaucoup d'ouvrages.

Il survient dans les armées des maladies contagieuses

aux chevaux , qui proviennent de la mauvaise nourriture. Dans les provinces , on voit souvent de pareils accidens se manifester , qui sont dus à des causes cachées , ce qu'on veut bien croire ; mais le plus ordinairement, et presque toujours, ces maladies sont occasionées par l'usage de mauvais foin , d'eau corrompue , et par le mauvais air des habitations.

Il faut tout examiner pour reconnaître les causes qui déterminent les maladies ; il faut les combattre par des médicamens qui détruisent le venin ; telle est la poudre de gentiane, de baies de laurier, de la raclure d'ivoire , d'aristoloche longue. On en donnera tous les matins une cuillerée avec un verre de vin tiède. Si le cheval est sanguin , on saignera à la jugulaire ; on administrera des lavemens qui attirent les fèces.

Au reste , les signes des maladies contagieuses sont semblables à ceux de la fièvre. La bouche étant un peu plus sèche , aride et noire , et les hoquets plus fréquens.

Suivant Apsyrte , *le feu sacré* aurait son siége sur le dos du cheval. C'est une tumeur qui est remplie de sanie; d'autres fois c'est une tumeur dure, qui se couvre d'une croûte.

Il faut l'ouvrir , et appliquer dessus de la poudre astringente d'écorce de grenade , et emplâtre de farine. Le premier jour suivant, broyer des baies de cyprès, et les mêler avec farine et vinaigre, les appliquer après avoir nettoyé la plaie. On pourra y appliquer des feuilles de chou pilées avec la farine.

Hiéroclès assure que ce feu sacré est très-dangereux pour les cavales ; il dit qu'il faut couper les tumeurs qui sont dures , laver la plaie avec du vinaigre.

Par le feu sacré, il faut entendre le feu St-Antoine, que les Latins appellent *pusula*, c'est une espèce de charbon.

Il est difficile, par les documens qu'on possède, de déterminer si l'Hippocrate qui est cité par Jourdin est le grand Hippocrate, admiré, à juste titre, par les médecins (1).

Baronius, dans ses *Annales ecclésiastiques*, parle des ravages que fit une épizootie, en 376 après l'ère chrétienne. Ce cardinal passe pour avoir eu beaucoup de crédulité, et pour avoir adopté beaucoup de fables dans son Histoire. Plu-

(1) Voyez les vétérinaires grecs Τῶν ἱππιατρικῶν Βιβλία δύω. Basileæ, 1537, in-4°, Sim. Gryn.

Cette édition du texte des vétérinaires grecs a été imprimée à Bâle, aux frais de Jean Valder. On le doit à Simon Grynæus ou Grynée.

Amoreux cite cet ouvrage (40) dans la deuxième lettre concernant la Bibliothèque des auteurs vétérinaires. Montpellier, 1773, in-8°, page 17.

Le savant Jean Ruel de Soissons s'est occupé d'en faire une traduction latine sous ce titre : *Veterinariæ medicinæ libri duo, Joanne Ruellio interprete : Parisiis, apud Colinæum*, 1530, in-folio.

Cette édition est dédiée à François Iᵉʳ. C'est par ses ordres et sur les manuscrits qui sont à la Bibliothèque du roi que Ruel a publié sa traduction. Cette traduction est rare.

Il ne faut pas confondre la collection des vétérinaires grecs avec celle des géoponiques.

M. Huzard dit qu'un simple examen des deux collections suffira pour prévenir toute erreur sur cet objet intéressant. Vitet n'aurait pas avancé, s'il avait connu cette collection, que Végèce était le plus ancien vétérinaire qui eût écrit sur cette science.

On peut consulter sur ce point le tome V des *Instructions et observations sur les maladies des animaux domestiques*, 4ᵉ partie, page 408 de la 3ᵉ édition.

Jean Massé a fait sa traduction sur celle de Ruel; elle a pour titre : *Art vétérinaire, ou grande maréchalerie*. Paris, 1563. Elle a été imprimée aux frais de Charles Périer, libraire, à Paris. Massé se désigne comme médecin champenois.

J. Jourdin a traduit en français les hippiâtres grecs. Cet ouvrage a paru sous trois titres différens :

1° *La vraye Cognoissance du cheval, ses maladies et remèdes*, Paris,

sieurs auteurs, parmi lesquels on cite le père Pagi, corde-
lier, Isaac Casaubon, ont relevé bien des fautes de cet his-
torien. Baronius raconte les effets d'un miracle qui se manifesta en l'année 376. A cette époque, toute l'Europe était
affligée d'une maladie épizootique ; aucun animal ne pouvait
échapper à la violence du mal, que celui qui était marqué
à la tête du signe de la croix. Ce miracle, ajoute Baronius,
opéra la conversion d'une foule de peuple au christianisme.
Il a consigné, dans ses Annales, les mensonges et les rêveries du siècle d'ignorance où il vivait. Il faut consulter la
nouvelle édition publiée en 1754, où se trouvent les cor-
rections, au bas de chaque page. Il est inutile de remarquer que les médecins italiens qui ont écrit au quatorzième
siècle gardent le silence le plus profond sur ce miracle,
qui, en s'en rapportant à Baronius, avait opéré un si grand
nombre de conversions en faveur de la religion chrétienne.

Paulet observe que le signe de la croix était appliqué
tout rouge sur le front des bestiaux. A ne considérer cette
application du feu que comme un effet physique, on ne peut
révoquer en doute qu'une ouverture faite à la peau, au
moyen du cautère actuel, ne puisse produire un bien dans
une maladie pestilentielle. Cette pratique, fondée sur de

1647, in-folio, chez Thomas de Ninville, au nom de J. J. D. E. M.,
avec 64 planches de l'anatomie du cheval de Ruini, que J. a ajoutées
à son ouvrage.

2° *Le parfaict cavalier, ou vraye cognoissance du cheval....* Paris,
Robert de Nain, 1655 ; dédié à Duvernet Deplessis, escuyer du roi.

3° *Le grand marcchal, or il est traité de la parfaite connoissance
des chevaux....* Paris, Estienne Loyson, 1667.

Amoreux (86), page 27 de la 2ᵉ lettre, écrit J. Jourdain, docteur en
médecine.

bons principes, est bien capable de justifier le cri général qu'on entendit alors en faveur de ce secours.

Nous dirions qu'on ne doit voir dans cette application qu'un effet naturel, qui ne peut être regardé comme un miracle, événement où les lois qui régissent le monde auraient été suspendues ou détruites ; mais dans les siècles d'ignorance, les phénomènes les plus ordinaires sont bientôt transformés en miracles.

Nous avons, sur cette maladie de 376, un poème en forme d'églogue d'un poète chrétien, *Cæcilius Sévère*, qui introduit trois bergers qui déplorent tour à tour leur malheur.

Ce poète vivait au commencement du cinquième siècle, ou, comme d'autres le prétendent, à la fin du troisième siècle, notamment en 395. Voyez *Leçons sur l'épizootie* de Camper, t. III, p. 84.

Cæcilius fait venir cette maladie de Hongrie, de l'Autriche et de la Dalmatie. Elle a pénétré, par le Brabant, dans les Pays-Bas, en Flandre, en Picardie, et de là dans les autres provinces de France.

L'auteur était de l'Aquitaine, située dans la partie méridionale de la France.

A peine les bestiaux étaient-ils attaqués de la peste, qu'ils mouraient.

Le bouvier demande à Tytire, qui était chrétien, ce qu'il avait fait pour conserver ses bestiaux, restés parfaitement sains, tandis que la mortalité était générale. Celui-ci répond :

Je fais le signe de la croix de J.-C. sur le front de mes bestiaux, et c'est là ce qui les a conservés.

Camper ajoute : Il paraît vraisemblable que la coutume

qu'on a encore dans la Hollande de peindre des croix blanches sur les murs des étables, est un reste de cette ancienne
superstition.

Il est certain que les préjugés se conservent long-temps
parmi le peuple ; quoiqu'il soit bien reconnu que ces croix
blanches sont sans efficacité, on les voit sur les murs dans le
cas d'épizootie ; il en est de même de la coutume d'enterrer
une vache à la porte de l'étable pour préserver les autres
bestiaux de l'épizootie. Un empirique proposait une pareille
mesure en ma présence au maire d'un village du département de la Somme.

Grégoire de Tours raconte qu'une mortalité des bestiaux
fut chassée de la Touraine, en 584, au moyen d'une cérémonie qu'on faisait sur eux, qui consistait à les frotter avec
l'eau et l'huile des lampes de l'église de St-Martin, et en
leur faisant avaler cette huile avec une corne.

Il faudrait assurément de meilleures preuves pour constater l'efficacité de ces remèdes, que le témoignage d'un
homme aussi crédule que Grégoire de Tours, qui regarde
comme un miracle un phénomène si naturel, puisqu'on emploie fréquemment l'huile à l'intérieur contre les maladies
des bestiaux. Nous avons vu que Caton recommandait expressément d'en répandre sur les pâturages, tant sa confiance était grande dans les vertus de l'huile. Il faut dire que
le chou était une autre panacée encore bien plus employée.
On trouve que le chou était indiqué par Caton, comme un
excellent remède pour guérir les bestiaux, et les hommes
également.

Le grave Caton, dans son ouvrage sur l'agriculture, qui
a plus de deux mille ans de date, ne croyait pas opérer un

miracle en faisant répandre de l'huile sur les pâturages en l'honneur de Mars Silvanus. Il ajoute, chapitre LIII, que, pour maintenir les bœufs frais et vigoureux, et leur faire revenir l'appétit lorsqu'ils sont dégoûtés, il faut arroser de lie d'huile le fourrage de plus en plus et par gradation, on doit même leur en donner quelquefois à boire avec moitié eau; ainsi, en pratiquant cette méthode tous les quatre à cinq jours, les bœufs seront à l'abri des maladies. On voit que Caton n'était pas exempt de beaucoup de superstitions et de préjugés sur ce qui touche les maladies des animaux domestiques.

Le même Grégoire de Tours rapporte que, dans le même temps, il se manisfesta une maladie épizootique parmi les chevaux, dans le pays bordelais, et que cette mortalité ne cessa à Mauriac que lorsqu'on eut fait des vœux à Saint-Martin, et qu'on eut appliqué sur le front des chevaux une clef rougie au feu.

Cette méthode de faire des vœux, rappelle le vœu qui se trouve dans l'ouvrage de Caton, ce qui prouve que cette coutume n'est pas nouvelle. Consultez le chapitre LXXXIII de la traduction de Saboureux, vous trouverez la manière de faire un vœu pour la santé des bœufs. Offrez pour chaque bœuf, à Mars Silvanus, pendant le jour et dans une forêt, trois livres de farine de froment, quatre livres et demie de lard et autant de viande choisie entre les morceaux les plus délicats, avec sextarii de vin; vous mettrez le tout dans un vase, à la réserve du vin qui sera mis à part dans un autre vase, vous en ferez faire un sacrifice par un esclave ou un homme libre; quand ce sacrifice sera fait, vous consumerez à l'instant l'offrande sur le lieu même. Il ne faut pas que les femmes assistent à cette cérémonie, ni qu'elles voient ce qui s'y passe.

Cette offrande de Caton, qui annonce une grande crédulité et beaucoup de superstition, diffère peu de celle que rapporte Grégoire de Tours. Nouvelle preuve que les préjugés se détruisent difficilement.

On lit dans l'Histoire de France de Grégoire de Tours, livre XI, qu'à la suite d'une grande sécheresse on observa, en Touraine surtout, une mortalité qui n'épargna ni les hommes ni les animaux. Tous les troupeaux en étaient frappés ; les bêtes fauves même mouraient dans les bois. Elle se manifestait chez les hommes par un mal de tête bientôt suivi de la mort.

Paulet aurait désiré qu'on eût fait l'ouverture des cadavres, ce qui aurait beaucoup éclairé sur les caractères d'une maladie dont il y a peu d'exemples dans l'histoire. Ce désir est louable; mais comment exécuter ce que demande Paulet, dans un temps d'ignorance? c'est de nos jours, après bien des obstacles, qu'on peut faire l'ouverture des hommes qui meurent pendant les épidémies. Qu'était d'ailleurs à cette époque l'anatomie pathologique ? Ne regardait-on pas ces maladies épizootiques comme une punition du ciel?

Ainsi, plus tard, la longue queue de la comète de 1456 répandit la terreur dans l'Europe, déjà consternée des succès des Turcs, qui venaient de détruire l'empire grec ; et le pape Calliste ordonna une prière, dans laquelle on conjurait la comète et les Turcs. Depuis, cette comète a excité un intérêt bien différent lorsque le savant *Clairaut*, après des calculs immenses, fixa son prochain passage en périhélie,

vers le commencement d'avril 1759. Ce qui a été vérifié ensuite par l'observation.

La régularité que l'astronomie nous montre dans les
mouvemens des comètes a lieu, suivant *Delaplace*, dans tous
les phénomènes ; la courbe décrite par le plus léger atome
est réglée d'une manière aussi certaine que les orbites pla-
nétaires : il n'y a de différence entre ces phénomènes que
celle qu'y met notre ignorance.

Agobard, évêque de Lyon, qui vécut sous Charlemagne
au commencement du neuvième siècle, dit dans son ouvrage qu'il se manifesta une grande mortalité sur les bœufs
en 801. Des personnes prétendirent que Grimard, duc de
Bénévent, avait envoyé des émissaires porteurs de poudres
capables de faire mourir le bétail. Ils les répandirent sur
les champs, sur les montagnes, sur les prairies et dans les
fontaines. Ce duc portait une très-grande haine à l'empereur
très-chrétien. Il avait vu qu'on avait saisi quelques uns de
ces émissaires qui, après avoir été liés sur des planches,
furent jetés dans la rivière. Ce qu'il y avait de plus surprenant, c'est qu'ils déposaient contre eux-mêmes ; ils avouaient
qu'ils possédaient et avaient en effet répandu de ces poudres. L'événement était regardé comme tellement véritable
que personne ne formait le moindre doute.

Agobard croit que tous ces récits sont controuvés et absolument impraticables.

Le bruit qui se répandit alors n'était peut-être pas sans
vraisemblance, dit Paulet, et Baluze dans ses notes (voyez
Annales de France, an 801) ne paraît pas éloigné de le
croire, puisqu'il dit que les coupables convinrent du fait
dans les tourmens et furent punis de mort. On devrait sans

doute, ajoute Paulet, ensevelir ces faits dans l'oubli ; mais la vérité doit être connue, soit pour venir au secours des êtres vivans, soit pour connaître le crime.

Camper, qui parle de ce fait, est loin de croire qu'il soit vrai, mais n'y trouve pas la même absurdité que cet évêque qui ne connaissait pas l'inoculation et ignorait que la matière contagieuse pût être portée au loin sans qu'elle perde sa vertu contagieuse. Il rappelle qu'une chemise séchée, provenant d'une personne qui avait eu la petite-vérole en mer, long-temps avant d'arriver au cap de Bonne-Espérance, répandit cependant cette maladie dans toute la colonie par le blanchissage qu'on en fit. Camper termine par dire : Ne sait-on pas que la matière variolique qu'on garde pour l'inoculation de la petite-vérole et de l'épizootie peut également produire un pareil effet ?

Ces réflexions suffisent pour bien établir l'état de la question ; aussi n'ajouterons-nous rien à ces considérations. On est bien plus éclairé qu'on ne l'était à l'époque où écrivait cet évêque sur ce qui concerne les virus spécifiques, depuis surtout l'inoculation de la petite-vérole et l'immortelle découverte de Jenner ou de la vaccine. Il serait prématuré de nous occuper dans ce moment d'un objet de cette importance, qui trouvera naturellement sa place lorsque nous traiterons de la cachexie claveleuse et de la clavelisation.

Nous sommes arrivés à une époque de l'histoire des épizooties qui demande de notre part une attention toute particulière. Il se présente à l'esprit, lorsqu'on parcourt l'espace qui sépare l'année 840 de l'année 1316, un grand nombre de questions. Nous ne pouvons malheureusement réunir des données suffisantes pour les résoudre d'une manière utile à la science.

Voyons sur ce point ce que raconte Paulet. Il dit page 78 , premier volume : Dans l'intervalle compris entre les années 810 et 1316 , intervalle de ténèbres, d'horreurs et de calamités de toutes espèces , l'histoire fait mention de vingt maladies épizootiques plus ou moins meurtrières qui ont exercé leurs ravages en France , en Allemagne, en Italie ou en Angleterre.

De ces vingt, huit ont ravagé la France , autant l'Allemagne , quatre l'Angleterre et l'Italie. Paulet remarque encore que toutes celles qui ont attaqué les bœufs sont venues de l'Orient (observation que Pline avait déjà faite en Italie au sujet de la peste des hommes), et qu'elles n'étaient pas de longue durée, parce qu'elles détruisaient entièrement les troupeaux.

Nous ne pouvons regretter la perte de la description de toutes ces maladies , surtout lorsqu'on envisage la manière dont ces descriptions étaient faites.

Sur ces vingt épizooties renfermées dans un espace de 506 ans , il y en a cinq sur les bœufs , deux sur les chevaux et douze sur le bétail en général. Quatre ont été communes aux hommes et aux animaux.

On observe que les troupeaux de bœufs sont plus souvent affectés que les autres animaux. En reconnaissant, comme Paulet, combien il aurait été utile de posséder des détails exacts sur le caractère , la marche , la durée , les terminaisons de ces vingt maladies épizootiques, surtout si l'ouverture des animaux morts avait été faite avec soin et les lésions observées et décrites avec précision, on ne peut, en lisant ce qu'on rapporte, se flatter de décider nettement la nature de ces maladies ; il restera toujours dans l'esprit des incertitudes, des doutes et des obscurités qu'on ne peut faire disparaître. Sans doute il aurait été très-intéressant pour la science de décider les questions indiquées ; mais il faut en convenir, le problème est extrêmement difficile. On ne voit pas comment on pourrait déterminer une matière qui se trouve environnée d'obscurités insurmontables.

Qu'apprendra-t-on en rappelant que quatre de ces épizooties ont été attribuées aux intempéries trop humides de l'air, à des pluies fréquentes, à des débordemens d'eau ? L'une fut la suite d'une sécheresse générale et de chaleurs brûlantes ; une autre était due à une *éclipse* de soleil ; une autre à un hiver rigoureux ; une à une *comète* qui parut sur l'horizon ; enfin pour les douze autres les auteurs n'ont point même fait connaître la cause de la maladie.

De pareils documens sont insuffisans pour établir le caractère véritable de ces maladies. Il est reconnu que les éclipses de soleil n'exercent aucune influence ni en bien ni en mal sur l'organisation des animaux : on peut faire les mêmes réflexions sur l'apparition des comètes. Ce sont d'anciens préjugés. L'astronomie n'existait pas. L'astrologie seule était en vogue, comme la chimie était aussi cultivée par des alchimistes.

Lassus, dans son *Discours sur l'anatomie*, page 68, avance qu'après la chute de l'empire romain, on vit une nouvelle domination, une religion et des mœurs jusqu'alors inconnues, changer la face de la terre. Ce changement s'étendit fort avant en Asie, en Afrique et en Europe. Le génie de Mahomet, mis en mouvement par le fanatisme, opéra cette étonnante révolution. Les Sarrasins s'emparèrent de la Syrie, de la Perse, de la Phénicie, de la Mésopotamie, de l'Égypte, brûlèrent les restes de la bibliothèque de Ptolomée, d'Attale, et de Cléopâtre. Devenus puissans, ils se posèrent. Quelques califes ranimèrent les sciences et firent fleurir les arts agréables. On étudia l'astronomie, les mathématiques, la chimie et la botanique. On traduisit les ouvrages des philosophes et des médecins grecs. L'anatomie fut absolument négligée, parce que l'Alcoran défendait l'attouchement des cadavres.

L'établissement des hôpitaux, asiles de la douleur et de l'indigence inconnus aux Grecs et aux Romains, qui se faisaient un devoir d'exercer l'hospitalité dans leurs propres maisons, ne servit pas aux progrès de la médecine qu'Hippocrate, Celse, Arétée et Alexandre de Tralles avaient portée à un degré de perfection qui étonne encore aujourd'hui les médecins les plus instruits.

André Duchesne, dans son *Histoire d'Angleterre*, rapporte l'exemple d'une épizootie qui est attribuée à de longues pluies qui inondèrent les campagnes, pourrirent les grains et les herbages. Elle régna sous Édouard II, l'an 1346.

Les hommes et les animaux furent attaqués d'une dysenterie très-cruelle.

Enfin Michel Saxon, dans sa *Chronique des Césars*, dit qu'en 1441, sous Fredéric III, un événement semblable est arrivé en Allemagne sur tous les bestiaux et dans les mêmes circonstances, c'est-à-dire après de longues pluies et des débordemens de rivières. Il n'entre dans aucun détail sur les caractères de cette maladie. Nous aurons occasion par la suite de faire connaître l'influence qu'exerce l'humidité sur l'économie des moutons et du bœuf. Nous indiquerons les dérangemens qui se manifestent lorsque l'eau seule est en vapeur, ou lorsqu'elle est chargée de matières animales et végétales en putréfaction.

Nous prouverons que dans le premier cas le corps de l'animal vivant éprouve des changemens dans l'économie analogues aux phénomènes qu'on remarque sur le cheveu employé dans l'instrument qu'on appelle hygromètre de de Saussure.

Nous donnerons des preuves nombreuses sur un objet d'un grand intérêt sous le rapport physiologique [et sous celui de la pathologie des bêtes ovines. Nous renvoyons pour les développemens à l'époque où nous traiterons des cachexies aqueuse, graisseuse et tuberculeuse.

L'histoire de ces différens siècles est remplie de l'exemple de semblables maladies. Mais on trouve très-peu de renseignemens. L'invasion des Goths et des Vandales dans le 6ᵉ siècle n'est qu'une scène continuelle de cruautés sans exemple. Le sang et la désolation marquaient partout les traces de ces barbares ; toutes les sciences et tous les arts de Rome furent engloutis dans ce naufrage général. Cette grande catastrophe fut immédiatement suivie d'un événement mémorable : une nouvelle religion parut en Orient. Les Arabes, conduits par Mahomet en 622, propagèrent l'épée à la main sa nouvelle doctrine. Ce fut sous les successeurs de ce prophète que la bibliothèque d'Alexandrie fut réduite en cendres. Hippocrate, Aristote, Galien et Dioscoride restèrent parmi le petit nombre d'ouvrages médicinaux échappés à cette destruction générale. Dans tous ces bouleversemens qui ont eu lieu en Europe, en

Asie et en Afrique, la médecine ne fit aucun progrès remarquable. Il n'y avait alors que les Arabes qui cultivaient
la médecine et les sciences ; les Goths ne permettaient point
à leurs enfans d'apprendre à lire et à écrire, ni de s'instruire dans les lettres ; ils ne les élevaient que pour la
guerre, s'imaginant que les arts et les sciences avaient
énervé et avili le courage et la bravoure des Romains.

Ce ne fut qu'au milieu du 15ᵉ siècle que la physique, les arts commencèrent à revivre par degrés bien
lents. Une des causes qui firent sortir l'esprit humain de la
léthargie où il languissait depuis plusieurs siècles, ce furent
ces expéditions romanesques connues sous le nom de croi-
sades. En effet, quelques croisés retournés de la terre
sainte rapportèrent chez eux des copies des ouvrages d'Aristote et des médecins arabes. L'étude des arts libéraux
était appelée *l'étude des Sarrasins.* Avant la découverte du
papier, faite dans le 11ᵉ siècle, il y avait peu de particuliers
qui possédassent un livre. Dans plusieurs monastères on
n'avait qu'un seul missel. Louis XI, roi de France, ne put
emprunter en 1471, de la faculté de Paris, les ouvrages de
Rhazès, qu'en la nantissant d'une grande quantité de vaisselle
d'argent, et qu'en employant de plus la médiation d'un
noble qui garantit à la faculté le retour du livre. Une autre
cause qui a favorisé ces progrès de la médecine, c'est la
prise de Constantinople, ce reste de la grandeur romaine,
qui s'est effectuée vers le milieu du 15ᵉ siècle. C'est alors
que le transport des monumens et des manuscrits apportés
à Florence ranima le goût des lettres et des sciences en
Italie. Les savans de Constantinople, sous l'influence des
Médicis, excitèrent une passion idolâtre de la langue

grecque, qu'ils enseignèrent, et qui jusqu'alors était complétement ignorée. De l'Italie, ces sciences se répandirent dans toutes les parties de l'Europe, jusqu'à ce qu'une découverte des plus importantes, l'art de l'imprimerie, inventée en Allemagne en 1445, vînt changer la face des sciences et des arts. L'imprimerie, en effet, en fournissant les moyens de se procurer des livres à un prix modique, contribua à répandre de plus en plus les connaissances humaines : on imprima en 1506 les ouvrages de Dioscoride ; en 1525, ceux de Galien, et en 1526 ceux d'Hippocrate ; enfin c'est au commencement de ce siècle que nous voyons cultiver avec ardeur les sciences et les arts, et des écrivains d'un savoir solide ont poli les langues qui, comme on le sait, sont les instrumens des connaissances humaines.

Plusieurs écoles de médecine avaient été fondées : celle de Bologne depuis le commencement du 14e siècle, celle de Montpellier en 1150, celle de Paris en 1220. On voit les titres de bachelier et de docteur conférés pour la première fois en 1231, dans l'université de Paris, fondée par Charlemagne.

Après ces réflexions, revenons à l'histoire des épizooties.

Fracastor, dans son Traité de la contagion, rapporte l'histoire d'une maladie épizootique très-singulière qui attaqua les bœufs ou vaches en 1514 (1). Cette maladie commença dans le Frioul, d'où elle passa dans le territoire de Venise et se répandit enfin dans les campagnes de Vérone (pays de l'auteur) : cette maladie commença par un grand dégoût, sans que l'on en aperçût la cause. Ensuite, en examinant la bouche, on apercevait de petits boutons qui couvraient

____

(1) Fracastor, *Tract. de contagiosis morbis*, lib. I, cap. 12.

le palais ; si l'on ne séparait pas l'animal malade, tout le troupeau ne tardait pas à en être infecté ; ce symptôme se manifestait d'abord aux épaules et de là aux pieds. Les animaux auxquels cela arrivait guérissaient presque tous ; ceux, au contraire, en qui cette éruption n'avait pas lieu, mouraient pour l'ordinaire.

On voit, par cette description, que cette maladie doit être placée au nombre des fièvres éruptives. Les médecins de Genève et Paulet lui trouvent de l'analogie avec le claveau ou petite-vérole. Hippocrate regarde comme un signe favorable lorsque l'humeur morbifique se manifeste au dehors, et d'autres médecins modernes la considèrent comme une crise salutaire.

Fracastor n'indique aucun moyen curatif.

Les médecins de Genève observent que les pustules se manifestent au palais avant de paraître sur les épaules et aux membres, marche analogue à celle de la petite-vérole. Si cette dernière maladie n'attaquait les hommes que de cinquante ans, par exemple, les hommes âgés en mourraient presque tous ; au lieu qu'il n'y a que les enfans qui en sont affectés, circonstance qui rend la mortalité moins grande.

Schenkius, *in Histor. Hanov. gen.*, cap. XI, dit que Venise et Padoue furent infectées d'une épidémie dysentérique, pour avoir mangé des chairs de quelques bœufs malades que les bouchers avaient fait venir de Hongrie. Ce qui occasiona, entre les bouchers et le peuple des villes de Venise et de Padoue, de grande discussions. En effet, l'usage des viandes de bœufs malades mérite l'attention des magistrats de tous les pays.

Soleyssel, dans son *Parfait maréchal*, publié en 1684,

Paris, p. 404, a donné une courte description d'une fièvre pestilentielle qui attaquait les chevaux en Allemagne. La maladie s'annonçait par l'écoulement de larmes; les naseaux jetaient des mucosités abondantes et verdâtres. Il y avait fièvre, dégoût; le bout des oreilles était froid.

Il s'agit dans cette fièvre, suivant l'auteur, de corriger la malignité du venin et de fortifier la nature. C'est le venin qui occasione le désordre et qui est la cause de la fièvre.

Il faut agir comme dans l'avant-cœur, faire donner des lavemens fréquens, des prises de poudres cordiales et d'opiats avec le kermès.

On administra sans efficacité un très-grand nombre de remèdes; Soleyssel en guérit un grand nombre par le traitement suivant :

On saignait l'animal avant de le faire boire; trois heures après, on donnait en breuvage une décoction faite avec la scabieuse, le chardon-béni et la véronique; on y délayait une once de thériaque récente et de l'aloës hépatique même dose, avec une demie-once de confection d'hyacinthe et d'alkermès. L'auteur observa cette maladie en Allemagne; peu des chevaux attaqués en réchappèrent. Il veut qu'on retire promptement le reste des chevaux de l'écurie infectée; on ne doit pas en remettre d'autres sans l'avoir parfumée avec une égale partie de soufre, de salpêtre, le double d'antimoine et de poix; on fera brûler ces substances en tenant les portes et les fenêtres fermées.

Il ajoute qu'il faut avoir soin de blanchir les murailles, laver les râteliers et bien nettoyer toutes les parties de l'écurie.

TROISIÈME ÉPOQUE.

(Du dix-huitième siècle jusqu'à nos jours.)

La maladie (1) se répandit dans les campagnes de Padoue
et dans celles de Venise. Elle exerça ses ravages sur les
bœufs. Elle était précédée par le frisson, le froid, le tremblement, l'horripilation. Bientôt après, survenait une chaleur
brûlante qui se faisait ressentir par tout le corps. Le pouls
était fréquent, annonçait une fièvre maligne, exitiale et
pestilentielle, que les symptômes suivans servent encore
mieux à caractériser. Il y avait anxiété, respiration difficile,
et quelquefois avec râle. Au commencement de cette fièvre,
il se manifestait un abattement général. Il coulait de leur
bouche et de leurs naseaux une mucosité épaisse, d'une
odeur forte; leurs excrémens étaient abondans, fétides et
mêlés de sang. Les animaux étaient dégoûtés, la rumination
cessait; il survenait le cinquième ou sixième jour une éruption de pustules analogues à celles de la petite-vérole. Ils
mouraient ordinairement le septième jour. Très-peu en réchappaient, et plutôt par les efforts de la nature que par
l'influence des remèdes.

Ramazzini a donné à cette maladie le nom de *petite-vérole
des bœufs*, qui se manifestait ordinairement sur la tête et
autour du cou; ces pustules suppuraient, et la matière qui
en sortait se changeait en gale.

Ramazzini dit qu'à l'ouverture, on observait des hydatides
au cerveau et aux poumons; on trouvait aussi des ulcères à
la langue, et, à ses bords, des vessies pleines de sérosité.

(1) Ramazzini, *De contagiosâ epidemiâ quæ in agro patavino et totâ
ferè venetâ ditione in boves irrepsit.* Patavii, 1712, in-4°.

Dans un bœuf, mort le sixième jour, on trouva les intestins sphacélés; dans un autre, le cœur et le cerveau presque fluides, et dans plusieurs quelques taches livides aux poumons. Ramazzini observe que les pustules sont si essentielles à la maladie, qu'aucun bœuf n'a guéri si elles ne sont pas sorties, et si elles n'ont pas suppuré heureusement.

Il recommande, contre cette maladie, le quinquina, à la dose de trois onces, infusé dans douze onces d'eau cordiale, l'usage du camphre, la décoction des plantes amères et vulnéraires, telles que la gentiane, la tormentille, le dictame de Crète. Il conseille de laver la bouche avec un mélange de sel et de vinaigre, et de perforer les oreilles; de gratter les murs des étables, et d'y passer un nouvel enduit. Il est d'avis de les enterrer avec leur peau, et de jeter dessus beaucoup de semences de chiendent et de plantes semblables, pour absorber le *liquamen* des cadavres.

On disserta beaucoup, en Italie, sur l'origine de la maladie. Il fut consigné, dans les actes publics, que des marchands de Dalmatie, ayant fait passer, suivant leur coutume, du gros bétail de Hongrie dans les terres de Venise, en 1711, abandonnèrent un bœuf dans la campagne; que, placé dans les étables du comte Borromée, et y étant mort quelques jours après, il infecta tout le troupeau, qui fut détruit en peu de jours, à l'exception d'un seul individu auquel on avait placé un séton au cou. Le mal se répandit en très-peu de temps dans les pays voisins; on fut enfin convaincu que le bœuf de Hongrie avait été le premier germe du mal. Sur la remarque du comte Borromée, que la maladie avait passé dans des lieux éloignés, quoiqu'il y en eût d'interposés qui n'avaient pas été attaqués, Lancisi lui-répond que le mal a pu

se répandre par des étoffes, et même par d'autres espèces
d'animaux. Il rapporte l'exemple d'un paysan qui avait été
dans l'étable infectée, et qui, étant ensuite entré dans une
autre, avait subitement communiqué la maladie à du bétail
sain. Vallisnieri assure que les chiens ont porté cette maladie
d'un pays dans un autre ; c'est de cette manière que cette
contagion s'est étendue. Quant au principal de la maladie,
Lancisi admet l'existence d'un levain âcre et corrosif, d'une
nature arsénicale, auquel il attribue tous les désordres.

La plus grande partie des bêtes sont mortes le cinquième
et le septième jour, dans le temps de l'éruption des pustules, ou peu après. On trouvait, au dessous de la peau, des
boutons semblables à ceux d'une petite-vérole avortée.

Ces circonstances ont déterminé les médecins de Genève
à établir, dans une bonne dissertation, les rapports qui
existent entre la maladie décrite par Ramazzini et la petite-
vérole des hommes. Ces rapprochemens sont très-remarquables; nous reviendrons sur un point de cette importance.
Ramazzini croit que le venin de cette maladie coagulait le
sang.

A. M. Borromée, dans une lettre écrite à Lancisi, remarque que tous les bœufs qui ont guéri ont eu la peau
couverte de pustules.

Lancisi donne le nom de peste des bœufs à l'épizootie
de 1711.

L'ouverture des animaux (1) n'offrit rien de constant. Il
observa cependant, dans trois bœufs qu'il ouvrit, de petits ulcères dans la bouche, le gosier, l'œsophage et au rumen de chacun d'eux. Il remarqua aussi, sur les poumons,

(1) Lancisi, *Dissertatio de bovillâ peste*, part. 1, pag. 1.

des taches gangréneuses. Le troisième de ces animaux avait le cœur et le cerveau si corrompus, qu'ils étaient sans consistance et liquéfiés ; l'auteur ne vit rien de remarquable dans les humeurs.

Il importe d'observer que l'auteur a vu, sur la langue et le gosier, des *pustules,* des ulcères et des hydatides.

Parmi les édits très-nombreux qui sont insérés dans cet ouvrage, il y en a un qui défend de tuer les veaux dans les boucheries. Les autres édits indiquent les moyens propres à pourvoir à la culture des champs, dans un pays dévasté par une épizootie.

Les bœufs attaqués de cette peste, n'éprouvaient pas tous les mêmes symptômes. Les uns mugissaient, prenaient la fuite et s'agitaient de mille manières, comme s'ils avaient été saisis d'une terreur subite. Les autres mouraient comme frappés de la foudre ; mais la plupart des pestiférés étaient tristes et portaient la tête basse ; leurs yeux languissans étaient arrosés de larmes. Il sortait de leurs naseaux et de leur bouche des mucosités et de la salive ; la fièvre s'emparait d'eux avec une espèce d'horripilation. Ils faisaient des efforts pour vomir, et ils étaient si accablés qu'ils se tenaient couchés. On voyait toujours sur leur langue, ou dans leur gosier, des tumeurs inflammatoires, des *pustules,* des *vessies* et des ulcères. Au commencement, ils étaient altérés et buvaient beaucoup, ensuite ils refusaient absolument les alimens et la boisson, et périssaient de faim, ne pouvant avaler ni ruminer. Souvent ils étaient attaqués d'une diarrhée avec déjections fétides de diverses couleurs, quelquefois même sanguinolentes. Le plus grand nombre avaient l'haleine fétide et mouraient la première semaine, avec les symptômes d'une toux violente ; ceux qui arrivaient au septième jour, échappaient pour l'ordinaire à la mort, surtout si les poils leur tombaient et si la peau devenait dure et écailleuse. Lancisi dit qu'au milieu de l'été de 1711, on emmena de Hongrie dans le Padouan un bœuf qui en infecta un grand nombre d'autres, et cette épizootie se répandit dans toute l'Italie.

Il observe que cette espèce de peste causa des ravages affreux ; car, depuis le mois d'octobre 1713 jusqu'au mois d'avril 1714, temps où elle cessa dans la campagne de Rome, il mourut trente mille bœufs, buffles ou veaux.

Lancisi attribue cette peste à un venin âcre et rongeant, capable de déranger la constitution des fluides et des solides qui forment le corps de l'animal. Il croit qu'elle se gagnait par la déglutition et par l'odorat, vérité très-importante que Lancisi n'a fait qu'annoncer, et que Vicq d'Azyr a mise hors de doute par une suite d'expériences nombreuses et variées. Au surplus, nul spécifique contre la contagion. La plupart des médicamens administrés furent très-nuisibles. Les purgatifs et la saignée accrurent les symptômes. Les acides mêlés avec les aromatiques soulagèrent les inflammations de la bouche. Les habitans de Mantoue et de Venise faisaient beaucoup de cas d'un mélange de soufre, d'ognons et de baies de genièvre.

Lancisi proposa, dans une assemblée de cardinaux, de tuer d'abord tous les bœufs le plus légèrement soupçonnés. Cet avis fut rejeté. Tous les propriétaires qui évitèrent la communication préservèrent leurs troupeaux ; c'est par ce moyen que les monastères se mettent à l'abri de la contagion, au milieu d'une ville où règne la peste.

Lancisi a établi que cette maladie est une espèce de *peste* particulière aux bœufs, et il croit que c'est la même maladie que le *malis* des Grecs. On satisfait aux principales indications par une bonne diète et de bons alimens en petite quantité, et en lavant la bouche avec une composition d'ail, de soufre, de vinaigre et d'huile commune. Il affirme que ce remède a eu d'heureux succès, en Toscane et dans l'État ecclésiastique. Il rejette la saignée et les purgatifs. Il recommande les sétons ou caustiques, et il veut qu'on les place avant la maladie, au cou, aux épaules et aux cuisses, parce que, suivant lui, il est bon de donner issue à la matière virulente par plus d'un endroit.

Il faut lire dans l'auteur-même, dit Bourgelat, tout ce qu'une sollicitude vraiment paternelle suggéra de soins et d'idées au souverain pontife Clément XI, dans cette triste et fatale conjoncture. On verra qu'on leur dut plutôt qu'aux remèdes l'extinction prompte d'un fléau qui ravagea différentes parties de l'Italie.

Suivant l'auteur, les liquides reçoivent d'abord les particules contagieuses, et les transmettent ensuite à différentes parties du corps de l'animal. Le ferment de la peste s'insinue, dit Lancisi, plus facilement dans le sang, et s'attache plus fortement aux viscères, lorsqu'il trouve une plus grande quantité d'humeurs à corrompre. C'est ce qui devait arriver aux animaux qui étaient gras et pleins de sucs.

Nous n'avons rapporté ces réflexions que pour donner la preuve que le poison particulier que Lancisi admet est une pure supposition, une hypothèse, qui n'explique pas les phénomènes de la maladie. Elle n'est pas plus heureuse que la *faculté occulte* des anciens.

Les précautions que Lancisi recommande contre cette maladie, regardée comme pestilentielle, sont:

1° D'empêcher le contact des animaux sains avec les malades;

2° De faire assommer les animaux pestiférés;

3° De mettre des gardes pour s'opposer à la sortie des étables, des animaux attaqués;

4° D'obliger les hommes qui les soignent de se laver les mains, de quitter les habits de toile cirée dont ils s'étaient revêtus, et de se parfumer;

5° De brûler tout ce que les bestiaux infectés peuvent avoir touché, de blanchir les murs des étables, de parfumer l'intérieur, soir et matin, pendant huit jours, avec des baies de genièvre, d'encens, d'ail et d'hysope; de laver exactement le râtelier et l'auge avec du vinaigre, tenant en suspension du soufre, de l'ail, du sel, de la sauge et du romarin;

6° De nettoyer avec de la lessive, avec de la chaux, les étables;

7° De parfumer les habits des bouviers, de leur faire laver les mains avec du vinaigre;

8° D'enfouir dans des fosses profondes, éloignées des étables, les corps des animaux pestiférés;

9° De brûler le foin qui se trouve dans les étables, le fumier, et de faire enterrer le lait;

10° De parfumer et laver les étables des animaux convalescens, avec autant d'exactitude que celles où les animaux sont morts;

11° De défendre aux paysans de sortir de leurs villages, et d'avoir aucune communication avec les bourgs voisins;

12° Enfin d'ordonner aux laboureurs d'assommer toutes les bêtes pestiférées ou soupçonnées telles.

Telles sont les précautions nombreuses proposées par Lancisi : on peut les considérer comme impraticables. Aussi on ne voulut pas s'y soumettre dans un pays où les communications entre les habitans sont si nombreuses, si fréquentes ; cependant, on doit le dire, quelques particuliers préservèrent leurs troupeaux, tels furent les princes Pamphile et Borghèse, en les tenant isolés.

Cette dissertation se trouve dans les différentes éditions in-fol. et in-4° des œuvres de Lancisi.

Elle est divisée en trois parties ; la première contient un récit de ce qui se passa à Rome pendant la contagion ; la deuxième renferme les édits et décrets rendus à cette occasion ; la troisième fait connaître les phénomènes, les signes, les causes et la guérison. Le tout est précédé d'une lettre de Fanton, professeur en médecine à Turin, et de la réponse de Lancisi.

Lancisi donne une bonne description de la fièvre épidémique des chevaux ou du malis des Grecs, qui régna en 1712.

L'ouverture d'un cheval mort le deuxième jour fit voir l'intestin coloré en rouge et enflammé ainsi que l'épiploon.

Cette maladie fut de courte durée, elle fut divisée en aiguë et en chronique.

Au commencement de l'année 1712, les chevaux de la Campagne de Rome furent attaqués d'une maladie décrite par Lancisi. Le cheval prenait peu à peu de la répugnance pour les alimens et la boisson, ensuite il les refusait entièrement ; il portait la tête basse, il avait l'air triste, il clignait des yeux ; le gosier était plus dur et plus tendu que dans l'état naturel, sans donner des marques de douleur, lorsqu'on le touchait. Si l'on faisait travailler le cheval ainsi affecté, la maladie prenait un accroissement considérable, il survenait une fièvre aiguë et de grandes anxiétés, la respiration devenait stertoreuse, et le gosier se gonflait.

On voyait d'autres chevaux perdre leurs forces, et la langue devenir jaunâtre. Alors l'agitation de tout le corps, les convulsions, l'aspérité de la peau, la rétention d'urine et une sueur froide, s'emparaient de l'animal. Le plus grand nombre de ces derniers mouraient, et s'ils guérissaient, il sortait de la bouche et du nez des mucosités. Ils rendaient une grande quantité d'urine fétide, et les cuisses s'enflaient.

Les sentimens furent partagés sur les causes de cette maladie. Les uns l'attribuèrent à l'altération du foin et de l'avoine ; d'autres à des *sels ignés* répandus dans l'air et dans les pâturages. La saignée ne fut avantageuse que pendant le temps de la chaleur fébrile. Elle était nuisible durant le froid. On donnait, au commencement du frisson, de la thériaque, les eaux cordiales, et pour boisson, de la tisane d'orge avec le sel polychreste, ou l'eau blanche avec le sel ammoniac. On employait avec succès le foie d'antimoine et les lavemens émolliens ; les salivaires et les sétons furent très-utiles. Les vésicatoires ne réussirent point. Les frictions sèches, répétées souvent, firent du bien. Si la maladie se portait aux articulations, il se formait des tumeurs que Lancisi appelait, avec Végèce, *malis arthritica*. Elles annonçaient une guérison prochaine. La maladie fut nommée, par les hippiâtres d'Italie, la *fièvre épidémique des chevaux.* Lancisi prétend que c'était la même que le *malis* des Grecs. Il ajoute que le sang qu'on tirait était couenneux, comme dans la pleurésie. L'auteur dit que si l'on avait employé un traitement bien entendu, on aurait pu sauver la totalité des animaux malades.

On remarque que la bave d'un cheval malade était capable de communiquer le mal à d'autres chevaux.

Une autre maladie des chevaux fut observée, en 1712, aux environs d'Augsbourg. Elle se communiqua aux bœufs, aux porcs, aux oies, aux poules d'Inde et aux bêtes fauves. C'est une affection charbonneuse.

On l'attribua à la piqûre de gros frelons.

Elle se manifestait par des tumeurs, qui avaient leur siége à la poitrine, aux aînes. Les animaux périssaient en peu de jours.

Un mélange de thériaque, d'ail, de bol d'Arménie, de nitre et de vinaigre, fut ce qui réussit le mieux.

Des scarifications et l'extirpation sauvèrent la vie à d'autres. Cette maladie dura depuis le printemps jusqu'au mois de juillet; elle ne passa pas les environs d'Augsbourg.

Les médecins de Genève ont donné une bonne dissertation sur une maladie qu'ils appellent petite-vérole maligne et pestilentielle (1).

Lorsque les bœufs tombent malades, il leur prend un frisson et un tremblement très-considérables, en sorte que l'on a peine à les réchauffer. Leur poil devient tout hérissé, ils ont les oreilles froides. On s'aperçoit qu'il se développe à l'intérieur une chaleur très-forte. La racine des cornes est très-échauffée, pendant que les membres, les oreilles, sont froids. Ce froid est suivi d'une chaleur violente, qui se

____

(1) *Réflexions des médecins de Genève sur la maladie du gros bétail.* Genève, 1715, et édition de Paris, 1745.

répand dans tout leur corps. Le pouls est fréquent. Ces symptômes indiquent une grande fièvre, comme celle des hommes attaqués de la petite-vérole, s'il y a surtout quelque malignité. Cette fièvre, dans les hommes, est accompagnée de maux de tête, de douleurs de reins. Il y a lieu de conjecturer qu'il en est de même dans ces animaux. En effet, ils ont l'œil abattu, la tête basse et pesante, un battement de flancs, et de grandes inquiétudes, ce qui indique assez les douleurs qu'ils ressentent à la tête et dans les autres parties du corps. On compare les symptômes avec ceux de la petite-vérole ; quoique, disent les médecins, les pustules ne se montrent pas d'abord, deux accidens fort ordinaires à cette maladie font présumer que c'est bien le même mal. L'un est que les malades ont les yeux chassieux, pesans, abattus ; l'autre, qu'ils ont une espèce d'assoupissement qui approche en quelque sorte de la léthargie, surtout lorsque la fièvre est forte et violente. L'on remarque quelque chose de semblable chez les bœufs attaqués de la maladie.

Nigrisoli regarde cette maladie comme une fièvre ardente, maligne, pestilentielle et contagieuse (1).

L'auteur cherche à prouver que cette maladie épidémique est une fièvre, par l'air triste de ces animaux, leurs yeux troublés, leurs oreilles pendantes, les artères carotides plus gonflées qu'à l'ordinaire ; le poil est hérissé, et la chaleur de la peau est grande. Les animaux boivent avec excès, ils sont très-altérés, la respiration est difficile, avec râlement et battement de flancs ; leur haleine est, dit-il, semblable à

____

(1) *Sentiment du docteur Nigrisoli, médecin de Ferrare, et premier lecteur dans l'Université de sa patrie, sur la Maladie épidémique des bœufs,* imprimé à Ferrare en 1714.

la flamme ; leurs narines sont très-dilatées. Ces animaux mouraient ordinairement entre le cinquième et le sixième jour ; il leur survient des ulcères et des pustules dans la gorge, au palais, et sur la langue. Leurs forces s'abattent tout d'un coup, ils grincent des dents, ont une toux fâcheuse, quoique légère ; ils rendent par les yeux, par les narines et par la bouche, des matières gluantes et de mauvaise odeur. Ils ont des tremblemens et des mouvemens convulsifs aux épaules, à la poitrine, et surtout aux jambes. Les excrémens sont extrêmement fétides, noirs et mêlés de sang.

Cette maladie fut regardée comme contagieuse et épidémique, elle se communiqua avec la plus grande rapidité. L'auteur croit qu'elle est causée par des corpuscules malins qui détruisent la partie rouge du sang, et la lymphe qui coule dans les nerfs. Il croit de plus que la génération du levain morbifique est due aux herbes qui ont été imprégnées de quelque qualité maligne. L'air étant infecté par lui-même aussi bien que les excrémens des bœufs, cela a rendu inutile la précaution qu'on a prise pour arrêter la communication de la maladie d'un pays dans un autre. Nigrisoli réfute toutes les opinions des auteurs qui l'ont précédé, et qu'il regarde comme hypothétiques ; il recherche la cause de cette maladie dans les vapeurs qui sortent de la terre ; mais, faisant bientôt réflexion qu'elle s'était manifestée d'abord dans les lieux du Ferrarais où avaient campé auparavant plusieurs armées des troupes françaises et allemandes, il imagine que les cadavres enterrés avaient infecté la terre, et que les pluies survenant ont mis en action des corpuscules malins. L'auteur, venant ensuite au traitement, désespère de l'efficacité des remèdes, parce que ceux que l'on avait employés jusqu'ici, ont eu très-peu de succès. Il recommande de séparer les bœufs sains des bœufs malades, d'allumer et d'entretenir des feux dans les lieux où paissent les bestiaux. Il ordonne des fumigations dans les étables, avec le genièvre, l'eau-de-vie camphrée, le benjoin et le storax. Les purgatifs, dit Nigrisoli, bien loin de réussir, ont été funestes. Il ne condamne pas aussi entièrement la saignée, la regardant cependant comme utile avant la fièvre. Il avoue que quelques animaux qu'on avait saignés ont guéri ; la saignée était funeste dans l'ardeur de la fièvre. La purgation causant peu après une dysenterie, la mort arrive du cinquième au sixième jour. L'auteur blâme ceux qui laissent les bœufs malades exposés à l'air ; l'expérience lui a fait connaître que l'application des sétons et du feu était le remède le plus utile. Il recommande les frictions par tout le corps avec des étoffes rudes et grossières. Il faut, dit-il en citant Hippocrate, donner des breuvages rafraîchissans, souvent et peu à la fois.

L'examen des animaux malades a fait reconnaître à Guillo que la plus grande partie ont des flux de ventre, et que les matières sont verdâtres, séreuses, fétides et teintes de sang. Il a de plus remarqué qu'ils portaient la tête basse ; la racine des oreilles et des cornes est fort chaude, les yeux sont larmoyans, il sort des naseaux beaucoup de mucosités, ainsi que de la bouche. Il y a des petites vessies au dessus et au dessous de la langue, qui est livide. Les bêtes toussent fréquemment, se plaignent, ont des tremblemens dans tout le corps, le poil hérissé, et elles sont pour la plus grande partie couvertes de gale.

Une vache est morte comme enragée vingt-quatre heures après avoir pris le mal, elle heurtait la tête contre les murailles et contre la terre.

Les bœufs les plus gros deviennent en deux à trois jours très-maigres, ceux qui guérissent sont extraordinairement galeux.

On a assuré à l'auteur qu'on ne pouvait tirer du sang des vaisseaux quoiqu'ils fussent bien ouverts; on saigna une vache, et le sang coula d'abord avec impétuosité, et s'arrêta bientôt. Celui qui en sortit paraissait très-coagulé; dix ou douze heures après la mort, les animaux étaient si corrompus que l'on était obligé de les abandonner. Il ajoute que les bêtes qui guérissent deviennent presque toutes galeuses; on peut donner à cette maladie le nom de *peste*. Il en attribue la cause *à une nouvelle conjonction de quelques astres*, d'où est résultée la corruption de l'air; ce système eût fait fortune du temps des astrologues. L'auteur rapporte qu'une famille entière du Dauphiné a péri pour avoir mangé la viande de ces animaux malades. D'un autre côté, il ajoute qu'il a connu un boucher qui, ayant conduit au camp trois bœufs qui se portaient bien le soir, le lendemain il les trouva morts; néanmoins il ne laissa pas de les distribuer aux soldats, et aucun n'a été incommodé. Les remèdes que l'on a indiqués de toutes parts contre cette maladie, peuvent se rapporter à trois chefs principaux; ils sont ou *purgatifs*, ou *sudorifiques*, ou *cordiaux*, et lorsqu'on les donne à temps, ils peuvent être profitables. Ce qu'il y a de singulier, c'est que les bêtes saines recherchent celles qui sont malades, et courent à l'odeur de leurs déjections, et lorsqu'elles sont mortes on a peine à leur faire abandonner le cadavre.

Guillo appelle cette maladie peste, parce qu'il meurt presqu'autant d'animaux qu'il y en a de malades. Un rapport de quelques pages, présenté sous forme d'un procès-verbal, est adressé à M. l'intendant de la province ; il est daté du 30 juillet 1714 (1).

Il existe du même auteur un autre mémoire sous le titre de *Système des maladies des bêtes à cornes*, *l'an* 1714.

C'est dans ce dernier mémoire que Guillo assure que la cause de ce mal est dans une nouvelle conjonction de quelques astres.

Les astrologues assignaient les causes des différentes pestes à la situation de certains astres malfaisans entre eux. Guillo s'appuie sur cette extravagante autorité.

Il a remarqué à l'ouverture d'un bœuf que la vésicule biliaire avait un pied de diamètre, et était remplie d'une matière séreuse fort puante ; le foie, la rate, comme dans l'état ordinaire. Le rectum renfermait beaucoup de sang extravasé d'une couleur noire et d'une mauvaise odeur.

Le poumon était volumineux, d'une couleur livide. Étant ouvert, on a reconnu une putréfaction très-grande qui commençait à se communiquer au lobe gauche; la trachée-artère était remplie de matière glaireuse et puriforme, la langue était livide, le bout noir et comme gangrené ; à la racine se trouvaient des boutons qui renfermaient une matière corrompue.

Le cerveau n'a offert aucune altération.

L'auteur dit qu'à *Fontanes* les animaux attaqués avaient

(1) *Recueil des médecins de Genève*, pag. 191. Guillo, professeur de médecine à Besançon. Rapport fait par ordre de M. l'intendant, sur la maladie du bétail qui eut lieu dans la Franche-Comté.

un flux de ventre de matières d'une odeur fétide, quelquefois teintes de sang ; d'autres bœufs rejetaient le sang tout
pur.

Quoique les bêtes parussent très-échauffées, elles n'é-
taient pas altérées ; elles buvaient la plupart très-peu ; on
a observé que les bêtes avaient très-peu de suif.

L'ouvrage de Vallisnieri consiste en deux lettres, l'une
de Cogrossi et l'autre de Vallisnieri (1).

Cogrossi a observé deux symptômes. Le venin de cette
maladie agit avec tant de violence, qu'il fait tomber le poil
et les ongles ; il ronge même la racine des cornes. La peau
dans l'autre se couvre d'un grand nombre de vers, et on en a
rencontré dans la racine des cornes et des ongles des pieds.

Vallisnieri, dit Vicq d'Azir, séduit par sa passion pour
les insectes qu'il a étudiés avec tant de succès, croyait que
des vers rongeurs et malfaisans étaient la cause de l'épizootie. Plusieurs auteurs, à son imitation, ont suivi le même
système.

Ces vers pénètrent dans les entrailles comme dans le lieu
le plus chaud, et y excitent leurs funestes effets plus qu'en
d'autres parties. Il ajoute qu'il s'engage un combat entre
chaque ver propriétaire et le ver étranger qui cherche à
s'emparer de la demeure du premier. Le résultat d'un pareil
combat est la perte du champ de bataille, qui entraîne avec
soi celle des vainqueurs et des vaincus. Comme on renou-

---

(1) *Recueil des médecins de Genève*, pag. 208. Nouvelle idée de la
maladie des bœufs, communiquée par Charles Cogrossi, philosophe et
médecin de la ville de Crème, à Antoine Vallisnieri, premier professeur
en médecine à Padoue, avec les réflexions de celui-ci, de nouvelles indications et de nouveaux remèdes.

velle de temps en temps cette hypothèse des maladies attribuées à des vers , on sera bien aise de savoir quels en sont
les premiers auteurs.

Ce que ces médecins rapportent des ravages observés à
l'ouverture des animaux, ne diffère point de ce qu'en ont
dit Ramazzini et Lancisi, qui, sur cette maladie, avaient
écrit avant eux.

Gœlicke, dans sa préface, avance que l'éducation des bestiaux est, après l'agriculture , le moyen le plus ancien et le
plus respectable de se procurer le nécessaire et même de s'en-
richir (1). De tout temps , cette industrie a reçu des encou-
ragemens, a été favorisée par les princes et les rois ; c'est
une véritable corne d'abondance ; aussi l'homme se voit-il
accablé d'un déluge de maux si une maladie contagieuse,
comme nous l'avons, hélas! éprouvé, attaque les troupeaux.

Il dit que Jean Konolde a rendu un grand service en dé-
crivant la marche d'une maladie pestilentielle qui a attaqué
les bœufs il y a trente ans. Lancisi et Ramazzini, Fantasti
n'ont pas moins bien mérité de la science. Mais ces auteurs
n'ont pas tellement épuisé la matière, qu'il ne reste encore
beaucoup à dire pour faire connaître les caractères de cette
épizootie, en suivant la route tracée par la médecine rationnelle
plutôt que celle de l'empirisme. Nous ne nous amuserons pas
à perdre notre temps à réfuter ceux qui pourraient nous
accuser d'appliquer les principes de la médecine rationnelle à
la médecine vétérinaire.

(1) *Dissertation par And. Gœlicke et Jean Bruckher, sur une maladie contagieuse du gros bétail qui exerçait de très-grands ravages,*
Erfurt, 10 février 1730. Imprimée dans les *Disputationes* de Haller,
tom. V, pag. 715.

Fasse le ciel que notre ouvrage soit agréable et utile à la patrie !

L'auteur fit ouvrir dans un village, le 28 septembre 1830 , deux vaches l'une vivante et malade , l'autre morte tout récemment de la maladie ; et le 7 décembre même année , il fit également l'ouverture de deux très-forts bœufs, l'un vivant, mais attaqué depuis quelques jours de la maladie , l'autre qui y avait succombé.

L'auteur s'est convaincu par ces ouvertures que la maladie se trouvait dans les intestins , qui étaient noirs et sphacélés.

D'autres personnes avaient assuré à l'auteur qu'au lieu de bile , les intestins contenaient une matière sanguinolente.

Dans un bœuf mort de la maladie , les petits intestins étaient noirs et sphacélés; ils renfermaient une matière semblable à de la lavure de chair ; à un peu de mollesse près, les autres viscères étaient en bon état , seulement la vésicule du fiel très-volumineuse , remplie de bile jaunâtre, et il se trouvait une grande quantité d'écume autour de la bouche et des narines. D'après le rapport de ceux qui ont donné des soins aux animaux , la maladie débutait par une horripilation générale suivie d'une chaleur fébrile proportionnée. La soif était très-grande ; les excrémens les deux premiers jours étaient durs , mais au troisième succédait une violente diarrhée et telle qu'à chaque pas les animaux rendaient des matières semblables à de la lavure de chair ; tout ce qu'ils rendaient était d'une odeur tellement fétide, que les animaux sains témoignaient par leurs mugissemens combien elle leur était désagréable. Les uns respiraient avec peine , les autres tranquillement ; il en mourait le quatrième jour ; d'autres survivaient jusqu'au septième jour. Les vaches perdaient leur lait, celles qui étaient pleines avortaient.

On croyait que la maladie s'était propagée par des animaux d'autres pays.

L'auteur rapporte les différentes descriptions faites par Lansoni, Lancisi ; il passe ensuite aux observations qui lui sont propres. Il revient sur ce qu'il a déjà fait connaître des symptômes de la maladie, qu'il est inutile de répéter ; il ajoute qu'elle attaquait plus fortement les bœufs de labour que les vaches, les taureaux et les veaux. Ces derniers guérissaient plus aisément et plus vite ; ils mouraient un plus grand nombre des animaux gras que des maigres : presque toutes les vaches avortèrent, et une grande partie fut sauvée, ce qui faisait qu'on donnait aux vaches pleines des drogues dans l'intention de les faire avorter. Il revient de nouveau sur les phénomènes qui se sont manifestés ; il les analyse et en donne une explication étendue. Toutes ces remarques sont, dit l'auteur, une preuve que la maladie est due à un miasme subtile qui pénètre par les narines et la bouche, et se répand dans toute l'économie avec la rapidité de l'éclair. Il croit que le sang était plutôt dissous que coagulé, Ramazzini était d'un sentiment semblable, il avance que des bœufs tués par des bouchers saignaient très-peu, et que le sang était épais et coagulé ; il dit que les fièvres malignes laissent dans le sang la même altération. Nous passons sous silence une foule d'autres hypothèses dans lesquelles l'auteur semble se complaire, mais qui ne donnent aucun éclaircissement sur les caractères et la nature de cette maladie.

Il se détermine à l'appeler fièvre, à l'exemple de Ramazzini ; il apporte des raisons pour fortifier son opinion. Cette fièvre est très-aiguë ; en effet les animaux en périssent très-promptement, on en a vu même périr subitement comme s'ils avaient été frappés de la foudre.

Elle était très-contagieuse , elle n'a pas exercé ses ravages tout à coup, mais successivement, tantôt dans un royaume , tantôt dans un autre.

La maladie se communiquait de différentes manières : un bœuf la donnait à un autre ; les vêtemens des hommes renfermaient des miasmes pestilentiels ; si les animaux sains respiraient l'odeur des déjections fétides de ceux qui étaient malades.

Ceux qui ont tenu leurs bestiaux renfermés, isolés, les ont conservés sains.

L'auteur n'hésite pas à lui donner le nom de fièvre maligne inflammatoire , parce qu'elle en a offert tous les caractères.

Il est convaincu , de plus , que ce ferment ou contagion change en peu de temps tellement la nature des fluides et des solides , qu'ils deviennent une masse de corruption. On perdrait sa peine à chercher la cause de cette maladie dans la malignité des astres , la corruption de l'air , les inondations, les guerres, ou autres fléaux semblables. Il demande quel mal peuvent causer aux bêtes à cornes les planètes ; pourquoi les hommes qui vivent sous les mêmes influences n'en éprouvent aucun dommage. Ramazzini se rit avec raison de ces folies. Ramazzini dit qu'ayant lu dans sa jeunesse le livre de Pic de la Mirandole contre les astrologues , il ne s'est plus occupé depuis qu'à former ses opinions d'après ses études.

Il se présente un problème très-difficile à résoudre : Comment se fait-il que la malignité de l'air , les pâturages malsains ne nuisent qu'à l'espèce du bœuf, et épargnent les autres animaux vivant sous le même ciel et des mêmes pâturages? Résoudra qui pourra cette question. Ces causes étant communes, on ne peut révoquer en doute qu'elles ne puissent produire des maladies communes. L'auteur dit qu'il a suffisamment prouvé que cette maladie des bœufs était venue par contagion ; quant à ceux qui l'attribuent à la corruption vermineuse du sang, ils cherchent à faire revivre l'hypothèse absurde de Kircher, décriée depuis longtemps.

Cette maladie s'est montrée partout avec des symptômes identiques ou à peu près semblables ; il la regarde comme une véritable *peste* du gros bétail.

Sous le rapport du traitement, les plus célèbres médecins qui ont fait connaître la nature de la maladie et ses phénomènes, avouent avec franchise que l'on n'a trouvé jusqu'à ce jour aucun spécifique ni remède certain. Plût à Dieu, comme on l'a vu trop souvent, que l'on n'en ait pas employé un grand nombre de nuisibles ! Ajoutez à cela que la méthode employée pour atténuer et chasser le mal est entièrement empirique, et n'a pour appui aucune indication solide, quoique le bon sens exige, pour la guérison des animaux comme pour celle de l'homme, que la médecine soit également raisonnée. Toutes ces difficultés augmentent encore beaucoup par la différence que présente l'organisation des ruminans, comparée à celle des autres animaux et à celle de l'homme. Quoique ces difficultés soient grandes, nous espérons établir un traitement sur des bases plus certaines et plus raisonnables que n'ont pu le faire les empiriques.

Les symptômes rapportés font voir que les animaux

prennent la maladie par la bouche et les narines, et très-rarement par la peau.

L'auteur est conduit par ces différentes propositions à adopter les deux indications suivantes. La première, que le venin pestilentiel admis dans la masse des humeurs doit être rejeté le plus tôt possible au dehors; la deuxième, qu'il doit être éloigné avec la même promptitude des glandes amygdales et des autres glandes salivaires, avant d'y avoir causé de grands ravages. Dans le premier cas on doit employer les remèdes bézoardiques, les alexitères, les alexipharmaques; dans le second, les remèdes qui disposent à la salivation, ou les salivaires.

On a dit tant de bien et tant de mal de la saignée! Ramazzini, tout en regardant la saignée comme dangereuse dans toute épidémie, la croit utile et salutaire dans cette épizootie des bœufs, parce que, comme l'auteur, il lui reconnaît un caractère inflammatoire, ensuite parce que le venin est de ceux qui ont assez de force pour coaguler la masse du sang. L'auteur pense cependant que la saignée n'a pas dans ce cas la sanction de l'expérience; il serait plutôt de l'avis de Lancisi, qui regarde la saignée comme étant très-dangereuse.

Cette maladie est accompagnée très-souvent de la diarrhée, dont l'effet est mortel et plus nuisible que le venin lui-même. Les purgatifs, surtout les drastiques, augmentent la maladie; aussi ne balance-t-il pas à proscrire l'aloës et les autres purgatifs. L'auteur préfère les lavemens anodins composés avec les herbes émollientes cuites dans le lait.

Il revient enfin à la première indication, qui a pour but d'expulser le venin. On emploiera les alexipharmaques pas

trop échauffans mais tempérans, tels que la pimprenelle,
l'angélique, la germandrée, le dictame de Crète; on a commis
une grande faute en exposant les animaux au vent, à la pluie,
au froid, en les séparant de ceux attaqués ; il faut les laisser
dans des étables bien closes, les couvrir de sacs de paille,
de foin, pour expulser par ce moyen le venin; il défend les
astringens, la bistorte, la tormentille ; si ce venin attaque
les glandes salivaires, les remèdes salivans seront mis en
usage. Les vétérinaires à Rome, en 1712, lors d'une maladie
des chevaux, se sont bien trouvés d'employer un mors qu'on
place dans la bouche, en l'enveloppant d'un linge qui renferme de l'asa-fœtida, des baies de laurier à égale portion,
avec quantité suffisante de vinaigre.

Les sétons au cou des animaux malades sont utiles, les
vésicatoires ont été nuisibles ; on préférait de cautériser la
peau avec un fer rouge, dans le but de former des ulcères
artificiels et de donner par cette voie issue à la matière morbifique.

Gœlieke ne peut se rendre raison de ce qui a pu déterminer quelques praticiens à employer les fébrifuges, le
quinquina. Cette opinion a été soutenue par Ramazzini dans
un discours élégamment écrit, qu'il a prononcé dans l'université de Pavie sur les maladies des bœufs. Cependant il est
obligé d'avouer que, dans les fièvres continues inflammatoires de l'espèce desquelles se trouve sans contredit la maladie épizootique, le quinquina n'a presque jamais coupé la
fièvre ; néanmoins il vante ce remède parce qu'il est persuadé de son efficacité ; il avance que c'est le plus certain
à employer dans cette maladie, surtout si on le donne à
forte dose.

Ceux qui ont admis l'hypothèse des vers comme Kirker, qui appellent *corruption vivante* la production de ces vers, recommandent l'usage des vermifuges que l'auteur blâme, ainsi que les remèdes sympathiques tant comme curatifs que comme préservatifs ; ils consistent à prendre un animal vivant déjà infecté, à le précipiter et à l'ensevelir dans une fosse profonde ; on assure que par ce moyen le mal à bientôt perdu de sa force et cesse très-peu de temps après cette opération ; ce moyen approche de trop près de la plus absurde et aveugle superstition pour en parler plus long-temps.

Tout ce qu'on vient d'exposer faisant connaître le peu d'efficacité des remèdes, on doit se rejeter sur les moyens préservatifs.

Gœlieke à déjà donné son opinion sur la saignée employée comme préservative. Si je ne me trompe, dit l'auteur, je crois que l'on obtiendrait de meilleurs effets de la vigilance et de l'observation des lois sanitaires, que de tous ces remèdes préservatifs.

On doit séparer les animaux malades de ceux qui sont sains ; Columelle donne ce conseil. Il faut que toute communication soit interdite ; empêcher que la paille, le foin, les sacs ne soient apportés des pays infectés ; que les vétérinaires, les gardiens, les chiens, et tout ce qui est capable de transporter le venin, ne paraissent pas devant les animaux sains. Lancisi ne rougit pas d'avouer que le plus sûr moyen d'éloigner la contagion, est de rompre toute communication avec ceux qui sont infectés.

On sait avec quelle négligence les édits des rois, des princes, en ce qui concerne la salubrité et la garde des routes, sont mal exécutés. On devrait punir très-sévèrement les infracteurs, ceux qui n'enfouissent pas assez profondément le corps des animaux qui ont péri. Les chiens, les loups, peuvent les déterrer et répandre la corruption, occasioner des fièvres malignes épidémiques.

Lorsque les animaux commencent à se rétablir, on les laissera huit jours dans leur étable; on leur donnera une nourriture légère délayée avec beaucoup d'eau; on purgera l'air avec une préparation d'encens, de baies de genièvre, de laurier, d'hysope. On en frottera les murs, on lavera les animaux avec du vinaigre avant de les remettre avec les autres au pâturage. Le temps nous fera découvrir des moyens plus efficaces que ceux que nous avons proposés pour détourner cette contagion des bœufs, qui a ravagé depuis si long-temps divers pays et presque toute l'Europe.

Chomel (1), qui regarde cette maladie comme une fièvre maligne, pestilentielle et pourpreuse, enfin comme une vrai peste, déclare que partout il y a eu gangrène, lividité dans les viscères, pesanteur effroyable. Les vaches ouvertes offrirent le premier estomac rempli d'une grande quantité d'alimens, quoique ces animaux eussent été trois, quatre, et jusqu'à huit jours sans manger. Les membranes du feuillet, ou troisième estomac, étaient noires, gangrenées et se déchiraient facilement. Les matières alimentaires étaient dures et semblables à des mottes à brûler. Le quatrième estomac,

---

(1) *Lettre d'un médecin de Paris à un médecin de province sur les maladies des bestiaux.* Paris, chez J.-B. Delespine, in-8. *Journal des Savans*, 1745. *Mercure de France*, juin 1745. *Bibliothèque de médecine*, de Planque, article *Bestiaux*. Cette lettre est de J. B. L. Chomel, médecin de Paris.

appelé franche mule ou caillette, était partout d'un rouge pourpre, semé de taches rouges violettes. On y trouvait aussi du pus. Dans plusieurs bêtes il y avait des taches noires au foie, des hydatides, des marques de gangrène aux pou-mons. On remarquait vers les mamelles des taches livides et pourpreuses. La vésicule du fiel était pleine d'une bile très-liquide, la couleur en était altérée. A l'extérieur, dans quelques bêtes on observait aux mamelles des taches livides et pourpreuses, le fondement rendait un peu de sang noi-râtre.

En vain les magistrats ont voulu prévenir la contagion par les réglemens les plus sages; l'appât du gain et la pauvreté ont franchi toutes les bornes qu'on voulait opposer à la maladie (nouvelle preuve de l'insuffisance de ces mesures).

Il y avait, chez les animaux attaqués, battement du flanc. La respiration devenait de plus en plus gênée. En appuyant sur les reins, on s'apercevait d'un froissement dont le bruit était semblable à celui d'un parchemin sec. Enfin les bêtes mouraient les unes au bout de huit jours, d'autres au bout de trois, quatre ou cinq jours. J'en ai vu, dit Chomel, mourir en quatre heures de temps, qui n'avaient eu aucun symptôme de la maladie, et qui à l'ouverture en offraient intérieurement tous les accidens : la gangrène du dernier estomac et les viscères couverts de taches pourprées.

Les vaches qu'on a vues guérir passaient par plusieurs périodes. D'abord leurs yeux n'étaient plus rouges, ne lar-moyaient plus. Leur dos se couvrait d'écailles. Leurs pis étaient parsemés de boutons ou *pustules*. Aux environs de leur cou on voyait une quantité de boutons couverts de croûtes qui tombaient au bout de quelques jours. Elles com-

mençaient à se lécher les narines et la peau. Leur poil se raf-
fermissait, le lait revenait, la fiente était plus ferme, et nous
n'en avons point vu qui aient éprouvé de récidive.

Quelques unes ont eu des pustules sur la langue, qu'il a
fallu ratisser jusqu'au vif et bassiner avec du vinaigre et du
sel.

Les signes qui précédaient la mort, et que nous eûmes le
temps d'observer sur une multitude de bêtes que nous vi-
sitâmes avec exactitude tous les jours pendant plus de six
semaines, étaient comme il suit : La fièvre ayant pour ainsi
dire couvé plusieurs jours suivant la disposition plus ou
moins grande de la bête malade, les accidens suivans se
manifestaient tout à coup : des frissons irréguliers revenant
plusieurs fois le jour, les yeux rouges et larmoyans, les
cornes et les oreilles froides, la tête lourde et pesante, une
bave gluante et épaisse coulait des naseaux et de la bouche;
le lait diminuait insensiblement ; ces animaux toussaient
fréquemment, poussaient de longs soupirs, étaient dans
une tristesse, une langueur, une insensibilité prodigieuses.
Dans leurs excrémens on voyait, les premiers jours de la
maladie, des filets de sang; les animaux avaient un flux de
ventre considérable, d'autres ne fientaient qu'avec des
tranchées. On remarquait un mouvement convulsif de l'épine
depuis la tête jusqu'à l'extrémité du dos.

La maladie qui règne depuis quelques années parmi les
bestiaux est une fièvre maligne, pestilentielle et pourpreuse.
Elle a pris naissance en Bohême, pendant que ce royaume
a servi de théâtre à la guerre. De là elle est passée en
Hongrie, en Bavière, en Tyrol, en Alsace, et en Franche-
Comté. La Flandre n'a point été épargnée, et l'on serait

effrayé du nombre prodigieux de bestiaux que ces différens pays ont perdus. Les remèdes employés devenant impuissans contre une maladie si violente, on vendit à vil prix les bestiaux, et ceux qui étaient malades répandirent le mal avec une rapidité prodigieuse. C'était une vraie peste qui, après avoir passé de province en province, est arrivée jusqu'à la capitale. Les magistrats de Paris, apprenant que malgré toutes les précautions de la police, la maladie paraissait à la fois dans différens points de la ville, on s'assembla chez M. le premier président. On n'oublia rien pour connaître la nature de la maladie et les remèdes qui lui convenaient. On crut qu'il fallait consulter la faculté de médecine. Le doyen fut mandé, et, d'après les ordres qu'il reçut des magistrats et des délibérations de la Faculté, il fut accompagné de plusieurs docteurs qui se transportèrent sur les lieux mêmes et dans les étables infectées, où ils furent spectateurs du ravage effrayant que causait partout la maladie. Le mal augmentait de jour en jour, et on ne peut imaginer la quantité de morts et de mourans que nous avions à voir chaque jour.

La maladie bien connue et bien caractérisée, nous fîmes tous nos efforts pour établir une méthode curative. Que d'obstacles! que de difficultés! Deux indications principales se présentaient à remplir : débarrasser les estomacs de l'énorme quantité d'alimens qu'ils renfermaient; prévenir l'inflammation ou en arrêter les progrès. Pour satisfaire aux indications, il fallait la diète la plus austère, et c'est ce que nous n'avons jamais pu obtenir. Enfin, faisions-nous observer que l'orviétan, la muscade, la cannelle, l'eau-de-vie, la poudre à canon et tous les cordiaux devenaient nuisibles dans cette maladie, les propriétaires se flattaient toujours de réussir en donnant de nouvelles doses. Nous avons vu des gens qui ont dépensé jusqu'à une pièce de vin (350 bouteilles environ) pour cinq ou six vaches en fort peu de temps. Pour prévenir enfin l'inflammation, ou en arrêter les progrès, nous prescrivîmes les saignées ; on les réitéra de façon à croire qu'il n'y restait plus de germe d'inflammation, et on obtint fort peu de succès. L'huile à grande dose, les purgatifs réitérés, les potions fébrifuges, le quinquina furent donnés sans résultat ; les sudorifiques, le camphre, la suie de cheminée, les bains de fumier ne furent pas plus efficaces. De quel côté se retourner ? On crut qu'il fallait déterminer à l'extérieur des dépôts critiques ; c'était imiter la nature. On fit donc des sétons à l'endroit appelé le fanon, on perçait la peau avec un instrument tranchant, on la détachait pour former une espèce de chambre dans laquelle on mettait un morceau d'hellébore noir. Plus tôt on déterminera un dépôt, plus vite il suppurera, plus sûrement on pourra obtenir la guérison. D'autres préféraient le fer rouge au caustique ; il réussissait également. Un cautère détermine un dépôt suivi d'une suppuration abondante. On pourrait faire venir de ces dépôts sur différentes parties de l'animal malade : ce serait le moyen d'en tirer un grand avantage. On faisait accompagner le séton d'une saignée, d'une grande diète, de la boisson fréquente avec l'eau blanche. On avait soin, deux fois par jour, de mettre dans la bouche un masticadour fait avec le sel, le poivre-long, un peu d'ail et le miel. On faisait frotter les oreilles et les narines plusieurs fois par jour avec du vinaigre aromatique. Outre ces remèdes on ordonnait des fumigations dans les étables avec les baies de genièvre , les feuilles de sauge , de romarin et d'absinthe brûlées. La nourriture était légère : un peu d'herbe, du son , de la farine de seigle ou de l'orge moulu, le tout en très-petite dose.

Sauvages observe qu'on trouve très-peu de dérangemens dans les viscères, surtout si on les ouvre quand la maladie n'a duré que trois ou quatre jours (1).

L'auteur n'a remarqué nulle part de charbon. Ce que , dans le Vivarais , on appelle de ce nom ne se compose que d'emphysèmes. Les vrais charbons, pendant cette épizootie, n'ont attaqué aucun bœuf. On a de plus vu que ceux qui avaient été atteints de charbon, il y a trois ou quatre années, avaient été exempts en dernier lieu de la maladie courante.

La panse , ou premier estomac, était remplie d'une grande quantité de bouse jaune , puante et fort sèche , le deuxième bonnet ou réseau, surtout le troisième ou feuillet, en contenaient de plus sèche encore et noirâtre. La membrane interne était livide , mais cette lividité n'était accompagnée d'aucun ramollissement qui marquât la gangrène.

Le quatrième estomac ou caillette avait sa membrane veloutée , de couleur rose , légèrement enflammée , et de là jusqu'au fondement, les matières étaient liquides et d'un vert tirant sur le noir.

La vésicule du fiel est deux ou trois fois plus grosse qu'en santé. Rien de dérangé dans la moelle épinière. Les poumons sont ce qu'il y a de plus affecté ; car, outre quelque rougeur des lobes, on trouve leur tissu quelquefois si boursouflé qu'ils

(1) *Mémoire sur la maladie des bœufs du Vivarais;* par Sauvages. Montpellier, 20 décembre 1746.

occupent après la mort toute la capacité de la poitrine. L'air est accumulé entre les lobules, de manière que les veines qui sont dans ces interstices paraissent grosses comme le petit doigt. Sauvages a examiné le sang avec un microscope qui grossit trois millions de fois ; il a observé que les globules de sang d'un bœuf sont de même diamètre que ceux de l'homme ; il n'y a trouvé aucun insecte. Il n'y avait pas de dérangement dans le cerveau.

Les bœufs sont dégoûtés, refusent la nourriture et les boissons. Plusieurs, vers le deuxième ou troisième jour, laissent l'eau ou boivent très-peu. Ils sont d'une tristesse extrême, qu'on connaît à la tête baissée, à leur vue trouble. Mais au troisième jour ils rôdent çà et là fuyant leurs étables, quoique lentement, et se plaisent à errer dans les champs. Quand ils sont plus accablés, ils se couchent par lassitude et se relèvent alternativement. Les bouviers disent que ce mal les rend imbéciles. Presque tous frissonnent de tout le corps, surtout aux flancs et aux cuisses. Le poil se hérisse de la croupe à la tête et de la tête à la croupe. Le bout des cornes est très-froid, le reste du corps a sa chaleur naturelle. Les yeux sont larmoyans, à la fin purulens. Il y a des vers entre les paupières et les yeux ; mais les bouviers assurent en avoir vu de tout temps avant cette maladie. Le bout du nez est morveux et purulent. La salive est abondante et file jusqu'à terre ; la langue est blanchâtre, sans bouton. Le souffle qui revient des estomacs est d'une puanteur insupportable.

La respiration est très-gênée, surtout vers le troisième jour. Le bœuf soupire et souffle avec un bruit qu'on peut entendre à vingt pas. Le flanc bat vers la fin quarante-cinq ou cinquante fois par minute. L'auteur l'a vu battre quatre-

viugt-dix fois. Le symptôme le plus constant est le cours de
de ventre , qui débute entre le deuxième et le cinquième
jour. Il est précédé d'efforts que le bœuf fait pour fienter.
Souvent il lance au loin une matière coulante d'un vert foncé
et d'une très-mauvaise odeur. Cette odeur n'empêche pas
les autres bœufs de la chercher , de la renifler ; les cochons
et les chiens, de la lécher. Cette diarrhée est , vers le
cinquième ou le sixième jour , mêlée de sang , et l'on voit
dessus comme une huile grasse qui forme des bulles d'air.

Ce flux de ventre enlève les bœufs ordinairement dans la
première semaine. On a vu des étables entières qu'il dépeu-
plait le même jour qu'il paraissait.

Les symptômes les plus mortels sont un dégoût invincible ,
une morve copieuse et surtout le cours de ventre sanguino-
lent ou même le cours de ventre simple bien établi. Les
symptômes de bon augure sont lorsque la maladie traîne
jusqu'à la deuxième semaine, si l'animal mange et boit
quelque peu , si le museau se pèle ou si le poil de la croupe
tombe. S'il se fait un dépôt au fanon ou sur les jambes ,
il se joint un autre symptôme, c'est que l'épine dorsale
devient d'une sensibilité telle que, pour peu qu'on la presse
avec la main , le bœuf tombe sur les genoux, et s'il est plus
fort , il s'enfuit. Il se forme encore des emphysèmes d'une
très-petite élévation , mais très-douloureux , aux flancs et
aux cuisses. Il en sort par les incisions un fluide aériforme.

La mortalité des bœufs ravageait l'Europe depuis trente-
quatre ans lorsqu'elle pénétra en Vivarais. Sauvages fut
chargé de l'examiner et de proposer des moyens préservatifs et curatifs. Elle avait dépeuplé, près d'Annonay , quarante-trois paroisses. Un seul particulier en avait perdu cent

trente-quatre en quinze jours. Elle se communiquait d'un bœuf à un autre. Un boucher de Villeneuve de Berg ayant amené du Béage dans le haut Vivarais des bœufs infectés, laissa l'infection dans les étables à bœufs où il s'arrêta en chemin. Il perdit une partie des siens, et ayant assommé l'autre, la fit manger aux habitans de Villeneuve. Les chiens et les cochons qui vont flairer, lécher les excrémens des bœufs malades ne prennent pas le mal et n'en sont pas incommodés. Les hommes ont mangé en différens endroits les chairs de ces bœufs et n'en ont pas été malades.

Sauvages assure qu'il est inutile de chercher dans les pâturages viciés, dans l'air, dans les eaux croupissantes les causes de cette épizootie, quand on la voit se répandre de proche en proche sur les seuls animaux qui ont communiqué avec les malades.

La différence des saisons n'apporte pas constamment de changement au cours de cette maladie. On a observé cependant qu'elle faisait les plus grands ravages en automne.

La diversité des climats n'y fait rien non plus. Il avance que ce venin ralentit le mouvement du sang, comme le scorbut et la peste. Cette maladie a de la ressemblance avec le cours de ventre qui se manifeste dans les camps. Les soldats la contractent par l'exhalaison des latrines ; les bœufs la gagnent par le reniflement de la fiente, les bœufs sains ayant la fureur de flairer opiniâtrément l'odeur infecte des malades. Ces affections présentent les mêmes symptômes.

Le chancre volant, ou le charbon à la langue, ne s'est pa montré dans cette maladie.

Il suit des observations de Sauvages, ainsi que de celles de Lancisi et de Ramazzini et autres, qu'il meurt environ dix-neuf bêtes sur vingt; que jusqu'ici on n'a trouvé aucun remède spécifique pour guérir de cette épizootie; que l'unique moyen d'en garantir le bétail est d'empêcher la communication, non seulement d'un bœuf à un autre, mais même celle qu'ils pourraient avoir par l'entremise des chiens qui ont été dans les étables infectées et des hommes qui ont eu soin des animaux malades.

De toutes ces observations on peut conclure que la maladie du Vivarais n'est pas l'effet des pâturages infectés par des herbes ni par des insectes venimeux comme on se l'était figuré en Italie, ni des eaux croupissantes dont les exhalaisons peuvent produire les fièvres malignes des villages maritimes, ni par l'air gâté par les cadavres; quoiqu'on puisse raisonnablement soupçonner que, dans la première origine, quelque bœuf peut avoir été infecté de l'une ou de l'autre de ces façons.

La mortalité des bœufs s'étant répandue par le Forez et le Dauphiné dans le Velay et le Vivarais, l'archevêque de Narbonne et l'intendant du Languedoc, toujours, dit Sauvages, attentifs au bien de la province, prirent toutes les précautions pour arrêter les progrès de cette contagion; et comme ils craignaient qu'après avoir ravagé les bœufs elle ne passât au menu bétail et aux hommes même, ils se proposèrent d'en faire examiner attentivement tous les symptômes, afin de découvrir, s'il était possible, les remèdes propres à la combattre ou à la prévenir.

Dans cette vue, M. Joubert, syndic général de la province, voulut bien charger de ce soin Sauvages, qui partit pour le Vivarais le 24 novembre 1745. Il travailla à faire des observations sur les bœufs sains, malades et con-

valescens; à examiner les causes du mal, les symptômes,
l'effet des remèdes, et à faire l'ouverture des animaux.
On lui procura toutes les facilités qu'il pouvait désirer.
On lui donna le sieur Bouchet, chirurgien, pour l'aider
dans les ouvertures.

Sauvages ne trouva que le nord et le couchant infectés
de la maladie. Elle y avait fait ses plus grands ravages; elle
avait, par exemple, dépeuplé autour d'Annonay trente-
trois paroisses. Dans le bas Vivarais cette contagion n'avait
attaqué et détruit qu'environ la moitié du gros bétail; et au
moyen des soins que les habitans y prenaient d'empêcher
la communication, elle tendait à sa fin.

En Italie on a vu que les bœufs les plus gras étaient les
plus attaqués; en Vivarais on n'a pas observé cette différence; seulement une douzaine de bœufs tombaient malades
à la fois, et les vaches ne le devenaient que huit jours après.

En Dauphiné on a vu le mal couver un mois; en Vivarais
il se déclarait dès le lendemain de la communication.

La peste des hommes n'attaque pas les animaux; cette maladie ne se répand pas non plus hors de l'espèce des bœufs,
à moins que la maladie qui règne actuellement sur le menu
bétail, dit Sauvages, aux environs de Lunel, ne soit la
même que celle du gros bétail, comme il le croit.

Parmi les précautions prises par les états et le parlement
pour arrêter l'infection, il fut ordonné que l'on enterrât les
bestiaux avec leur peau, afin d'empêcher la propagation de
la maladie.

En supposant bien fondées les mesures prises, elles pouvaient tenter la cupidité des marchands, qui achèteraient à
vil prix des cuirs que les cultivateurs regarderaient comme

perdus pour eux. Ainsi ces ordonnances ne remédiaient pas au mal qu'on voulait prévenir.

Courtivron, qui a fait en 1745 des expériences curieuses et utiles, assure que l'ordonnance contre les cuirs a coûté plus de trois cent mille francs à la seule province de Bourgogne. Il était surpris qu'on n'eût pas cherché à s'en rapporter à l'expérience sur ce qu'on devait penser d'une opinion généralement reçue en Bourgogne, que les cuirs des animaux morts suffisaient pour donner la maladie aux animaux sains. L'auteur a regardé comme une chose utile d'en acquérir la preuve, et c'est le résultat de ces expériences qu'il a publié, sous le titre de *Observations sur la maladie du gros bétail*, faites à l'occasion d'une ordonnance qui proscrivait les cuirs des animaux morts de la maladie contagieuse. *Voir* la partie expérimentale.

La maladie contagieuse, suivant Clerc, ruine les richesses de l'état dans leur source, en faisant périr les bestiaux, qui sont le nerf de l'agriculture, le soutien et l'aliment du ménage rustique (1). Le produit des bestiaux est un bien qui croît et se renouvelle à chaque instant. On doit en faire autant de cas que les vieux Germains, qui les donnaient pour dot à leurs filles. On doit savoir bon gré aux Athéniens, qui furent très-long-temps sans immoler ces animaux dans leurs sacrifices. Après avoir traité de la contagion de l'homme, l'auteur a cru utile de parler d'une contagion qui n'est ni l'effet ni la cause de la première, lors même qu'elles exercent leurs ravages en même temps.

(1) *Sur les maladies contagieuses du bétail, avec les moyens de les prévenir et d'y remédier efficacement ;* par Clerc, ancien médecin des armées du roi en Allemagne. Paris, Tilliard, libraire à Saint-Benoît, 1766. 63 pages in-12, dédié à M. Bertin.

L'auteur demande quel parti il prendrait ; le voici. C'est de communiquer au public ce qu'il avait bien vu et bien observé dans quatre mortalités des bêtes à cornes, et de comparer les faits qu'il rapporte avec ceux des observateurs qui ont écrit sur les causes des fléaux publics. Il aime à croire que les secours fondés sur un grand nombre d'expériences heureuses, faites en différens temps, en différens climats, dans des maladies qui n'avaient pas toujours les mêmes symptômes, ne peuvent manquer d'être utiles.

L'auteur expose, dans la troisième section, les premiers signes de la mortalité qui affligea la Hollande en 1744 et 1745, et au commencement de 1746. Les voici. Le poil se hérissait ; les animaux éprouvaient un tremblement universel, les yeux devenaient rouges ou jaunâtres, paraissaient s'enfoncer dans l'orbite. Il y avait écoulement de larmes et de morve. La lèvre supérieure était engorgée, l'inférieure pendante, les gencives rouges, remplies de varices. Il y avait aussi des petits boutons jaunâtres, ainsi qu'au palais et à la langue ; il survenait, à plusieurs, des bubons ou duretés inflammatoires au fanon, à l'aine. Les jambes de derrière ne pouvaient supporter le moindre attouchement, étant douloureuses. Les battemens des artères étaient forts et fréquens. Vers la fin du deuxième jour, la respiration devenait difficile ; cette difficulté augmentait rapidement. L'animal poussait des soupirs, des gémissemens ; il s'écoulait de la salive par la bouche, ainsi que des mucosités par les narines ; ces matières devenaient sanguinolentes au moment de la mort. Il n'y avait pas de sommeil ; les animaux périssaient le quatrième, le cinquième ou le sixième jour, comme s'ils avaient été assommés d'un coup de massue. Peu de différence se faisait remarquer dans l'urine; il n'en était pas de même des excrémens, qui étaient jaunâtres, purulens et fétides, peu de temps avant la mort. Il dit qu'il n'a observé, comme Boerhaave, aucune différence sensible entre le lait des vaches malades et celui des vaches saines, même trait la veille ou le jour de la mort.

Ces symptômes s'accordent tous avec ceux de la mortalité qui attaqua les bestiaux des environs d'Harlem, et de ceux décrits par les médecins de Kœnigsberg.

Il suffit que quelques uns des signes principaux se manifestent, pour recourir sur-le-champ aux secours qu'il indiquera. Il prie surtout ceux qui le liront, d'être bien persauadés que tout poison contagieux, quoique transmis en très-petite dose, a des effets rapides et meurtriers, détruisant les organes essentiels à la vie.

L'auteur, dans la section IV, donne des explications des phénomènes. Regardant ces explications comme hypothétiques, nous nous sommes cru autorisé à les passer sous silence, pour ne pas donner une trop grande étendue à notre analyse.

Dans la section VII, l'auteur s'occupe des observations anatomiques faites sur l'ouverture de soixante-dix animaux, qui ont péri dans six contagions.

Les yeux sont parsemés de veines brunes et livides. Les humeurs des narines, de la bouche et autres sont sanguinolentes et très-putrides. La raideur des jambes, de derrière surtout, est très-forte. Le tissu cellulaire sous-cutané est noir, sec et enflammé; la chair brunâtre. Il y a peu d'altération au cerveau; ses membranes offrent des traces d'inflammation. Le poumon n'est jamais sain; il est rouge, livide, gangrené, couvert de taches noirâtres. La membrane du canal aérien se détache sans effort. Le cœur porte des marques de contagion. Les cavités sont toujours remplies d'un sang brûlé ou d'un sédiment qui ressemble à une lie brune. Le foie et larate sont de couleur noirâtre, gonflés d'un sang semblable à de l'encre. L'auteur dit qu'il est dangereux d'examiner de près les viscères ; la puanteur qu'ils exhalent l'a fait tomber en syncope. La bile est caustique et brûlée. Les estomacs sont enflammés. Le troisième (feuillet) contient des alimens noirs, secs et brûlés. La membrane interne s'en sépare d'elle-même. Le quatrième (caillette) est de couleur de minium ; il renferme des matières jaunâtres d'une odeur infecte. Boerhaave a trouvé un sang extravasé, noir, brûlé et fétide. Les intestins sont très-distendus par de l'air et parsemés de taches livides. Boerhaave n'a pas remarqué d'altération à la vessie ni aux reins. L'auteur a observé de l'inflammation à la matrice, et les fœtus qui y étaient renfermés avaient non seulement les intestins endommagés, mais encore la poitrine et le bas-ventre remplis d'une humeur sanguinolente de mauvaise odeur. Voilà ce que l'ouverture dévoile à l'observateur.

La section X a pour objet de faire connaître les moyens de remédier à la mortalité du bétail.

C'est ici, dit l'auteur, le point rigoureux de l'art. C'est ici qu'il faut avouer que nous n'avons rien de certain pour remédier aux poisons contagieux. Leurs élémens sont si subtils qu'ils ont échappé à l'analyse. C'est ce qui s'est opposé à la découverte d'un préservatif ou d'un spécifique efficace. Ces remèdes sont des poisons d'une nature opposée à celui qu'on doit détruire. Mais comment ne pas craindre de dé-

truire l'économie en ajoutant venin à venin ? Le parti le plus
sûr, c'est de traiter le mal en raison des symptômes qu'il
présente. La section XI traite des moyens de remédier à la
contagion transmise. Ces moyens consistent 1° à diminuer
le cours du venin, à en émousser les pointes, ou le stimuler ;
2° à diminuer l'inflammation ; 3° à maintenir dans un juste
équilibre l'action et la réaction des solides et des fluides ;
4° à procurer une voie convenable à la dépuration du sang
et des humeurs. L'auteur propose d'employer la saignée dès
les premiers symptômes. On peut tirer en une seule fois
cinq et même sept litres de sang. Si les symptômes n'étaient
pas sensiblement diminués, on tirerait encore, par la même
ouverture, une égale quantité de sang. Si après cette seconde
saignée la violence du mal en exigeait une troisième, on la
ferait sans balancer. L'auteur recommande de ne pas saigner
après le troisième jour. La saignée est inutile si elle n'est
pas mortelle. Il a fait pratiquer deux saignées le même jour
avec beaucoup de succès. Si l'animal est constipé on donnera
une demi-livre et plus d'huile de lis un peu tiède et un lavement de deux livres. Il avoue que tous les autres purgatifs ne lui ont pas réussi. Il a observé qu'ils faisaient plus
de mal que de bien. La nourriture sera de la farine de seigle
bouillie dans du petit-lait. On fera cuire des pommes si on
ne peut avoir de petit-lait. On suppléerait à ces remèdes par
les concombres, citrouilles, courges, un peu d'herbe verte
coupée bien menue et bouillie. On doit se garder de donner
du foin. On donnera du lait aigre pour boisson d'heure en
heure une livre. On continuera jour et nuit cette boisson
tiède, ou de l'eau pure avec du bon vinigre si on n'a pas
de petit-lait. Quand les animaux commenceront à se rétablir,

il faut bien se garder de suspendre tout à coup les remèdes ;
il faut au contraire en prolonger l'usage et ne les quitter que
petit à petit en diminuant graduellement la quantité. On
frottera les bêtes malades deux fois par jour avec une étrille
en fer. L'expérience de tous les siècles a prouvé l'efficacité des
cautères et des sétons. On en recommande ici l'usage au fanon.
On remuera la mèche du séton une fois par jour. L'auteur
n'a vu périr aucune des bêtes à qui cette opération a été
faite. On nettoiera les étables deux fois par jour. On les
parfumera ,de six heures en six heures, avec du fort vinaigre
qu'on jettera sur des briques bien chaudes. On fait brûler
aussi de la poudre à canon.

Voilà , dit l'auteur , la méthode simple qui nous a réussi.
Elle est de beaucoup préférable à tous les remèdes irritans ,
âcres , chauds , incendiaires , dont le peuple fait usage. Jusqu'à présent il n'existe aucun préservatif. Les observations
de l'auteur portent sur les principes de la bonne médecine
qui sont applicables aux animaux comme aux hommes ; il
s'agit de proportionner les doses. Au reste , les animaux
sont , dit l'auteur , composés des mêmes élémens que ceux
qui constituent l'homme.

Il souhaite d'être utile à la nature entière. Dans les précautions qui sont indiquées pour se garantir de la contagion , on trouve qu'on doit empêcher toute communication
avec le village infecté et avec les animaux. On passera un
séton , on frottera , étrillera les animaux tous les jours. On
mettra des chevaux dans les étables ; le fumier de ces animaux empêche les progrès de la contagion des bêtes à
cornes. Il regarde la rosée comme un amas de vapeurs qui
s'élèvent de la terre condensées par le froid de la nuit : elles

retombent. Les plantes qui en seraient chargées pourraient transmettre des principes de mortalité. Il ne faut donc pas envoyer les bestiaux aux champs lorsqu'il y a de la rosée ; mais lorsqu'elle est dissipée.

L'auteur dit qu'il faut assommer les premières bêtes attaquées, le faire dans un lieu écarté et les brûler ensuite. Mais si un grand nombre étaient attaquées en même temps et tout à coup, le moyen ne serait plus praticable. Il faut séparer les animaux sains, les éloigner le plus possible des bêtes malades. On les tiendra isolées, sans communication aucune avec les autres bêtes. Les animaux malades seront traités comme on l'a indiqué plus haut.

Les bestiaux attaqués (1) commençaient par pleurer et avoir les yeux chassieux ; les naseaux étaient toujours humectés, la tête basse, la respiration pressée. L'animal ne voulait pas manger aussitôt que les larmes coulaient. Le flux de ventre a toujours existé, il se manifestait dès le début jusqu'à la mort ou la santé. Les matières rejetées étaient verdâtres ou jaunâtres et d'une extrême puanteur. Les battemens du pouls de cinquante par minute (36 à 38 dans l'état sain). La toux était très-forte, la conjonctive enflammée, le tremblement continuel, l'urine coulait sans cesse, ou incontinence d'urine, surtout lorsque le dévoiement n'était pas violent ; enfin l'intestin était plutôt le siége de l'inflammation que les autres parties.

La dissection du cerveau n'a offert aucune apparence d'inflammation : les poumons n'ont été attaqués dans aucun

(1) *Journal sur la naissance, le progrès et le terme de la maladie du gros bétail à Is-sur-Tille, ville du duché de Bourgogne, avec les observations qui y ont rapport ;* par le marquis de Courtivron. *Mémoires de l'Académie des sciences,* 1747.

des animaux. Ceux ouverts depuis le troisième et le neuvième jour de la maladie, avaient les estomacs ordinairement remplis des derniers alimens qu'ils avaient pris. L'inflammation n'était bien manifestée que dans les gros intestins,
qui paraissaient flétris, sphacélés et marqués de points gan-
gréneux. Les chairs étaient ordinairement livides, le foie ne
paraissait pas altéré. Une remarque faite sur plus de
trente bêtes, c'est que la vésicule biliaire était grosse, volumineuse, renfermant plus de bile que dans l'état sain. La
bile se trouvait de plus aqueuse. L'auteur en a fait geler.
Une autre remarque; le sang abandonnait les parties extérieures du corps; on n'en trouvait pas dans les animaux
morts. Des incisions faites à la peau ou même profondément,
ne donnaient presque pas de sang. Il était, comme on s'en
est assuré, très-aqueux; il avait peu de consistance. Les
linges qu'on en imbibait restaient très-peu colorés. Les animaux qui étaient morts le neuvième jour, avaient les intestins tellement macérés que le moindre effort suffisait pour les
déchirer.

Il se trouvait à Is-sur-Tille, lorsque la maladie a commencé, 192 bêtes à cornes; la première vache mourut le 27
décembre 1747; le cinquième jour de la maladie jusqu'au
5 janvier 1748, 24 bêtes avaient péri; les neuf jours suivans il est mort 80 bêtes; neuf jours après, il en a encore
péri 61, en sorte que le 22 janvier il ne restait plus que 24
de ces animaux, et de cette époque au 11 février il en
mourut 24 autres. Courtivron a observé que les jeunes
animaux sont morts en plus grand nombre que les plus âgés,
aussi de 77 jeunes qui existaient avant la maladie il en
a péri 75.

Les vaches pleines avortèrent.

Des seize animaux qui sont restés, sept ont échappé à la maladie, les neuf autres n'ont point été attaqués, quoiqu'ils soient restés parmi ceux qui ont été affectés et qui sont morts ou ont guéri ; l'éruption a paru toujours sauver les animaux. Des dépôts, des milliers de pustules répandues sur la peau ont toujours annoncé la guérison en 1745, au lieu qu'à Is-sur-Tille, en 1747 et 1748, sur sept qui ont guéri, deux seulement ont eu des éruptions : l'un est mort même quoique la peau ait été couverte de pustules. Les six vaches qui ont guéri sans éruption, avaient cependant éprouvé tous les symptômes indiqués, avec dévoiement.

Neuf sur 192 n'ont pas été atteints, quoique ces animaux aient communiqué avec les bêtes malades. Sept vaches étaient âgées, les deux autres étaient des veaux de l'année. On a remarqué que, pendant l'épidémie, l'appétit s'est toujours soutenu, qu'ils avaient une certaine hilarité qui n'est pas ordinaire. Quatre de ces vaches étaient pleines, elles ont mis bas, les veaux ont été nourris avec avantage. L'auteur ne parle pas des remèdes ordinaires, tels que cordiaux, rafraîchissans, les saignées, à cause du peu de succès qu'on a obtenu de leur emploi, ce qui est conforme à ce que les médecins de Paris avaient observé. L'opération que les paysans appellent *herbier*, qui consiste à introduire un morceau d'hellébore sous la peau du fanon, n'a pas eu de succès.

Courtivron rapporte qu'un gentilhomme, près Mâcon, a fait infructueusement frictionner le bétail malade avec du mercure. Il remarque que le vin aigre était à Is-sur-Tille fort du goût du bétail ; il mangeait volontiers des pommes aigres. C'est parce qu'on reconnut la préférence que ces animaux accordaient au vin aigre, qu'on a été conduit à leur présenter de ces fruits de mauvaise qualité ou aigres.

Les bestiaux qui n'ont pas été atteints quoiqu'au milieu d'un endroit infecté, soit que cette circonstance puisse être attribuée à leur tempérament et à l'état où ils se trouvaient , soit par toute autre cause, étaient au nombre de neuf ; sept étaient des vaches, les deux autres étaient des veaux de l'année. Ces animaux ont été les seuls qui n'ont pas été malades ; des sept vaches, six étaient très-âgées et dans un grand état de maigreur ; la dernière, quoique moins âgée, avait porté plusieurs fois pendant la durée de l'épidémie ; ces animaux n'ont rien n'offert de particulier, leur appétit s'est toujours soutenu , les hommes qui en avaient soin leur ont quelquefois remarqué une certaine hilarité qui n'est ordinaire que dans la belle saison. Il est incontestable que ces vaches ont communiqué avec celles qui on été attaquées ou qui sont mortes. Trois de ces animaux , ayant été séparés de très-bonne heure, auraient pu par une sorte de hasard n'avoir eu aucune communication avec les malades ; mais pour les six autres elles n'ont dû leur conservation qu'aux circonstances particulières et inconnues de leur tempérament ; quatre de ces vaches étaient pleines et ont porté à bien leurs veaux qu'elles ont nourris. On l'a déjà dit.

Bien des lieux en France ont fourni malheureusement l'occasion de donner un pareil journal, mais peut-être ne s'est-on pas trouvé dans des circonstances aussi favorables que l'auteur pour le rendre aussi intéressant.

Le lieu où les observations ont été faites est une petite ville du duché de Bourgogne qui se voyait éloignée de plus

de douze lieues à la ronde du théâtre de la maladie épizootique, lorsqu'elle s'est déclarée, comme des informations juridiques et suivies en ont donné la preuve.

La maladie a offert à Is-sur-Tille quelques différences.
Enfin la contagion a été étouffée dans le sein de la ville même
par les précautions qu'on a prises ; elle ne s'est communiquée à aucun lieu voisin, elle a cependant enlevé les dix
onzièmes de tout le bétail qui se trouvait dans la ville.

Une particularité digne d'attention, c'est que le bétail qui
était dans la ville y est resté ; comme le mal a été subit et
son progrès rapide, les endroits voisins se sont tenus en
garde. Ainsi la proportion entre les jeunes animaux et
ceux plus avancés en âge a été la même pendant cette
maladie imprévue, ce qui n'a pas ordinairement lieu ailleurs.
On voit alors que les meilleurs bestiaux, les jeunes surtout,
sont vendus ; ainsi ils sont éloignés du foyer de la contagion,
ce qui fait que le calcul n'est plus exact, parce qu'au
bruit du mal, beaucoup de particuliers, pour diminuer leurs
pertes, ne gardent que le bétail dont ils ne peuvent indis-
pensablement se passer.

Is-sur-Tille a donc été un lieu très-favorable pour observer la maladie ; ajoutons que la police s'observe toujours
mieux dans une ville que dans des villages non fermés.

Courtivron, après avoir parlé de l'occasion qui a infecté le
bétail d'Is-sur-Tille, rapporte la date exacte de ses ravages.
Le 13 novembre (1747), un particulier marchand de bétail
alla acheter à Châtillon-sur-Seine, distant d'Is-sur-Tille de
douze lieues, des bœufs qui, contre l'ordonnance, avaient été
conduits à une foire ; le particulier les amena à un village
nommé *Verotte*, où il les remit par commission ; l'acqué-

reur s'aperçut le jour même que les bestiaux qu'on lui
avait achetés n'étaient pas sains : il obligea le marchand de
les reprendre, et ce dernier conduisit presque immédiatement
ses bœufs à quatre lieues , en passant pas Fréniot, Barjon
et Bouvert jusqu'à Is-sur-Tille, où il arriva le 17. Il les vendit
aux bouchers; l'un d'eux mit le bœuf qu'il avait acheté avec
une vache qu'il laissa aller avec les autres bestiaux de la
ville au pâturage. La vache du boucher fut la première attaquée; mais, s'en étant aperçu, il la tua et la vendit le 21 :
c'est à cette occasion qu'on a intenté un procès au boucher , à la suite duquel il a été obligé de payer l'amende
fixée par les ordonnances pour avoir acheté sans certificat
et vendu sans visite le bétail qui a donné lieu à la contagion.

Il est bon de remarquer que les bœufs qui ont donné la
maladie à Is-sur-Tille l'ont communiquée aussi à Verotte, où
ils avaient été d'abord vendus ; mais il n'y est mort que quelques bestiaux, parce que le particulier qui força le marchand
à les reprendre tout de suite , usa de précaution pour empêcher quelques vaches qui avaient cohabité avec ces bœufs
de communiquer avec le reste de son propre bétail ni avec
celui de ses voisins. On lit dans la partie historique de l'Académie des sciences pour l'année 1744, page 1 , *Anatomie ,*
ce qui suit : Une maladie contagieuse qui a fait périr une
grande partie des vaches et des bœufs pendant les dernières
années, et qui faisait en 1744 les plus grands ravages dans
la Bourgogne, ne pouvait manquer d'exciter à la fois le zèle
des magistrats et celui des physiciens. Comme on était persuadé avec raison que ce mal se communiquait au bétail sain
par la fréquentation de celui qui était déjà infecté, on prit à
ce sujet les précautions les plus grandes, on les poussa

même jusqu'à défendre de se servir des cuirs des animaux morts de la contagion, de peur que les peaux ne pussent porter avec elles un poison dont on avait déjà ressenti les funestes effets. Cette dernière circonstance parut à Courtivron digne d'être examinée avec soin. En effet, une matière aussi indispensable que les cuirs, méritait bien d'être conservée si on pouvait le faire sans péril, comme aussi il ne fallait pas hésiter un seul instant à les sacrifier si leur usage pouvait être suspect le moins du monde.

C'est donc à l'expérience, véritable organe de la nature, à décider cette question ; heureusement Courtivron était placé dans un endroit que la maladie avait épargné, et on ne doutera pas qu'il n'ait pris toutes les précautions nécessaires pour que les épreuves qu'il avait faites ne pussent pas l'y introduire.

Il choisit une écurie écartée, de laquelle il fit murer les fenêtres, il y fit mettre la provision de paille et de foin nécessaire pour y nourrir pendant leur retraite les animaux qui y seraient enfermés ; les seaux destinés à leur apporter à boire ne devaient servir que pour eux : enfin rien ne fut épargné pour éloigner des autres animaux du même lieu le danger auquel on allait exposer ceux-ci.

Tout étant préparé, Courtivron fit conduire dans cette écurie deux victimes qu'il voulait sacrifier au bien public ; c'étaient deux vaches, l'une jeune et l'autre déjà âgée. En même temps il avait fait venir secrètement, car la physique même exige quelquefois du mystère, des cuirs frais d'animaux de même espèce morts de la contagion, les deux vaches en étaient revêtues la nuit, et le jour ces cuirs servaient à envelopper la paille et le foin destinés pour leur nourriture. Des morceaux des mêmes cuirs trempaient dans l'eau qu'on leur présentait à boire. Les deux animaux n'eurent aucun dégoût de ces alimens ainsi préparés, et après vingt jours d'expérience pendant lesquels ces ceux vaches eurent abondamment du lait, on leur ôta cet attirail incommode ; on les parfuma pendant quelques jours avec le genièvre et on les laissa aller aux champs avec les autres bestiaux auxquels ils n'ont communiqué aucune maladie.

Il est donc constant que les cuirs des animaux morts de la contagion ont pu être mis très-près d'autres animaux de la même espèce, où aucun hasard ne pouvait les placer, sans leur avoir communiqué aucun mal... Il paraît qu'on n'a pas à craindre que l'usage des cuirs des animaux morts de maladie communique la contagion ; que par conséquent on ne doit point les perdre , en obligeant les propriétaires d'enterrer les bestiaux morts avec leur peau.

Il aurait été bien plus flatteur de donner un moyen de conserver les animaux mêmes que d'enseigner seulement à n'en pas perdre les cuirs ; mais les phénomènes qui ont accompagné cette espèce de contagion ont été si singulièrement variés , et les remèdes qu'on a tentés si rarement efficaces, qu'il a été impossible de rien statuer sur cette maladie ; il est même à souhaiter qu'on ne soit de long-temps à portée de l'approfondir davantage.

Layard vivait en 1744, d'après ce qu'il rapporte dans sa préface, à une trop grande distance des troupeaux, pour prendre connaissance de la maladie (1). Il n'y pensait

______

(1) *Sur la nature , les causes et la cure de la maladie contagieuse des bétes à cornes dans ce royaume;* par Daniel-Pierre Layard , membre

plus, lorsqu'en 1756 cette épizootie se déclara dans le voisinage de la ville de Godmanchester. Il apprend la désolation de ses voisins, qui, ne voulant pas consentir à tuer leurs bêtes, couraient tous les hasards de la maladie ; il demanda la permission d'ouvrir quelques animaux immédiatement après leur mort. Il fit quatre ouvertures qui lui fournirent de très-bons renseignemens sur les symptômes ; il apprit que la maladie était la même que celle qui avait affligé ces mêmes contrées dix ans auparavant, et contre laquelle tous les remèdes furent inefficaces, aussi il en était échappé très-peu de bestiaux. Layard a trouvé peu de ressources chez les auteurs qui ont écrit sur cet objet. Les notions de pratique qu'il s'est données par l'observation des bêtes malades, et l'inspection des cadavres, l'ont convaincu que cette maladie du bétail avait beaucoup d'analogie avec les fièvres putrides de l'homme. Il sauva cinq animaux malades sur sept qu'il a traités : une vache pleine est morte ainsi qu'une autre par sa faute, ayant purgé l'animal trop tôt et pour n'avoir pas observé convenablement le temps de la crise ; il a ensuite traité quelques veaux par une méthode qui lui a très-bien réussi.

Il a ensuite parcouru la collection des écrivains qui ont parlé sur ce sujet ; il dit que Virgile est le seul qui ait, dans ses Géorgiques, décrit en beaux vers une contagion pareille. Ramazzini et Lancisi n'ont fait que confirmer les mêmes

du Collége royal des médecins de Londres et de la Société royale.

Da facilem cursum atque audacibus annue cœptis ;
Ignarosque viæ mecum miseratus agrestes ,
Ingredere , et votis jam nunc assuesce vocari.
VIRG., *Georg.*, lib. I, v. 40.

détails ; Caton , Varron et Columelle , qui ont si bien écrit sur
l'économie rurale , paraissent avoir aussi assez bien connu
les maladies du bétail. On ne doit pas dédaigner les remèdes
qu'ils ont transmis à la postérité ; l'auteur avoue qu'il ne
connaît personne qui ait publié une description exacte de cette
terrible calamité ; pour lui , il se croirait coupable envers la
patrie s'il tenait cachées des observations qui peuvent
tourner à l'avantage de la société.

Cet essai ne renferme que les propres observations de
l'auteur qui l'a divisé en huit chapitres , outre une introduction : le chapitre premier traite de la nature et des
causes de la maladie, le deuxième du diagnostic ou symptômes, le troisième du pronostic, le quatrième de l'anatomie,
le cinquième de la méthode curative , le sixième des observations, le septième de l'inoculation , le huitième des moyens
de prévenir la contagion.

Layard avance dans l'introduction qu'entreprendre de
décrire la maladie des bêtes à cornes qui depuis tant d'années
désole l'Europe , vouloir de plus assigner la méthode qui
lui convient , c'est une tâche difficile à remplir , un véritable
nœud gordien à défaire. L'exemple de Ramazzini et de Lancisi
en 1711 et 1715 , l'engage à présenter les différens temps
de cette maladie ; il espère , sans qu'on puisse l'accuser de
présomption , être en état de mettre l'essai qu'il produit sur
cette matière au grand jour. Si l'on pouvait connaître les
obstacles qu'il a rencontrés dans cette étude , on ne serait
plus étonné du peu de profit que la société a retiré des différentes recherches des médecins. C'est à la bonté de la Providence qu'on est redevable de la conservation des bestiaux ,
sans que le moindre trait de précaution de la part des fermiers

et des marchands paraisse la seconder ; lorsqu'une pareille calamité vient affliger un pays, on voit les magistrats alarmés donner des ordres et les médecins consultés leur avis. Les marchands de bétail et les fermiers espèrent tout d'une méthode aisée qu'on leur indique pour traiter le bétail ; mais bientôt, trompés dans ce qu'on leur a promis, ils ne font plus attention à ce qu'on peut leur dire , lorsque la méthode qu'on propose serait le fruit d'un mûr examen et d'un travail réfléchi. Les médecins ne s'entendent pas entre eux sur cette maladie ; quelques uns ont soutenu que la maladie du bétail était une simple fièvre inflammatoire sans la moindre apparence de contagion; d'autres que c'était une péripneumonie; ceux-ci une fièvre bilieuse causée par l'obstruction du foie. Ces auteurs, s'ils s'étaient donné le temps de la réflexion, n'auraient pas avancé un pareil sentiment.

Les fermiers ont aussi leur méthode de traitement, mais qui leur réussit rarement ; la saignée, le quinquina, les purgatifs sont des remèdes mortels, lorsqu'ils sont administrés à contre-temps ; ainsi les fermiers , trompés dans leurs espérances , méprisent toute règle, toute méthode ; ils courent tête baissée après le premier remède, surtout après ceux annoncés comme infaillibles; ils en usent sans précaution. Bientôt revenu de son absurde crédulité , le fermier devient superstitieux et croit à la fatalité.

Il n'est pas étonnant que les occasions de faire des recherches sur les causes de ces calamités deviennent très-difficiles, puisque le gouvernement même donne des ordres pour faire tuer les bêtes malades dès les premiers signes qui se manifestent. Les médecins ne tiennent plus d'assemblées ni de conférences pour prendre un parti sage et proposer des moyens capables d'arrêter au moins les progrès du mal ; il arrive aussi qu'on tue des bêtes attaquées de toute autre maladie que de la contagion.

Si ce petit essai voit le jour, c'est pour obéir aux intentions de ceux qui désirent avoir une description exacte de la maladie ; mais ils doivent bien en même temps se persuader qu'on ne saurait guérir une maladie pestilentielle avec un seul remède, quelqu'à propos qu'il soit administré. On ne saurait procurer ni panacée, ni spécifique, ni remède infaillible et universel sur ce point ; on n'en a pas encore trouvé jusqu'à ce jour.

L'auteur a été encouragé dans ses recherches par deux considérations principales, et qui lui donnent l'espérance qu'elles ne seront pas sans fruit.

Il tire la première indication des bêtes malades dont le sang peut être seulement vicié par de mauvaise nourriture, par de l'eau corrompue, sans qu'il y ait de contagion. Dans ce cas, avec quelques secours, on pourrait généralement sauver les animaux. La seconde considération n'est pas moins essentielle, c'est que les animaux ignorent toutes les conséquences et le danger de leurs maladies ; pourvu que celui qui soigne l'animal le laisse tranquille, et qu'il ne lui donne pas des remèdes hors de propos, la nature va son train, et si le mal n'est pas considérable, elle termine la guérison sans autre secours.

La petite-vérole nous donne cet exemple. Il y a tant d'analogie entre ces deux espèces de maladies contagieuses, que, dans l'une et dans l'autre, la période étant arrivée à son terme, la santé se rétablit assez souvent sans le secours de l'art. Nous ne nous occuperons point de ce qui concerne le chapitre Ier, dans lequel l'auteur parle de l'origine, de la nature et des causes de la maladie.

Les mêmes contrées d'où la petite-vérole est sortie semblent être le lieu de la naissance de la contagion. Les pustules d'automne en Asie et en Afrique, les vapeurs putrides du Nil et les eaux stagnantes et corrompues sont suffisantes pour gâter la masse du sang. Paulet est du même avis dans son *Histoire de la petite-vérole.*

Partout où règne la contagion, l'eau est remplie des exhalaisons qui émanent des corps des bêtes malades ; ces exhalaisons sont portées à de grandes distances et infectent les animaux d'une même espèce que ceux attaqués. Cependant cette émanation a ses bornes. Le docteur Mead observe que la fumée de Londres ne s'étend pas au-delà de plusieurs milles. La maladie se communique de plusieurs façons : les fumiers, la litière, le foin, les habits, la laine des moutons sont infectés et répandent leurs malignes influences. Elle gagne de proche en proche. Cette maladie est particulière aux bêtes à cornes. L'auteur a vu des cochons, des chevaux et des chiens vivre au milieu de la contagion, communiquant avec les bêtes infectées, sans être le moins du monde incommodés. On demande pourquoi la maladie n'attaque pas l'espèce humaine ; comment il se fait que la peste, si fatale aux hommes, n'affecte pas les bêtes. Il croit que les humeurs, chez l'homme, étant plus parfaitement élaborées, acquièrent, lorsqu'elles sont viciées, un plus grand degré de putréfaction que celles des animaux. Il renvoie à la description éloquente que Thucydide a faite de la peste d'Athènes ; il cite Lucrèce sur le même sujet, le discours de Mead sur la peste. Il rapporte un passage de Diodore de Sicile. C'est de

l'idolâtrie des Égyptiens que les Israélites imitèrent leur ri-
dicule adoration du veau d'or.

Quelles sont les parties constituantes de l'humeur contagieuse, ou de quelle manière agit-elle? L'auteur ne prendra
pas de détermination *à priori*. Il laisse aux autres à philoso-
pher sur ce point. Il ne s'aventurera pas non plus à assurer
que c'est par la respiration ou par la déglutition que les animaux attirent les vapeurs malignes, mais seulement qu'elles
sont d'une nature active et subite : elles vicient les fluides,
relâchent et déchirent les solides. Au reste, les périodes, les
progrès et les effets de cette maladie sont exactement les
mêmes que ceux qu'on observe dans la petite-vérole.

La contagion passe par différens degrés, qui sont marqués
chacun par leurs symptômes. L'infection est plus ou moins
violente. Il se manifeste une diminution d'appétit, une espèce
de râlement, difficulté d'avaler. L'animal secoue la tête
comme si un insecte lui chatouillait les oreilles. Il tient les
oreilles basses, les yeux sont abattus et troubles ; il est dans
une grande anxiété. Ces signes, excepté le dernier, diminuent jusqu'au quatrième jour ; alors la stupidité, la difficulté de se remuer, une grande faiblesse, sont suivies de la
perte totale de l'appétit. Écoulement par les yeux et les narines. Toux profonde accompagnée de frissons. Tête, cornes
et la respiration sont brûlantes ; tout le reste du corps et les
membres sont froids. La fièvre, qui était continue les trois
premiers jours, augmente, redouble sur le soir. Le pouls
est vif, serré, inégal ; une diarrhée habituelle, dont les déjections sont verdâtres et fétides ; l'haleine puante. Une odeur
nauséabonde qui s'exhale de la peau infecte l'air et l'étable.
Le sang est rouge, sec et écumeux. L'urine est rougeâtre

La bouche et les lèvres sont ulcérées. Des tumeurs ou boutons se font sentir sous le pannicule charnu et sous la peau. L'éruption paraît enfin sur tous les membres et sur toute la surface du corps. Le lait diminue par degré et tarit le quatrième jour. Ces symptômes vont en augmentant jusqu'au septième jour de la maladie, quoiqu'ils se prolongent jusqu'au neuvième, jour où la crise se termine.

Layard, dans le chapitre III des pronostics, fait connaître les signes de la guérison et ceux qui annoncent la mort des bestiaux. Les bœufs ne sont pas saisis avec autant de violence que les vaches et les veaux. Une vache pleine sauvera son veau si elle le nourrit et si elle est saignée convenablement. Les veaux prennent la maladie de leur mère avec le lait, et si les veaux sont attaqués les premiers, ils infectent leur mère infailliblement. Cette maladie, étant une espèce de peste, se manifeste en tout temps et en toute saison.

Toute maladie épidémique, dit Mead, a son temps d'invasion, son état ou plus haut degré, le déclin communément appelé la crise ou jours critiques. Le sort des bêtes est décidé le septième jour; quelquefois il a différé jusqu'au neuvième; un mauvais traitement, une mauvaise constitution, occasionent des désordres qu'on ne peut imputer à la contagion. Au septième jour il paraît à la peau des boutons gros comme des œufs de pigeon, principalement à la tête, sur la queue et des deux côtés du dos. Il se forme un abcès entre les cornes ou dans quelque autre partie du corps. Les déjeccions deviennent plus épaisses et prennent plus de consistance. L'urine est d'une meilleure couleur. Si la bête a eu un frisson suivi de chaleur après laquelle la fièvre s'est abattue, si le pouls a des battemens réguliers sans intermission et sans dureté, si le nez de l'animal se charge de gale, si les yeux sont clairs et vifs, s'il redresse les oreilles, s'il mange un peu de fourrage, ces symptômes annoncent que la bête est hors de danger. Si au contraire au septième jour de l'éruption, les boutons diminuent et disparaissent sans jeter au dehors, si la diarrhée continue, si l'haleine est brûlante pendant que le reste du corps est froid, si la difficulté de respirer augmente, si les yeux sont éteints, l'écoulement des narines supprimé, si l'animal tombe dans une stupidité complète, si une odeur cadavéreuse s'exhale du corps de l'animal, on peut prononcer qu'il n'y a plus de remède, qu'une mort prompte est inévitable.

L'examen attentif du cadavre d'un animal sain et celui d'un animal infecté, donne, suivant Layard, de grandes connaissances pour le diagnostic des maladies contagieuses. Nous ne le suivrons pas dans la description qu'il a cru utile de donner des viscères d'un animal sain, parce que l'anatomie comparée s'est perfectionnée depuis que l'auteur a écrit sur cet objet. Nous nous occuperons de préférence des lésions que l'ouverture a présentées. Les corps des animaux ont paru exténués au dehors par la violence de la diarrhée qu'ils ont éprouvée. Les incisions faites à la peau exhalaient une odeur très-fétide, elles étaient suivies d'un écoulement sanieux et purulent. Les ventricules du cerveau étaient remplis d'eau, les vaisseaux gorgés de sang très-rouge. Les membranes du nez, les glandes, toute l'étendue du sinus frontal, l'intérieur des cornes, toutes ces parties étaient enflammées et ulcérées : on y observait des abcès. Ces mêmes accidens se montraient à la bouche et aux glandes du gosier ; les poumons, également enflammés, offraient des taches livides de sphacèle et des hydatides ; la membrane cellulaire distendue par de l'air ; le cœur gros, tuméfié, flasque et d'une couleur livide ; le sang contenu dans ses cavités, noir et sans sérosité; la graisse des environs d'un jaune clair ; le foie gros ; ses vaisseaux bilieux et sanguins également distendus et pleins d'un sang noir et fluide, et la bile d'une couleur très-foncée; sa substance tellement pourrie qu'elle se séparait en morceaux pour peu qu'on la touchât; l'œsophage ulcéré ; le premier estomac (panse), gonflé, mou, renfermait beaucoup de matière noirâtre ressemblant à de la tourbe. Tous les signes de gangrène étaient manifestes dans les autres estomacs. Le feuillet renfermait beaucoup de foin séché entre ses lames, et attaché à leurs parois. Le quatrième était vide et très-enflammé, et gangrené en plusieurs endroits ; tous les intestins vides et parsemés de taches rouges et de noires; la vessie sans urine ; les reins mous et se rompant aisément ; La chair, en quelques endroits livide, passait bientôt à la couleur verte. La graisse était partout jaune.

Les vaches pleines avaient l'utérus gangrené par places. L'eau qui environne le fœtus était d'une odeur insupportable ; enfin la masse entière portait évidemment tous les signes de la putréfaction. Il n'y avait point de différence, si ce n'est que le venin chez certains animaux attaquait un viscère en particulier, tandis que chez d'autres il s'étendait plus ou moins sur toutes les parties du corps.

Il est évident que cette maladie a été causée par une vapeur pestilentielle, dont les miasmes ou molécules contagieuses ont été portées dans l'eau, ou par quelque autre voie insinuées dans les fluides des bêtes à cornes, soit par les organes de la respiration, soit par la digestion.

Layard, avant de parler de la méthode curative qu'il doit proposer, cherche à concilier les différentes opinions qui ont été adoptées jusqu'à lui sur cette maladie, concernant l'inflammation. Il définit l'inflammation une plénitude extraordinaire des vaisseaux sanguins, d'où résulte la stagnation, à moins qu'ils ne se désemplissent, ce qui arrive par la dérivation, la révulsion, par la rupture des vaisseaux ou la fermentation du sang et des fluides extravasés dans un abcès. Ou bien, les vaisseaux ayant perdu leur élasticité, et la stagnation allant toujours en augmentant, alors il n'y a plus ni chaleur, ni circulation, ni sensibilité ; les parties tombent en sphacèle et en gangrène. L'élasticité des vaisseaux donne une grande force pour repousser l'ennemi et pour le faire sortir par les émonctoires naturels. L'inflammation doit être observée et contenue dans ses bornes, car jamais elle ne sera aussi violente que dans les autres maladies inflammatoires ; en effet, les hommes sont plutôt enlevés dans une pleurésie, une fièvre ardente et inflammatoire, par le défaut d'évacuations suffisamment répétées, que pour avoir tiré trop de sang. L'auteur observe que, dans les infections subites, il n'y a pas de ferment putride capable de relâcher les tuniques des vaisseaux ; au contraire leur élasticité augmente par degrés ; la chaleur et l'obstruction deviennent plus considérables, à moins que la quantité de sang ne soit diminuée ; leur rupture occasionera un abcès, ou autrement la stagnation totale se terminera par gangrène. Il paraît constant que cette maladie est, comme la petite-vérole, également inflammatoire, putride et contagieuse. Elle doit être traitée d'après les symptômes prédominans. Suivant Celse, les maladies ne se guérissent pas avec des paroles, mais par des remèdes. *Morbi non eloquentiá , sed remediis curantur.* Ce précepte engage l'auteur à examiner la meilleure méthode qu'il faut suivre pour la guérison de cette maladie, enfin ce qui concerne la méthode curative.

Layard commence ce chapitre très-étendu par dire que l'analogie qui se trouve entre la petite-vérole et la maladie contagieuse du bétail, a décidé la pratique de Ramazzini qui sert de base à la sienne.

On a recommandé d'abondantes saignées. Sydenham a employé volontiers la saignée dans les maladies pestilentielles. Mais il faisait bien attention au temps de la maladie ; il avait observé que quand l'éruption critique était formée , la saignée devenait très-préjudiciable lorsque la fièvre et l'inflammation commençaient à tomber. Ce médecin trouvait la saignée nécessaire dans les cas seulement où l'inflammation était considérable, et qu'il y avait une tension si forte que l'humeur morbifique ne pouvait trouver d'issue. L'auteur blâme l'emploi des vésicatoires chez le bœuf ; il dit qu'ils augmentent la viscosité du sang qui se manifeste dans le premier temps de la maladie : il n'est pas aisé de les appliquer sur les poils dont la peau des animaux est couverte, et cette application devient préjudiciable si elle augmente la violence de la fièvre.

Les purgatifs forts occasionent une iritation violente des estomacs et des intestins ; il conviendrait d'évacuer par des moyens très-doux. L'auteur préfère des moyens moins chers que le camphre, qu'il n'emploie pas quoique excellent.

Il n'ordonne pas la craie ni les poudres de coquillages. Le docteur Pringle a trouvé que ces substances étaient d'une

qualité septique. Il donne la préférence aux remèdes liquides sur ceux qui sont sous forme solide.

Les mercuriaux et les antimoniaux ne conviennent pas plus
que les huiles et les balsamiques.

Après avoir considéré l'inutilité et qui plus est le danger
d'administrer des remèdes peu convenables , Layard propose
une méthode particulière de traiter la maladie, et ce paragraphe a pour titre : *De la cure.*

Aussitôt que les premiers symptômes se manifestent, on
place l'animal dans une étable spacieuse ; on ouvre souvent
la porte, cependant il ne doit pas être exposé à un courant
d'air. On lui met sur le dos une couverture de laine. S'il est
fort on doit faire une saignée de deux pintes. Il faut laver
l'animal avec de l'eau chaude et du vinaigre. On fait vapori-
ser du vinaigre aromatique, ce qui réveille les sens de l'animal. On frotte matin et soir la peau avec un morceau de
laine. Pour les vaches, il faut oindre les mamelles matin et
soir avec de l'huile légèrement chauffée. On passera un séton
au fanon aussitôt après la saignée ; on le pansera chaque matin avec de la térébenthine délayée avec le jaune d'œuf ;
on l'entretiendra au moins un mois après la guérison de
l'animal. On donnera de l'eau blanche tiède, dans laquelle
on aura fait dissoudre une ou deux onces de sel de Glauber ;
administrez de l'eau de gruau.

Il prescrit ensuite un breuvage composé de garance, de
raifort sauvage , de fleurs de camomille, de matricaire, rue
et sauge.

Il ne faut donner aucun fourrage sec, ni aucune nourriture
solide, jusqu'à ce que l'animal rumine. On fait administrer
du petit-lait, et nettoyer la bouche et les narines avec une

liqueur composée de figues, raisins et moutarde concassée, et dans laquelle on ajoute du miel et une once d'ammoniaque.

Si le quatrième jour il n'y a pas d'éruption, que l'animal soit triste, abattu, il faut donner un breuvage avec serpentaire de Virginie, fleurs de camomille, thériaque. Il faut laisser une personne la nuit auprès de l'animal pour lui administrer du petit-lait. L'auteur donne une formule dans laquelle entre le quinquina, l'écorce de chêne et myrrhe, de chacun une once, d'après Forthergill, surtout si le mal de gorge est joint à l'ulcère. Si l'animal est faible, ajoutez du vin rouge; faites prendre dans l'intervalle du petit-lait, des décoctions de foin, de fleurs de camomille infusées dans le vinaigre. Il faut ouvrir les cornes pour évacuer l'humeur qui s'y est formée. La térébration des cornes est le nom qu'on donne à cette opération. Toute fièvre putride se termine par une crise dans laquelle la nature se décharge de la matière morbifique par la voie des intestins; il survient une diarrhée qu'il ne faut pas arrêter trop tôt.

L'auteur ne saurait trop recommander l'exactitude à observer le temps de la maladie et de la crise; car, pour un purgatif donné mal à propos, ou pour n'avoir pas été exact sur la privation des alimens, on porte un coup irréparable à la guérison, et on doit s'attendre à de fatales conséquences. Il en rapporte un exemple très-remarquable.

En hiver, les bêtes convalescentes ne peuvent pas de suite retourner à la prairie; on doit les accoutumer à l'air par gradation, la chaleur et le froid excessifs occasionant des désordres; il y a des exemples d'animaux qui, faute de cette attention, sont retombés et ont été perdus. Les pâtres ne doivent pas quitter les bêtes convalescentes

pendant le temps qu'elles sont au pâturage, pour les empêcher de manger trop d'herbe et pour ne pas leur laisser
la tête basse trop long-temps. Il serait préférable de les
attacher dans un parc en plein air , où on les nourrirait
avec du foin sec et on les promenerait pour leur faire
prendre de l'exercice ; on doit les frotter matin et soir avec
de la paille. Quelquefois une toux opiniâtre , une difficulté
de respirer et enfin une diarrhée abondante accompagnent
cette maladie ; si l'animal n'est pas faible , tirez de la veine
jugulaire trois ou quatre pintes de sang ; répétez la saignée
lorsque la nécessité le requiert ; s'il n'a pas eu de séton, il
faut en ouvrir un au fanon sur-le-champ, donnerde l'eau de
son et de l'eau de gruau, couvrir la bête la nuit. Il indique
une autre complication , c'est l'existence de vers qui sont
produits et se développent pendant le désordre de la maladie ; les remèdes mercuriels et antimoniaux peuvent très-
bien les détruire ; mais, ces vers étant une maladie différente,
l'auteur dit qu'il ne s'y arrêtera pas plus long-temps.

Layard raconte de bonne foi les bons et les mauvais
succès qu'il a eus dans le traitement ; c'est comme une pierre
de touche qui doit servir à juger de l'efficacité ou de l'inefficacité de la méthode proposée.

L'auteur n'a pas observé la maladie au même degré de
violence chez chaque animal ; il range les faits dans le même
ordre qu'ils sont survenus.

Uu veau fut attaqué et pris de la diarrhée. Le cinquième
jour il était livré à l'injure de l'air dans la basse-cour ; on le
fit mettre à l'abri dans une étable , on lui donna du petit-lait
vinaigré deux fois par jour seulement : la diarrhée s'arrêta ;
les boutons et les pustules en grand nombre , qui s'étaient

affaissés pendant la diarrhée, s'enflèrent de nouveau et jetaient beaucoup de matière purulente. L'animal commença à tirer son fourrage, à ruminer ; la crise survint bientôt, et il fut rétabli sans accident. Une vache était regardée comme perdue, et on n'avait rien ordonné pour elle ; mais Layard, l'examinant de près, s'aperçut que le nez et la bouche étaient remplis de gale ; il lui fit prendre de la petite bière chaude : on sentit des boutons à la peau, et, contre le sentiment du vacher et au grand contentement du fermier, la bête s'est parfaitement rétablie.

D'autres bêtes dans la même ferme furent traitées d'après la méthode indiquée, et toutes furent guéries, exc epté u n jeune animal dont il rapporte l'histoire en détail.

Un jeune taureau d'un an prit, quoique l'auteur s'y soit fort opposé, du cordial de Godefroi, opiat fort dont on abusait dans le pays contre la petite-vérole des enfans. Comme l'animal se montra après vif, gai, la femme du fermier se félicitait d'avoir trouvé un remède plus prompt et à meilleur marché que ce que Layard avait conseillé ; il attendait avec une sorte d'impatience, renvoyant toujours à l'événement. L'auteur attribuait cette gaîté à l'opium qui entre dans ce remède ; mais bientôt l'animal devint de plus en plus pesant, secouant la tête fortement, quoique l'écoulement des narines fût considérable ; la difficulté de respirer augmenta ; ensuite vint la constipation, il se manisfesta des frissons alternatifs avec chaleur. Mais quelle fut la suprise de la fermière quand au cinquième jour le jeune taureau mourut subitement, nonosbtant l'administration régulière et continuée du cordial ! L'auteur rapporte d'autres observations, d'où il conclut qu'il y a peu d'espérance pour les bêtes pleines lorsqu'elles sont attaquées de la maladie ; il faut, lorsqu'une bête est pleine, l'éloigner avec soin et la tenir hors de la portée de la putréfaction. Toute l'attention, si elle devient malade, doit se porter à ne pas l'affaiblir par des évacuations trop violentes et trop répétées ; il faut éviter d'augmenter la fièvre par des remèdes chauds ; enfin borner tous les soins à conserver les forces de la bête pour la défendre contre la maladie, spécialement dans le temps de l'avortement.

L'auteur ayant établi par ses observations la plus grande similitude entre la petite-vérole et la maladie contagieuse dont il s'occupe, il dit que l'impression de la matière morbifique, des vapeurs malignes (*effluvia*), se fait ou sur les poumons ou sur le conduit alimentaire ; il ajoute que, bien que la pratique de l'inoculation ne soit pas infaillible, cependant les avantages qu'on en retire sont très-grands ; elle empêche la maladie de pénétrer dans les poumons et dans l'estomac, puisqu'une grande partie de la matière morbifique est évacuée par le séton ; les poumons, n'étant pas affectés, rafraîchissent le sang par un air pur qui tempère la chaleur que le venin y porte, et prévient le danger de l'inflammation. L'estomac ne fournit pas un chyle impur, le sang se trouve moins exposé à la dissolution, qui arrive fréquemment dans cette maladie ; la nature, moins affaiblie par l'inoculation que par la maladie naturelle, produit des crises plus décidées, plus complètes, ce qui est un avantage bien connu de ceux qui pratiquent l'inoculation.

Layard conseille l'inoculation lorsque la maladie est dans le voisinage du bétail qu'on possède. Le fermier met par cette opération son troupeau à l'abri. L'auteur dit que Guillaume de Saint-Quentin, le docteur Fontaine, doyen d'York, ont réussi par l'inoculation en Hollande, où elle a eu alternativement de bons et de mauvais succès ; ils ont inoculé avec la matière de l'écoulement des narines , de la bouche et des yeux. Le docteur Scweuke fait mention d'une circonstance importante , c'est qu'il a pris de la matière morbifique provenant d'une bête guérie. Le pus des boutons et pustules est plus louable , mieux travaillé que celui qui coule avec le mucus des narines. Cette inoculation n'exige aucune précaution ; il n'est pas douteux que les jeunes bêtes se tirent mieux d'affaire que les vieilles , chacune de ces constitutions demande un traitement particulier. Au surplus , l'auteur renvoie aux ouvrages publiés sur cette matière.

Il faut tirer du sang aux bêtes fortes et robustes et point du tout à celles qui ne le sont pas ; on les mettra à la diète blanche , on leur tiendra le ventre libre ; il faut séparer les bêtes saines des malades. Les purgatifs sont nuisibles pour préparer les animaux ; le sel de Glauber, ou le sel d'Epsom, sont les purgatifs les plus convenables ; les bêtes qu'on prépare à l'inoculation doivent-être frottées , bouchonnées , étrillées ; leur fourrage sera du foin très-délié , bien conditionné ; leur boisson, de bonne eau de fontaine et de rivière ; l'étable sera spacieuse. Si les bêtes sont en bonne santé sans être constipées ni relâchées, entreprenez sûrement l'opération de l'inoculation. Il faut passer le séton au fanon , lieu éloigné de la matrice , dans les vaches pleines.

Les bêtes ne tombent malades que le sixième jour, ce qui répond aux observations qu'on a faites dans l'inoculation des enfans. Le professeur Scweuk dit que si les bêtes étaient constipées il faudrait, le troisième jour , donner un once de sel d'Epsom. On aura les mêmes soins et les mêmes précautions dans la maladie inoculée. Lorsque la maladie survient naturellement, on y emploiera les mêmes remèdes; mais il est rare que dans l'inoculation on soit obligé d'y avoir recours.

Les progrès de la maladie inoculée et ses différentes époques se succèdent avec bénignité. Pour les précautions, l'auteur renvoie au chapitre cinquième.

Il y a deux moyens de prévenir cette terrible maladie, le premier est d'empêcher son entrée dans le pays ; le deuxième, lorsqu'elle a pénétré, de mettre tout en usage pour en arrêter les progrès.

Layard ne s'occupe pas des ordonnances et réglemens parce qu'ils sont connus ; mais il est d'avis d'écrire à tous les consuls, pour être informé aussitôt que la maladie sera dans leur voisinage. On donnera des ordres pour défendre l'importation des animaux, des cuirs verts ou secs, du pays où la maladie s'est manifestée ; on jettera à la mer les chiens, les cochons, les chevaux et les bêtes à cornes malades. Le nombre des bestiaux est assez grand en Angleterre, pour n'avoir rien à craindre d'une prohibition absolue ; cependant, si malgré les soins qu'on pourra prendre la maladie s'est introduite dans le royaume, on fera éprouver au coupable toute la sévérité de la loi. On publiera un avis afin que le bétail sain soit tenu éloigné de quatre milles des pâturages où la maladie a été découverte.

Le docteur Wall recommande des espèces de lazarets ou d'infirmeries pour le bétail. Dès que la maladie se serait manifestée, on mettrait les bêtes en quarantaine lorsqu'elles viendraient du pays infecté ; on transporterait dans les infirmeries toute bête qui présenterait les premiers symptômes de la maladie, car si la bête restait jusqu'à l'époque de la suppuration, il y a toute probabilité que le troupeau serait infecté jusqu'au dernier animal. Ceux qui auraient soin des bestiaux malades auraient des habits en toile.

Le docteur Mead dit qu'on doit enterrer tout ce qui a servi aux bêtes malades, ainsi que les habits de ceux qui les ont soignées; il rapporte un fait qui semble prouver que la fumée des habits infectés qu'on avait brûlés n'est pas exempte de danger : cette fumée ayant été portée par le vent sur un côté de la ville, en peu de jours huit personnes tombèrent malades de la petite-vérole. Ainsi les maladies pestilentielles ont des émanations très-dangereuses; il est donc bien plus sûr d'enterrer les objets, avec le fumier, la litière et tous les habits.

La vapeur putride ne se communique jamais plus promptement que par les habits des domestiques, qu'une curiosité indiscrète porte à aller visiter les bêtes attaquées de la maladie; il faut leur défendre sévèrement toute fréquentation, il faut leur recommander de conduire leur bétail avec prudence.

L'auteur rapporte des formules de remèdes préservatifs dont nous ne parlerons pas; nous ne croyons pas qu'ils aient cette vertu, quoiqu'ils soient revêtus de l'autorité de Lancisi et de Layard. L'auteur ajoute que Caton recommande les mêmes remèdes que Lancisi. On peut voir ce que nous avons de Caton, page 13 et 14.

Tous les auteurs s'accordent en ce qui concerne le séton. Layard croit inutile de les citer, puisque leur vœu est unanime sur ce point.

Il rappelle l'arrêt du conseil du 17 novembre 1747, qui ordonne d'enterrer les bêtes trois heures après leur mort.

Ce temps a été trouvé suffisant pour opérer le refroidissement afin que les vapeurs pestilentielles eussent moins de facilité à se répandre et à infecter l'air.

L'ordre a été donné, suivant les lois, de tuer les animaux sur les premiers symptômes de la maladie ; mais on s'est repenti d'avoir tué trop promptement des bêtes qui n'avaient aucun mal. La crainte de voir dépeupler tout à coup l'espèce des bêtes à cornes a rendu les défenses moins sévères à cet égard ; on a tenté quelques remèdes pour sauver les animaux. C'est ainsi que, malgré la rigueur de l'ordonnance du pape Clément X, qui engageait aussi à tuer les bêtes à cornes, Lancisi, son médecin, conseillait d'essayer des remèdes pour les préserver et pour les guérir, s'il était possible.

Nous terminerons l'analyse du mémoire de Layard, en présentant le tableau des bêtes mortes, et de celles qui ont été guéries par les moyens employés.

Bêtes mortes.		*Bêtes guéries.*	
Avant son arrivée.	10	Des sept qu'il entreprit.	5
Mortes depuis.	2	Veaux.	2
Des sept premières qu'il entreprit.	2	Un taureau.	1
Une vache avec son veau.	1	Une vache.	1
Un veau mort pour lui avoir donné une prise du cordial de Godefroy.	1	Veaux d'un an.	6
Total.	16	Total.	15

Cette table prouve qu'un traitement méthodique et bien raisonné n'est pas inutile, comme l'avancent certains modernes qui prétendent qu'il faut abandonner le soin de la guérison à la nature seule. Ce dernier parti serait préférable aux purgatifs âcres, et autres remèdes incendiaires, qui augmentent la violence de la maladie ; ces médicamens occasionant des désordres très-graves dans l'économie des bêtes bovines, il est évident qu'il vaut mieux faire de la médecine expectante que de les administrer.

Burcard Manchard, dans un Discours publié en 1745, donne une histoire complète de la maladie des vaches de Tubingen (1). Il parle des phénomènes qui l'ont précédée, accompagnée et suivie. Il traite également de la pathologie et de la thérapeutique de cette maladie. Il lui donne le nom de fièvre continue, aiguë, maligne, épidémique, contagieuse et inflammatoire. Cette maladie s'accompagne de dysenterie et même de péripneumonie.

La fièvre, pour employer les expressions de Stahl, est regardée comme une maladie dans laquelle la circulation est visiblement altérée, suivie de frisson, de chaleur et d'atonie. Il dit que Stahl, d'après les principes de la raison, refuse aux animaux une véritable fièvre ; mais la discussion dans laquelle il faudrait entrer éloignerait trop du but que s'est proposé l'auteur.

Il la nomme continue parce qu'il y découvre toujours la chaleur et le frisson avec quelque diminution par intervalle, mais sans jamais cesser entièrement.

Aiguë, parce qu'elle devient très-dangereuse en peu de jours. Maligne, par son extrême violence, son caractère occulte et caché. Épidémique, parce qu'elle a exercé ses ravages en un seul lieu, successivement dans l'Allemagne et presque dans toute l'Europe.

(1) *Discours de Burcard Dav. Manchard et de Christophe-Henry Klemm, sur la Maladie des vaches.* Tubingen, 1745.

Contagieuse, parce qu'une vache infectée en gâte plusieurs autres. Inflammatoire, par les traces rouges et brûlées que l'on a observées dans les bêtes qu'on tuait ou qui périssaient. Dysentérique, par les tranchées, les déjections fréquentes, liquides, mêlées de sang.

Péripneumonique, par la difficulté de respirer et les soupirs, la toux fréquente ; à l'ouverture, on trouve les poumons ulcérés et enflammés.

N'ayant reconnu ni bubon ni charbon, qui accompagnent les véritables pestes, on n'a pu la qualifier de peste. On voit que l'auteur partage l'opinion d'Hippocrate, qui regardait une épidemie meurtrière comme étant la peste, tandis que Sauvages exige la présence des charbons ; cette épizootie n'est pas non plus une dysenterie bilieuse.

La cause est un venin subtil, très-actif, infectant le sang et les humeurs, se propageant par contagion. L'auteur demande si la cause est acide ou alcaline, fixe ou volatile, avec ou sans mélange ; si elle est le produit du règne animal, végétal ou minéral. Quel vaste champ de dissertations ! mais aussi quel labyrinthe de problèmes et de mystères !

Quoique des medécins véridiques conviennent qu'on est encore à trouver la véritable cause de cette maladie, il serait possible, d'après ce que l'auteur rapporte dans sa première dissertation, de remonter des effets à la connaissance de la cause. Il prétend que les faits ont conduit à reconnaître que la maladie a un caractère alcalin ; viennent ensuite un grand nombre de raisonnemens et d'hypothèses pour fortifier son assertion. Nous avons cru inutile de nous occuper de ces détails chimiques, qui sont loin d'être d'accord avec l'observation. Il croit que les parties auxquelles la cause s'attache de préférence, sont la lymphe arrosant la trachée, les bronches, l'œsophage, l'estomac et les intestins. Il examine les symptômes et explique pourquoi la rumination est suspendue, le feuillet se trouve enflammé et gangrené, pourquoi la bile est en aussi grande abondance, comment elle se remplit d'écume, se corrompt facilement, et comment elle contient beaucoup d'air qui fait qu'elle occupe un plus grand espace et fait croire qu'elle est en plus grande quantité. Les raisons que l'auteur donne sont si absurdes, que nous aurions cru abuser de la patience du lecteur si nous les avions mentionnées.

L'auteur arrive à la partie qu'il intitule Thérapeutique et Thérapie.

Les indications sont curatives, palliatives et prophylactiques. Le but qu'on doit se proposer est d'éloigner le miasme putride de la langue, de l'estomac, des narines, des poumons et de la peau. A-t-il attaqué quelque partie, il faut le maîtriser, l'atténuer, le détourner et le détruire. Pour atteindre ce but, on entretiendra la transpiration cutanée, la salivation, les éruptions de la peau ; on modérera les déjections alvines. On soutiendra les forces au moyen de bons alimens et de cordiaux. On excitera l'appétit lors de la convalescence. On doit purger le corps des humeurs impures, donner du ton aux viscères, et enfin prescrire le régime le plus salutaire.

Il nous est impossible de suivre l'auteur dans l'étalage de remèdes, bien capable d'effrayer par le grand nombre qu'il indique. Il ne connaît pas de sortilége qui puisse attirer et détruire le venin. Il ordonne de suspendre au cou des animaux un nouet composé d'ail, de camphre mêlés ensemble. Il ne rejette pas entièrement les cures sympathiques en tant qu'elles ne s'éloignent pas de la magie naturelle, et qu'elles ne soient pas capables de nuire à qui que ce soit, si elles n'admettent aucune superstition ni profanation du nom divin. On s'aperçoit que l'auteur se montre très-crédule pour un medécin.

Si nous avons rapporté ce passage, c'est pour faire connaître que la méthode curative qu'il propose est purement imaginaire et tout-à-fait hypothétique, et ne mérite pas qu'on prenne la peine de la réfuter. Cependant on voit qu'il redoute les purgatifs âcres à cause de l'inflammation des intestins. Il croit qu'il faut unir le nitre aux alexipharmaques tempérans, résolutifs ; le camphre mêlé au nitre, dont on a obtenu des effets merveilleux dans les fièvres putrides de l'homme, vient à la sutie de cette assertion. Il donne une formule très-composée, que nous ne citerons pas. Il assure, par l'usage des corps gras, huileux, avoir réussi à calmer la toux, à diminuer l'âcreté de la maladie, et surtout les tranchées.

Il n'admet pas les remèdes astringens, les thériaques et les opiats, pour ne pas enfermer, dit-il, le loup dans la bergerie, et pour ne pas faire dégénerer l'inflammation en gangrène et en sphacèle.

Dans l'article qui a pour titre Chirurgie, on voit que la saignée tient le premier rang. On la pratique aux deux côtés du cou à la veine jugulaire. Les medécins hollandais la font de 24, 30, 40 onces, guidés par l'expérience ; on doit la répéter jusqu'à quatre fois dans les premiers jours. Il observe que les animaux en Hollande sont plus vigoureux qu'en Allemagne ; cependant l'auteur a tiré jusqu'à deux et trois livres de sang; il a répété la saignée suivant la force de l'animal : on ne doit pas, selon lui, la continuer après le cinquième jour. Une vache très-malade le quatrième jour ayant la respiration très-laborieuse, avec une ophthalmie et des excrétions dysentériques, l'auteur lui a fait tirer deux livres de sang; il dit que cette évacuation, jointe aux autres remèdes, fut très-efficace, et que l'animal a été parfaitement guéri. Il propose un onguent composé avec la poudre de scarabées, comme vésicatoire, et pour attirer les humeurs au dehors; un célèbre maréchal de Schondorf a beaucoup vanté son usage.

Le paragraphe XXVIII comprend ce qui est relatif à la diététique. On y trouve un grand nombre de précautions pour conserver les animaux en santé, pour rendre la convalescence complète. Les moyens pour s'opposer à la propagation de la maladie sont : des fumigations de vinaigre bouillant; on purifie l'air en brûlant du genièvre; on nettoie les étables des excrémens très-fétides qui s'y trouvent; enfin il prescrit une bonne nourriture aux animaux, de séparer les sains des malades, d'éloigner les chèvres, les chiens. Les personnes qui sont employées près des malades n'approcheront pas des animaux sains.

L'auteur raconte qu'il s'est élevé une discussion sur la manière d'isoler les bêtes malades, savoir, s'il était plus convenable de laisser les bêtes malades dans les étables et d'éloigner les saines, ou bien d'établir un vaste hôpital pour traiter les bêtes malades. L'avis de garder en ville les malades a prévalu; celui de placer les animaux sains dans des étables construites à la hâte pour les mettre à l'abri de l'intempérance des saisons n'a pas été admis. On a donné pour raison la difficulté de trouver un local convenable qui fût assez éloigné des chemins, des bois et des bêtes sauvages, exposé au bon air, près d'une rivière ou d'une fontaine ; l'odeur insupportable qui résulterait d'une étable où se trouveraient réunis cinquante à cent animaux malades, qui dans leur convalescence n'en pourraient être tirés pour être placés d'une manière convenable : tant de conditions ne pourraient être remplies sans occasioner beaucoup de dépenses pour la construction d'un pareil hôpital. Comment, dans l'éloignement de la ville, surveiller les gardiens, ceux chargés du traitement ? Chez soi, l'on peut journellement y avoir l'œil et diminuer les inconvéniens qu'on vient de faire connaître.

On trouve dans le *Mercure* du mois de juin 1745, la lettre d'un médecin sur la contagion qui règne parmi les bestiaux.

« La maladie qui règne parmi les vaches a tous les signes d'une fièvre inflammatoire ; dans les cadavres que nous avons fait ouvrir, nous avons trouvé presque toutes les parties enflammées et même gangrenées, les veines remplies d'un sang noir et dissous, les quatre estomacs gorgés de nourritures non digérées.

Les animaux attaqués ont les oreilles et les cornes froides, l'œil morne, la tête baissée, ils pleurent, ils tremblent, leur nez coule, leur lait tarit, ils ne mangent plus, ils ont le devoiement et la fièvre.

On peut aisément connaître la fièvre ; il faut pour cela poser la main gauche entre la jambe gauche de devant et le poitrail, on sentira le battement du cœur, qui doit en état de santé battre quarante-cinq ou quarante-huit pulsations par minute ; s'il y a un plus grand nombre de pulsations, on peut s'assurer qu'il y a de la fièvre. La maladie de sa nature est terrible, c'est une espèce de peste qui devient incurable si l'on ne sait pas y remédier de bonne heure ; mais les vachers ignorent le commencement de la maladie, ils ne jugent leurs bestiaux malades que lorsqu'ils cessent de manger : cependant nous savons par l'expérience qu'ils mangent encore long-temps après qu'ils sont attaqués.

Voici les signes du commencement de la maladie.

1° Les vaches ne ruminent pas, c'est-à-dire, en termes de vacher, ne grugent pas leur avoine.

2° Leurs excrémens ne sont pas en même quantité ni en même qualité ; il y en a plus ou moins, ils sont trop durs, trop mous, ou trop fluides.

3° Les vaches sont tristes.

4° Elles ne mangent pas avec la même vivacité.

5° Elles respirent difficilement ou bien elles toussent.

Dès qu'on s'aperçoit d'un seul de ces symptômes, il faut sans perdre de temps séparer la bête d'avec ses compagnes, lui retrancher la moitié de la nourriture ordinaire, lui donner de l'eau blanche pour boisson, des lavemens avec la même eau blanche ; lui faire tirer quatre pintes de sang en deux fois, de six heures en six heures, et lui faire au poitrail un cautère actuel avec le fer rouge. On fera trois ou quatre trous dans lesquels on mettra une racine d'hellébore blanc, qu'on changera de vingt-quatre heures en vingt-quatre heures : on aura soin de frotter la partie avec le suppuratif ; s'il arrive un dépôt et qu'il suppure bien, la bête malade guérira. »

Autre lettre écrite de Bayeux par M. de L...., médecin de Caen, à M. l'abbé J...., au collége d'Harcourt à Paris, sur les maladies des bestiaux , qui souvent annoncent les maladies épidémiques des hommes.

« La maladie qui depuis plusieurs années fait mourir un si grand nombre de vaches , de bœufs et de veaux dans l'Europe , a fait moins de ravages en Normandie que dans aucune autre contrée de la France , et elle n'a pénétré dans cette province qu'après avoir désolé les environs de Paris.

J'écrivis dans ce temps à Malouïn , qui était un des commissaires que le parlement et la faculté de Paris avaient nommés pour prendre connaissance de cette maladie , et pour donner leur avis sur ce qui était à faire dans cette conjoncture ; je demandai à ce médecin quel était le caractère de la maladie ; je le priai de m'en expliquer la cause , et de m'indiquer les remèdes propres à la guérir : je souhaitai surtout qu'il me marquât les précautions qu'on pouvait prendre pour en garantir les bestiaux sains.

Malouïn me répondit que c'était un scorbut dont les bêtes à cornes étaient attaquées , long-temps avant qu'il y parût ; que ce mal faisait un progrès insensible , jusqu'à ce qu'il se décelât par un dépôt inflammatoire , qui le plus souvent se faisait sur les viscères , trois jours au moins , quatorze jours au plus avant qu'elles mourussent d'une corruption gangréneuse.

Malouïn me marquait qu'on trouvait, à l'ouverture des corps de ces animaux morts , les estomacs extraordinairement pleins de mangeaille , et il ajoutait qu'on avait observé que le lait des vaches, dans le commencement de leur maladie , crémait à l'ordinaire et ne se caillait point sur le feu ; d'où il concluait que les estomacs étaient affectés du vice scorbutique avant les autres parties, et que, quoiqu'alors la première digestion ne se fit presque plus, cependant les autres digestions continuaient encore quelque temps à se faire ; le chyle continuait à se changer en lait , comme dans l'état sain ; la quantité du lait diminuait seulement comme celle du chyle.

Dans les premiers jours de la maladie , ces bêtes continuaient de manger à l'ordinaire , parce qu'elles se sentaient du besoin , quoique leurs estomacs ne se vidassent point ; ce besoin venait, selon Malouïn, de ce qu'il ne passait plus ou presque plus de chyle dans le sang , qui continuait encore de fournir des liqueurs aux différens couloirs du corps , comme aux mamelles.

Un des signes qui caractérisent le mieux cette maladie des bestiaux , c'est que les entrailles de ces animaux morts étaient parsémées de taches livides , rouges et bleuâtres , comme on le voit souvent dans les maladies scorbutiques.

Pour ce qui est de la cause de la maladie , Malouïn m'assurait dans sa lettre qu'on ne peut donner sur cela que des conjectures ; il ne peut se persuader que le levain de cette maladie soit porté par quelques mauvais vents d'un pays dans un autre, parce que, dit-il, si cette maladie se communiquait par les vents, elle aurait été portée plus promptement dans les pays où elle a été et de là dans ceux où elle est actuellement. Il y a plus de douze ans que cette maladie parcourt l'Europe , ayant commencé par les régions méridionnales vers l'Orient, et allant de contrées en contrées successivement jusqu'aux occidentales vers le septentrion; Malouïn m'a encore fait remarquer que dans chaque pays cette maladie commence au printemps, qu'elle est dans sa plus grande force en été, et qu'elle disparaît en hiver pour revenir au printemps suivant, parce que, ordinairement , elle reste trois ou quatre ans dans chaque pays , avant que de le quitter tout-à-fait.

Cette considération de la durée de la maladie dans différens pays, ne permet pas de la regarder comme l'effet de la température particulière de quelque année : elle dissipe tout soupçon sur la qualité des fourrages dont ces animaux se nourrissent.

Ceux qui ne regardent pas comme certain que cette maladie soit contagieuse, c'est-à dire se communique d'animal à animal, ne peuvent jusqu'ici , selon Malouïn, être fondés que sur ce qu'elle a paru dans des îles entourées de la mer , comme dans celles de la Grande-Bretagne, ou même elle n'a commencé à se faire sentir que depuis que le commerce de la France avec ce pays a été interdit.

Malouïn soupçonne que la cause de cette maladie sort de la terre, successivement du midi vers le septentrion, et plus en été qu'en hiver ; il prétend que la terre influe sur l'air plus qu'on ne le croit ordinairement ; il prouve dans sa lettre que les qualités des différens airs et des différentes eaux viennent de la terre. Il fonde encore son sentiment sur ce qu'il y a des régions de la terre d'où il sort tous les ans, en certaines saisons, des causes de maladies particulières ; et il y parle d'autres contrées d'où il sort continuellement des exhalaisons pernicieuses à la vie des animaux.

Malouïn prévient dans sa lettre une question que je pouvais lui faire sur cela, savoir : pourquoi la cause de la maladie dont il s'agit affecte particulièrement les bêtes à cornes, et qu'elle n'incommode point les autres animaux. Il cite plusieurs exemples de semblables pays où ne peuvent vivre certains animaux, quoique les autres y vivent bien et s'y multiplient ; il y en a en Syrie, au rapport de Bergerus , d'Agricola et de Strabon, un endroit de la terre d'où il sort des vapeurs mortelles pour les bêtes à cornes, et qui n'incommodent point les poulets; en effet, ce qui est contraire au tempérament d'une espèce d'animal, n'est pas toujours contraire à celui d'une autre espèce, comme on voit que les animaux, tels que sont les chiens, ne gagnent point les maladies pestilentielles des hommes, ni les hommes celles des animaux.

Quant à la guérison de cette maladie scorbutique des bêtes à cornes, Malouïn me marquait que, lorsqu'elle est arrivée au point d'être sensible aux propriétaires de ces animaux, il fallait la traiter comme une fièvre maligne putride.

Il me conseillait de faire saigner l'animal plusieurs fois en peu de temps, de lui donner ensuite de la fleur d'antimoine, et des purgations ordinaires; et enfin de lui faire prendre les cordiaux anti-scorbutiques avec acide. Il me recommandait de commencer par faire retirer la nourriture ordinaire à ces animaux, et de leur faire donner seulement de la farine d'orge dans l'eau tiède, pour les exciter à boire autant qu'il est possible.

Il n'y a point, selon Malouïn, de remède à cette maladie, lorsque le dépôt est fait sur les viscères, et ce qui est bien fâcheux, c'est qu'ordinairement le dépôt est fait, soit sur la peau, soit sur les viscères, avant qu'on s'aperçoive que l'animal est malade, parce qu'il continue de manger jusqu'à ce temps.

Malouïn assure qu'on peut au contraire guérir ces bêtes malades, lors même que le dépôt de la maladie est fait à la peau, et non pas sur les viscères. Ce médecin me marquait qu'il s'abstenait de la saignée lorsque le dépôt est ainsi fait à la peau, soit en gale, soit en boutons, soit en petits abcès ; les sétons, les vésicatoires sont alors selon lui fort utiles : il conseillait outre cela la fleur d'antimoine, les cordiaux sudorifiques, enfin les purgatifs.

L'objet le plus important, dans cette affaire, est de garantir de la maladie les bestiaux sains. Malouïn pense qu'il est aussi facile d'y réussir, qu'il est difficile de les guérir lorsque la maladie est déclarée.

Pour mettre les bêtes à corne à couvert de la maladie, Malouïn pense qu'il est aussi à propos de les empêcher de se remplir de mangeaille sans boire : il recommande de les faire boire au moins trois fois par jour, et d'observer si elles ruminent à l'ordinaire. Si on aperçoit qu'elles ruminent moins, il conseille de leur faire prendre une potion anti-scorbutique, avec graine de moutarde pour ranimer les estomacs.

Le sentiment de Malouïn est, outre cela, de commencer par les purger deux fois en huit jours, d'être ensuite huit jours sans les purger, de les repurger ensuite au bout de quinze jours, et de continuer ainsi de les purger, en doublant l'intervalle du temps des deux dernières purgations. On sait qu'il faut diminuer à ces animaux leur nourriture la veille du jour de la purgation, et que le jour même de la médecine jusqu'au soir, on ne leur donne que de l'eau blanche ; il ne faut pas manquer de leur faire prendre, le soir du jour de la purgation, une potion anti-scorbutique.

Malouïn voudrait que, quand la saison le permet, on laiasât coucher dehors les vaches, comme on les laisse la nuit dans nos herbages de Normandie. Il trouve que c'est mal à propos de les mettre à couvert lorsqu'il pleut en été ;

il serait d'avis qu'on les baignât, au contraire, quelquefois dans nos abreuvoirs.

Enfin Malouïn recommande de les nourrir d'herbes antiscorbutiques, autant qu'on le pourra; il faut remarquer qu'il y a dans les prairies de Normandie une quantité extraordinaire de plantes à fleurs en croix, qui sont antiscorbutiques, et qu'il y a aussi dans ces pâturages beaucoup plus d'oseille qu'il n'y en a communément dans ceux des autres pays. Il est vraisemblable (selon le principe préservatif de Malouïn) que c'est ce qui a fait qu'il y a eu moins de bestiaux attaqués de cette maladie en Normandie que dans les autres pays, quoiqu'il y ait plus de bêtes à cornes dans cette province que dans aucune de la France; et ce qui rend cette observation plus singulière, c'est que la maladie a fait d'autant plus de désordre dans les autres pays où elle a été, qu'il y avait plus de bêtes à cornes; c'est pourquoi elle a fait moins de ravages en Espagne qu'en Lombardie, parce qu'il y a moins de bêtes à cornes en Espagne qu'en Lombardie.

Je n'ai pu faire mettre en pratique les conseils de Malouïn; le peuple ne connaît pas le régime sans lequel on ne doit point employer de remèdes, et les bestiaux sont nécessairement confiés aux soins de gens du peuple; rien n'est plus ordinaire que d'entendre dire, à ce sujet, qu'on n'a pas encore trouvé de remèdes à la maladie des vaches, il serait plus juste de dire qu'on n'a pas encore trouvé le moyen de faire recevoir le traitement qui guérirait cette maladie, ni de faire adopter les précautions qui en mettraient à couvert les bêtes saines.

Il ne serait cependant pas absolument impossible de sur-

monter ces difficultés, si on s'y appliquait constamment.
Mais un médecin, après s'être porté en bon citoyen à tâcher
de remédier à cette calamité publique, est obligé de se retirer pour ne pas sacrifier sa fortune à de grands désagré-
mens. Cette considération mérite l'attention du ministère qui
veille à la conservation du bien public.

Au reste Malouïn finit sa lettre en me marquant que
les maladies épidémiques des hommes sont souvent annon-
cées par celles des bestiaux, et il ajoute qu'il a observé que,
depuis trois ans, il y avait un caractère scorbutique dans
presque toutes les maladies, et qu'avant cela, c'est-à-dire
en 1742, il y avait eu beaucoup de maladies du cœur; il
prétend que le cœur est sujet à des maladies qui lui sont
particulières; ces maladies du cœur demandent, selon Malouïn, toute l'attention du médecin, parce qu'on peut prendre
pour des maladies du poumon ou de la poitrine, des maladies
propres du cœur. Mercure, 1747, avril, p. 31. »

La lettre de Norman à Malouïn sur cette maladie des bestiaux renferme des réflexions utiles.

« Rien n'est si raisonnable, monsieur, que le zèle qui
vous anime si fortement pour le bien public; ce même
zèle, qui vous a toujours fait travailler d'une manière infati-
gable au rétablissement de la santé des hommes, vous a encore
porté à ne pas dédaigner de prendre en considération la maladie contagieuse qui règne sur le bétail rouge, et ruine nos
campagnes désolées. La charité vous a même engagé à publier vos savantes réflexions; et comme l'affaire est sérieuse
et intéressante pour les provinces et pour tout le royaume,
vous avez eu la bonté de me permettre de vous faire part des
miennes, quelque imparfaites qu'elles puissent être. Je les

soumets, monsieur, entièrement à vos lumières, et vous prie de les redresser, persuadé du reste, par l'exemple que vous en avez donné, que tout ce qui peut intéresser le public et l'état n'est pas indigne d'un médecin.

L'esprit de l'homme est trop borné, et la cause immédiate des maladies trop abstraite, pour que nous puissions nous flatter de les connaître *à priori;* les gens à système n'y parviendront jamais avec toute la force de leur imagination; nous devons tâcher de les découvrir *à posteriori* par les effets, et c'est à quoi nous devons nous en tenir : heureux si nous réussissons dans le cas présent.

L'examen que l'on a fait des bêtes mortes de cette maladie contagieuse, a prouvé qu'elles avaient péri par l'inflammation de quelques viscères, soit de la poitrine, soit du bas-ventre, mais plus souvent de ce dernier : inflammation que la gangrène, ou plutôt encore le sphacèle suivait de près. Quelques unes sont mortes avec une promptitude étonnante, et l'on a observé dans le très-petit nombre de celles qui ont échappé à cette cruelle maladie, que tout leur poil est tombé, ou que, s'il en reste, elles sont devenues extrêmement galeuses.

Je n'entrerai point ici dans le détail des symptômes de cette maladie; vous les avez décrits, monsieur, avec trop d'exactitude pour laisser rien à désirer à cet égard. Je me contenterai de vous proposer quelques réflexions sur sa nature.

1° Elle est contagieuse à l'excès, vu qu'elle se communique à d'autres animaux qui ont demeuré dans des lieux infectés par des harnais, des habits, des fourrages, et, en un mot, plus facilement, plus promptement et plus certainement que la peste. Quelquefois elle se contracte sans communication du sujet, du moins apparente, de sorte qu'on serait porté à la croire purement épidémique, ce que je ne présume pourtant pas qu'elle soit.

2° La maladie fait des progrès si rapides qu'elle tue les bêtes dans l'intervalle de quelques heures, ce qui est pourtant rare, son cours le plus ordinaire étant d'un certain nombre de jours.

3° La fureur du mal se jette le plus souvent sur quelques viscères particuliers ; il arrive rarement que plusieurs soient affectés ensemble. Le poumon, ou les intestins, ou l'estomac, sont presque toujours le siége de la maladie. On les a trouvés, à l'ouverture des cadavres de ces bêtes, sphacélés et prodigieusement durcis et racornis, quelquefois en partie pourris, sans aucune lésion des autres viscères. On m'a assuré que, dans quelques uns, on a vu le cerveau sphacélé, sans que l'on aperçût aucun vestige du mal à l'extérieur ou à l'intérieur de tout le reste du corps.

4° On a remarqué que les bêtes encore saines suivent les autres à la piste de fort loin, et cela avec des mugissemens et des sauts qui dénotent que quelque chose d'extraordinaire leur a imprimé certaines sensations fàcheuses ou désagréables, ou enfin contre nature, et qu'effectivement peu de jours après elles tombent malades.

Il est visible, monsieur, par ces observations, que cette maladie procède d'une cause matérielle et particulière, qui passe, soit médiatement, soit immédiatement, d'un sujet à un autre. Mais son caractère n'est pas si facile à connaître que son existence : nous ne pouvons, comme je l'ai dit, en raisonner que sur les effets. Or les effets qu'elle a produits sont un vrai et mortel sphacèle avec corruption des viscères; ce qui suppose toujours qu'une cruelle inflammation de ces parties a précédé. Ce sont là les effets d'un poison corrosif, dont la cause est une matière saline, volatile, caustique, telle qu'on la reconnaît dans la cantharide et dans plusieurs autres poisons; telle encore qu'on l'aperçoit dans la petite-vérole confluente, maligne, et dans plusieurs fièvres d'un mauvais genre, qui attaquent les hommes.

Je crois, monsieur, pouvoir raisonnablement établir cette analogie entre les maladies des hommes et celles des bêtes, puisqu'on ne découvre aucune différence essentielle, pas même accidentelle, dans la composition des humeurs et le tissu des solides des uns des autres, et que les lois de l'économie animale y sont à peu près les mêmes.

Cette conformité de manière d'être dans leurs maladies ne doit-elle pas nous engager à en établir une dans la manière de les traiter? Nous devons donc, dans le cas de maladies malignes des bêtes, recourir aux remèdes que nous voyons le mieux réussir dans les maladies malignes qui affectent le genre humain, et qui y ont le plus de rapport; or ce sont les acides, si recommandés par les plus célèbres praticiens, anciens et modernes. Avec quel succès Sydenham n'employait-il pas l'esprit de vitriol (acide sulfureux) dans la petite bière, dont il gorgeait ses malades dans les petites-véroles confluentes les plus malignes! Sans entrer dans un plus grand détail, M. Frédéric Hoffmann déclare son sentiment là-dessus en termes encore plus formels dans sa dissertation *De salium mediorum excellente in medendo virtute*, sur la fin de son traité. *In morbis malignis*, dit-il, *qui ex internâ humorum putredine nascuntur*, *ab acidis reverà plùs auxilii quàm ab ullo alio remedio exspectare possumus, et quidem ob hanc causam, quia per putredinem gignitur alcali, provenit, quod cùm protinùs ab acido recuretur, putredo sistitur.* Il s'est expliqué de même dans plusieurs autres endroits. Cette méthode a été peut-être trop négligée depuis que le système des chimistes fit fortune en médecine, en supposant les acides pour cause de presque toutes les maladies. Ce système faussement imaginé a fait tenir bien des médecins chimistes en garde contre les acides, quoique préférables à tous autres remèdes, pour ne pas dire qu'ils sont uniques dans ces sortes de maladies.

Entre les acides qui paraissent convenir pour la maladie contagieuse du bétail, l'huile de vitriol, à dose réglée étendue dans une boisson fort copieuse, ne serait peut-être pas de trop. *Extremis morbis, extrema remedia exquisite optima,* dit Hippocrate, aphorisme VI, sect. 1. Le mal étant presqu'indomptable, il y faut apporter les remèdes les plus puissans, et les donner sans délai, et dès les premiers soupçons de la maladie. Si l'inflammation est commencée, il n'y a plus de ressource, la grangrène et le sphacèle succéderont infailliblement en peu de temps.

On objectera ici la difficulté d'avoir de ces esprits acides, et leur cherté. On en trouve pour de l'argent, et leur prix est infiniment au dessous de celui d'un bœuf et d'une vache, quelque quantité qu'on puisse en employer; d'ailleurs, peut-on faire un meilleur usage des fonds publics que dans ces cas, sauf et excepté ceux où il s'agit de la vie et de la sûreté des hommes mêmes ; mais à supposer qu'on veuille risquer de faire peu de dépense, ou qu'on n'en veuille point faire, au hasard d'être moins sûr de réussir, on peut avoir recours aux acides végétaux du pays. N'avons-nous pas l'*oseille*, l'*oxilapatum*, l'*alleluia* ou *pain de coucou*, le *sumac*, le *verjus*, le *vinaigre* simple ou distillé, la *crème de tartre*, la *décoction de ces plantes*, *leur suc exprimé*, *celui de groseille*, de *cerise aigre*, *d'épine-vinette*. En tout cas, les *esprits de vitriol*, de *soufre*, de *nitre* peuvent suppléer l'huile de vitriol ; je ne propose point ici de thérapeutique en forme, ni de formules ; ce sont seulement des vues générales.

Un symptôme des plus fâcheux de cette maladie est la constipation du ventre. On a trouvé dans l'estomac des bêtes mortes de la contagion les alimens pris depuis plusieurs jours, convertis en une masse brune, d'une dureté prodigieuse, et presque pétrifiés. Les remèdes huileux et graisseux avalés en grande quantité, ou pris en lavemens, joints aux laxatifs émolliens, comme la décoction ou suc de *mercuriale*, de *poirée*, d'*épinards*, de *violette*, et autres semblables, paraissent y remédier.

Il faut réduire les bêtes malades à une sorte d'alimens liquides, comme serait une décoction d'orge, ou de quelqu'autre graine farineuse en bouillie fort claire : car il paraît que le pâturage ordinaire ne leur convient pas, avec quelque ménagement qu'on puisse le permettre, puisqu'il reste en masse dans leur estomac et s'y durcit.

Le cours de ventre, au contraire, en fait mourir plusieurs : il est souvent un symptôme de l'inflammation. En ce cas les remèdes proposés pour le fond du mal y remédieront, comme on le voit arriver dans les dévoiemens qui accompagnent les pleurésies ou les autres maladies inflammatoires des hommes. D'ailleurs, les acides tirés du vitriol sont de vrais astringens ; du moins on pourra avoir recours à ceux des acides végétaux auxquels on reconnaît par l'usage une qualité astringente : l'épine-vinette, le cynorrhodon, le sumac, et la décoction blanche de Sydenham, avec la ràclure de *corne de cerf*, la *mie de pain*, ou quelqu'autre dans ce goût, rempliraient cette indication.

Ce que j'ai proposé jusqu'ici paraît diamétralement opposé aux cordiaux chauds et aux alexipharmaques, qu'on emploie communément souvent par préjugé dans les maladies soupçonnées de malignité, ou reconnues pour malignes. Je les proscris, à la vérité ; mais je crois devoir adopter le régime *diapnoïque*, qui est encore bien éloigné des sudorifiques et des *alexipharmaques*, et qui, sans troubler comme eux les mouvemens de la nature, est conforme à ses lois. Ainsi la décoction de racine de *scorzonnère*, de *bardane*, et la *teinture de coquelicot* et autres semblables, auxquelles on associerait les acides proposés, qui, selon l'observation de quelques célèbres praticiens, rélèvent la vertu des diaphorétiques, seraient ici d'un grand secours, surtout quand on aurait soin d'ailleurs d'entretenir la transpiration par de bonnes couvertures, et de préserver les bêtes des injures d'un air froid et humide ; bien entendu, monsieur, que tout ceci présuppose la saignée largement pratiquée dès les premières attaques, et sans délai, même réitérées de près, conformément à ce que vous avez prescrit.

Les suppurations qu'on exciterait sur la peau dès les premiers instans de la maladie, ou même auparavant, seraient aussi d'un grand secours ; ce serait une issue vers laquelle la nature, encore en règle et supérieure au mal, chasserait les miasmes introduits dans la masse des liqueurs, et par laquelle conséquemment elle en délivrerait les viscères. Du moins, en les procurant, ce serait l'imiter dans sa conduite; car on connaît les effets de l'humeur maligne, que la nature a repoussée, sur la peau des bêtes qui guérissent, par la chute de leur poil et par les gales dont elles sont atteintes et couvertes après leur guérison.

En finissant ma lettre, j'ai, monsieur, la satisfaction d'apprendre que, dans un certain canton du duché de Bourgogne, du côté de........., on a guéri plusieurs bêtes attaquées de cette maladie contagieuse, par le moyen de l'eau de Rabel, qui n'est autre chose, comme vous le savez, qu'un esprit de vitriol dulcifié par l'esprit-de-vin. Ces succès se rapportent parfaitement à mon idée. Toute mon ambition serait qu'elle fût utile au public; elle pourra le devenir si vous voulez bien la rectifier et la mener au point de perfection où vous pouvez, beaucoup mieux que moi, la conduire. »

Le *Mercure* de 1747 renferme un mémoire sans nom d'auteur sur la maladie des bêtes à cornes. L'anatomie des estomacs, les causes, les symptômes et l'ouverture des animaux, offrent très-peu d'intérêt. On préconise l'orviétan et surtout la thériaque. On indique de passer un ou deux sétons, et lorsque les bêtes qui échapperont seront guéries douze ou quinze jours après, et que leur appétit sera en partie revenu, il faudra leur administrer *une once de crocus metallorum* en poudre, mêlé avec du son un peu mouillé, pendant deux, trois, quatre jours de suite; cela achevera de pousser au dehors des restes de miasmes, et leur redonnera beaucoup d'appétit.

Voilà une méthode de traiter cette maladie contagieuse,

qui est fondée sur la raison, sur l'anatomie des parties de l'animal, et sur l'expérience ; elle doit donc être traitée et conduite par les remèdes chauds et humectans, mêlés de quelques rafraîchissans et délayans, chacun placé dans son temps, selon les indications.

Quant aux précautions qu'il convient de prendre, il faut aussitôt qu'une bête menace d'être malade, la séparer des autres, enfumer l'écurie avec de l'eau bouillante dans laquelle on jettera un petit morceau de camphre, ou bien y faire brûler du genièvre, un peu de vieux cuir, etc. Mais le meilleur préservatif sera l'étrille ; de plus, il faudra avoir le plus grand soin de monder et tenir l'écurie propre, et lorsqu'on voudra mettre des bêtes saines dans un endroit où il y en aura eu de mortes, on devra bien échauder la mangeoire et le râtelier avec de l'eau de chaux, et pour plus grande sûreté les brûler ; blanchir d'une couche de chaux vive les parois, ou en râcler la superficie.

Pour ce qui nous regarde personnellement, il n'est pas douteux que notre santé eût pu être exposée sans les précautions que l'on a prises, et que l'on pourra encore prendre. On a pourvu suffisamment à ce que l'on ne mangeât point de viande de bêtes mortes ou malades ; à ce que l'air ne fût point infecté par de mauvaises exhalaisons ; il faudrait de plus remplir de terre au printemps les endroits où ces bêtes auraient été enterrées et qui se seraient affaissés, ce qui arrivera sûrement à mesure qu'elles pourriront, et faire semer sur cet endroit telles sortes de graines que l'on voudra ; parce qu'à mesure que l'herbe croîtra, les racines pénétrant la terre en boucheront les issues les plus petites, et empêcheront même par là les parties les plus subtiles de s'échapper ; l'herbe qui y viendra pourra assurément être regardée comme non suspecte quoiqu'elle croisse sur un lieu infecté. *Ubi enim de morbo contagioso agitur , nunquam satis cavemus dùm cavemus.*

Blondet (1) a trouvé, à l'ouverture des animaux morts , de petits boutons au dessous de la peau , et au poitrail des tumeurs analogues au charbon ; la peau de ceux qui guérissaient se couvrait d'une espèce de gale semblable à des éruptions miliaires ou à des dartres. Il donne à cette maladie le nom de fièvre ardente , pestilentielle , éruptive.

Blondet est persuadé que tout ce qui peut intéresser le public n'est pas indigne des recherches d'un médecin.

En vain , dit-il , jusqu'à présent quelques médecins se sont-ils efforcés de nous donner une idée claire de cette maladie, et une bonne méthode pour la traiter ; les effets n'ont pas répondu à leurs travaux , et leurs découvertes n'ont encore pu mettre les peuples à l'abri de ce fléau dévastateur.

Chaque auteur s'est formé un système à sa façon ; l'un veut que les liqueurs de l'animal soient acides, alalines : celui-ci est pour la dissolution, celui-là pour la coagulation. Les uns et les autres emploient des remèdes suivant leur hypothèse favorite , sans s'occuper de la cause ni de la na-

(1) *Dissertation sur la maladie épidémique des bestiaux ;* par Blondet , docteur en médecine de l'université de Montpellier, conseiller, médecin ordinaire du roi , intendant des eaux minérales de Ségrai , et de la Société des belles-lettres d'Orléans. Paris , 1749.

ture de la maladie, imaginant qu'un remède qui a une fois réussi doit toujours réussir, au lieu d'attribuer son efficacité aux efforts de la nature qui a surmonté et la maladie et le remède qui lui était contraire.

Les symptômes étaient un pouls dur, une grande soif, une respiration pénible, les yeux rouges, la langue chargée, l'urine peu abondante, les membres chancelans, le mugissement fréquent.

Le sang se coagulait aussitôt qu'il était épanché, le lait se supprimait plus ou moins complétement dans les vaches attaquées.

La mort survenait du quatrième au sixième jour, quelquefois même après trois semaines.

Chez quelques uns la mort était tranquille et précédée d'une diarrhée sanguinolente ; d'autres raidissaient les membres, avaient des mouvemens convulsifs.

Les causes déterminantes de cette maladie ont paru être la mauvaise qualité des alimens et le refroidissement de l'atmosphère.

Les prairies qui servent de pâturage à ces animaux avaient été inondées pendant le mois d'août. Les plantes de cette prairie se sont trouvées rouillées, desséchées. Il y en avait de très-venéneuses, telles que la ciguë, la clématite, et différentes espèces de renoncules.

Pendant le mois de septembre, où la maladie s'est manifestée et a fait de grands progrès, le vent fut constamment au nord, et amena des gelées très-fortes. Les animaux, sortant des étables très-chaudes, pendant la nuit, furent exposés aux influences de ce changement de température, et soumis à une nourriture détériorée et nuisible. Ces influences ont occasioné des inflammations dans les premières voies et surtout dans le troisième estomac, ce qui fait que l'auteur regarde cette maladie comme une fièvre aiguë inflammatoire, et non comme une peste dangereuse.

On devrait rejeter tous ces remèdes échauffans alexitaires, alexipharmaques, bézoardiques, stimulans, sudorifiques et autres semblables, qui, quoique préconisés et renfermés dans un grand nombre de bouquins sales et poudreux que l'on change incessamment de titres et de formats, peuvent être considérés à juste titre comme très-funestes aux bestiaux.

On fera dès le début une saignée copieuse; on soumettra l'animal à une diète sévère. On donnera abondamment des boissons antiphlogistiques, des émolliens, de légers évacuans qui occasioneront une diarrhée peu abondante. Ces moyens apaiseront la soif, l'inflammation et le feu intérieur des viscères; on accordera la préférence aux remèdes simples, d'un prix peu élevé, qu'on peut se procurer facilement, tels que l'eau, le miel, le lait, le petit-lait, les décoctions de graine de pavot, la mauve, la guimauve, la pariétaire, la saponaire, les fleurs de sureau. On fera aussi usage du pissenlit, de la laitue, de la chicorée sauvage, du chiendent, de la grande consoude, de la fumeterre; on n'oubliera pas les fumigations d'eau chaude dirigées sous le ventre, les cataplasmes chauds sur ces mêmes parties avec les mêmes substances, ainsi que les lavemens. On emploiera des sétons, des vésicatoires, comme dérivatifs. On nettoiera les étables souvent.

Les indications sont :

1° Relàcher et amollir la peau ;

2° Décharger le corps d'une partie du poids de l'atmosphère. On mettra l'animal dans une étuve pendant deux heures; puis après on lui donnera de la thériaque et de l'orviétan dans le vin.

On remplira la deuxième indication, au moyen de ventouses sur la peau; elles diminueront la pression de l'atmosphère.

3° Attirer les humeurs au dehors.

Les sétons, scarifications, caustiques, sont de bons remèdes, puisqu'on agit par le chemin de la nature et qu'on seconde ses efforts.

Barberet a remarqué, à l'ouverture d'un bœuf (le 23 août 1763) (1), que les chairs étaient saines, ne répandant aucune mauvaise odeur. On trouva les viscères de la poitrine dans leur état naturel, le poumon avait seulement des hydatides à la surface; la langue, la bouche n'ont rien offert. Le reste avait des taches de gangrène; la caillette parut sphacélée; le feuillet l'était moins, mais sa membrane interne restait sur les alimens, plus durs qu'à l'ordinaire. Le sang de la poitrine se trouvait dissous. Le tissu cellulaire d'une vache ouverte le 24 août était sain; il ne se manifesta rien contre nature à la superficie du corps, non plus que dans la poitrine ni dans la tête. La membrane interne des

(1) *Mémoire sur les maladies épidémiques des bostiaux, qui a remporté le prix proposé par la Société royale d'agriculture de la généralité de Paris, pour l'année* 1765 ; composé par M. Barberet, médecin pensionnaire de la ville de Rouy-en-Besse, ancien premier médecin des armées, membre de l'Académie des sciences de Dijon, et imprimé par ordre de la Société, avec des notes instructives par Bourgelat. Paris, M. D. CC. LXVI. Voir la maladie du pays Brouageais, élection de Marennes, généralité de La Rochelle, par Nicolau. *Fièvre putride, pourprée et pestilentielle.*

estomacs était mêlée avec les alimens. Le canal intestinal
dépouillé de sa membrane interne, était enflammé et vide ; i
y avait cependant quelques endroits sphacélés. L'épiploo
macéré tombait en lambeaux. La matrice, le fœtus et le
enveloppes étaient comme à l'ordinaire. Les chairs étaien
belles, sans mauvaise odeur. L'auteur fait observer que le
endroits corrompus ne sentent pas très-mauvais.

Un cheval mort en quatre jours de maladie ayant été ou
vert, les viscères n'offrirent rien de remarquable. L'endro
occupé par la tumeur au devant du cou n'était qu'un ama
de fibres, les unes blanches, les autres livides, abreuvée
d'une morve roussâtre. Les chairs des environs étaien
aussi humides et livides, les intestins vides ; le péricard
renfermait une grande quantité de lymphe un peu sangu
nolente ; le cœur en était noyé et sa base en était comm
macérée. La tumeur qui s'était développée au poitrail
au dessous du cou fut cauterisée avec un fer rouge ; per
dant l'opération l'animal ne donna aucun signe de douleu

L'auteur ne fait pas connaître après combien d'heur
l'ouverture des animaux a été faite. Le premier symptôm
qu'on reconnaît est le refus de la nourriture. On voit l
animaux tristes, la tête baissée, les oreilles froides, le po
redressé ; ils battent des flancs, ils semblent faire des effor
pour uriner ; l'urine est claire, les excrémens sont rares ;
rumination cesse quelques heures après, s'il ne survient p
de tumeur ; les frissons les saisissent, ils tremblent ; il s
une bave tenace de la bouche et des narines, les yeux
ternissent et deviennent larmoyans, ils soupirent, ils tou
sent, ils se couchent et meurent sans convulsions. Les sy
ptômes se manifestent avec tant de promptitude que la b

périt sans qu'on les ait vus ; plusieurs bœufs ont succombé sous le joug. La violence des frissons est toujours funeste ; dans le développement des signes, il arrive souvent qu'il paraît des tumeurs qui se manifestent indifféremment sur toute la superficie du corps ; elles sont fixes ; d'autres fois elles disparaissent pour se montrer ailleurs ; si elles s'évanouissent, l'animal périt ; si l'animal conserve ses forces, elles se multiplient sur l'habitude du corps, sur les parties les moins essentielles à la vie. On peut se flatter d'espérance. L'expérience prouve que la guérison dépend de la bonne issue des tumeurs et de leur caractère le plus approchant du phlegmon. Elles sont humorales plutôt qu'inflammatoires. L'auteur a vu plusieurs hommes atteints d'anthrax ou charbon pestilentiel. Ces sortes de tumeurs sont flasques ; il ne s'en écoule qu'une sérosité rousse et sanieuse ; s'il s'y établit une suppuration louable, tout va au mieux ; les forces de l'animal reviennent, il guérit. Le tissu cellulaire est plutôt macéré que pourri. L'eschare qui tombe est noire, tout-à-fait corrompue et fétide ; plus les chairs sont insensibles, plus il y a sujet de désespérer ; il y a espérance si le dépôt humoral se change en phlegmon ; c'est un signe que la nature agit efficacement ; des allures vives succèdent à l'air morne. Les dépôts sur les viscères sont mortels ; ceux qui viennent aux narines, à la bouche, au fondement, donnent un présage funeste.

Les pays où la maladie exerce sa fureur sont situés aux environs d'un terrain bas de l'étendue de trois lieues ; c'était autrefois une vaste et belle saline où la mer s'introduisait à l'aide d'un canal nommé le havre de Brouage. Dans les temps pluvieux, surtout en hiver, l'eau y croupit jusqu'à ce que la chaleur et l'air l'aient dissipée. Les enfoncemens les plus profonds forment autant de bourbiers remplis d'herbes aquatiques ; c'est aussi où l'on abreuve le bétail. Ces cloaques répandent au loin des exhalaisons fétides qui infectent l'atmosphère ; aussi les habitans sont-ils à la fin de l'été sujets aux fièvres intermittentes, putrides et malignes.

Cette année, les pluies ont été abondantes et presque continuelles, durant le printemps et l'été. Le gros bétail a été exposé à un ouragan avec de la grêle ; cependant il est bon d'observer que la mortalité avait commencé avant ce temps, et que les brebis et les porcs, qui meurent également, en étaient à l'abri. La mortalité s'étend sur tous les animaux domestiques, sans excepter la volaille. Il y a lieu de penser qu'elle n'est pas contagieuse. Les saignées mal placées et au hasard ont eu des suites funestes ; quelques unes, faites à propos, ont été salutaires, et leurs bons effets sensibles. La plupart des breuvages employés jusqu'à présent ont paru accélérer la mort. Il attribue cette mortalité à l'humidité. Il se déclare ennemi de toute hypothèse.

La maladie (1) se manifestait par le refus de toute espèce d'alimens solides et même liquides. Une tête appesantie, des oreilles basses, des yeux larmoyans, un poil terne, une constipation décidée, une enflure douloureuse aux environs de la ganache et le long du cou, un pouls plutôt concentré que fréquent, un flux d'une humeur écumeuse par la bouche et par les naseaux de quelques uns, furent les signes qui se montraient en vingt-quatre heures, et qui subsistaient l'espace de deux, trois et quatre jours, au bout

______

(1) *Voyez* Mémoire de Barberet, notes de Bourgelat, paroisse de Mézieux, province de Dauphiné, 1762.

desquels un grand battement de flancs et la faiblesse des malades annonçaient une mort inévitable et prompte.

Des saignées pratiquées aux oreilles, des cordiaux, des breuvages administrés comme purgatifs, sans néanmoins contenir aucune mixture ni aucune substance capable de produire de tels effets, furent constamment, mais inutilement, mis en usage par des maréchaux et des paysans. Les progrès du mal et ses ravages engagèrent donc le cultivateur malheureux et sur le point d'une ruine entière, à demander les secours dont il sentit qu'il avait besoin. Des yeux plus éclairés cherchèrent dans le corps des animaux ce que l'ignorance et des hommes grossiers étaient incapables d'y découvrir. Un premier degré de putréfaction se manifestait assez généralement dans l'arrière-bouche, dans tous les muscles du pharynx et du larynx, dans le tissu cellulaire qui les entoure ou les sépare, dans l'œsophage, dans la trachée-artère, par une lividité réelle, et par plus ou moins d'engorgement. Dans quelques cadavres, l'épiploon était affecté ; dans d'autres, quelques uns des intestins. Dans ceux-ci, la rate avait été fortement engorgée ; dans ceux-là, ni le foie ni les poumons n'étaient dans un état naturel, et dans tous, la digestion était dépravée, comme elle l'est ordinairement dans les cas de maladies graves ; car la panse était remplie d'un fourrage dont ils s'étaient alimentés avant que le mal se fût déclaré chez eux. La couleur rouge, brune et quelquefois noire ; le gonflement, la consistance molle des parties de la gorge dans le plus grand nombre des malades, étaient les suites d'une inflammation violente, non phlegmoneuse ou érysipélateuse, qui aurait excité plus de fièvre, et qui d'ailleurs se serait annoncée par une douleur plus marquée et autrement que par la lividité ; mais d'une inflammation sourde, d'un engorgement produit par la stupeur des parties , tel, en un mot , qu'on l'observe dans les circonstances de malignité, et qu'on l'observa en même temps dans la ville de Mâcon, où une esquinancie gangréneuse enleva rapidement un nombre prodigieux de personnes. Ce même engorgement s'étendait souvent à toutes les glandes de la ganache et de l'encolure, ce qui formait des tumeurs considérables au dehors, qui, dans plusieurs animaux, parvinrent à suppuration, ou spontanément ou par les secours de l'art. Il y en eut dont la gorge ne fut point dans un état aussi fâcheux ; des tumeurs survenaient indistinctement dans toutes les parties de leur corps; mais on ne les regarda pas moins comme des dépôts critiques et comme des accidens d'une maladie qui avait la même cause et le même caractère; et en effet, le même traitement, à la différence près de la méthode curative particulière qu'exigèrent ces dépôts, de soixante-deux malades en sauva cinquante-trois, tandis que de quarante-neuf qui avaient été entrepris par des voies que suggère une routine aveugle, il n'y en eut pas un qui échappa à la fureur du fléau.

L'été avait été très-vif, la sécheresse était extrême. Les seuls pâturages où l'on pouvait conduire les bestiaux étaient aux environs d'une mare ou d'un endroit bourbeux contenant une eau infecte et croupissante. Le lieu le plus voisin de celui-ci était un gravier échauffé par l'ardeur du soleil, qui formait pour les animaux, qui y étaient la plus grande partie de la journée, un séjour vraiment brûlant; ainsi l'excessive chaleur, la mauvaise nature de l'herbe, et plus encore les mauvaises eaux, furent les causes premières du

mal. D'une part, les humeurs étant considérablement échauf-
fées et raréfiées, il y eut nécessairement une très-grande
déperdition de la portion la plus fluide et la plus subtile du
sang ; de l'autre, des alimens pernicieux et des eaux corrompues augmentèrent la disposition à la putridité. L'arrière-
bouche, le larynx et le pharynx offrant un passage continuel à un air très-chaud, et l'humeur muqueuse qui les
lubrifie étant moindre , puisque le sang en était en quelque façon dénué, et que d'ailleurs les cryptes qui la fournissent devaient être nécessairement desséchées , ces parties
devenaient très-susceptibles d'inflammation ; si l'on ajoute à
cette circonstance la dépravation des humeurs à raison
d'une nourriture et d'une boisson, pour ainsi dire , véné-
neuses , on ne sera pas surpris de la dégénération de cette
inflammation de la gorge en une esquinancie vraiment gangréneuse. A l'égard des animaux en qui elle n'a jamais été
aussi vive, qui ne périssaient pas aussi promptement que
les autres, et sur le corps desquels il survenait indistinctement des tumeurs toujours peu douloureuses et se prêtant
la plupart difficilement à une bonne suppuration , on a dû
voir en eux les résultats des mêmes causes, ou plutôt de
cette même dépravation , par le moins de subtilité des humeurs, et par leur aptitude à la concrétion et à des stases
dans des canaux privés de leur élasticité ordinaire.

Quoi qu'il en soit , s'il était impossible de détruire une
cause qui résidait dans l'intempérie de la saison, il fallait du
moins rendre ses effets moins nuisibles , remédier à la per-
version que les humeurs avaient soufferte apaiser l'inflammation de la gorge, exciter dans ces parties, eu égard à
certains animaux , la séparation du mort d'avec le vif, et

dissiper dans quelques autres les tumeurs dures et plus ou moins volumineuses qui paraissent indifféremment sur la surface de leur corps.

On s'occupa d'abord du soin le plus important, et le premier qu'on doive toujours se proposer dans ces fatales conjonctures, c'est-à-dire de celui d'interdire toute communication des bestiaux sains et des bestiaux malades. Le moyen le plus assuré d'éviter la contagion est en effet de la fuir. Les bêtes qui y avaient jusqu'alors échappé furent donc conduites hors des étables infectées, après avoir été fortement bouchonnées avec des bouchons de paille exposés auparavant à la fumée duthym, du romarin, de la sauge, et d'autres plantes aromatiques, sur lesquelles on avait jeté une légère quantité de vinaigre pendant qu'elles étaient enflammées. Les écuries dans lesquelles on les plaça furent nettoyées de tout le fumier qu'elles contenaient, et parfumées avec des baies de genièvre et de laurier, écrasées et macérées dans du vinaigre de vin, que l'on fit brûler sur des charbons ardens; d'autres le furent par la seule vaporisation du même vinaigre. On circonscrivit ensuite, pour ainsi dire, la maladie, pour la renfermer en quelque sorte dans le lieu où malheureusement elle régnait, et pour en borner les progrès. On soigna les animaux avec des boissons légèrement acidulées, l'eau blanchie par le son, les lavemens rafraîchissans; on eut l'attention de diminuer la quantité de nourriture, de ne pas envoyer trop tôt les animaux aux pâturages, de ne pas les y laisser trop tard; on les abreuva plutôt de l'eau du Rhône que de celle de la mare infecte dont on a parlé. On compta plus de trois cents bœufs ou vaches qui furent préservés de cette maladie; on accéléra

autant que possible la suppuration des dépôts formés à
l'extérieur ; on ouvrait avec le bouton de feu les tumeurs
dès qu'on apercevait de la fluctuation ; on purgeait de temps
en temps pour s'opposer au reflux de l'humeur dans la masse ;
on remettait les animaux à leur nourriture ordinaire composée de fourrages bien choisis.

Vers la fin de 1768, une épizootie se déclara dans la province de Groningen, particulièrement dans le district de ce
nom, mais surtout dans le village de Helpen (1). Dès ce moment, tous les habitans bien intentionnés de ces cantons,
ainsi que les magistrats de la capitale, songèrent sincèrement
à en arrêter les progrès. Un des principaux membres de la
magistrature fit à Van Doeveren, mon collègue, et à moi,
l'honneur de nous consulter sur les moyens de diminuer les
ravages de ce terrible fléau, et d'en délivrer même entièrement ce pays, s'il était possible.

Après avoir acquis les connaissances nécessaires par la
lecture des meilleurs auteurs qui ont écrit sur cette matière,
ainsi que par mes propres observations sur les principaux
symptômes de cette maladie et l'ouverture d'un grand nombre de bestiaux qui en étaient morts, j'en conclus que l'épizootie est une maladie naturalisée dans ce pays, qui doit
continuer à y régner avec plus ou moins de violence, de
même que nous savons que cela a lieu pour la petite-
vérole parmi les hommes.

Ces considérations me firent croire qu'il serait utile de
donner quelques leçons publiques sur la structure interne

____

(1) *Leçons sur l'épizootie qui régna dans la province de Groningen en
1769. Œuvres de Pierre Camper*, tom. III. Paris, 1803, chez H. J.
Jeusen, rue des Postes, n° 6.

des bêtes à cornes, et d'y joindre l'histoire de la maladie même, afin de pénétrer mes élèves de l'idée qu'il est du devoir d'un médecin de veiller non seulement à la santé de ses concitoyens, mais encore qu'il lui est également imposé de donner ses soins à tous les animaux utiles à la société, tels que bœufs, chevaux, moutons, etc.

Le succès passa mon attente. Aucun symptôme n'annonce l'épizootie d'avance. L'animal est triste, refuse de boire, se montre difficile sur le choix des alimens; ensuite il paraît plus gai par intervalles, mange, boit, rumine. Cependant il devient inquiet, grince des molaires, finit par ne plus ruminer, ce qui est le signe le plus certain qu'il est malade. Le défaut de rumination est équivoque, mais le tremblement, le frissonnement, l'inquiétude qu'il montre, et la manière de se tenir sur le bout des pieds de derrière, sont des preuves de l'épizootie.

Le pouls bat 70, 75, 80 et 90 fois par minute, ce qui annonce la prostration des forces; il est vite, mais inégal, sans être fort comme on l'observe dans les fièvres putrides. Les oreilles et les cornes sont alternativement froides et chaudes, tantôt les cornes seules, tantôt les oreilles.

Les selles conservent leur cours ordinaire les premiers jours; quelquefois elles perdent leur couleur et prennent une si forte odeur de musc que toute l'étable en est remplie. Souvent elle devient sèche, d'autres fois elle est molle et liquide.

Une grande faiblesse s'empare promptement de l'animal à la première fièvre qui survient. Il laisse alors pendre sa tête qui est lourde, ses oreilles pendent également, sa queue perd son mouvement, enfin il cesse de mugir. L'animal tousse d'abord de temps en temps, ensuite sans interruption, selon que la maladie attaque les poumons ou les intestins.

Les yeux deviennent ternes et languissans, la clignotante s'enfle et devient proéminente. La conjonctive est aussi enflammée. L'œil paraît enflé et sortir de l'orbite. Il coule des grands angles des yeux une matière ichoreuse; lorsque la maladie est à son plus haut degré, il en sort beaucoup de larmes.

Des pores du mufle coulent de temps en temps des milliers de gouttes, qu'on prendrait pour une abondante transpiration. Les naseaux déchargent une grande quantité de liquide, qui acquiert le troisième jour une consistance purulente visqueuse qui coule sans cesse le long des narines, et une matière semblable sort de la bouche. L'animal n'essuie pas cette matière avec sa langue comme font les bestiaux sains.

Chez quelques uns la toux augmente, la respiration devient pénible, et l'animal abattu par la fièvre et exténué par le défaut de nourriture, tombe à terre, tend la tête droit devant lui ou se tord le cou, et emploie différens moyens pour respirer, en gémissant comme pourrait le faire une personne qui souffrirait de grandes douleurs. La bave devient écumeuse, et tout annonce que les poumons sont gravement affectés et que l'animal se trouve dans le plus imminent danger. Alors la toux semble diminuer, parce que les forces manquent. Voilà pourquoi quelques écrivains français, ainsi que le grand Haller, ont donné à cette maladie le nom de pulmonie.

Chez d'autres ce sont les intestins qui sont malades; la panse se distend outre mesure.

Il n'a pas bien distingué si la peau adhère au dos et aux reins ; il croit que le gonflement du ventre a donné lieu à cette conjecture.

Chez d'autres la peau est crépitante, du fluide élastique se manifeste sous la peau par l'effet de la corruption.

Le quatrième, cinquième ou sixième jour, plusieurs sont tourmentés d'une diarrhée considérable, de manière que les déjections échappent avec violence du corps, comme si elles étaient chassées d'une seringue ; elles inondent l'étable. Ces excrémens répandent une odeur insupportable, et rien ne paraît plus funeste pour les autres bestiaux que la mauvaise qualité de cet air méphitique. Quelquefois ces matières sont mêlées de sang et d'ichor ; d'autres ne lâchent pas leurs excrémens, qui sont arrêtés dans le boyau rectum, lequel leur sort du corps, reste ouvert et rend une matière ichoreuse et sanguinolente. Chez les vaches, les parties sexuelles sont pareillement gonflées et demeurent béantes ; l'animal est si faible que les sphincters ne peuvent exercer leurs fonctions. La vessie perd chez la plupart son énergie ; le lait diminue, s'épaissit, et se corrompt dans le pis.

Il est impossible de déterminer le temps que dure la maladie. Dans quelques individus, la corruption est si prompte, qu'ils succombent en vingt-quatre heures. Quelquefois ils ne meurent que le troisième, quatrième, cinquième jour ; d'autres fois le dixième ou onzième ; ce dernier cas est fort rare.

Ils meurent les jambes étendues le long du corps ; ils sont couchés, tantôt sur un flanc, tantôt sur l'autre.

Chez certains le corps se couvre de taches, particulièrement près des aines, symptôme auquel les paysans ont donné le nom de gale, et que quelques uns regardent comme un bon pronostic.

J'en ai vu mourir, cependant, dont le corps était couvert de taches ; rien de certain relativement au sang. Il est ordinairement atténué, non coagulé. Voilà les symptômes communs aux taureaux, aux génisses, aux vaches, aux bœufs et aux veaux de tout âge sans distinction. On doit comprendre que les vaches portières doivent souffrir davantage de cette terrible maladie, et cela d'autant plus qu'elles sont plus près de vêler. Elles supportent l'épizootie quelquefois sans avorter, mais cela est rare. Elles perdent leur fruit dans la suite après qu'elles sont elles-mêmes guéries.

Je ne finirais pas s'il me fallait rapporter ce que les auteurs italiens, anglais, français, allemands et hollandais ont observé. Il suffira de faire connaître quelques désordres propres à la maladie régnante.

L'épiploon est enflammé et gangrené chez plusieurs, couvert de taches rouges, pourpres et noires. La panse l'est également, et quelquefois gonflée par de l'air ; les instestins étaient pourpres et noirs dans les vieilles vaches ; la rate était généralement livide, chargée d'une matière ichoreuse et comme putréfiée dans l'intérieur.

Le foie était généralement gangrené, rempli de douves ou fascioles, qui remplissaient en grand nombre les conduits biliaires ; j'ai trouvé de pareils vers dans des bestiaux sains tués par le boucher, ainsi que dans les moutons. La vésicule biliaire était extrêmement volumineuse.

Le parenchyme du foie était gorgé d'air, ou affecté d'emphysème ; l'odeur des matières alimentaires du rumen très-fétide, la membrane interne sphacélée. Les alimens, noirs, sont désséchés dans les lames du feuillet comme des tablettes de chocolat. La caillette est vide, sans alimens, mais gonflée par de l'air ; quelquefois par une matière sanguinolente et gangréneuse, d'autres fois par une matière jaunâtre et fluide très-fétide ; la membrane interne se détache facilement ; on trouve rarement du sang extravasé dans les instestins. Dans les veaux le feuillet n'était pas distendu par des matières durcies, le foie ne renfermait pas de douves. La vésicule biliaire était volumineuse. Dans les vaches portières, la matière était enflammée, et tiquetée de taches pourprées et gangréneuses comme la panse. Le fœtus n'offrait aucun signe apparent de la maladie. Le pis était très-enflammé et contenait du lait épaissi.

Les poumons sont livides, rougeâtres, enflammés, tiquetés de taches pourpres, un lobe plus affecté que l'autre ; en y faisant des incisions, sang noir, sans pouvoir distinguer de cellules ; dans plusieurs, de l'air se trouvait dans le tissu cellulaire, entre les cellules, ce qui formait l'emphysème. La membrane interne de la trachée est rouge, pourpre, gangrenée, remplie d'une écume blanche dans toutes les bronches ; on ne sera plus surpris des mugissemens plaintifs de l'animal malade ; la gorge est enflammée dans tous, principalement dans ceux qui ont la trachée remplie d'écume. Les fosses nasales, la langue toujours sans inflammation. Le cœur n'a rien offert de remarquable ; le cerveau était sain.

La corruption des bestiaux est très-prompte ; il ne faut pas perdre de temps à les ouvrir, si on veut en conclure quelque chose de certain. Il propose de faire ouvrir des animaux le premier, deuxième, troisième, quatrième jour de leur maladie ; afin de suivre progressivement ce qui se passe dans les instestins, on devrait en ouvrir de ceux qui ont échappé à la maladie. Mais il faudrait l'appui du gouvernement.

L'auteur a peu de choses à dire sur les signes de guérison. Les bubons et la gale que quelques uns ont observés, sont, selon lui, des caractères incertains. La grande quantité de matière ichoreuse qui coule des naseaux et des yeux, les selles violentes, lesquelles sont d'ailleurs salutaires, trompent également, et ont lieu de même chez les animaux qui meurent. Les seuls et véritables signes de la convalescence, c'est lorsqu'ils commencent à manger et à ruminer, que la toux diminue, et que, de temps en temps, ils toussent avec facilité. La mort est certaine lorsque le ventre enfle beaucoup, et que l'écume trouvée dans la trachée commence à couler par la bouche et le nez; la maladie est considérée comme dangereuse aussi long-temps qu'ils gémissent, qu'ils laissent pendre la tête, et qu'ils ne ruminent pas. Lorsqu'ils sont convalescens, les cornes et les oreilles reprennent leur chaleur naturelle, parce que la fièvre les quitte; ils commencent alors à remuer insensiblement la queue et les oreilles. L'avortement ne prouve rien; cependant les veaux nés de vaches guéries échappent aussi à la mort; il y a quelques exemples que cela peut avoir lieu.

Je ne connais aucun signe qui serve à indiquer qu'un animal a eu la contagion; car la perte du toupillon de la queue n'en est pas une preuve certaine, quoique quelques uns la regardent comme telle. Tous les bestiaux frappés de l'épizootie que j'ai vus échapper à la mort ont, un seul excepté, conservé ce toupillon de poils.

Camper passe à la partie la plus difficile; en effet, qui pourrait se flatter de saisir la cause des épizooties? On a re-

gardé comme causes les hivers rudes, les arrêts de transpiration, des vers qui séjournent dans le sang ou dans le foie,
enfin des alimens corrompus. Les grands hivers, parce que
ce fut en 1710, après le grand hiver de 1709, qu'on observa la
mortalité des bêtes à cornes, et que celui de 1740 fut suivi de
la contagion de 1741 qui s'étendit fort loin, de même que celle
qui régna en 1768, succéda à l'hiver assez rude de 1767.
Nous n'avons pas d'observations assez exactes avant 1711. Le
grand hiver de 1727 n'a pas été suivi de contagion, de sorte
que le grand froid et la douceur de l'hiver n'y contribuent
pour rien. Suivant Gœlieke, la contagion n'a pas cessé de
régner en Allemagne depuis 1717 jusqu'en 1730. A une autre époque, en 1713, on attribuait toutes les maladies à des
vers, de sorte que les épizooties en étaient un effet, comme
les chimistes les ont rapportées à des acides et à des alcalis;
mais les hypothèses des hommes n'ont qu'un temps. Il fallait
démontrer l'existence de ces vers, des alcalis, des acides.

A quoi faudrait-il attribuer que ces causes n'agissent
qu'une seule fois sur les bêtes à cornes? L'expérience
prouve que les bestiaux guéris n'en sont plus attaqués de
nouveau. Circonstance d'une grande portée.

Qu'est-ce donc que l'épizootie? demandez-vous. A quoi
faut-il attribuer sa première origine? Quoiqu'on sache
qu'elle nous est venue d'Asie, probablement de la Perse,
de quelle manière y a-t-elle pris naissance? Camper répond
qu'il l'ignore.

On donne en Suisse, dit Haller, beaucoup de sel aux bestiaux; cependant il ne croit pas que ce soit à cela qu'il faille
attribuer leur conservation; mais on a grand soin d'empêcher
toute communication avec les bestiaux attaqués. Quelquefois,

pour prévenir cette maladie, nous avons, dit Haller, tué tout
le bétail d'un village qui s'en trouvait infecté, et par ce
moyen rigoureux nous avons conservé le reste. Voilà le témoignage d'un homme d'une grande réputation, dans une
affaire qui concerne son pays. L'autorité du grand Haller
doit être à nos yeux d'un très-grand poids, si l'on réfléchit
qu'il est l'auteur d'une physiologie qui a changé la face de la
science.

L'épizootie est une fièvre putride contagieuse, qui cause
une grande inflammation dans les viscères de la poitrine, du
bas-ventre, à la gorge, à la langue et au nez, quelquefois
même au cerveau. Le feuillet surtout est très-affecté. Cette
maladie ne varie pas dans ses principes, en attaquant une
partie de l'animal plutôt que l'autre ; elle s'accompagne
d'une très-grande prostration des forces.

L'épizootie diffère de la rougeole et de la petite-vérole de
l'homme; elle doit être traitée comme une fièvre putride. Ce
n'est pas une simple fièvre inflammatoire ; s'il en était ainsi,
les calmans seraient salutaires. La saignée a presque toujours été funeste dans l'épizootie.

Ce qu'il y a de singulier, c'est que *les bestiaux qui en ont
été affectés n'en sont jamais attaqués de nouveau*, si l'on peut
ajouter foi aux observations de Courtivron. On doit avoir
en vue quatre choses principales : 1⁰ chercher à prévenir
la maladie et à diminuer ses effets; 2° garantir les humeurs de corruption; 3° conserver les forces des bestiaux ;
4° enfin débarrasser les intestins du moment que la maladie
se déclare.

Le seul moyen de prévenir la contagion, c'est d'empêcher
qu'on introduise dans le pays des bêtes qui en sont attaquées,

ainsi que le foin, la paille ou telles autres matières, les hommes même et les animaux. Malheureusement l'expérience a appris qu'il est impossible d'employer ces diverses précautions ; nos frontières sont disposées de manière que nous ne pouvons prévenir l'introduction de l'épizootie dans ces provinces.

Le docteur Bates conseilla, en 1744, à la régence de Middlesex de faire acheter, tuer et brûler sur-le-champ tous les bestiaux des étables où la contagion pouvait se déclarer. Mais la mortalité devint si grande, qu'il n'y eut pas assez de matières combustibles pour mettre ce conseil à exécution ; de manière qu'en septembre on y fut contraint d'enterrer les bestiaux.

Suivant une note de Bates, il était déjà mort alors en Hollande au-delà de trois cent mille bêtes à cornes.

Le marquis de Courtivron pense que la peau ne communique pas la maladie; plusieurs hommes de mérite de ce pays sont du même avis. *Voyez* une note de Camper sur deux veaux qui furent placés par lui près d'une peau provenant d'une vache morte de l'épizootie, et qui n'ont pas contracté la maladie par cette voie. Elle leur a été communiquée en cohabitant avec des vaches malades; un de ces deux veaux en est mort : ce qui prouverait qu'ils étaient disposés à contracter l'épizootie, si les peaux la communiquaient toujours immanquablement. Camper observe que de la matière prise des naseaux, des larmes d'une vache malade, n'a pas produit d'effet sur ces veaux inoculés quatorze jours après; la matière était moisie et altérée. Les états de Frise, qui avaient d'abord défendu d'employer le suif, le permirent en 1745, pour alléger les pertes. On consomma une assez grande quantité de la viande de ces bestiaux : il n'en est résulté aucune maladie parmi le peuple.

L'expérience a prouvé que le quinquina était le meilleur spécifique. L'auteur convient que Ramazzini l'a employé sans succès ; mais il observe que ce médicament n'éprouve plus de coction lorsque la maladie est avancée ; il en est de même du camphre et du nitre ; le quinquina est un remède trop cher, quoique salutaire. Le saule, l'écorce de frêne, etc., sont utiles pour remplacer le quinquina.

Il est avantageux de laver et d'étriller les bestiaux ; cependant il en est mort la même quantité dans la Hollande, où ils sont bien étrillés, que dans le Gorecht, dans le pays de Dreuthe, où les étables et les vaches sont dans la plus grande malpropreté.

Les fumigations de cuir, de soufre, de tabac, de poudre à canon, de goudron, ont été employées infructueusement.

Tous les antidotes, tous les spécifiques vantés contre la peste, ont été essayés, et tous ces remèdes paraissent nuisibles. Quelques médecins pensent que les vermifuges, les mercuriaux, le soufre, le tabac sont les plus efficaces.

On doit éviter la saignée. Les vésicatoires ont été employés en vain.

Les purgatifs, les vomitifs ne sont d'aucun secours, cependant les lavemens sont bons pour le rectum, mais ils ne contribuent en rien à la guérison. Le possesseur perd l'argent qu'il emploie en remèdes.

Les vaches portières souffrent beaucoup, parce qu'elles avortent. Percera-t-on le ventre, comme le propose Engelman, pour faire sortir le vent? Opération inutile.

Il conclut que l'épizootie vient d'ailleurs par contagion ; que les bestiaux guéris n'en sont plus atteints ; que la plupart des jeunes animaux ont été guéris dans les prairies, surtout pendant les mois d'août et de septembre ; qu'il est possible que cette maladie s'y soit naturalisée comme la petite-vérole. Il faudrait prendre le parti d'inoculer, non des vaches ni des bœufs, mais de jeunes veaux, parce que ceux-ci n'étant pas en état de porter, on ne hasarde que leur vie seule.

On doit de la reconnaissance à Nozeman, Agge Kool et Tack, pour avoir fait à leurs propres dépens, en 1755, des essais pour inoculer des bestiaux ; ils avaient l'exemple de M. Dodson en Angleterre ; de dix-sept bêtes à cornes qu'il a inoculées, il n'en a sauvé que trois.

Le professeur Schwancke dit, dans sa lettre, que de six bêtes inoculées en 1757, à l'âge d'un an et de deux ans, aucune n'a péri dans l'opération.

Les essais faits à Brunswick, en 1746, eurent un assez heureux succès ; celles qui subirent l'inoculation ne furent plus attaquées de l'épizootie. Layard, sur huit bêtes inoculées, en sauva au moins trois : la quatrième fut tuée pour examiner les viscères.

L'évêque d'York a fait inoculer cinq bestiaux, dont il en conserva quatre, dont deux portières qui n'avortèrent pas. Le chirurgien Bewley en sauva trois, qu'il avait inoculés également.

Les essais de Grashuys semblent détruire toute espérance ; car six bêtes qui avaient été parfaitement guéries de l'épizootie inoculée, furent ensuite attaquées naturellement, et il en mourut quatre. Les deux autres se rétablirent.

Tout cela ne doit pas nous effrayer. Lorsqu'au commencement de ce siècle on entreprit d'inoculer la petite-vérole en Angleterre, il mourut beaucoup d'enfans : d'autres en gardèrent pendant long-temps des abcès ou d'autres maux semblables. On prenait trop de matière variolique, et l'on faisait des incisions trop profondes. On sait combien il faut peu de matière, combien les plaies doivent être superficielles ; on connaît le danger de tenir les malades trop chaudement et trop renfermés.

Toutes les personnes aisées devraient se réunir pour porter à la perfection cet objet intéressant, par des essais constamment renouvelés.

Cothenius a prétendu en 1768, dans les Mémoires de Berlin, que la contagion de 1711 n'était pas entièrement éteinte en Europe, qu'elle n'avait jamais cessé ses ravages, soit dans une partie, soit dans une autre.

Il proposa le projet de l'établissement d'une école vétérinaire. Cet auteur, après avoir exposé les avantages qu'on pourrait tirer d'un pareil établissement, et les moyens de perfectionner l'art vétérinaire, entre ensuite dans le détail des causes qui avaient rendu les secours employés jusqu'alors contre la maladie ou inefficaces ou infructueux, et fait connaître plusieurs voies de communication auxquelles on ne faisait pas attention en Prusse. « Ici, dit-il, on doit beaucoup imputer à la témérité des hommes, qui ont porté imprudemment la contagion de tous côtés, par des moyens innombrables, dans leurs habits, avec le fourrage, les ustensiles, etc., ce qui a perpétué le mal. » Il s'élève avec force contre l'abus ou plutôt la fureur qu'on a, en général, de vouloir tout expliquer, de rendre raison de tous les phénomènes que présente une maladie, de former des conclusions, de tirer

des conséquences avant d'avoir posé des principes certains.
Il faut lire dans le Mémoire de Cothenius les autres abus qui
s'opposent à la connaissance des causes et à la perfection de
l'art vétérinaire, et tout le temps qu'on perd à systématiser.

Il se déclara dans le Hainaut et la Champagne, sur les
chevaux et sur les bêtes à cornes, une maladie épizootique ; tout annonçait, suivant Paulet, une fièvre aiguë, inflammatoire, d'un très-mauvais caractère. La méthode curative a été tracée par une main habile. Voyez notes de Bourgelat, ajoutées au Mémoire de Barberet. Paulet observe
qu'on peut donner au nombre des animaux préservés une
extension arbitraire et sans bornes ; il n'y a qu'une opération semblable à l'inoculation qui soit capable de constater
que tel animal, qui n'a pas essuyé la maladie, a été préservé plutôt qu'un autre qui a été dans le même cas. La
France retentissait alors du bruit des succès que les élèves
des écoles vétérinaires obtenaient dans diverses maladies
des bestiaux.

On fit monter la perte en Hollande à plus de soixante
milles bêtes à cornes ; la maladie pénétra en France, du
côté de la Flandre, elle mérita l'attention du gouvernement.
Bourgelat donna une très-bonne description de cette épizootie ; voyez le Mémoire, imprimerie royale. Il la regarda comme une angine gangréneuse. Consultez le Mémoire
de Needham sur les vertus du sel, comme préservatif (Journal de physique de l'année 1772, p. 120 et suivantes).

L'épizootie de 1771, qui avait fait de grands ravages en
Hollande, a été décrite par Dufot, médecin de la ville de
Soissons ; il nous apprend de quelle manière la contagion
pénétra dans cette province, et comment elle s'y répandit.

D'après le tableau tracé par Dufot, il est aisé de voir qu'elle présente à peu près les mêmes phénomènes que ceux que Sauvages, Clerc, et autres, avaient observés, en 1745, en France et en Hollande.

La maladie reparut dans ces mêmes provinces (Mémoires de Maillard, de Nocq, vétérinaires, sur cette épizootie).

Des précautions très-sages furent prises à cette occasion par M. Argerin, seigneur de Dallon, et par l'abbé Conti-Hargicourt; elles font honneur à leurs lumières.

Bertin, correspondant de l'académie de chirurgie, a donné une Relation de quelques accidens extraordinaires observés à la Guadeloupe en 1754, sur les nègre; elle a été insérée dans l'*Avis aux habitans des campagnes,* par Montigny, 1775. (Voyez *Cachexie charbonneuse.*)

Parmi les auteurs qui ont décrit l'épizootie de 1774, Doazan, médecin de Bordeaux, Vicq d'Azyr, Bellerocq, élève vétérinaire, tiennent le premier rang. Consultez l'ouvrage de Vicq d'Azyr. Il renferme une foule de pièces très-précieuses, qui en forment une espèce de bibliothèque; il y a rapporté tous les arrêts, ordonnances, réglemens qu'on a publiés à l'occasion de cette épizootie.

Il est utile de consulter aussi un mémoire fort intéressant, en forme de lettre, de Dussault, médecin à Auch.

La maladie épizootique est une peste dont il n'y a peut-être pas d'exemple dans l'espèce humaine.

On établit l'identité de cette maladie avec celles de 1711 et de 1745. C'est la même maladie qui s'est renouvelée très souvent depuis. Sa durée est de sept à huit jours. On ne saurait nier que presque toutes les cures qu'on a vues ont été plutôt l'effet des efforts de la nature que celui des remèdes;

on est en droit de conclure que quelquefois la nature sert avantageusement l'animal, et beaucoup mieux que l'art.

M. Forestier, médecin à Saint-Quentin (1), assure avoir vu dans les animaux qu'il a fait ouvrir une grande sèche-resse dans tous les viscères du bas-ventre. Il y avait une phlogose gangréneuse à la partie cave du foie. La vésicule du fiel, augmentée de volume, renfermait une bile hui-leuse et verdâtre. Dans quelques animaux, le poumon était enflammé, ainsi que l'instestin. Il se trouvait entre les feuil-lets du troisième estomac un gâteau sec et dur, de cou-leur noirâtre, ainsi que la membrane interne. Le premier estomac, ou la panse, contenait une grande quantité d'herbe non digérée et sèche. Le bonnet, ou deuxième esto-mac, était presque toujours vide, tandis que le gros intestin était rempli d'une matière glaireuse fétide; le cerveau ne paraissait point affecté.

Needham, dans son mémoire, considère le sel gemme ou marin non seulement comme préservatif, mais comme spécifi-que de cette épizootie. Il ajoute que la saignée et les purgatifs ont été reconnus comme deux moyens inutiles et même dan-gereux; qu'au contraire les sels, ainsi que les substances spi-ritueuses, doivent être regardés comme les vrais spécifiques des maladies putrides, gangréneuses et contagieuses.

Le premier temps de la maladie s'annonce par une toux plus ou moins forte, qui cesse quelquefois avant la perte du lait et de l'appétit (2); ce qui fait croire à beaucoup de per-

---

(1) *Recherches sur les maladies épizootiques*, par Paulet, pag. 48 et suivantes, sur Maillard, Nocq et Forestier. Épizootie de 1773 dans la Picardie.

(2) *Mémoire du sieur Maillard, élève de l'École vétérinaire, à Paris,*

sonnes que leurs bestiaux ne sont pas malades, puisqu'ils mangent comme à l'ordinaire; cependant c'est dans le principe qu'on a lieu d'attendre les succès les plus marqués des remèdes. C'est en ce moment que la saignée, les boissons délayantes et rafraîchissantes sont le plus efficaces.

A ce premier temps en succède un autre qui annonce les progrès ou l'augmentation du mal. La fièvre se décèle, les poils se hérissent sur les reins, sur le dos et sur presque toute l'habitude du corps. Les signes qui font reconnaître la maladie à ceux qui ont soin des animaux sont les suivans : la tête basse, les oreilles pendantes ; la chaleur des cornes, de la bouche, des narines, de l'air expiré ; une constipation opiniâtre, la diarrhée et quelquefois la dysenterie par la suite, la respiration difficile, un battement de flancs plus ou moins grand.

Les bêtes mangent comme à l'ordinaire pendant les deux premiers jours ; après, elles sont dégoûtées. Elles éprouvent des frissons suivis d'une grande chaleur. Il coule de la bouche une bave sans odeur qui augmente jusqu'au sixième jour ; il sort des yeux une humeur gluante qui devient verdâtre par le contact de l'air. Il y a stupeur, insomnie ; les oreilles sont pendantes, les cornes froides, le poil se hérisse, la respiration est gênée, les urines abondantes et crues, les déjections sanguinolentes, d'une odeur insupportable.

Si l'on rapporte, dit Paulet, les symptômes observés par

sur la maladie épizootique ou épidémique qui règne actuellement sur les bêtes à cornes des élections de Péronne et Saint-Quentin, de la généralité de Paris. Amiens, 1773, in-4°, six pages d'impression. — L'auteur n'a pas parlé des désordres intérieurs.

les divers auteurs, on trouvera qu'ils sont semblables à ceux des épizooties de 1714 et 1745.

L'ouvrage de Vicq d'Azyr (1) renfermant des documens nombreux et très-utiles, nous en donnerons une analyse étendue et aussi complète que possible.

L'auteur fait connaître comment il a été chargé seul d'une mission aussi difficile qu'elle était honorable.

Justement alarmé par les progrès de l'épizootie, M. le contrôleur-général demanda, vers la fin de l'année 1774, à l'Académie royale des sciences, qu'elle voulût bien nommer deux commissaires pour se transporter sur les lieux. Le ministre (Turgot) désirait qu'un physicien et un médecin fissent ce voyage. La compagnie chargea Vicq d'Azyr de l'un et de l'autre emploi ; et il partit peu de temps après.

Les campagnes dévastées lui offrirent le tableau de la désolation la plus grande ; il fit de son mieux pour prévenir au moins de plus grandes pertes ; il eut le bonheur de rendre des services en établissant une police plus exacte. Il procéda ensuite à des expériences qu'il eut l'attention de répéter en différens pays.

De retour à Paris, Vicq d'Azyr publia ses observations.

---

(1) *Exposé des moyens curatifs et préservatifs qui peuvent être employés contre les maladies pestilentielles des bêtes à cornes*, divisé en trois parties.

La première contient les moyens curatifs. On y compare les maladies des hommes avec celles des bestiaux.

La seconde renferme les moyens préservatifs.

La troisième comprend les ordres émanés du gouvernement : on y a joint les principaux édits et réglemens des Pays-Bas relativement à la maladie épizootique, et le mandement de monseigneur l'archevêque de Toulouse sur le même sujet. Par Vicq-d'Azyr. Paris, M. DCC. LXXVI. Publié par ordre du roi.

Le mal se renouvela, et il fit successivement plusieurs voyages qui lui ont fourni des occasions répétées de voir la maladie sous toutes sortes d'aspects.

La collection qu'il a publiée étant un dépôt dans lequel on doit puiser les ressources nécessaires en pareilles circonstances, Vicq d'Azyr a tâché qu'elle pût suffire à tous les cas.

Il dit qu'on peut établir, à cet égard, deux divisions principales. Ou bien l'épizootie vient de se déclarer dans un pays, sans qu'on soit encore assuré de sa nature ; ou bien ses symptômes sont assez déterminés, et assez connus pour ne laisser aucun doute. L'auteur a levé les incertitudes du premier cas, en publiant une manière sûre de la reconnaître par les signes extérieurs et par l'ouverture des animaux.

Dans le second cas, lorsque la maladie offre tous les caractères de celle qui a régné dans les provinces méridionales, ou bien on emploie des traitemens et on essaie des méthodes ; ou bien, lorsque les progrès sont trop rapides et trop meurtriers, on se détermine, quoiqu'à regret, à faire assommer les bestiaux dès les premiers signes de la maladie ; ou bien enfin on prend le parti rigoureux d'un assommement plus étendu, en sacrifiant aussi toutes les bêtes saines qui ont communiqué avec les malades, comme on a fait en Angleterre et dans les Pays-Bas autrichiens. C'est, dit Vicq d'Azyr, au gouvernement à ordonner celui de ces trois moyens qui entre le plus dans ses vues, et qui est rendu nécessaire par les circonstances. Quel que soit son choix, on trouvera dans le recueil des réglemens relatifs au parti qu'on pourra prendre.

L'auteur a cru utile de faire paraître les feuilles qu'il avait publiées, dans l'état où elles ont été distribuées sur les lieux. Il serait facile de les faire imprimer séparément, et en faisant quelques changemens relatifs aux différences des lieux et des circonstances, on aurait, suivant lui, une méthode tracée dans tous les cas.

Vicq d'Azyr soutient, contre l'avis de l'auteur du *Dictionnaire vétérinaire et des animaux domestiques* (Buchooz), que la partie curative est surtout très-détaillée; il a tâché de déterminer la nature de l'épizootie, par des expériences répétées sur la contagion, par des observations faites dans des pays éloignés les uns des autres, par l'essai de tous les remèdes que la médecine peut employer, par l'ouverture des animaux, et par un examen attentif de l'influence des saisons.

Les symptômes de cette épizootie sont décrits avec soin, depuis la page 76 jusqu'à la page 82, et depuis la page 201 jusqu'à la page 212 de l'ouvrage de Vicq d'Azyr. On lit à la page 83 une note sur la manière de se comporter lorsque l'on n'est pas certain du caractère d'une maladie qui règne parmi les bestiaux d'un pays quelconque. La page 84 et les suivantes offrent une suite d'observations par le moyen desquelles on peut reconnaître l'épizootie qu'il appelle peste varioleuse des bêtes à cornes, partout où elle existera. Depuis la page 89 jusqu'à la page 94, est consignée l'histoire des ravages que la dissection démontre chez les bestiaux morts; les détails renfermés depuis la page 112 jusqu'à la page 182, sur les épizooties qui ont régné en France et dans les différens royaumes voisins, fournissent encore de nouvelles lumièressur le diagnostic.

Comme il est très-essentiel , dit Vicq d'Azyr , de recon-
naitre l'existence de cette épizootie dans une infinité de cas
douteux , on doit commencer, lorsqu'on veut s'en assurer ,
par ordonner de renfermer les bestiaux , afin de ne pas courir les dangers de la communication ; on lira attentivement
ce qui est écrit dans l'ouvrage sur les symptômes qui lui sont
propres , on les comparera avec ceux de la maladie nais-
sante. On aura, de plus, recours à l'ouverture, pour constater l'état des viscères ; enfin on recherchera si la maladie est
contagieuse , et par quelle voie elle a pénétré dans le pays.
Ce n'est qu'après y avoir mis toute l'attention possible que
l'on pourra se déterminer à prononcer sur sa nature. Il suffira , pour faire sentir toute l'importance de cet avis , de se
souvenir que les plus grands médecins ont erré sur la nature
de la peste humaine. C'est ainsi qu'en 1576 Capivaccius et
Mercurialis se sont trompés relativement à la peste de Venise. La même erreur a été commise en 1712, 1713 et 1714;
et Chicoineau lui-même refusa d'abord le nom de peste à
celle de Marseille.

L'épizootie observée par Vicq d'Azyr , dans le Bordelais ,
dans l'Entre-deux-mers , dans le Médoc , dans l'Agénois,
dans le Condomois et dans le pays d'Auch , en 1774 et
en 1775, a offert les symptômes suivans :

La durée de la maladie était , pour l'ordinaire , de sept
à huit jours. On a souvent remarqué que les bestiaux , quelque temps avant son invasion , étaient plus gais, qu'ils se
livraient à des mouvemens désordonnés et extraordinaires ,
soit en courant , soit en sautant , soit en frappant du pied ;
d'autres , au contraire , étaient plus tristes , plus abattus qu'à
l'ordinaire ; quelquefois une petite toux était l'avant-coureur

de la maladie. Les maréchaux, en fouillant les bestiaux, ont souvent trouvé dans ceux qui étaient menacés de l'épizootie, plus de chaleur et plus de mouvement dans les artérioles du rectum, qu'il n'y en a pour l'ordinaire ; enfin la sensibilité de l'épine augmentait long-temps auparavant, et devenait de plus en plus considérable.

Les symptômes des deux premiers jours étaient la diminution de l'appétit ; la sensibilité de l'épine, qui se manifestait surtout au garot, lors même qu'on le pinçait légèrement ; une sensibilité plus grande au train de derrière ; l'élévation de la colonne en forme d'arc, lorsqu'on pinçait la peau vers le cartilage xiphoïde ; un trémoussement et une agitation très-marquée dans les chairs, lorsqu'on les pressait ; de petites convulsions sous la peau en différentes parties du corps, surtout au cou ; une espèce de bruit et de grincement entre les deux mâchoires ; une secousse singulière de tout le corps, surtout après quelque excrétion, comme la sortie des excrémens et de l'urine ; quelquefois une petite toux ; le tremblement et le branlement de la tête ; la sécheresse du mufle ; l'abaissement de la température des oreilles et des cornes ; l'inflammation des yeux qui, à cette époque, étaient souvent vifs et brillans ; l'accélération du pouls qui, au lieu de trente-cinq à trente-six battemens par minute, offrait quelquefois jusqu'à quarante-huit et même plus de cinquante pulsations.

La respiration se faisait assez bien pendant les deux premiers jours. Les excrétions étaient à peu près les mêmes que dans l'état de santé : on a vu quelquefois la diarrhée paraître en même temps que la maladie. Quelquefois aussi les cornes ont été froides dès le commencement, et l'affaissement a été subit ; souvent le pouls était irrégulier, compliqué, très-variable, sans caractère, et tel qu'on ne pouvait espérer aucune crise ; quelquefois une des extrémités était plus lente et plus difficile à mouvoir que les autres ; et lorsqu'on faisait marcher les bestiaux, on voyait leurs extrémités postérieures vacillantes et peu assurées.

Dans les vaches, le lait ne changeait guère pendant les deux premiers jours ; mais le pis devenait flasque, se couvrait quelquefois de *boutons*, et celles qui donnaient beaucoup de lait ne mouraient pas aussitôt que les autres.

Du troisième au quatrième jour, la rumination cessait ; elle cessait quelquefois plus tôt. Souvent l'animal refusait tout aliment qu'on lui offrait ; alors on voyait son poil se hérisser, la sensibilité de l'épine diminuer, et la fièvre avoir des redoublemens marqués et interrompus par un état de faiblesse dans lequel les oreilles et les cornes étaient froides ; les lèvres devenaient pendantes ; la bouche et les naseaux exhalaient une odeur fétide ; les yeux s'enfonçaient et perdaient leur éclat ; la respiration était laborieuse et se faisait avec effort. Les muscles abdominaux se contractaient convulsivement ; la diarrhée se manifestait pour l'ordinaire, et la région lombaire gauche était très-dure.

Quelquefois les bestiaux mouraient le quatrième jour : cette terminaison n'était pas rare.

Le cinquième ou sixième jour, les yeux s'enfonçaient tout-à-fait ; le nez était rempli d'une matière épaisse et fétide ; le pouls devenait très-irrégulier dans le nombre et la force de ses battemens ; la respiration s'embarrassait de plus en plus, et l'animal poussait des gémissemens profonds ; la langue était rude, sèche et jaunâtre, les yeux devenaient

ternes et chassieux ; les déjections étaient colliquatives, san-
glantes ou muqueuses ; la gangrène, qui se manifestait par
les lambeaux noirâtres rendus avec les déjections, avait déjà
fait des progrès dans l'abdomen. La sensibilité disparaissait
tout-à-fait ; le tissu cellulaire, se gonflant tout le long de l'é-
pine, faisait entendre une crépitation sensible ; le lait était
supprimé dans les vaches, et auparavant il avait pris une
couleur jaunâtre ; quelquefois les lèvres et la langue s'exco-
riaient ou se couvraient de *boutons*, alors les cornes étaient
froides ainsi que les oreilles, et l'animal se couchait pour ne
plus se relever.

Le septième ou huitième jour, les symptômes énoncés
s'aggravaient ; les naseaux étaient remplis : pour respirer,
l'animal était obligé d'ouvrir les deux mâchoires ; les yeux
devenaient de plus en plus purulens, et des vers longs et un
peu aplatis se trouvaient entre les tarses des paupières et la
conjonctive.

Parmi les symptômes indiqués, les uns annoncent l'inflammation, les autres sont tout-à-fait nerveux.

L'ouverture des cadavres a offert des engorgemens gan-
gréneux, des concrétions muqueuses dans le tissu cellulaire,
des traces d'inflammation dans les membranes internes des
viscères, et une altération marquée dans les fluides. Il ne
s'est manifesté aucun bouton à la peau ; seulement quelques aphthes, des excoriations à la bouche, et la chute des
poils. Lancisi a observé cette crise.

Cette épizootie a été très-meurtrière dans le Bordelais ;
dans le Médoc, elle a été accompagnée de *charbon à la
langue* ; elle y était plus contagieuse que partout ailleurs.
Dans l'Angoumois, près Valence, les sétons ont abondam-

ment suppuré, et ont amené plusieurs guérisons ; dans le Condomois, presque tous les bestiaux ont succombé. Enfin dans le pays d'Auch, les scarifications ont été mises en usage avec quelque succès.

L'inoculation a paru peu avantageuse. Dans mon premier voyage, un seul sur douze inoculés a été conservé. Dans le dernier, la maladie étant plus bénigne, trois sur dix ont guéri. Layard avait déjà tenté l'inoculation de l'épizootie, en Angleterre. Camper, en Hollande, sur cent douze inoculés, obtint quarante-une guérisons.

Des expériences bien faites et multipliées prouvent que l'inoculation n'offre aucun avantage, et qu'elle ne peut que répandre la contagion et augmenter le nombre des victimes.

Vicq d'Azyr a eu la précaution de mettre les animaux à la diète, d'en faire saigner quelques uns ; il l'a même poussée jusqu'à acheter des vaches bretonnes qui donnaient beaucoup de lait : il n'a pas été plus heureux.

Il a trempé des tampons imbibés d'huile grasse et aromatique ; il les a exposés à la vapeur de l'acide sulfureux, comme Mauduit le recommande dans le Journal de l'abbé Rozier ; à celle de l'acide marin dégagé du sel de cuisine par l'acide vitriolique ; il les a mouillés avec l'alcali volatil : l'épizootie s'est communiquée assez facilement. Son invasion a été seulement retardée dans les bestiaux inoculés avec les tampons imbibés d'alcali volatil.

Il a inutilement piqué, à diverses reprises, le cuir des bestiaux sains avec un scalpel trempé dans le pus des bestiaux malades. L'épizootie ne s'est pas communiquée par ce moyen, le poil et la dureté du cuir ont empêché le virus de pénétrer plus avant.

Soit que Vicq d'Azyr ait fait une ou deux plaies au cuir, ou même trois pour introduire des plumasseaux infectés, la maladie ne lui a paru ni plus prompte ni plus violente. Les plaies sont toujours devenues noires, fétides et gangrenées, et dans les bestiaux morts à la suite de l'inoculation le ramollissement putride des chairs s'étendait jusqu'à l'os.

Peut-être est-il vrai de dire, avec Bergius, que, cette maladie n'étant pas essentiellement exanthématique, l'inoculation n'est pas de nature à lui convenir. Il a fait frotter d'huile des bestiaux sains qui avaient cohabité avec des bestiaux infectés, pour essayer d'éloigner l'introduction du virus par les pores de la peau ; la maladie est venue aussi promptement, sans doute par d'autres organes...

Après avoir frotté une certaine quantité de foin sur le dos des bestiaux infectés, il en a donné la moitié à un bœuf sain qui est devenu malade au bout de quelques jours.

L'auteur a fait nourrir un veau dans une étable où étaient des bestiaux malades, sans qu'il ait été attaqué de l'épizootie. Il avait été logé loin des autres bestiaux, dans une espèce de cage en bois. On lui donnait des alimens bien choisis, et une personne qui n'approchait point les animaux malades lui frottait à diverses reprises, dans la journée, la bouche et le nez avec du vinaigre d'ail très-fort ; pendant qu'il ne mangeait point il avait les naseaux renfermés et maintenus dans un panier d'osier frotté avec l'huile de térébenthine. L'animal s'est conservé sain.

L'auteur a surtout tiré cet avantage de l'inoculation, qu'il a vu naître la maladie, et qu'il a été témoin de ses premiers symptômes. Il s'est assuré que, plus l'invasion est prochaine, plus aussi la sensibilité vers le cartilage xiphoïde est grande. Les convulsions cutanées se déclarent à cette époque, et l'air étonné et la pétulance dans les mouvemens ont été des symptômes précurseurs de la maladie, dans quelques uns des bestiaux inoculés.

La cohabitation durable avec les bestiaux infectés a paru favoriser la propagation de l'épizootie : deux bœufs sains ont été conduits d'un lieu infecté dans un autre, pendant plus de quinze jours, en sorte qu'ils ne restaient pas plus de deux heures de suite dans chaque étable où étaient les bestiaux malades, et ils passaient la nuit seuls dans une étable non infectée ; deux autres également sains ont séjourné pendant deux jours seulement, dans une écurie assez grande, avec trois bœufs malades, dont ils étaient aussi éloignés qu'il était possible ; vers la fin du dernier jour ils ont été attaqués de l'épizootie.

L'auteur a essayé à Condom de ramollir dans un vase les alimens endurcis dans le feuillet, en versant dessus différentes liqueurs. L'alkali volatil fluor, et l'alkali fixe sous forme sèche, ont réussi à les ramollir ; il a suffi aussi de l'humidité atmosphérique pour opérer cet effet.

Il a vu dans le Condomois les bœufs d'une femme charitable qui se faisait un devoir de labourer les champs des malheureux cultivateurs, résister à la contagion qui les entourait de toutes parts, et contre laquelle elle ne prenait aucune précaution. Il est certain qu'elle nourrissait mieux ses bœufs que ceux qui ont été les victimes de la maladie.

Il arrivait presque toujours que tous les bestiaux d'une métairie étaient attaqués de l'épizootie aussitôt qu'elle se manifestait sur un d'entre eux ; cette règle n'est pas sans exception.

On imagina qu'en faisant passer les bestiaux sains d'un pays où régnait l'épizootie, dans un autre pays anciennement infecté, et où la maladie avait cessé, cette migration pourrait leur être favorable. Dans cette vue on a fait passer une assez grande quantité de bestiaux du Condomois à Montréal, où ils se sont conservés pendant plusieurs mois ; mais comme on n'avait point désinfecté les étables, ils y ont été attaqués vers la fin de l'année 1775.

Vicq d'Azyr est cependant certain, en général, que la migration et le déplacement des bestiaux sains d'un pays où la contagion règne dans un autre où elle a cessé, leur est favorable. Il est en même temps assuré que si on déplace des bestiaux qui ont déjà le germe de la maladie, ils meurent quelques jours après leur arrivée dans le lieu de leur nouvelle habitation ; c'est ce qui a été observé auprès de Toulouse.

Telles sont les observations que l'auteur a faites, en 1774 et 1775, sur la nature et le caractère de l'épizootie. Ces expériences sur le virus pestilentiel sont neuves, à l'exception de celles de Courtivron sur les cuirs frais.

Vicq d'Azyr en avait concerté le plan, avant son départ, avec plusieurs physiciens et plusieurs médecins célèbres. Il en avait imaginé d'autres dont l'exécution a été impossible.

Il résulte de ces observations :

1° Que le virus épizootique n'est contagieux que pour les bêtes à cornes ;

2° Qu'il se conserve long-temps dans les cadavres avec son activité ;

3° Que l'épizootie n'attaque pas *deux fois* le même animal ;

4° Que les cuirs frais ne communiquent pas la maladie étant placés sur le dos des animaux sains, à plus forte raison passés à la chaux;

5° Que les habits et couvertures infectés sont contagieux;

6° Que les naseaux sont une voie de communication non aussi prompte que la déglutition, mais aussi sûre;

7° Que les molécules vireuses ne se communiquent que par la voie des frictions;

8° Que la déglutition est la voie la plus prompte.

9° Que l'inoculation n'offre aucun avantage quand l'épizootie est très-meurtrière;

10° Que les vapeurs salines n'ont pas contribué à la rendre plus bénigne, surtout qu'elles n'ont pas dénaturé le virus;

11° Que le nombre des plaies n'augmente point le danger et n'accélère point la maladie;

12° Qu'à l'aide de l'inoculation on peut apercevoir les symptômes véritables et primitifs de l'épizootie;

13° Que l'inoculation peut apprendre si la maladie qui règne dans un pays est vraiment contagieuse, parce qu'en la pratiquant, l'épizootie se communiquera avec tous ses symptômes;

14° Que la migration souvent répétée est avantageuse aux bestiaux sains;

15° Que la cohabitation avec les bestiaux malades est un moyen de communication aussi prompt qu'assuré;

16° Que l'eau peut enlever les molécules vireuses aux alimens qui en sont imprégnés;

17° Que les lotions de la bouche et des naseaux avec des liqueurs fortes sont très-utiles;

18° Que les alcalis et l'eau ramollissent les alimens du

feuillet , quoique donnés intérieurement ils aient occasioné beaucoup de chaleur et d'agitation ;

19° Que, parmi les bestiaux exposés à la contagion, plusieurs ne sont pas susceptibles de la contracter.

L'épizootie a été très-meurtrière pendant cette année ; à peine sur soixante malades en guérissait-on un, lorsqu'on n'employait aucun traitement ; et les meilleures méthodes, les soins les mieux dirigés n'en guérissaient jamais plus d'un huitième.

Deux choses, dit Sydenham , sont nécessaires aux progrès de la médecine. La première est d'avoir une histoire suivie et exacte des maladies , la deuxième est de chercher une méthode , par la voie de l'expérience , qui soit capable de les combattre avec succès. On doit attendre beaucoup de lumière des guérisons obtenues. Vicq d'Azyr n'a offert qu'un petit nombre d'observations au public ; nous avons choisi celles qui ont été faites à de grandes distances les unes des autres.

Première observation faite aux environs de Bordeaux,
en 1774.

Dans l'Entre-deux-mers , en 1774, on a guéri sous ses yeux quelques bestiaux attaqués de l'épizootie, par le seul régime émollient, et en leur faisant prendre des huileux avec des acides. Un particulier a guéri ses deux bœufs en leur donnant de l'huile de lin en breuvage et en lavemens , à des doses considérables.

Au Bosquart, on a employé la saignée avec assez de succès : on s'est beaucoup servi du vin aromatique ; il a vu deux bestiaux, dont le poil était presque tout-à-fait tombé, guéris sans que l'on eût employé d'autres remèdes que la décoction de mauve ou de pariétaire.

A Parenspuite, où la maladie avait plusieurs caractères des épizooties charbonneuses, on en a guéri plusieurs par le secours des boissons antiseptiques, et en râclant l'ulcère malin des lèvres et de la langue avec une pièce de monnaie ou avec une cuiller, et le lavant ensuite avec du sel et du vinaigre.

Observations faites dans le Condomois, en 1774 et au commencement de 1775.

L'épizootie y était alors très-meurtrière. La saignée faite de bonne heure, les émolliens, les acides et les huileux donnés dès le début jusqu'à la fin ; les antiseptiques et les légers cordiaux, sont les remèdes auxquels on a dû le peu de guérisons qui ont été opérées. J'ai constamment observé, comme Ramazzini, que les bestiaux dont on n'ouvrait point la veine, mouraient plus vite et avec des accidens plus terribles. Les remèdes échauffans précipitaient la mort, tant était grande l'intensité de la fièvre qui régnait.

Dans nos hôpitaux vétérinaires, il nous est arrivé souvent de voir des bestiaux qui touchaient à leur convalescence, être frappés de nouveau et périr. J'ai vu en outre un veau, qui fut oublié dans une étable où l'on était occupé à traiter des bêtes plus précieuses, être malade plus de trente jours et guérir enfin sans être saigné et presque sans avoir bu de la tisane que l'on servait abondamment aux autres.

Observations faites dans le Condomois vers la fin de 1775.

La maladie s'y était alors bien adoucie. J'ai vu chez M. de la Daupilière et chez madame Gutère des bestiaux très-bien guéris, quoiqu'ils eussent été saignés plusieurs fois. On s'est aussi bien trouvé de faire les saignées moins copieuses, ou de les pratiquer sous la queue et aux oreilles, ce qui, vu le peu de sang qui s'écoule, en diminue le danger. Ces succès ont rendu les saignées très-fréquentes aux environs de la ville de Condom ; mais plus loin nombre de bestiaux ont été guéris sans qu'on leur ait ouvert la veine. Chez M. Salis on n'a point saigné les bestiaux malades ; on leur a seulement donné trois doses de vin de petite centaurée, et on leur a frotté le nez et le dos avec du vinaigre. Ces seuls secours en ont guéri huit sur neuf.

A Cassin, les décoctions émollientes, celle de mille-feuille, le vin, l'huile et les bouillons, en ont rappelé plusieurs à la vie, sans saignée. Dans un village voisin on a traité heureusement plusieurs bestiaux avec la décoction de semences froides, avec le vin de petite centaurée et la thériaque, à la dose d'une once tous les jours, dans la décoction de verveine ou de grande consoude.

Près Sainte-Orens, plusieurs vaches ont été guéries par le régime émollient, précédé d'une saignée et suivi de quelques doses de thériaque.

A La Tapi et au Boutet, plusieurs ont été guéris par le régime et par l'application extérieure d'un mélange de graines de lin, de son et d'eau-de-vie, entre les cornes et le long de l'épine. Ces bestiaux ont bu seuls pendant toute la maladie.

A Bordeneuve, on a également guéri par le secours de la thériaque, et de l'infusion de cannelle et de girofle dans du vin.

A La Brullière, un taureau et une génisse ont été trois jours sans manger ; ils ont toujours bu seuls ; on leur a lavé le corps avec de l'eau tiède et de l'eau-de-vie ; on leur a donné des gousses d'ail avec du pain lorsqu'ils ont recouvré l'appétit : ils ont bu de la tisane émolliente abondamment, et on leur a fait prendre trois bouteilles de vin par jour ; leur convalescence a été assez prompte.

A Belladion, un bœuf et un taureau ont été malades quinze jours ; on leur a donné du bouillon fait avec des substances animales et du vin amer : l'éruption est survenue le sixième ou septième jour.

A Bérille, une vache et un taureau ont été guéris sans éruption, et sans le secours de la saignée ; on leur a seulement fait prendre un mélange de soufre, de thériaque et l'huile de lin. Cette observation, qui n'est pas la seule de cette nature, prouve que, quoique la voie la plus ordinaire de la crise soit celle de l'éruption, la nature a cependant plus d'une ressource.

A Ribet, chez M. Cattet, une vache a été guérie après avoir mangé abondamment des raisins, et avoir bu du bouillon de citrouille. L'éruption a été considérable, bien qu'on ait suivi le même procédé.

Au Roussat, à Morisete, au Morisson et au Bos, plusieurs bœufs ont été guéris par le seul régime émollient ; on a seulement ajouté du nitre et du miel aux boissons.

Au Baquet, les bouillons de mouton et de volaille ont eu beaucoup de succès.

A Ugon et dans une métairie voisine, une vache et un bœuf ont été malades pendant douze jours ; ils ont poussé des gémissemens profonds, et, au défaut de boutons, le nez s'est excorié. Les seuls émolliens ont été mis en usage, et ces bestiaux n'ont pas été saignés.

A Caillette, huit bêtes à cornes ont été guéries par le secours des seuls émolliens ; on leur a donné de la soupe à la citrouille et du bouillon de viande ; on leur a mis sur le dos une charge d'herbes aromatiques : aucune n'a eu la diarrhée. Elles ont été cinq jours sans manger, mais elles ont toujours bu seules : l'éruption a été abondante. Dans une autre métairie voisine, on a suivi de point en point le même traitement, et tous les bestiaux ont péri le neuvième et le dixième jour.

A La Huarde, on a traité plusieurs bestiaux de la manière suivante : 1° on leur a fait une saignée au cou, 2° une seconde aux oreilles ; 3° on leur a fait prendre un breuvage composé de six jaunes d'œufs, une once de fleur de soufre et de la muscade, le tout délayé dans un mélange de vin et d'huile de lin ; 4° on leur a fait prendre des boissons émollientes alternativement.

Chez un particulier de cette paroisse, un bœuf a été malade cinq semaines : il a gémi profondément ; il a cessé de boire et de manger ; le nez s'est exfolié : il a guéri par la même méthode.

Au Maeste, il y a eu trois bestiaux guéris sur six ; ils ont toujours bu seuls, et n'ont pas même cessé de manger. On les a fumigés avec des herbes fortes ; on leur a donné du bouillon de citrouille et de viande en abondance.

A Pouchon, plusieurs bœufs ont été traités heureusement

par le moyen de deux saignées faites aux deux jugulaires, d'une charge sur le dos faite avec l'eau-de-vie et le vinaigre, et d'une boisson émolliente abondante. Trois de ces bestiaux ont éprouvé une dépilation totale.

L'auteur a constamment observé dans toutes ces communautés, que les bestiaux malades laissés hors de leur étable pendant la nuit, ont tous péri.

A Cassagne, près de Condom, la maladie a été bénigne : on y a employé avec succès la saignée au cou ; on leur a fait prendre l'eau blanche et le bouillon de citrouille ; on leur a donné des breuvages avec l'huile et le vin ou l'eau-de-vie.

1° La maladie ne se communique point aux chevaux, mulets, ânes, chiens, chats, cochons, moutons et chèvres. J'ai piqué des pigeons et des coqs avec un scalpel imprégné de molécules vireuses, et leur santé n'en a pas souffert.

2° L'expérience m'a prouvé que les fosses sont contagieuses. Des morceaux de peau et de chair, pris à Mont-Réal dans des fosses où depuis plus de trois mois on avait enseveli des animaux morts, et introduits dans plusieurs plaies faites à des animaux sains, les ont infectés. J'ai moi-même perdu deux vaches après une pareille inoculation (1).

3° Les forts purgatifs exercent leur action sur la partie droite de la panse, et y excitent l'inflammation.

4° Les purgatifs minoratifs n'ont presque aucun effet marqué ; seulement ils échauffent. Ils sont au moins inutiles.

(1) L'expérience a démontré que l'introduction sous la peau d'animaux sains de morceaux de chair musculaire qu'on avait laissée se putréfier, a déterminé des affections charbonneuses. Aussi Vicq-d'Azyr ne distingue pas nettement l'affection charbonneuse de l'épizootie des provinces méridionales ; il lui a donné cependant le nom de maladie varioleuse ; ce qui semble la rapprocher de la petite-vérole de l'homme.

5° La mort des bestiaux que nous n'avons pas saignés a été souvent plus prompte qu'elle n'aurait dû l'être. Les entrailles étaient plus enflammées ; la saignée *était donc indiquée*. Ramazzini a vu et dit la même chose.

6° Les boissons émollientes et nitrées, répétées de demi-heure en demi-heure, et les lavemens émolliens administrés quatre fois par jour, ont détrempé et ramolli les alimens du feuillet dans douze bœufs. Cette pratique sera vantée par ceux qui font consister la maladie dans l'endurcissement du feuillet.

7° Les fumigations sous le nez avec un mélange de soufre et de nitre en poudre, ont sollicité l'excrétion abondante d'une humeur puriforme. On s'est surtout très-bien trouvé des vapeurs de l'eau-de-vie ou de l'esprit-de-vin avec le vinaigre, que l'on a fait recevoir aux bestiaux sous un grand drap dont ils étaient couverts.

8° Les scarifications faites de bonne heure le long de l'épine et au fanon, *ont quelquefois* suppuré, au grand soulagement du malade.

9° Les vésicatoires, les cautères, appliqués pendant la maladie, n'ont presque produit aucun effet ; les cantharides ont seulement rendu les urines très-copieuses, sans soulagement marqué.

10° Les sels alcalins, les sels mercuriels et antimoniaux les différens foies de soufre, les différens sels neutres ont prodigieusement augmenté la chaleur, quoique donné à une dose très-modique ; à l'ouverture, on a trouvé les entrailles gangrenées.

11° Le mercure coulant, en friction ou autrement, n'a produit aucun effet.

12° La thériaque dans le vin a donné beaucoup de chaleur. L'extrait de genièvre est moins échauffant ; tous ces remèdes étaient en général très-nuisibles ; les bestiaux qui en ont pris une trop grande quantité sont morts au milieu des convulsions les plus affreuses. Nous en avons vu plusieurs, dans nos hôpitaux vétérinaires, rompre avec force la corde qui les attachait, et aller expirer à l'endroit opposé de l'étable ; d'autres, ne pouvant se débarrasser, semblaient faire effort pour gravir le mur qui était devant eux : ils se tenaient élevés sur les extrémités postérieures, et la mort les surprenant dans cette situation, ils retombaient tout à coup. Les bois sudorifiques et les racines échauffantes nous ont donné le même résultat.

Il en faut dire autant des résines et des esprits aromatiques.

Les lavemens purgatifs ont souvent beaucoup fatigué les malades.

Le vinaigre simple, le vinaigre scillitique, le vinaigre donné avec l'alkali fixe, dans le temps de l'effervescence, ont paru soulager.

Le vinaigre avec l'huile a fait beaucoup de bien, lorsque la diarrhée n'avait pas encore paru. Au lieu du vinaigre, on peut se servir d'une eau vulnéraire quelconque.

Je n'ai pas été aussi satisfait du camphre que je l'aurais imaginé ; après plusieurs essais, j'ai cru devoir m'en abstenir, et employer le nitre seul.

J'ai inutilement tenté de communiquer la maladie une seconde fois à des bestiaux guéris ou qui ont échappé. A peine cite-t-on deux exemples contraires dans toutes les provinces méridionales, encore sont-ils très-suspects.

Ces expériences ont été faites avec beaucoup d'exactitude ; je n'ai rien négligé pour mettre ces vérités hors de doute. Il m'en a plus coûté pour constater l'insuffisance de ces remèdes, que si j'en eusse trouvé un capable de guérir.

La maladie ne se communique point par les cuirs frais, ce que Courtivron a dit avant moi ; j'ai inutilement renouvelé les cuirs sur le dos de huit vaches à quatre reprises, sans qu'elles aient éprouvé d'autre symptôme que du dégoût pour les alimens. L'appétit leur est revenu ensuite.

A plus forte raison les cuirs passés à la chaux ne la communiquent pas.

Les habits des hommes qui ont servi dans les hôpitaux vétérinaires, achetés et mis sur le dos de plusieurs bœufs sains, ont communiqué la maladie à trois sur six.

Les vapeurs vireuses, prises à l'ouverture des cadavres, dans l'abdomen et dans les instestins, renfermées dans des vessies qu'on introduisait dans le nez des bestiaux, ou qu'on faisait crever sous leurs narines, leur ont communiqué la maladie au bout de dix, douze et quinze jours.

Ces mêmes molécules étendues dans l'eau, ou du pain trempé dans le sang ou dans la bile infectée, ont communiqué l'épizootie en cinq, six et huit jours.

En essayant de la communiquer par la voie des frictions, soit avec les mains imprégnées de virus, soit avec du foin, soit avec des peaux infectées, les bestiaux soumis à cette expérience ont tous conservé leur santé, excepté un seul qui a été attaqué, encore ai-je eu de fortes raisons de croire qu'il avait pris ailleurs le germe de la maladie ; c'est le seul qui soit mort.

L'inoculation m'a paru peu avantageuse, puisque presque tous les bestiaux sur lesquels je l'ai tentée ont péri ; je me suis convaincu qu'elle réussit mieux sur les jeunes que sur ceux qui sont avancés en âge. Dans le temps où la maladie est moins meurtrière, l'inoculation l'est moins aussi ; personne ne peut avoir pris plus de précautions que moi. Camper a guéri quarante-un individus sur cent douze inoculés ; Koopnam, sur cent quatre-vingt-quatorze, en a guéri quarante-cinq. On voit que plusieurs ont fait usage de la thériaque, qu'ils ont délayée dans le vin, et qu'ils ont fait avaler à leurs bestiaux pendant trois jours, à la dose d'une once ; sur douze, il y en a eu dix de guéris.

Les vaches qui ont avorté d'elles-mêmes, dans les différentes communautés, ont été guéries. J'ai fait la même observation en Normandie. Mais toutes celles qu'on a fait avorter par des moyens incendiaires sont mortes.

Observations faites aux environs de Toulouse.

L'épizootie s'est montrée très-bénigne, mais elle a offert plus de variété dans la crise. On faisait, à la queue et au flanc, des saignées copieuses ; on donnait de l'eau blanche, du vin, de la thériaque et des bouillons de viande. Quoique cette derrière pratique soit contraire à mon sentiment et aux alimens dont se nourrissent ces bestiaux, je suis forcé de convenir que, dans toutes les guérisons qu'on a obtenues, les bêtes avaient pris du bouillon de viande en grande quantité. J'ai fait diminuer les saignées.

A Camon, de quinze bêtes une est morte ; deux autres ont été confondues avec les malades, sans le devenir ; les douze autres ont eu le flux, aucune n'a cessé de boire seule, et toutes ont été guéries en quinze jours ; on ne les a point saignées ; on leur a fait des frictions avec de l'huile et de l'eau-de-vie , on leur a donné d'abord les émolliens et les bouillons de viande, ensuite le vin et les cordiaux aromatiques , puis la thériaque.

A Joncas, à Michon, à Moublanc, même traitement, même succès.

On doit conclure de ces détails que le refus de boisson et le gémissement profond sont deux symptômes très-graves.

Chez M. Bellegarde, on a employé avec succès le kermès minéral à la dose de six grains, deux fois par jour, dans une décoction de chardon-bénit; on donnait cinq à six doses de cette dernière dans la journée.

A Joncas, à la Colombelle, on a réussi avec le même traitement; à la Pierre, à la Capelle, à l'Agai, il a été employé avec un égal succès. La maladie était bénigne; les animaux n'ont jamais cessé de boire seuls; l'éruption a été abondante.

Vicq-d'Azyr fait une réflexion trop importante pour être passée sous silence, puisqu'elle tend à établir l'analogie de l'épizootie avec la petite-vérole. Tous ces bestiaux ont été frottés à sec, dans la région du cou et du garot; on les a tenus chaudement; on a placé sous le ventre des chaudrons pleins d'eau bouillante, pour ramollir le cuir. A l'aide de ces différens moyens, on parvient à déterminer l'éruption, et lorsque l'effort critique se porte vers la peau, on voit en même temps les narines s'écorcher, le cou se gonfler et la bave sortir en plus grande quantité. Il se fait, dans la petite-vérole, des mouvemens à peu près semblables dans l'organe

cellulaire. La nature est la même partout ; on trouve à
chaque instant de nouvelles preuves de cette circonstance
et de cette identité dans sa marche et dans ses phénomènes,
soit qu'on la considère dans une ou dans plusieurs classes
d'individus.

Observations faites à Tarbes et aux environs.

J'ai trouvé dans le Bigorre un grand nombre de communautés où la maladie était très-bénigne, et auprès desquelles
en étaient d'autres où elle régnait avec toute sa fureur ;
on y a en général employé la saignée, la thériaque de très-
bonne heure et souvent à grande dose , et la térébration des
cornes ; on n'a point oublié de mettre sur le front et entre les
cornes une charge quelquefois aromatique et quelquefois
simplement émolliente.

A Tarbes, la maladie a été assez meurtrière : on n'y a
guéri qu'un petit nombre de bestiaux. L'ouverture des cadavres a offert les mêmes ravages intérieurs que ceux observés dans d'autres provinces voisines.

A Sousse, l'épizootie était très-maligne ; l'écoulement
par les trous pratiqués aux cornes n'était pas abondant ,
ce qui est en général d'un mauvais pronostic.

A Horgues, chez un particulier, sur neuf bêtes malades ,
quatre ont été guéries : deux seulement ont eu le flux ;
elles ont gémi profondément , mais elles ont toujours bu
seules ; on ne les a pas saignées ; outre le régime émollient,
on leur a fait prendre du vin dans lequel on avait fait infuser de la cannelle et du girofle. Leur convalescence a duré
six semaines. Chez un autre particulier, deux bœufs ont
été guéris par le même traitement, avec cette différence

qu'ils ont été saignés une fois au cou. Il a coulé beaucoup
de matière par les cornes. Ce que j'ai remarqué de particulier, c'est que, dans leur convalescence, ils éprouvaient encore au moindre attouchement une horripilation très-forte
le long de l'épine, aux reins et au garot.

A Cassenave, sur sept bestiaux, quatre ont été guéris : on
leur a fait une saignée au flanc : on leur a donné la thériaque
dans le vin, et leurs cornes ont été percées à quatre travers
de doigt de leur naissance ; ils ont été deux jours sans boire
seuls, mais n'ont pas guéri parfaitement.

Cinq autres ont été traités de la même manière et avec le
même succès.

J'ai observé, un grand nombre de fois, que la langue
des bestiaux, qui est pour l'ordinaire très-chargée et
très-sordide dans cette maladie, lorsque l'éruption est
abondante, se nettoie, commence à perdre la croûte muqueuse dont elle est recouverte dans le principe et la perd
enfin tout-à-fait lors du dessèchement ; quelquefois il se
fait une répercussion dangereuse et les boutons disparaissent, par une funeste délitescence : alors la mort est presque
assurée.

Dans le village d'Ossun, à une demi-lieue de Juliars,
le nombre des morts a été de deux cents, et celui des
guéris se monte à quatre cent quatre-vingt. On a vu des
boutons situés sur les reins suppurer, et ceux du cou tomber
en écailles ; la toux a été considérable et dans quelques
uns elle a précédé la maladie. Presque tous les bestiaux ont
eu le flux avec des filets de sang ; quelquefois la diarrhée
venue trop tôt a troublé l'ouvrage de la nature et a empêché l'éruption de se faire convenablement. Une grande par-

tie n'ont pas perdu l'appétit, et quelques uns, dans le grand nombre, n'ont pas eu d'autre symptôme de l'épizootie que l'éruption de quelques boutons. J'ai examiné tous ces bestiaux avec beaucoup de soin, et M. Forcade, médecin très-instruit, m'a fourni tous les éclaircissemens que j'ai pu désirer. Ces remarques sont importantes pour prouver qu'il y a analogie, sinon identité, entre l'épizootie et la petite-vérole de l'homme; je l'appellerai donc épizootie varioleuse, ou peste, regardant la peste comme une épidémie très-meurtrière.

Tel est le tableau des observations que fournissent les campagnes où règne la contagion.

On est peut-être surpris de l'uniformité qu'elles présentent : j'ai cependant cherché, dans un nombre considérable de faits, ceux dont les circonstances étaient les plus variées.

Il résulte de ces détails que l'on a employé avec succès trois espèces de traitemens différens les uns des autres.

Le premier se borne aux émolliens.

Le deuxième en diffère en ce qu'on ajoute aux émolliens des doses plus ou moins répétées de remèdes cordiaux et antiseptiques.

Le troisième enfin diffère du second en ce qu'on a pratiqué la saignée dans le commencement.

On ne s'est servi nulle part avec succès des purgatifs, dont les bons médecins blâment aussi beaucoup l'usage dans la peste humaine. Les variétés du traitement tiennent sans doute à celles qu'apportent les différences du climat, du tempérament et de l'intensité de la maladie.

Il est donc démontré : 1º que la saignée n'est pas mortelle, comme quelques uns l'ont avancé, puisqu'on l'a employée avec succès en pluiseurs endroits;

2º Qu'elle n'est pas nécessaire dans tous les cas, puisque plusieurs guérisons ont été opérées sans son secours;

3º Que les cordiaux et les antiseptiques, sagement administrés, sont très-utiles, puisque c'est la pratique la plus répandue;

4º Que les émolliens doivent faire le fond du traitement, puisqu'on les a mis en usage dans toutes les circonstances où il y a eu des bestiaux guéris. Ces conséquences paraîtront peut-être vagues et d'une petite importance au premier aspect; mais, avec plus de réflexion, quiconque connaît le prix d'un petit nombre de vérités, conviendra facilement que c'est beaucoup d'en avoir établi, d'une manière incontestable, quelques unes qui doivent servir de base au traitement.

Je ferai remarquer encore que le kermès, à la dose de huit grains, mêlé avec une suffisante quantité d'huile de lin ou étendu dans une boisson aromatique, et donné trois fois, a produit les meilleurs effets;

Que le camphre à la dose de deux gros, écrasé ou délayé dans du vinaigre avec une demi-once de thériaque, m'a paru un excellent mélange pour soutenir les forces de la vie, et pour pousser à la peau; donné à une demi-once dans le frisson et dans les cas désespérés, comme nous avons fait à Ossun, il a réussi au-delà de toute espérance;

Que les eaux minérales ferrugineuses, l'eau ferrée, à laquelle on ajoute du sel de Glauber, et quelquefois le sel ammoniac, sont d'un usage aussi peu coûteux et aussi commode qu'utile;

Enfin qu'il est indispensable de savoir que, lorsqu'il y a

beaucoup de chaleur dans la bouche , et lorsque le pouls bat avec violence, il faut s'abstenir de tout remède échauffant.

Cette observation est de la plus haute importance ; elle seule fait voir combien il est impossible de déterminer une méthode généralement utile à tous les bestiaux. Quelque bien indiqué que soit un traitement, il faut donc qu'un ob-servateur exact et intelligent l'emploie, et l'accommode aux circonstances.

J'ai cru devoir placer ici une consultation qui a été im-primée à Bordeaux , dans laquelle j'ai rendu en peu de mots ce que mon expérience et celle des auteurs m'ont appris.

La maladie étant inflammatoire, et le pouls étant pour l'or-dinaire, dans le principe , plein , dur et fréquent, la saignée est naturellement indiquée (1) ; mais comme l'inflammation devient bientôt gangréneuse, il faut, pour la placer à propos, qu'elle soit faite de très-bonne heure. La diminution de l'ap-pétit et la tristesse doivent être les premiers symptômes déterminans, et surtout avant que la stase gangréneuse soit commencée ; on pourra sans crainte tirer quatre livres de sang.

On n'ouvrira point la veine des bestiaux qui seront trop faibles ou trop avancés dans la maladie, ni de ceux auxquels on aura fait des sétons ou cautères. La première saignée doit suffire dans presque tous les cas. On n'oubliera pas que ce moyen, employé trop tard , a été mortel.

L'état des premières voies, qui sont le foyer de la maladie,

____

(1) *Consultation sur le traitement qui convient aux bestiaux atta-qués de l'épizootie,* publiée à Bordeaux et à Tarbes , le 5 novembre 1775.

étant toujours inflammatoire , les boissons émollientes sont sans contredit celles dont l'usage journalier doit être le plus avantageux. L'huile de vitriol , la crème de tartre ou de nitre , le vinaigre seront donnés comme rafraîchissans.

On peut donner un mélange d'huile de lin ou d'olives et de vinaigre; quelques jours après , le vinaigre à l'eau-de-vie. On peut se servir de l'alkali volatil dans un verre d'eau , ou de l'alkali fixe avec du vinaigre.

Potion que l'on donne plusieurs fois dans la journée.

Comme la gangrène menace les premières voies , et que d'ailleurs la crise se porte à la peau, il est très-prudent d'administrer, une ou deux fois dans la journée, des remèdes diaphorétiques et antiseptiques. La matière médicale offre une foule de moyens capables de satisfaire cette indication. Les vins et les amers, ou les aromatiques, tiennent la première place. On fera infuser l'écorce de frêne , de quinquina, la petite centaurée, l'absinthe , la sauge , les baies de genièvre , les fleurs de camomille, etc., et la cannelle quand il y a beaucoup de faiblesse.

Le vin antiseptique n'est pas toujours suffisant pour soutenir les forces vitales , et pour pousser à la peau.

Les secousses et le tremblement indiquent l'usage du camphre , qu'on mêle au nitre.

J'ai recueilli l'histoire de cent guérisons sans lavemens; il n'en est pas moins vrai que ce moyen n'est pas à négliger.

Les purgatifs sont surtout très-nuisibles dans le commencement; ils ne peuvent alors qu'augmenter l'inflammation. Les minoratifs peuvent être employés vers la fin , quand on voit que des matières noirâtres, venues du feuillet, sont évacuées.

Il est à propos de pratiquer un séton au fanon, avec l'ellébore ou une mèche épispastique, dès que l'on soupçonne une bête malade. La térébration des cornes ne peut produire que de bons effets.

Les boutons de feu appliqués le long de l'épine et à la nuque ont été préconisés et adoptés par la Faculté de Montpellier et par Lancisi.

On frottera le nez avec du vinaigre d'ail ou le vinaigre des quatre voleurs. La vapeur de baies de genièvre et celle du vinaigre jeté sur des charbons ardens sont encore très-utiles pour solliciter le dégorgement des fosses nasales. On peut aussi se servir d'une bassinoire, dans laquelle on met du camphre avec des feuilles ou baies aromatiques, que l'on place sous le nez des bestiaux malades, et qu'on passe aussi sur le dos.

On fixera sur le front, entre les cornes, une charge qui entretienne une chaleur naturelle ; peu importe de quoi elle soit composée.

On frottera le poil en tous sens, à sec pour mieux ouvrir les pores, ou avec de bonne eau-de-vie, du vinaigre très-fort, de l'huile de térébenthine, de l'euphorbe.

S'il survient quelque tumeur, on y fera une large ouverture, et l'on injectera du vinaigre ou de l'eau-de-vie camphrée dans l'intérieur de la plaie.

Je regarde le traitement extérieur comme le plus important ; on ne saurait tourmenter assez la peau des bestiaux pour y attirer la crise.

*Traitement le plus simple et le plus à la portée de tout le
monde, sous forme de résumé.*

Il convient, maintenant, de résumer en peu de mots les
principes détaillés ci-dessus :

1° La saignée sera faite dès les premiers symptômes ;
2° les boissons émollientes seront employées dans tous les
temps de la maladie ; 3° le deuxième jour , on commencera
l'usage du vin d'absinthe, des amers ; 4° on donnera une
once de thériaque dans le vin. S'il y a flux, on donnera le
diascordium , des lavemens ; on ne purgera que tard ou point
du tout. On lavera la bouche avec du vinaigre ; on appliquera
une charge sur le front ; on percera les cornes près de la
base ; on fera un séton au fanon ; on frottera à sec le cou, le
garot, le dos, ou avec une teinture de cantharides. On couvrira
l'animal ; on l'exposera à la vapeur d'eau ; on ne lui donnera
rien à manger. Au déclin , on ajoutera à la boisson de la
farine de fèves, du pain trempé dans le vin. Les bestiaux
seront renfermés dans des étables bien chaudes, les courans
d'air frais pouvant s'opposer à l'éruption , qui est une crise
salutaire. Ce procédé est facile , peu coûteux, et peut être mis
en usage par tout le monde.

On évitera de renfermer les bêtes à cornes dans les étables
avec des moutons ou des chevaux, parce que ceux-ci pourraient porter ailleurs la contagion.

Les avis que je donne méritent d'autant plus de confiance ,
qu'ils sont le résultat des expériences que j'ai faites.

Je crois que l'on ne peut s'empêcher de reconnaître, non
deux classes, mais bien deux degrés de maladie. Les bes-

tiaux qui ne sont attaqués qu'au premier degré sont les seuls dont la médecine puisse opérer méthodiquement la guérison. Je me suis assuré qu'il leur manque toujours plusieurs des grands symptômes dont ceux qui sont attaqués au second degré offrent la complication et l'assemblage.

Ces symptômes sont : la perte totale de l'appétit ; le refus de toute boisson, même de l'eau claire ; le gémissement profond et les plaintes continuelles, le battement des flancs, les tremblemens et convulsions des muscles ; l'obstruction totale des naseaux par des matières épaisses et purulentes, qui forcent les bestiaux à ouvrir les deux mâchoires pour respirer ; le défaut d'éruption, la diarrhée huileuse et colliquative ; la chute d'une eschare, qui laisse l'extrémité des naseaux noirâtre et livide ; une faiblesse extrême, qui oblige les bestiaux à se tenir couchés ; l'abattement et l'enfoncement des yeux, la dureté d'une des régions lombaires, la difficulté avec laquelle la suppuration s'établit lorsqu'on applique les sétons, enfin la petitesse et les intermittences du pouls. On a vu quelquefois des animaux guéris après avoir réuni tous ces symptômes ; mais ce sont des miracles opérés par la nature, sur lesquels on ne doit pas compter.

Quels que soient le soin et l'exactitude apportés dans la description d'une maladie, on n'est jamais sûr de la bien reconnaître, si on ne la compare pas avec les autres lésions connues.

Parmi les symptômes dont on a offert le tableau, plusieurs sont communs aux autres affections qui attaquent les bestiaux. De ce nombre sont la tristesse, l'abaissement de la tête, la rougeur des yeux, l'écoulement du nez, la chaleur et le frisson, la difficulté de la respiration, le battement des flancs, les gémissemens, la perte de l'appétit, et la cessation de la rumination.

La dureté et l'engorgement du troisième estomac, que plusieurs regardent comme un accident particulier à l'épizootie, se rencontrent aussi très-souvent dans le charbon ; on les observe encore dans presque toutes les maladies inflammatoires de l'abdomen.

L'état du poumon et celui de l'arrière-bouche ne permettent pas de confondre cette maladie avec l'esquinancie ou avec la péripneumonie maligne.

La dysenterie ou la constipation ne donnent par elles-mêmes aucun diagnostic assuré.

Les convulsions, les palpitations cutanées, le tremblement, l'empâtement de l'épine, sa sensibilité excessive, tous les symptômes nerveux sont beaucoup moins communs que les précédens. Cependant ils n'accompagnent pas toujours le fléau terrible que nous examinons.

L'épine, par exemple, se montre sensible presque dans tous les cas où la maladie est très-maligne, où le genre nerveux est très-affecté.

Ce n'est donc pas par la recherche d'un symptôme pathognomonique que l'on doit établir le diagnostic de la peste varioleuse des bestiaux ; c'est plutôt dans la suite et dans l'enchaînement des phénomènes, ainsi que dans la terminaison de la maladie, que l'art doit trouver les moyens d'en reconnaître l'existence.

Ce qui peut ajouter à la difficulté, c'est, comme l'observe Lancisi, la stupidité et le mutisme des animaux.

Les symptômes extérieurs, les seuls guides que nous puissions reconnaître, n'apprennent rien de bien précis sur la nature du mal, qui existe toujours long-temps avant que l'on puisse s'en apercevoir. Parmi des preuves nombreuses, je choisirai un fait frappant.

Un particulier de la châtellenie de Bourbourg avait une vache dans un lieu infecté, où il la nourrissait principalement de vesce ; il la conduisit dans un autre endroit, où elle vécut six semaines sans en manger, et sans éprouver la moindre incommodité apparente ; cette vache mourut de l'épizootie. A l'ouverture, on trouva le troisième estomac tout rempli de vesce endurcie, desséchée et comme brûlée ; ce gâteau s'était donc formé lentement.

A cause du grand nombre d'obstacles qui s'opposent à la connaissance de l'épizootie, nous rapporterons ici les principaux symptômes des maladies avec lesquelles elle pourrait être confondue.

1° Les bestiaux sont quelquefois attaqués d'une fièvre continue, qui, après avoir donné des signes d'une inflammation, annoncent une putridité marquée dans les humeurs ; au premier coup d'œil, il est très-difficile de distinguer une pareille fièvre d'avec l'épizootie régnante, qui au fond n'est autre chose elle-même qu'une fièvre putride du plus mauvais caractère.

Dans l'épizootie, la tête donne plus de symptômes d'abattement et de pesanteur, que d'inflammation ; la chaleur des cornes et des oreilles n'est pas à beaucoup près aussi soutenue. Les yeux deviennent chassieux, et se ternissent plus promptement ; l'épine et le cartilage xiphoïde sont beaucoup plus sensibles ; le poil est beaucoup plus hérissé ; les tégumens sont emphysémateux le long de la colonne épinière, et ils finissent par être secs et racornis. La diarrhée, pour l'ordinaire, ne tarde pas à se déclarer. Le pannicule charnu est agité par des mouvemens convulsifs; le corps est secoué par des tremblemens, qui se font sentir principalement le long de la colonne épinière. Le train de derrière est faible, et se soutient à peine en marchant; les urines sont d'abord comme dans l'état naturel; les progrès sont prompts, et tout est fini pour l'ordinaire en huit jours (1). Souvent la maladie se termine par des boutons au cou et le long de l'épine.

Cet ensemble de phénomènes ne se rencontre point dans les *synoques* simples, ou même putrides, dont la marche est plus lente et plus égale, dont les périodes sont plus marquées et dans lesquelles on voit la tension et l'extrême irritabilité des fibres, après avoir suspendu les excrétions, céder enfin et cesser tout-à-fait dans le temps de la coction, lorsque la matière fébrile, mieux travaillée, trouve un émonctoire par lequel elle peut s'échapper : par les urines, les selles, la transpiration.

Dans l'épizootie, au contraire, cette réciprocité, cette alternative entre les mouvemens respectifs des forces vitales et musculaires; cette marche réglée que suivent la nature et les crises qui sont son ouvrage; cet accord entre les fonctions, qui fait qu'après s'être réunies pour combattre l'ennemi commun, l'une d'elles plus faible se prête à l'évacuation; cette régularité disparaît et fait place à une complication de

____

(1) M. Dupuy a trouvé, à l'ouverture de la moelle épinière de plusieurs vaches mortes d'une maladie semblable, des taches noires à l'origine de chacun des filets qui concourent à former les nerfs de l'épine; ces taches étaient plus grandes et très-remarquables aux régions lombaire et sacrée. M. Guersent en a parlé dans l'article *Épizootie* du *Dictionnaire des sciences médicales*. Voyez *Observations particulières*.

symptômes, dont il est plus difficile de connaître les causes et l'enchaînement, que d'y apporter un remède convenable et d'en opérer la guérison.

Les nerfs étant principalement et primitivement affectés dans les maladies, comme le prouve la série de leurs symptômes, portent partout le trouble et l'irrégularité ; c'est cette anomalie qui doit en général assurer le diagnostic des maladies malignes.

2° Les bestiaux, après avoir pris en trop grande quantité des alimens très-nourrissans, surtout s'ils travaillent peu, éprouvent quelquefois les accidens d'une *pléthore* vraie.

Ils ont alors l'air assoupi, pesant, l'œil quelquefois enflammé : mais la chaleur des oreilles et des cornes n'est pas très-considérable et n'est sujette à aucune variation. Si la poitrine se prend, on n'observe pas de battemens de flancs semblables à ceux de l'épizootie.

Les progrès de l'une et de l'autre maladie offrent tant de différences, qu'il est impossible de se tromper.

On peut en dire autant de la fausse pléthore, présentant presque les mêmes accidens que la vraie ; ce qui a précédé suffit toujours pour la faire distinguer.

3° Après une marche trop prompte ou trop long-temps continuée, souvent les forces s'épuisent, les yeux se chargent et se fatiguent, la bouche s'échauffe, le bout du nez devient aride et brûlant ; les excrémens sont secs et l'animal est excessivement triste et abattu. Ces accidens pourraient en imposer ; mais, en questionnant les métayers, on remonte aisément à la source du mal. Il est d'ailleurs très-rare que la rumination cesse tout-à-fait. Jamais les palpitations cutanées et les tremblemens convulsifs n'ont lieu ; enfin les phénomènes des jours suivans suffisent pour désabuser si on s'était mépris.

4° Les alimens qui contiennent beaucoup d'air permettent quelquefois à ce fluide de se développer en trop grande quantité dans les estomacs des ruminans ; comme leur étendue est très-grande, le ventre est alors gonflé comme un ballon : il résonne même quand on le frappe. Sans avoir recours à d'autres signes, on peut reconnaître ainsi très-facilement une *tympanite*, qui requiert l'usage des toniques, ou même la ponction.

5° En certains cantons, dans un temps chaud, après un léger mouvement de fièvre, les bestiaux éprouvent une petite éruption à la peau, qui paraît sur-le-champ et qui disparaît en peu de jours ; on ne pourrait la confondre tout au plus qu'avec l'espèce la plus bénigne de l'épizootie. Comme elle n'a lieu que sur la fin de la maladie et qu'alors l'épidémie tombe, il est aisé de la distinguer.

6° Parmi les symptômes qui accompagnent l'inflammation de l'estomac et des intestins, la tension extrême du ventre, la douleur que l'animal éprouve lorsqu'on le touche, ses souffrances, son inquiétude, son changement continuel de position en se couchant et se relevant aussitôt, sont plus que suffisans pour distinguer cette maladie de toute autre.

7° L'épizootie n'est pas toujours accompagnée de la dysenterie. Suivant la description que Ens nous a laissée, il paraît que celle qui a fait le sujet de ses observations était de ce genre. M. Daignan, médecin célèbre, a eu occasion de voir la même chose en Flandre ; mais dans toutes les autres provinces, la dysenterie s'est toujours déclarée avec des accidens plus ou moins considérables. Il paraît qu'il serait possible de confondre l'épizootie avec la dysenterie des bestiaux.

Les vaches qui viennent de mettre bas, surtout dans le temps d'une maladie régnante, conservent souvent une faiblesse si grande que l'on vient les déclarer attaquées de l'épizootie ; avec une bonne nourriture et quelques cordiaux antiseptiques, on les rétablit sûrement. J'ai été témoin de cette méprise en Flandre.

8ᶜ Les *esquinancies gangréneuses* sont accompagnées de tous les symptômes des maladies malignes : elles en ont beaucoup de communs avec l'épizootie. La chaleur, d'abord assez vive, disparaît au bout de quelques jours ; un froid non interrompu dure alors jusqu'à la mort, si l'animal y succombe. Les convulsions cutanées sont ici de la partie. La toux commence de bonne heure, elle devient ensuite très-fatigante ; la poitrine se prend en même proportion ; l'animal respire difficilement : les flancs battent d'une manière très-vive et très-précipitée ; les yeux sont rouges et animés ; ils deviennent bientôt chassieux ; la bouche est chaude et enflammée, ainsi que la partie supérieure du pharynx et du larynx ; une morve abondante et fétide sort des naseaux ; la bouche est remplie par une humeur de la même nature ; l'animal est sur le point de suffoquer ; enfin la surface de la langue ainsi que l'intérieur de la bouche et des narines sont parsemés d'ulcères. Toutes les parties de l'arrière-bouche sont sphacélées. Le poumon lui-même, quoique moins affecté, participe aux mêmes dispositions ; le ventre est dans l'état le plus naturel. La peste varioleuse fait sur les estomacs et sur les instestins les mêmes ravages que l'esquinancie produit sur l'arrière-bouche. Ces maladies ont au reste de grands rapports; elles sont également communicatives et elles exposent l'animal aux plus grands dangers. La dysenterie contagieuse se rapporte encore à celle-ci; toutes les trois attaquent le même tube; l'une à sa partie supérieure, l'autre à sa partie moyenne (estomacs), la troisième à la partie déclive (les gros intestins); cepen dant elles sont essentielles, différentes. Il est donc vrai de dire que chaque maladie a une marche qui lui est propre, dont l'observation la plus exacte et la plus impartiale peut seule donner connaissance.

9° Si les poumons sont affectés dans l'esquinancie maligne, ils le sont beaucoup plus lorsqu'une péripeumonie du même genre les attaque et y porte immédiatement ses ravages.

Alors la faiblesse, l'horripilation, les mouvemens convulsifs du pannicule charnu et tous les autres symptômes des fièvres malignes se déclarent. Le cuir se dessèche aussi; il se joint à ces accidens une sueur fréquente, laborieuse et souvent accompagnée d'un gonflement marqué dans le globe de l'œil, dont les vaisseaux se remplissent de sang en même proportion, et d'une excrétion par les narines, qui survient quelque temps après l'invasion. Les hypochondres battent fortement, et à l'ouverture du cadavre on trouve le poumon ecchymosé, rempli d'un sang noir et parsemé de taches gangréneuses; les viscères abdominaux gorgés de sang; mais on n'y trouve aucun des ravages que démontre la dissection des bestiaux morts de l'épizootie. La violence des accidens qui se manifestent dans l'arrière-bouche, dans le cou ou dans la poitrine, distinguent les esquinancies et les péripneumonies malignes d'avec l'épizootie varioleuse.

L'épizootie cruelle qui a dévasté les provinces méridionales est venue, suivant le témoignage des personnes les plus dignes de foi, de la ville de Bayonne, par la voie de la communication. Des bestiaux de la paroisse de Ville-Franche ont conduit une charrette remplie de peaux suspectes à la tannerie d'Asparen. Bientôt ils ont été attaqués de la maladie épizootique, qu'ils ont communiquée à ceux des métairies situées aux environs. Deux paroisses voisines ont été infectées quelque temps après. Mais l'épizootie aurait fait des progrès beaucoup plus lents, si l'avidité de quelques particuliers ne l'avait pas transportée dans des lieux très-éloignés de celui qui l'avait vue naître. On conduisit à Saint-Martin, à la foire de Saint-Jean, un grand nombre de bestiaux infectés. Les maquignons ajoutèrent au mal déjà fait, en vendant également des bestiaux suspects à la foire de Saint-Justin. On croit que ces bestiaux venaient de Dax, où la maladie avait pénétré du côté de Bayonne.

Le Béarn était déjà infecté par la pointe qui avoisine le pays de Labour; depuis cette foire, la maladie s'est répandue dans la Chalosse, dans le Marsan, dans le Tursan, dans le Béarn, dans le pays de Soule et le Basque. Du Marsan, elle a passé à Gondrin; de Gondrin à Mont-Réal, à Sos, à Poudenas, qui sont du Condomois; à Condom enfin; de là à Lectoure et dans la Roumagne. Du Béarn, elle a pénétré dans le Bigorre, dans l'Armagnac et dans l'Estarac, d'où elle est venue à Toulouse par Gimont, et par l'île Gourdain. Des bestiaux qui avaient été amenés du Condomois, par le port Sainte-Marie, à la foire de Créon, dans l'Entre-deux-mers, l'ont portée à Libourne et à Bordeaux. De Libourne enfin, elle s'était avancée dans la Saintonge et dans le Périgord.

Telle est la marche de la maladie qui, depuis le mois de juillet 1774, n'a cessé de désoler les provinces méridionales.

Si l'on réfléchit à ses progrès et aux sauts très-considérables que l'épizootie a faits en différens temps, quelle confiance ajoutera-t-on aux déclamations de quelques physiciens qui la regardent comme un météore affreux que rien ne peut arrêter, que le bras vengeur de la Providence conduit, et qui paraît s'avancer des frontières de l'Espagne vers le Bas-Languedoc et l'Auvergne? N'est-ce pas se refuser à l'évidence, et prendre des chimères pour la réalité ?

Vicq-d'Azyr rapporte un fait curieux qui prouve la contagion. Un seigneur, craignant pour les bestiaux qu'il avait en très-grand nombre dans ses terres, près d'Ossun, fit construire, au milieu d'un herbage, une étable très-vaste pour les y renfermer. Il en confia le soin et la garde à un domestique affidé, qui avait ordre de ne jamais quitter ses bestiaux, de n'entrer dans aucune autre métairie, et de ne permettre l'entrée de la sienne à personne. La conservation entière du troupeau fut, pendant long-temps, le fruit des veilles de l'homme de confiance. Les voisins, dont les pertes étaient continuelles s'en montraient jaloux. Uu jour le gardien, trop rassuré peut-être par ses succès, oublia de fermer la porte de l'étable, et s'absenta un moment: la curiosité y porta la contagion. Un voisin voulut voir et toucher ces animaux, que des précautions sages et bien entendues avaient jusqu'alors conservés. Le lendemain la maladie se déclara parmi eux, et les enleva en peu de temps, les uns après les autres. Ces faits ont été suivis par le syndic des états de Bigorre, qui en a donné les détails et tous les renseignemens.

Vicq d'Azyr demande si l'épizootie est une véritable peste. Il répond que les anciens médecins ont appelé indistinctement la peste des noms de *loimos , pestis , pestilentia , contagio , lues.* Le nom d'épidémie a été réservé pour les maladies qui sont répandues dans un pays , sans cependant enlever la plus grande partie des personnes qu'elles attaquent. Sous ce point de vue , les épidémies ne diffèrent des pestes que parce que le danger est beaucoup plus grand dans les unes que dans les autres. Ce caractère est le seul que les anciens aient saisi dans leurs ouvrages ; Hippocrate dit formellement que la peste n'est autre chose qu'une épidémie très-meurtrière , *pestis est epidemia perniciosa* (Hipp., liv. I., *De rat. vict.*). Galien est du même avis. *Qui (morbus) simul hoc habeat , ut multos interimat , pestilens est* (Gal. III., *Epid. comm.*, 30). Duret ne s'est pas écarté du sentiment du père de la médecine , dont il a commenté les ouvrages : *Omnis pestis morbus est e**idemicus , etc.* (Duret, *in Coac.*).

Parmi les modernes, Diemerbroek a cru ne pouvoir donner une meilleure idée de ce fléau, qu'en le peignant comme une maladie très-commune et très-dangereuse. *Est morbus communis , peracutissimus et perniciosissimus (De pest.*, pag. 2, chap. 2.)

Le docteur de Haen, qui a traité savamment cette question , est du même avis; enfin Van-Swieten , à l'imitation de Boerhaave , met si peu de différence entre la peste et les épidémies qu'il en traite dans le même article.

La grande mortalité dans une maladie régnante est donc le caractère le plus généralement adopté pour déterminer l'existence de la peste; et, quoique Palmarius, Barbette, Mead et Sauvages soient à la tête d'un parti contraire, et requièrent la présence des bubons ou charbons, il est permis, dit Vicq-d'Azyr, d'après les autorités exposées plus haut, de s'écarter de cette opinion pour adhérer à la première. Aussi conclut-il par avance, d'après ces idées, que la maladie qui attaque les bêtes à cornes', dans les provinces méridionales, est une véritable peste, puisqu'elle en enlève la plus grande partie, et que cette mortalité surpasse beaucoup celle des hommes dans les épidémies les plus meurtrières. Aussi Vicq d'Azyr ne balance pas à l'appeler de ce nom, déjà donné par Lancisi à l'épizootie de 1711, qui était la même en tout point.

L'expérience a prouvé que les différentes pestes qui ont affligé les hommes, quoique semblables quant aux symptômes, diffèrent cependant par la manière dont ils se présentent et dont ils se succèdent, de sorte que ce sont comme autant de maladies différentes.

La marche des fièvres malignes est, en général, celle que suivent les fièvres pestilentielles.

Secondat pense (1) que cette maladie est la même qui a exercé ses ravages sur les bœufs du Vivarais et du Languedoc, et qui a été fort bien décrite par le célèbre Sauvages.

On voit par la lettre d'un curé d'Ypres, insérée dans le Journal de Trévoux pour le mois de mai 1757, qu'en l'an 1753 une maladie pestilentielle se déclara à Ulm, sur le bord du Danube; elle y fit de grands ravages; elle fut bientôt éteinte

(1) *Mémoire sur les maladies pestilentielles des bœufs ; par de Secondat, fils de Montesquieu, directeur de l'académie de Bordeaux. L.* le 25 août 1775.

Omnis homo miles.

par les soins que l'on prit de fort bonne heure pour empêcher toute communication des bêtes saines avec les bêtes malades. Nous étions alors en guerre avec la maison d'Autriche, et comme l'on rassemblait de tous côtés de grands troupeaux de bœufs pour la subsistance des armées, cette maladie contagieuse sur les bœufs se répandit en Flandre, en Hollande, en Angleterre, en Danemarck, en Champagne. Cette maladie paraissait au curé d'Ypres avoir des rapports avec une fièvre exanthématique catarrhale qui attaque les hommes. Il était pernicieux de manger de la viande des animaux qui en étaient morts ; plusieurs personnes, dit-il, ont péri de cela seul, dans Ypres ; même dans les hôpitaux, il est mort un très-grand nombre de soldats dans l'hiver de 1745 ; et quand on eut jeté dans les fossés de la ville quatre cents vaches dont on avait apporté les chairs pour le service de l'hôpital militaire, la maladie de nos soldats cessa.

Il y a quelque apparence que cette maladie de la Flandre a pénétré en Champagne, et s'est étendue plus loin dans le royaume.

Il paraît que c'est la même du Vivarais de 1745, et que celle des années 1711 et 1715 qui détruisit les bœufs de l'état de Venise, du Milanais, du Ferrarais, de la Toscane, du royaume de Naples, des États du pape, qui a été décrite par Ramazzini et Lancisi.

Les symptômes sont les mêmes et se succèdent dans le même ordre. Ramazzini l'appelle une fièvre maligne pestilentielle ; Lancisi la nomme peste des bœufs.

Ramazzini rapporte des faits pour prouver l'utilité des sétons dans ces maladies.

Une exhalaison pestilentielle très-subite, dit Ramazzini, s'associe aux esprits animaux et à la lymphe, et altère la consistance naturelle du sang.

A remonter des effets aux causes, dit Lancisi, à considérer tant d'effets surprenans, qui diffèrent seulement par la diversité des parties sur lesquelles se porte la force du poison, elle est d'une incroyable corrosion ; il est vraisemblable que, mêlé dans le sang, le poison embarrasse, gêne, arrête cette partie pour ainsi dire vivante du sang.

Doazan a rendu un service essentiel, en mettant les habitans de la campagne à portée de connaître les premiers symptômes de la maladie et de pouvoir incontinent séparer les bêtes malades d'avec les saines. Il regarde comme le premier symptôme, la sensibilité de l'épine du dos. Dufau assure que la maladie s'annonce quelques semaines avant par une petite toux, qui redouble pendant la nuit ; par des grincemens des dents molaires, peu fréquens d'abord et successivement plus répétés. Ce même Doazan a encore rendu un service en prescrivant en peu de mots les meilleurs moyens de préserver les bêtes de la contagion. Secondat a mis en pratique le plus grand nombre des choses qu'il prescrit ; il en a exhorté d'autres à les employer, on n'a pas eu lieu de se repentir de ses conseils.

On observa en Italie que tous les bœufs gras périssaient et qu'il ne se sauva guère que les maigres.

Observez une grande propreté dans les étables, étrillez les bœufs au moins deux fois par jour, pratiquez des sétons et des cautères, disent tous les médecins. Romazzini rapporte que tous les bœufs du comte Borroméc, chanoine de Padoue, périrent, excepté un seul, qui portait un séton au cou

L'efficacité des sétons avait été éprouvée par les anciens. Columelle, Vegèce, Gessner les ont recommandés. Ils ont été très-utiles en 1774, dit Secondat, qui cite des exemples en faveur de leur efficacité. Tout est renfermé dans la prudence. Dans les maladies contagieuses, les habiles médecins évitent d'agiter les humeurs ; ils emploient les diaphorétiques doux. La nature a deux moyens de guérir les fièvres malignes des hommes : elle chasse le poison pestilentiel en masse et en une fois vers la surface du corps, ou aux extréminés, ou vers quelque partie intérieure non absolument nécessaire à la vie : de là des charbons, des bubons, les éruptions à la peau, les parotides et les autres dépôts ; ou bien la nature chasse encore le venin successivement vers la peau et le fait exhaler peu à peu hors du corps, par l'insensible transpiration augmentée.

L'auteur regarde comme un effet l'accumulation des alimens dans les estomacs, instestins ; aussi ne croit-il pas utile d'attirer sur ces parties une plus grande quantité d'humeurs. Prévenez, dit-il, les mauvaises digestions, par le retranchement d'une grande partie de la nourriture, par les frictions, les doux alexitères : la masse dure et puante ne se formera pas. Si elle est déjà formée, vous pourrez peut-être l'évacuer, sans ajouter un grand danger à celui de la maladie. Il serait utile d'observer attentivement s'il y a disposition à un dépôt sur quelque partie du corps ; il faudrait favoriser ce dépôt par tous les secours de l'art. Rien ne doit être négligé ; les maladies pestilentielles ont une infinité de formes ; pour bien les combattre, il ne faut rien moins que la prudence réunie des plus grands médecins et des hommes les plus éclairés et les mieux intentionnés.

Secondat a fait à son Mémoire les additions suivantes :

En 1734 et les deux années suivantes, un nombre infini de bœufs et de vaches périrent en Guyenne. Duchene dit à l'auteur que, depuis le premier mai 1774 jusqu'à la fin d'oût 1775, il était mort dans l'intendance de Bordeaux une grande quantité de bestiaux.

La maladie avait pénétré près de Bordeaux, dans l'Entre-deux-mers, surtout dans les paroisses de Genissat et de Saint-Sulpice. L'auteur avait une métairie, à environ trois cents toises de celle de M. le duc de Civrac. Tout le bétail de M. de Civrac fut attaqué et périt. Un des bœufs de cette métairie de Monbezin, paroisse de Nerigean, fut menacé ; il avait les oreilles basses, il tremblait de tout son corps ; il y avait du sang dans les fientes. On lui fit un séton au fanon, on le fit suppurer long-temps, on plaça des sétons à tous les autres bœufs, on leur donna pour boisson de l'eau vinaigrée. Lorsqu'ils avaient le ventre resserré on ajoutait du nitre à leur boisson, on le retranchait dès qu'ils paraissaient l'avoir libre ; on leur faisait frotter tout le corps et laver la bouche avec du vinaigre, dans lequel on avait dissous de l'asa-fœtida. Les jours qu'ils devaient porter des denrées à la rivière de Dordogne, on les faisait aller jusqu'à la frontière des paroisses qu'elle arrose et dans lesquelles la contagion avait pénétré ; ils se retiraient, après quoi des bœufs de cette paroisse venaient prendre la charge et la portaient à sa destination. Les jours de charroi, avant de laisser partir les bœufs, on leur faisait frotter la tête avec de l'eau-de-vie camphrée et on leur faisait pendre au cou des paquets d'asa-fœtida. Aucun de ces bœufs ne fut attaqué.

Dans les autres métairies que l'auteur possédait, on ne fit pas de sétons ; on fit blanchir tous les parcs avec la chaux vive ; on jeta un peu de vinaigre et de miel dans leur boisson.

Il y a 25 ans que les bœufs de la Guyenne furent attaqués de la maladie dont parle la Maison rustique, t. 1er, p. 309. On s'est servi de l'hellébore noir pour séton ; le mauvais régime dispose les bestiaux aux maladies. On n'a laissé que des pâturages marécageux aux bœufs ; le Médoc abondait en chevaux excellens, il n'y en a plus. Après un travail forcé, on laisse respirer les bœufs pendant quelques heures faute de pâturages à portée ; on les nourrit de foin sec et on les tient renfermés dans des étables malsaines, sans aucune propreté. Le désir d'avoir beaucoup d'engrais fait qu'on rassemble au devant des portes des étables autant que l'on peut de paille, de bruyère, afin que les bœufs, en entrant et en sortant des étables, brisent ces bruyères et les disposent à se pourrir. En même temps, ces émanations putrides frappent l'odorat des bestiaux, et pénétrant dans les étables, elles infectent l'air qu'ils respirent.

Denis d'Halicarnasse (liv. IX) rapporte l'histoire d'une peste qui attaqua d'abord les chevaux et les troupeaux de bœufs, ensuite les moutons et les autres animaux, puis les pasteurs et les laboureurs. Elle désola toute la campagne de Rome et enfin la ville.

Tite-Live, Décade V, liv. 4, chap. 21, parle d'une grande peste des bœufs, et l'année suivante, d'une peste sur les hommes.

Ripamontius, auteur d'une Chronique de Milan, dit qu'en 1530 une grande peste désola l'une et l'autre rive du Pô, qu'elle commença sur les hommes et se jeta ensuite sur les bœufs.

Fracastor parle de la peste de 1514, qui ne fit pas périr d'hommes.

Les registres des bouchers de la ville de Padoue, constatent qu'en 1599 il y eut une grande peste sur les bœufs, qui détermina le sénat de Venise à défendre, sous peine de la vie, de vendre ni chair de bœuf, ni fromage récent, ni beurre, ni lait. Les hommes ne furent point attaqués de cette peste. Puisqu'on ne connaît pas de spécifiques, il faut employer des alexitères généraux; il faut distinguer le temps de l'effervescence d'avec le temps de l'expulsion.

Les saignées, de même que les purgations, sont suspectes; ne tirez pas facilement du sang, dit Celse, ne purgez pas facilement.

Faites des cautères aux deux côtés du cou; Columelle perçait l'oreille. Faites un séton au fanon, lavez souvent la langue avec du vinaigre et du sel.

Secondat rapporte ensuite les signes remarqués par Sauvages.

La maladie commence par le dégoût, puis la tristesse. Les bouviers disent les bestiaux imbéciles vers le septième jour.

Ils frissonnent de tout le corps.

Les yeux larmoient, les narines sont morveuses; la respiration est gênée au troisième jour, le cœur bat quarante-cinq à cinquante fois par minute; le cours de ventre est un symptôme constant, très-remarquable du deuxième au troisième jour.

Pour la suite, consultez la page 74.

Parmi les traitemens qui ont le mieux réussi, celui qu'on a suivi dans le marquisat d'Ossun consiste : 1° après une saignée aux deux flancs, à donner une once de thériaque dans le vin ; pour boisson, l'eau blanche avec la farine, et par intervalle, du bouillon gras ; à couvrir l'animal avec une couverture de laine, et à le frotter plusieurs fois le long de l'épine avec de l'eau-de-vie ; 2° à donner, le deuxième jour, demi-once de camphre, demi-once de nitre, et une once de miel dans du vin. D'autres ont donné demi-once de thériaque par jour. Les lavemens faits avec des herbes émollientes ont eu un très-bon effet. Quand l'animal a commencé à être mieux, on lui a donné un peu de foin et de fourrage ; à Flaurensac, on a suivi le même traitement, avec cette différence qu'on n'a pas employé le mélange de camphre, de nitre et de miel.

Aux environs de Toulouse (1), on n'a point saigné ; on a donné les cordiaux, tels que la poudre cordiale, la thériaque et le vin. Souvent on a mêlé du pain émietté dans le vin.

La saignée a paru nuisible dans les autres provinces. On dit : « Il est aisé de voir qu'elle doit hâter la mort dans la » violence de la constitution épizootique, lorsque tout tourne » rapidement à la putréfaction gangréneuse. Mais lorsque la » maladie tourne aux dépôts critiques, c'est par elle qu'on » doit commencer, et dans ces cas, elle doit être placée à » la première marque de tristesse. »

Les purgatifs, les irritans ne réussissent point en général dans cette maladie ; d'après toutes ces considérations, l'au-

____

(1) *Observations sur l'état actuel de l'épizootie aux environs de Toulouse.* 1775. Extrait du *Journal de physique.*

teur indique le plan du traitement suivant : on doit saigner l'animal à la queue aux premiers symptômes de la maladie ; quatre heures après, lui faire prendre un once de thériaque dans une livre de vin, et demi-once le deuxième et le troisième jour, toujours dans le vin ; frotter à sec l'épine du dos ; ne donner à boire que de l'eau blanchie avec de la farine, et le nourrir avec de l'eau blanche un peu épaisse, ou avec de la mie de pain froissée dans de l'eau blanche et du vin, et laver la bouche de l'animal avec parties égales d'eau et de vinaigre, dans lesquels on aura mis du miel.

Cette consultation, qui renferme un traitement simple, se réduit à six chefs principaux (1), qui sont : *la saignée, la boisson ordinaire, les lavemens, les purgatifs, le traitement extérieur et les préservatifs.*

Dans le premier, l'auteur examine l'usage qu'on doit faire de la saignée, et les principaux cas où il convient de la placer. Il en résulte qu'elle est naturellement indiquée lorsque le pouls est plein, dur et fréquent ; mais que ce moyen peut devenir préjudiciable, si on attend que la stase gangréneuse soit commencée, et que cette stase se fait beaucoup plus promptement qu'on ne le pense : qu'ainsi, une seule doit suffire en général, et qu'on ne doit pas oublier qu'employée trop tard, ou lorsque la maladie est entièrement déclarée, elle est toujours mortelle.

Dans le second chef, il est question des boissons ordinaires qui conviennent aux animaux malades. Les émollientes, faites avec les décoctions des plantes qui ont cette vertu ;

_____

(1) *Consultation sur le traitement qui convient aux bestiaux attaqués de l'épizootie;* par Vicq d'Azyr. Extrait du *Journal de physique.*

l'eau blanche, faite avec la farine, jamais avec le son ; les boissons acidulées avec le vinaigre ou l'acide vitriolique ; les boissons nitrées, et le mélange de vinaigre et d'eau-de-vie, recommandé par Vitet, sont les principales que l'auteur conseille.

Les potions qu'on donne quelquefois dans la journée se réduisent à quelques cordiaux ou alexipharmaques, tels que la cannelle, la thériaque, etc., auxquels le vinaigre ou le vin sert toujours de base ; on ordonne, pour le déclin,du pain rôti trempé dans du vin.

Quant aux lavemens, l'auteur conseille les émolliens ni-trés ou acidulés, et lorsque l'éruption est faite, d'en sus-pendre l'usage.

Les purgatifs ne conviennent point au commencement ; les drastiques sont dangereux en tous temps, et les minoratifs seuls conviennent dans le déclin de la maladie.

Le traitement extérieur consiste dans l'application des sé-tons, au commencement, au bas du fanon ; dans la térébra-tion des cornes, l'application des boutons de feu ; les lotions de la bouche et du nez avec du vinaigre, les frictions sèches, les fumigations simples et les lotions avec l'eau chaude ;les irritans et les épispastiques ; une charge quelconque, fixée sur le front entre les cornes, pour tenir la tête chaude. L'au-teur insiste d'autant plus sur le traitement extérieur, qu'il le regarde comme le plus important. « On ne saurait trop, dit-il, page 11, tourmenter le cuir des bestiaux malades, pour y porter l'effort critique de la nature. »

Quant aux préservatifs et moyens de désinfection, le principal, après avoir paré aux dangers de la communica-tion, consiste à laver avec de l'eau, versée en abondance tous les jours , les auges, les râteliers, les planchers, la peau de l'animal , etc.

L'auteur allègue pour preuve de l'avantage de cette pratique , que l'eau est le grand moyen employé dans tout le Levant pour la désinfection des ustensiles imprégnés du virus pestilentiel.

Les symptômes de cette épizootie , et sa marche , étaient absolument les mêmes que ceux de l'épizootie des provinces méridionales (1). L'ouverture des animauxa aussi présenté les mêmes ravages ; la malignité a été poussée au plus haut degré dans quelques uns des villages qu'elle a parcourus. A Mélincant , tous les bestiaux qui ont été attaqués sont morts. Vicq d'Azyr n'a vu nulle part le sang aussi décomposé et aussi fluide que celui de ces bestiaux ; il avait si peu de consistance qu'il ressemblait à de l'eau teinte. La gangrène des estomacs et des intestins était très-marquée ; les alimens étaient comme desséchés et brûlés dans leur cavité ; les membranes des viscères étaient tout-à-fait corrompues.

La maladie ne s'est pas bornée aux bêtes à cornes ; les chiens ont été les premiers attaqués, comme dans l'épizootie décrite par Silius Italicus ; plusieurs fois la maladie a passé des chiens aux bestiaux.

Les chiens , les chats , étaient tourmentés de coliques très-vives, suivies de diarrhée abondante. Il y a eu plusieurs cochons, et jusqu'aux poules qui sont mortes en quantité dans ces paroisses. Leur tête se gonflait , les yeux se rapetissaient, et se fermaient ; la langue se gangrenait. Les ouvertures nasa-

____

(1) *Description de l'épizootie qui a régné en Normandie pendant l'hiver de l'année 1775. Voy.* l'ouvrage de Vicq d'Azyr, pag. 122.

les se bouchaient ; le gosier se rétrécissait, des gouttes roussâtres et putrides sortaient du crâne, lorsqu'on en faisait l'ouverture ; le cerveau était mou, et un suc jaunâtre sortait de la moelle épinière lorsqu'on la comprimait.

Cette épizootie, ainsi répandue sur des animaux de différentes espèces, me parut effrayante ; on avait appris qu'il était mort dans les étables infectées plus de cinquante chiens. Ces observations et beaucoup d'autres engagèrent l'auteur à faire circonscrire avec des troupes le pays infecté. Le duc d'Harcourt donna les ordres les plus prompts, et envoya un détachement de la garnison de Rouen : le pays fut entouré. Les bestiaux malades furent tous assommés ; un tiers de leur valeur fut payé par le roi. La maladie cessa peu de temps après ce massacre, et elle n'a pas paru depuis.

Vicq d'Azyr, page 136, traite de l'épizootie de la généralité d'Amiens en 1774 et 1776.

Cette maladie a cela de particulier, qu'elle ne paraît pas suivre une marche réglée ; mais qu'elle se déclare dans des lieux très-éloignés les uns des autres ce qui tient à plusieurs moyens de communication, tels que le contact des hommes et le transport des bestiaux, et surtout à ce que, les étables n'ayant pas été précédemment désinfectées, l'épizootie s'y renouvelle dans toutes les circonstances favorables à son développement.

La partie de la généralité d'Amiens où règne l'épizootie offre, dans beaucoup d'endroits, des marais submergés et couverts d'eau croupissante, qui y dépose un limon malsain ; aussi a-t-on vu les esquinancies gangréneuses y enlever, pendant l'année dernière, un grand nombre de bestiaux : cette constitution plus forte dans un temps que dans un autre, peut donner naissance à des maladies malignes et pestilentielles.

Les accidens qui caractérisent l'épizootie sont la diminution de l'appétit, l'abattement des yeux, l'inflammation de la conjonctive, l'abaissement des oreilles, les pulsations accélérées des artères, le tremblement, la diarrhée, entre le deuxième et le troisième jour de la maladie ; et vers la fin, le froid des oreilles, du nez et des quatre extrémités ; la chassie, l'enfoncement et l'extinction des yeux ; les plaintes continuelles, l'obstruction totale des naseaux par une matière épaisse et visqueuse ; enfin l'atonie, la faiblesse, les syncopes et la mort, sans effort et sans convulsion.

Le lait se dénature et cesse de couler de fort bonne heure ; dans quelques vaches, la sécrétion du lait a été seulement ralentie, ou tout-à-fait suspendue.

On a souvent remarqué sur les mamelles une assez grande quantité de pustules, qui se sont terminées par suppuration, et cette crise heureuse a quelquefois dissipé la maladie.

A l'ouverture des animaux, on a trouvé le cerveau ramolli, les vaisseaux et les membranes très-gorgés ; les viscères de la poitrine en assez mauvais état ; le premier estomac rempli d'alimens hachés, sa membrane parsemée de taches gangréneuses ; le second estomac, tout-à-fait gangrené ; le troisième, de même, rempli d'alimens secs et noirs, ses feuillets faciles à déchirer ; le quatrième contenant une assez grande quantité d'eau jaunâtre, et sa membrane putréfiée et comme dissoute ; les intestins sphacélés en plusieurs endroits ; le foie très-volumineux ; la vésicule très distendue.

Cette dissection, et la plupart de ces observations, ont été faites par Lamanière, artiste vétérinaire connu par son zèle et par ses connaissances, dont il a déjà donné des preuves dans plusieurs épizooties.

On ne peut s'empêcher de dire que cette maladie est en tout semblable à l'épizootie des provinces méridionales. Les premiers ravages de cette maladie terrible se portent surtout vers les deux derniers estomacs, et le mauvais état des deux premiers, qui ne sont maltraités que dans le cas où l'épizootie a pris le plus grand degré possible de malignité, prouve assez tout le danger de celle qui régna en Picardie.

Le mauvais état des premières voies, et la rareté des éruptions et des tumeurs critiques, aggravent encore le pronostic, de sorte qu'elle paraît avoir des caractères destructeurs.

Les ravages que cette maladie a déjà faits les années précédentes(1) ne permettent pas de douter que ce ne soit vraiment, d'après le sentiment de Vicq d'Azyr, l'épizootie des provinces méridionales. Ajoutez que la Flandre est limitrophe des états de la reine de Hongrie, pays qu'on regarde comme le foyer des pestilences.

Vicq d'Azyr a envoyé les instructions qui avaient été mises en usage en Normandie et dans plusieurs cantons des provinces méridionales. L'assommement et la désinfection ont été exécutés avec le plus grand soin par les ordres de l'intendant de Soissons, et la cessation entière de ce fléau a été le fruit du zèle qu'il a mis dans son administration.

Première période.

Les animaux, quelques jours avant de tomber ma-

______

(1) *Épizootie dans les Flandres maritimes, dans l'Artois et le Soissonnais.*

lades, paraissent tristes et tiennent la tête basse (1).

Ils ont les yeux larmoyans et quelquefois un peu rouges.

Leur poil est terne, la langue est à l'état naturel.

Ils ne cessent pas de manger.

Ils ont une soif considérable et dorment peu.

La circulation est un peu accélérée, les pulsations vont jusqu'à soixante par minute.

La peau, les oreilles et les cornes sont chaudes. Mais dans quelques uns, cette accélération du pouls, cette chaleur extérieure sont précédées d'un froid vif.

Le danger est même d'autant plus grand, que ce froid est plus considérable, et que la chaleur qui y succède est moins forte.

Si l'on peut s'apercevoir de bonne heure des accidens qui caractérisent l'invasion, on peut diminuer les accidens par un traitement simple.

Il faut séparer les malades, les bouchonner, les mettre à la décoction blanche, les saigner si l'accélération du pouls annonce la fièvre, leur donner des lavemens.

Seconde période, accroissement.

La maladie passe souvent subitement à la seconde période, et l'invasion dure à peine un jour ; souvent même elle n'a que quelques heures de durée. Alors elle dégénère rapidement en maladie putride.

Les flancs battent.

L'animal tient la tête basse.

(1) *Tableau historique de la maladie épizootique de Montagni, en Bourgoyne, et du traitement qui lui convient*, envoyé par le comité de l'académie de Dijon. *Voy.* l'ouvrage de Vicq d'Azry, p. 330.

Les yeux sont rouges et larmoyans.

Sa langue se dessèche.

Il reste couché et ne peut se tenir long-temps sur ses jambes.

Il refuse de manger et boit beaucoup.

Les urines sont rouges et peu abondantes.

Le ventre se boursoufle.

On entend des borborygmes.

Il est constipé.

Bientôt la fréquence du pouls diminue, les battemens des artères sont faibles.

La chaleur de la peau, des cornes et des oreilles diminue.

Le poil se hérisse et le lait se tarit dans les vaches.

C'est alors que commencent les temps; il ne faut pas perdre de vue que toutes les périodes se succèdent avec une grande rapidité.

Traitement.

Saignées, eau blanche, lavemens, le pansement de la main, on leur perce le fanon avec un fer rouge, on place une mèche.

Troisième période des symptômes.

Les cornes et les oreilles se refroidissent de plus en plus.

Le pouls se concentre et les pulsations des artères sont peu fréquentes, molles et faibles.

Les yeux sont chassieux et leur couleur tire sur le jaune.

Les naseaux, d'abord secs, donnent issue à une sérosité écumeuse, qui s'épaissit peu à peu, si la maladie doit être longue.

La langue et la gorge se couvrent d'aphthes et quelquefois

on aperçoit à l'extrémité de la langue une espèce de vessie transparente, mais un peu pâle.

La déglutition est très-difficile.

Les malades refusent toutes sortes de nourriture et de boisson.

Le poil est hérissé et terne.

Les urines légèrement citrines et très-fétides.

Les déjections fréquentes, sanieuses et verdâtres.

On voit au fondement plusieurs vessies semblables à celles que l'on observe sur la langue.

Le ventre est boursouflé.

Les vents sont très-fétides.

L'haleine est puante.

Il ne peut se tenir sur les jambes, et il reste la tête basse sans pouvoir la relever.

Le fanon s'enfle.

Il s'élève par tout le corps, ou seulement dans quelques parties, des tumeurs dures dont les environs sont pâteux.

La peau se boursoufle et devient œdémateuse; dans quelques uns, souvent, il s'y établit un emphysème.

Il faut redoubler alors d'attention pour les petits soins, pour les boissons.

Il faut soutenir avec exactitude le même régime.

Les tumeurs devant être regardées comme critiques, et ne pouvant être salutaires qu'autant qu'elles suppureront, on y appliquera, dès l'instant de l'apparition, de l'onguent vésicatoire; et dès qu'on y sentira la plus légère fluctuation, on y plongera un bistouri, ou même on les ouvrira avec un fer rouge, pour y entretenir une forte suppuration.

Quatrième période, ou terminaison.

Si les accidens de la troisième période restent les mêmes, si les yeux, les naseaux ne rendent pas une mucosité plus épaisse;

Si les aphthes ne commencent pas à s'exfolier, s'ils laissent apercevoir en s'exfoliant des eschares noirâtres, s'ils s'étendent et s'ils forment des ulcères rongeurs, si la langue ne s'humecte pas et si la déglutition ne devient pas plus facile, si le malade ne relève pas la tête;

Si le ventre ne s'affaisse pas et si les tumeurs disparaissent, ou s'il s'y forme des eschares gangréneuses, c'en est fait de l'animal; le concours de ces accidens rend la perte inévitable, elle est plus ou moins rapide, quels que soient les remèdes auxquels on aura recours. Mais il reste quelque espérance, quoique faible, si quelques uns de ces accidens n'ont pas lieu. On est dans le cas d'espérer une terminaison heureuse.

Son traitement.

On redouble les lotions de la bouche avec le mélange de miel, de sel ammoniac et d'eau-de-vie.

On fait prendre un électuaire avec kina en poudre.

Racine de serpentaire de Virginie et camphre. Dissolvez le camphre dans l'eau-de-vie, incorporez les poudres et la thériaque.

On lave les plaies avec l'eau-de-vie camphrée. On panse avec l'onguent fait de styrax, d'égyptiac, de chaque quatre onces, kina en poudre, deux onces.

On bouchonne le corps avec le vinaigre et du camphre.

Mais si les signes annoncent une terminaison heureuse, on s'en tiendra au traitement conseillé pour la troisième période.

Convalescence, ses phénomènes.

Le retour de l'appétit.

Une chaleur modérée à la peau.

Une suppuration louable.

Un commencement de cicatrisation dans les plaies.

L'animal, sans pouvoir rester les premiers jours long-temps sur ses pieds, se tient de temps à autre appuyé sur les genoux ; peu à peu les plaies se ferment ; quelques unes coulent pendant long-temps.

Les déjections sont naturelles.

L'animal dort et rumine.

Son traitement.

On tiendra pendant quelque temps l'animal à l'eau blanche ; on y mêle de la luzerne verte, le trèfle, le sainfoin, les choux, etc.

Si le ventre est libre, on ne donne ni purgatifs ni lavemens ; mais s'il y avait constipation, on donne des lavemens avec de l'huile de navettes ou de chenevis fraîche, du vinaigre, du sel commun.

On en donnera trois de suite, une potion avec l'huile de lin bien fraîche.

M. Forcade, médecin à Ossun, où la maladie a paru bénigne, a guéri trois cent cinquante bestiaux par le traitement suivant :

Il faut saigner dès les premiers signes de la maladie. La

saignée doit être au moins de six livres, pour les bêtes vigoureuses ; on saigne moins, au contraire, une jeune bête,
ou une vieille, ou une vache pleine.

A la même époque, on brosse rudement avec des bouchons de paille tout le trajet de l'épine, on imbibe ces
parties avec de l'eau-de-vie forte, et on passe du savon par
dessus. On doit réitérer ces frictions trois fois par jour.

Deux heures après la saignée, on donne une potion
faite avec une once de thériaque dans une chopine de vin
blanc; on réitère le même remède le soir ; à midi on fait avaler une once d'extrait de genièvre dans la même quantité
de vin ; ce traitement s'étend jusqu'au cinquième ou
sixième, tout au plus au septième jour, où s'opère une
crise le long du cou.

La diminution des accidens à cette époque annonce qu'elle
se terminera heureusement, à moins qu'il ne survienne une
diarrhée, qui est un symptôme des plus graves.

Il s'est servi des fumigations répétées plusieurs fois le
jour ; des injections avec de l'eau et du vinaigre dans les
narines.

La constipation cède aisément à l'usage réitéré des lavemens émolliens avec de l'huile de lin, et à l'usage interne
des potions huileuses.

Lorsqu'il y a du mieux et que l'appétit revient, il faut
avoir beaucoup d'attention au régime et veiller à la digestion.

On serait porté à croire que ce traitement, heureux à
Ossun, était généralement applicable.

M. Forcade a cependant éprouvé le contraire, et il s'est
même déterminé pour une méthode opposée dans plusieurs

cas où, d'après l'insuffisance des premiers moyens, il s'est assuré que l'épizootie devait être souvent traitée comme une maladie inflammatoire; alors il a banni les cordiaux, a multiplié les saignées, et, au moyen d'un grand usage de tisane d'orge légèrement nitrée, des lavemens émolliens, et de tous les moyens propres à combattre l'inflammation, il est parvenu à sauver soixante-sept bestiaux, dans une paroisse où tout le reste avait péri en suivant la méthode pratiquée à Ossun.

La méthode suivie par M. Forcade ressemble à celle que Sydenham conseille contre la peste humaine.

On a guéri dans le pays d'Auch un grand nombre de bestiaux, par le traitement suivant :

1° Faire une saignée au flanc ;

2° Faire prendre ensuite une once et demie de thériaque, délayée dans du vin blanc ;

3° Frotter le cou, les jarrêts et les reins avec de l'eau-de-vie ;

4° Le lendemain, donner une once de nitre, une demi-once de camphre que l'on étend dans du miel, suffisante quantité;

5° Continuer ce régime les jours suivans. Vicq d'Azyr a été témoin des bons effets de ce traitement simple.

Deux vaches, appartenant à la maîtresse de poste aux chevaux, furent attaquées dans le mois de septembre 1775; la première mourut dans le même mois, après avoir éprouvé des mouvemens désordonnés, des spasmes, des convulsions violentes, enfin des accès de frénésie,

---

(1) *Histoire de la maladie contagieuse qui s'est déclarée au hameau de la Neuville en Champagne;* par Grignon, 1776.

pendant lesquels elle appéta le mâle avec fureur, le reçut et mourut deux jours après, en jetant par les naseaux et par la bouche, une matière ichoreuse et sanguinolente. La seconde vache couva plus long-temps le germe du virus pestilentiel; il ne se développa entièrement, et ne se manifesta que dans le mois d'octobre suivant : elle mourut après avoir perdu l'appétit. Elle jeta par les yeux, la bouche et les naseaux ; elle n'eut point de convulsions comme la première. Ces deux vaches ne furent point visitées, pendant leur maladie, par des gens de l'art ; les paysans fabriquèrent des fables pour établir l'idée de la rage, à laquelle ils attribuèrent la mort de la première, et se persuadèrent que la seconde périt par une mort ordinaire ; ils ne connurent point les signes de la contagion, et n'en prévinrent point les suites.

Dans les derniers jours de décembre et les premiers de janvier 1776, plusieurs vaches furent attaquées en même temps ; l'une d'elles eut les mêmes convulsions que la première, une soif aussi ardente ; elle devint si furieuse, qu'on fut obligé de la tuer à coups de fusil, par la fenêtre de son étable. Les autres moururent, et présentèrent des symptômes d'une maladie grave et funeste. A l'ouverture d'un jeune bœuf, et par les symptômes tant extérieurs qu'intérieurs que nous a présentés l'animal, nous avons remarqué que l'épizootie était pestilentielle.

Tableau des symptômes.

1° La plupart des bestiaux ont perdu totalement l'appétit plusieurs jours avant leur mort. D'autres sont morts si subitement, sans avoir donné aucun signe bien apparent de la maladie, qu'ils n'ont perdu l'appétit que quelques heures avant la mort, d'autres enfin ont mangé peu, il est vrai, même avec répugnance, les deux derniers jours qui ont précédé leur mort.

2° Deux vaches, qui ont eu des convulsions qui tenaient de la frénésie, ont été excessivement altérées; les autres refusaient la boisson comme le fourrage.

3 Un bœuf malade, qui est mort avec tous les autres symptômes de la maladie, n'a montré aucune sensibilité aux différentes pressions sur le garot, le long de l'épine et au cartilage xiphoïde; au contraire, on sentait une insensibilité absolue dans toute l'étendue de son corps, même par des scarifications multipliées. Une vache a présenté les mêmes symptômes. Toutes les autres bêtes malades ont fléchi sous la pression le long de l'épine, et ont prouvé une sensibilité plus marquée au cartilage xiphoïde, en se relevant subitement et en arquant le dos. Le bœuf, insensible aux pressions, fléchissait les quatre jambes à la fois, et tombait subitement sans qu'on le pressât, ou pendant la pression, indistinctement; d'autres vacillaient; d'autres enfin ne faisaient paraître aucun mouvement dans les extrémités postérieures, pendant la pression.

Nous regardons cette sensibilité, le long de l'épine, sur les hanches et au cartilage xiphoïde, comme un symptôme très-équivoque, après nous être assuré que des bêtes très-saines l'annonçaient avec autant d'énergie que les malades, et que des bêtes fortement attaquées n'en donnaient point de preuves. L'on voit même des hommes d'une bonne complexion, et en santé, éprouver, au moindre choc au cartilage xiphoïde, une sensation douloureuse.

4° Plusieurs vaches et un bœuf ont eu un branlement de

tête. Tous ceux qui ont été violemment attaqués étaient très-faibles, et peu assurés non seulement sur les jambes de derrière, mais même sur celles de devant.

5° On sentait palpiter non seulement les chairs sous le doigt, lorsque l'on pressait les muscles grands-dorsaux et ceux de l'épaule, mais même on apercevait à l'œil des spasmes convulsifs dans ces muscles, sur plusieurs vaches ; sur d'autres bêtes, on sentait la peau aride et résistant à l'impression des doigts.

6° Toutes les bêtes malades étaient tristes et souffrantes ; elles baissaient la tête, avaient les oreilles pendantes, *de-missæ aures* (Virgil). Leur bouche était plus ou moins chaude, mais l'arrière-bouche toujours ardente et rouge ; elles avaient les yeux gonflés, rouges, larmoyans, souvent chassieux; quelques unes les avaient ternes, d'autres opaques; leurs oreilles étaient plus ou moins chaudes que dans l'état de santé; d'autres les ont eues enflées, avec des démangeaisons et de légers emphysèmes. Elles les frottaient rudement et avec fureur contre tout ce qui les entourait, jusqu'à excorier la peau; les cornes étaient plus ordinairement chaudes que froides : celles d'un jeune bœuf se sont détachées en les saisissant pour le faire marcher. Cet accident est arrivé par l'effet d'une matière purulente et ichoreuse qui s'était introduite entre les cornes et l'os proéminent du crâne qui leur sert de noyau. Les naseaux de ceux qui jetaient une matière purulente étaient excoriés au dehors et au dedans, il s'en exhalait une odeur fétide, ainsi que de la bouche de ceux qui jetaient une bave gluante, blanche ou brune. Nous n'avons point remarqué de toux suivie et persévérante, mais bien quelques mouvemens convulsifs de la poitrine et de la trachée-artère, suivis d'une forte toux, de loin en loin; une respiration laborieuse, des mugissemens fréquens, qui annonçaient un mouvement douloureux de contraction dans les flancs, et étaient suivis d'une prostration presque générale des forces et d'une chute.

7° Le pouls était plus ou moins fréquent, selon le degré de la maladie, moins cependant sur la fin que dans le commencement des symptômes extérieurs; il était petit et misérable, et un peu plus fréquent qu'en état de santé dans un jeune bœuf, lorsque nous le fîmes tuer.

8° Nous avons dit, n° 6, que la plupart des bêtes attaquées avaient les yeux chassieux; une avait perdu ses cils et les poils situés au dessus des orbites. L'inflammation est un des signes les plus généraux, et un de ceux qui se manifestent dans le deuxième période delamaladie.

Parmi les animaux les uns jetaient par les naseaux, une liqueur rousse et infecte, d'autres une morve blanche et épaisse, d'autres une matière sanieuse, plus épaisse, jaunâtre et fétide. Un bœuf qui, pendant tout le cours de sa maladie, a bavé une matière roussâtre et gluante, a jeté, quelques heures avant sa mort, par les narines, un sang noir et épais.

Tous ont perdu totalement l'appétit le jour de leur mort, quelques uns plusieurs jours auparavant. Aucun des animaux morts de la maladie n'a eu la diarrhée. Nous avons seulement remarqué, à l'ouverture des animaux, des matières retenues dans le *rectum*, qui étaient durcies; mais celles renfermées dans les intestins grêles étaient liquides et fétides; d'où il est naturel de conclure que ces animaux sont morts avant d'avoir éprouvé la diarrhée, qui se préparait, et qui a paru critique à Vicq d'Azyr.

9° Les animaux faibles ont eu la fièvre moins ardente et l'inflammation d'une intensité moins soutenue, ce qui est dû à leur constitution; les alimens moins durcis, ce qui provient d'une moindre chaleur. Cependant nous avons trouvé dans un animal très-faible, dont le pouls était peu accéléré, les alimens très-endurcis, ce qui était une suite d'une longue suspension des déjections.

10₀ Deux bêtes ont eu la langue excoriée, et sont mortes. Les sétons, comme préservatifs, ont eu tout le succès possible.

11° Lorsque la maladie était à son dernier période, tous les remèdes, surtout la saignée et les vésicatoires, n'ont fait qu'irriter le mal; mais dans les premiers périodes de la maladie, la saignée, les sétons, les tisanes adoucissantes et acidulées, les purgatifs doux, les fumigations, ont eu le plus grand succès.

12° Les naseaux de tous les animaux ouverts étaient très-fétides, même quelques uns étaient gangrenés; les sinus étaient remplis, dans les uns, d'une matière ichoreuse; dans d'autres, purulente; dans ceux-ci, de sang corrompu : leur membrane était non seulement épaissie, mais celle de plusieurs était parsemée de taches pourprées, et corrodées par des exanthèmes et des aphthes.

13° Nous avons trouvé dans tous, excepté dans un, la substance du cerveau plus mollasse que dans l'état de santé, souvent d'une couleur livide : dans un nous avons observé un épanchement d'une couleur roussâtre, du sang dans un autre; la gangrène de presque toutes les membranes des sinus, la carie des os ethmoïdes : c'est dans cette partie qu'est le principal foyer de la maladie.

14° Poumon livide et affaissé, purulent ou gangrené, ou gorgé de sang ; un seul a paru sain.

15° Le cœur chez deux a paru gonflé, chez les autres il était dans son état naturel ; dans presque tous, les ventricules étaient remplis de sang caillé : nous n'avons rien observé de particulier au péricarde.

16° Les deux premiers estomacs se sont toujours trouvés remplis d'une grande quantité de fourrage seulement divisé par la mastication. La membrane de plusieurs était noire et gangrenée ; dans d'autres, parsemée de taches rouges ou livides : elle se déchirait facilement. Nous avons observé, au surplus, qu'aucun des animaux malades ne ruminait le fourrage., quoiqu'ils aient mangé à plusieurs reprises ; ce qui prouve un affaissement des muscles de l'herbier, ou premier estomac, et de l'œsophage.

17° Le troisième estomac s'est constamment trouvé tendu dans sa plus grande capacité ; les alimens étaient noirs et durcis entre les feuillets ; sa membrane y restait attachée : elle était brune ou noire dans différens sujets.

18° Dans le quatrième estomac nous avons observé une liqueur d'un jaune verdâtre ; sa membrane interne était enflammée, et d'une couleur de rose pâle. Dans quelques sujets elle était tiquetée de boutons d'une vive couleur de rose ; l'odeur de ce quatrième estomac était fétide, et beaucoup plus que celle du feuillet ; celle de la panse et du bonnet n'est que fade et nauséabonde. Cependant, à l'ouverture du premier estomac d'un sujet, il s'est exhalé une odeur trèsinsupportable ; les quatre estomacs se sont trouvés en bon état dans une vache.

19° Nous avons observé , dans un seul sujet, une excrétion muqueuse rougeâtre, et une liqueur sanguinolente épanchée dans le bas-ventre.

Les premiers symptômes qu'offre une bête qui tombe malade sont les suivans (1) :

1° Une soif excessive ; les bêtes commencent à boire plus qu'à l'ordinaire ; dans quelques vaches le lait diminue , ou se perd quolquefois totalement.

2° Les bêtes commencent à manger moins qu'à l'ordinaire; elles cessent successivement de ruminer , et cette action cesse à la fin entièrement, et elles ne mangent plus rien.

2° Tout le corps éprouve un frisson; le corps entier tremble , comme s'il était transi de froid ; ce frissonnement se fait par intervalles , étant tantôt plus fort , tantôt plus faible; tantôt il dure long-temps , tantôt il finit promptement ; dans les deux premiers jours il se réitère ordinairement deux ou trois fois.

4° Les cornes et les oreilles perdent leur chaleur naturelle. On remarque aussi cet accident également dans le bétail qui commence à vieillir , quoiqu'il ne soit pas malade : il baisse la tête.

5° Les yeux deviennent tristes; cela se voit souvent dès le commencement de la maladie, dans d'autres vers la fin , dans quelques autres peu de temps avant la mort ; de plus , les yeux commencent à larmoyer et à s'affaisser.

6° Le nez devient froid et se gonfle ; une morve abondante

_____

(1) *Dissertation sur la maladie épizootique du bétail;* par Bacheracht, 1777.

et âcre en découle ; les bêtes malades refrognent le nez et éternuent souvent.

7° Une grande abondance d'humidité âcre et corrosive découle de la bouche ; les lèvres ont des mouvemens convulsifs.

8° Dans quelques unes, la langue est couverte d'une pituite épaisse et visqueuse , qui ne s'en détache ni en la lavant, ni en la râclant. Elle couvre souvent le gosier, le palais et tout l'intérieur de la bouche.

9° La langue est souvent comme parsemée de petites pustules ; elle est rouge , douloureuse , enflammée ; alors la langue n'est pas couverte de pituite. A ces pustules se joint un écoulement abondant de salive ; d'autres ont à la langue de petits ulcères qui sont entourés d'un bord blanc et ressemblent à des aphthes. Les bêtes tiennent toujours la bouche ouverte , soit dans la pituite , soit avec les ulcères , et elles remuent continuellement la langue.

10° Les dents vacillent ; ce qui arrive souvent dès les premiers jours de la maladie. Cependant il faut remarquer que lorsque le bétail a beaucoup mangé de nourriture acide , les dents vacillent de même , ce que les paysans examinent très-peu. Si les dents sont devenues creuses , alors il cesse insensiblement de ruminer et de manger. Les bêtes mangent encore un peu ; mais quand elles ne ruminent plus absolument, alors elles ne mangent ni ne boivent plus rien , et elles grincent des dents.

11° La peau, qui est tantôt plus , tantôt moins mobile sur le dos , commence à être tendue, ferme et immobile, comme si elle était attachée aux muscles ; le dos est recourbé , le poil se redresse , les jambes tremblent.

12₀ Les bêtes malades s'appuient sur les parties antérieures de leurs pieds, et ne peuvent se soutenir sur ceux de derrière. Elles ne souffrent pas qu'on les touche, et quand on passe la main le long de la cuisse, elles retirent les pieds et ruent.

13° Dans les progrès de la maladie, la respiration devient faible, vite et embarrassée; les bêtes respirent plus du bas-ventre que de la poitrine, et mugissent souvent.

14° Le ventre se retire, et on y remarque un battement fort; ce bruit est une preuve indubitable qu'il y a des matières amassées dans les premières voies. Il est suivi d'une diarrhée qui fait mourir ordinairement la bête, le huitième ou le neuvième jour. Mais si elle surmonte le dixième, alors la diarrhée cesse; elle recommence à manger peu à peu, et elle recouvre la santé, le treizième ou le quatorzième jour; mais elle gagne généralement une espèce de gale, qui couvre le corps entier. Alors le poil lui tombe, la gale s'en détache en forme d'écailles, et la bête change de peau et de poil. Plusieurs ont, au lieu de la gale, de grands abcès aux cuisses et au bas-ventre, qui, lorsqu'on les ouvre, rendent un pus âcre et blanchâtre, tirant sur le vert.

15° La quantité ordinaire du lait diminue; ceci arrive souvent le second jour; le lait cesse souvent d'être séparé tout d'un coup le quatrième jour; quelquefois il coule en petite quantité jusqu'au dernier jour de la vie. Dans quelques unes, il arrive qu'une grande quantité de lait découle la veille de la mort. Le lait ressemble, quant au goût et à la couleur, au lait sain, excepté qu'il donne plus de crème qu'à l'ordinaire; cette diminution de lait se fait dans les intestins, puisqu'il n'y a point de nutrition. Dans quelques autres épidémies du bétail, on n'observe pas une diminution notable du lait, mais un certain changement dans ses propriétés naturelles.

16° La fiente du bétail est fort différente; car il a le ventre libre, alors les excrémens sont passablement durs; ou il l'a constipé jusqu'à la fin de sa vie. D'autres ont, le troisième ou le quatrième jour, un flux de ventre; les excrémens sont d'un vert foncé, d'une âcreté puante, dans quelques unes blanchâtres comme le pus, rarement teints de sang, excepté peu de temps avant la mort. Quand la maladie est accompagnée, dans les premiers jours, d'un cours abondant de ventre, elle donne une meilleure espérance; les bêtes ne sont pas si dangereusement malades, et la maladie cesse plus promptement.

17° A la fin, les bêtes deviennent faibles et languissantes; tous les symptômes augmentent, la respiration devient surtout difficile et accélérée. Quelques bêtes se couchent par terre, et se relèvent plusieurs fois; d'autres se couchent sans se relever; quelques unes restent debout pendant quatre ou cinq jours de suite, jusqu'à ce qu'elles tombent mortes tout d'un coup. La plupart d'elles ne dorment pas et sont fort inquiètes; quelques unes toussent horriblement; d'autres mugissent et gémissent; il y en a qui sont entièrement tranquilles.

18° Enfin la bête malade devient totalement asthmatique, agitée et inquiète. Elle respire difficilement; sa bouche est remplie d'une salive écumante. Un flux de ventre s'y joint; les excrémens sont d'un vert foncé; elle tombe tout d'un coup et meurt : ou quand elle a été couchée quelque temps, elle étend les quatre jambes et meurt.

19ᵉ Le sang tiré des veines d'une bête malade ressemble fort au sang sain, excepté qu'il est un peu plus épais et un peu plus rouge ; cependant il n'a jamais une croûte inflammatoire. On prétend que le sang tiré de la veine de la poitrine est beaucoup plus délayé que celui des autres veines.

20° La maladie finit son cours et tend à la mort, le quatrième, cinquième et sixième jour; elle est rarement prolongée jusqu'au neuvième ou dixième, excepté lorsque les bêtes se rétablissent; alors la maladie diminue, le onzième ou le quatorzième jour, quand la bête se rétablit. L'auteur n'a vu aucune bête tout-à-fait rétablie avant le vingt-deuxième jour.

Les symptômes ne sont pas les mêmes dans toutes les bêtes malades ; ils se diversifient par des combinaisons et des modifications différentes ; dans quelques unes, un des symptômes est plus fort que tous les autres; quelques uns ne s'y montrent point du tout. Ceux d'entre eux qui l'accompagnent toujours sont :

1° Une soif excessive ;

2° Le décroissement de la rumination ;

3° L'affaiblissement de l'appétit ;

4° Le froid des cornes, des oreilles et du nez ;

5° La tristesse des yeux ;

6° La pituite, ou morve abondante.

7° De petites pustules, et ulcères dans la bouche ;

8° Une grande angoisse, dans les progrès de la maladie ;

9° Une difficulté de respirer;

10° Le frisson du corps, dans les premiers jours.

De Berg, dans un mémoire (1) couronné le 27 janvier 1778

(1) Ce mémoire se trouve dans les Mém. de la Soc. roy. de Paris, 1778.

par la Société royale de médecine, répond aux questions
suivantes :

1° Déterminer, par une description exacte des symptômes
à quel genre de maladie on doit rapporter l'épizootie de 1775
et 1776, dans la Flandre, l'Ardresis, le Calaisis, le Boulonnais et l'Artois ;

2° En quoi cette maladie diffère de celles de ce genre qu
ont régné depuis dix ans ;

3° Quelle en a pu être la source, et par quelle voie ell
s'est communiquée ;

4° S'il y a des faits constatés qui prouvent que l'air ait con
tribué à sa propagation ;

5° Quels sont les moyens curatifs qui ont eu le plus d
succès.

Pour répondre aux questions proposées, De Berg a divis
son mémoire en quatre sections.

La première est destinée à la description de la maladie
elle comprend trois paragraphes :

Le premier offre les symptômes extérieurs ;

Le deuxième traite de son caractère pestilentiel ;

Le troisième de ses effets.

Dans la deuxième section, on s'occupe des différences (
cette maladie avec celles qu'on a observées auparavant ; (
la manière dont elle a pris naissance, et dont elle s'est pr
pagée.

La troisième section comprend l'examen de l'influence (
l'air relativement à la contagion.

Enfin on trouve dans la quatrième les moyens curat
qui ont été employés.

On jugera par ce court exposé de l'importance de

travail ; aussi en donnerons-nous une analyse détaillée.

De Berg ne parle pas des ouvertures des animaux , ni des lésions observées. Il regarde l'épizootie comme la peste du gros bétail, comme nouvelle et venue de la Grande-Tartarie.

Les symptômes communs à d'autres affections, tels que la tristesse, l'obscurcissement, l'abattement des yeux, les oreilles pendantes et froides, le poil hérissé , l'inquiétude, la tête pendante, les frissons, les tremblemens, la fièvre, la perte d'appétit, le lait qui tarit, ne caractésisent pas cette maladie.

Les symptômes particuliers sont :

Les yeux larmoyans qui s'obscurcissent, les paupières d'une couleur rouge et noirâtre ; la bouche est chaude , enflammée ; la langue se couvre de bave ; il y a au palais des taches, des pustules rouges ou noires. Les narines jettent une humeur jaunâtre, épaisse, ainsi que la bouche. Il se manifeste une diarrhée bilieuse d'une odeur insupportable, des boutons au dessous de la peau, ou un emphysème à la région dorsale, une grande faiblesse des reins. Lorsque l'animal devient très-inquiet, qu'il se couche, se lève, se couche de nouveau pour se relever quelques instans après, ce sont des signes d'une mort très-prochaine.

L'auteur fait observer que les symptômes ont varié beaucoup dans cette maladie ; c'est ce qui l'a fait méconnaître dans son début par des soi-disant maîtres experts, qui ont imaginé avoir à traiter des maladies très-différentes. C'est ainsi qu'on pourrait regarder comme maladies différentes la petite-vérole discrète et la petite-vérole confluente, qui sont cependant déterminées par la même cause.

De Berg est persuadé qu'il n'existe aucun signe caractéristique. Il dit s'être assuré par lui-même de cette vérité. Il a vu des animaux faisant partie d'une étable infectée, ne cesser de manger et ne paraître malades que pendant vingt-quatre heures, être guéris en deux jours, quoique les autres annonçassent la maladie par les symptômes les mieux caractérisés. Il ajoute que toutes les bêtes qui se trouvent dans une même étable sont constamment atteintes avant que le mois soit terminé. Si les bêtes de différentes races et d'âges divers n'ont pas les mêmes symptômes, quoique la maladie soit la même, on observera sur chacune d'elles quelques caractères qui empêcheront des yeux exercés de la méconnaître.

Les remèdes qu'on a opposés à cette maladie, en ne la considérant que comme épidémique, ont été sans effet partout; les moyens qu'on a employés en l'envisageant comme contagieuse autant et plus que la peste des hommes, ont eu partout les succès qu'on pouvait attendre, toujours en raison de l'activité, des soins, de la vigilance de ceux qui ont été employés à l'exécution des mesures jugées indispensables.

L'auteur croit que le germe existe dans le corps des bêtes, qu'il reste adhérent aux poils, qu'il se trouve dans les excrétions, les exhalaisons; qu'il se dissout dans l'air, s'y détruit s'il ne rencontre pas un corps susceptible de le retenir. Ces vapeurs pestilentielles s'attachent aux corps spongieux, au plâtre, aux toiles d'araignées, à la laine. Il en résulte que toute bête à cornes qui n'a pas été infectée ou guérie, contracte cette maladie, si elle est en contact avec un animal attaqué ou avec des corps imprégnés de ces vapeurs. Il suffit qu'une bête infectée séjourne une heure, quelques minutes même, dans une étable, pour que toutes celles qui sont dans l'étable contractent la maladie dès la première heure ; elle se manifestera avant un mois, lors même qu'on retirerait l'animal de ce lieu infecté et qu'on le placerait sur des pâturages éloignés.

Tout animal qui a contracté la maladie conserve les signes de la santé pendant quinze jours. Ce n'est qu'après ce temps qu'il refuse toute nourriture, et que la maladie s'annonce par des symptômes non équivoques. Cet animal peut, quoique conservant les signes apparens de la santé, communiquer la maladie à des animaux sains qui n'en ont pas été atteints.

Elle n'est pas mortelle dans tous les temps ; elle semble avoir perdu de sa force destructive, mais sa qualité contagieuse n'est perdue en aucune période. Toutes les bêtes qui n'ont pas été guéries, qui se sont trouvées dans une même étable, ont contracté la maladie. De Berg a vu mille exemples de cette vérité ; il n'a connu aucun fait contraire.

Les effets destructeurs sont de faire périr les neuf dixièmes des bêtes attaquées, quelquefois les trois quarts, les deux tiers ; d'autres fois la moitié des animaux d'un village, d'un canton.

Il arrive, si une moitié échappe à la mort, qu'on attribue la guérison de ce grand nombre d'animaux aux remèdes qui ont été administrés ; on annonce ces prétendus succès dans les feuilles publiques, dans les journaux ; mais on est bientôt détrompé, puisque, les inventeurs de ces panacées appelés à les employer dans un autre village même très-voisin, ces remèdes n'ont aucune efficacité ; en effet, tous les bestiaux attaqués périssent, à peine en conserve-t-on la vingtième et la trentième partie.

On a remarqué qu'elle était plus destructive dans les pays bas, marécageux, que dans les lieux élevés et secs.

Il est très-rare qu'il ait réchappé plus de la moitié ; il est beaucoup moins rare que tout le bétail d'une étable infectée périsse, ou qu'il n'en réchappe qu'un cinquième ou un dixième.

On doit s'attendre à voir périr les deux tiers des animaux d'un canton composé de plusieurs villages.

Toute bête une fois guérie de cette maladie, ne la contracte plus ; s'il existe des exemples du contraire duement constatés, ils sont plus rares que ceux de la petite-vérole contractée deux fois. Aussi une bête guérie se vend-elle régulièrement le double de ce qu'elle aurait été vendue si elle n'avait pas échappé à la maladie.

Rien ne saurait l'arrêter dans les lieux où il y a des communes ; elle s'étend avec une grande rapidité dans les cantons où le gros bétail se trouve aux pâturages lorsqu'elle se manifeste : elle cesse où les pâturages finissent. A moins encore qu'il ne soit renfermé dans des étables isolées, écartées, on semble croire qu'en deux ou trois mois cette maladie pourrait se communiquer d'une extrémité de l'Europe à l'autre. Elle gagne de proche en proche les prairies couvertes de bêtes bovines ; elle suit la direction des grandes routes, celle des vents ; elle attaque les étables de propriétaires de pays éloignés, mais qui sont liés par la parenté : alors on dit que la maladie saute d'un lieu à un autre, parce qu'on ne tient pas compte de ces rapports de famille. Elle fait encore de grands progrès dans les cantons où le commerce n'est pas rigoureusement défendu, ou parce qu'alors on s'empresse de vendre à tout prix les animaux qui ont com-

muniqué avec les infectés. Les marchands les conduisent
dans différens villages, qui ne manquent pas d'être infectés à
leur tour. On conclut encore que la maladie saute, et que ce
n'est pas par contagion qu'elle se contracte. On doit regarder
une étable infectée comme un foyer qui expose toutes celles
d'une lieue à la ronde à une infinité de dangers imminens de
communication.

L'auteur est conduit à regarder cette maladie comme nouvelle en Europe, comme unique en son genre, enfin il dit
qu'elle est très-différente des autres épizooties. Ainsi celles
qui avant 1760 ont ravagé en divers temps les différentes parties de l'Europe, ont généralement cessé dans chaque endroit au bout de la saison ou de l'année pendant laquelle elles
avaient régné, tandis que celle dont on s'occupe n'a cessé
de se reproduire, et n'a disparu que dans les lieux où elle
a été extirpée.

Cette maladie a été apportée dans la Flandre autrichienne
en 1769 ; elle a gagné depuis la Flandre française, l'Artois,
l'Ardresis, le Calaisis, le Boulonnais. Elle n'a pas cessé de se
montrer dans les Provinces-Unies, et d'y exercer annuel-
lement ses ravages. L'épizootie de 1744 à 1746 n'a été
extirpée nulle part; elle a cependant disparu partout.
L'épizootie qui règne depuis dix-sept ans dans ce pays,
nous est venue de la Grande-Tartarie, a gagné la Russie,
la Pologne, la Livonie, la Courlande, la Prusse ; elle
s'est répandue successivement dans la Poméranie, le
Mecklenbourg, le Holstein, le Danemarck, où elle régnait
en 1762.

Il y a tout lieu de croire que les personnes chargées de
l'approvisionnement de l'armée française, qui à cette époque

occupait la Hesse, ont contribué à la répandre en achetant du gros bétail à Hambourg et Altona.

Les armées autrichiennes, qui se trouvaient en Silésie, tirèrent beaucoup de bêtes bovines du Danemarck pour leur approvisionnement.

Il est utile de faire remarquer que le roi d'Angleterre rendit une ordonnance à l'occasion de l'épizootie qui régnait en Danemarck, qui avait pour but d'interdire l'entrée de cuirs provenant des lieux infectés.

De même en 1762 le gouvernement des Pays-Bas faisait interdire l'entrée du gros bétail, et des cuirs et viandes provenant des Provinces-Unies.

En 1763 le gouvernement de Danemarck, frappé des effets terribles de cette épizootie, envoya à Lyon trois élèves pour prendre des leçons de M. Bourgelat, directeur de l'École vétérinaire de cette ville, à qui on attribuait la conservation des animaux qui réchappaient de cette maladie.

L'expérience démontra bientôt que la conservation des bêtes devait bien plutôt être attribuée à la nature qu'aux remèdes eux-mêmes : l'École vétérinaire en fit l'aveu en 1770.

De Berg rapporte un fait curieux. On avait rassemblé, par un zèle pieux mais peu éclairé, sur le cimetière du village de Tumaide, dans le Hainaut, en août 1773, le gros bétail de toutes les étables, à l'exception d'une étable située à l'écart, composée de onze bêtes. Le nombre rassemblé se trouvait être de deux cent treize, parmi lesquelles on n'en avait reconnu que trois ou quatre d'infectées ; elles n'y séjournèrent qu'une heure, cependant elles y contractèrent toutes la maladie, qui se manifesta dans l'espace d'un mois.

Il n'y eut de préservé que les onze bêtes de l'étable écartée dont nous avons fait mention.

L'auteur parle d'un remède annoncé, dans la *Gazette de Liége*, comme merveilleux. On citait des exemples : dans tel village, disait-on, il y avait eu les deux tiers des animaux de guéris, dans telle étable les trois quarts. On en fit l'application à Audrimont, près Vervins ; du 1ᵉʳ janvier au 20 février la maladie attaqua neuf étables, qui renfermaient quatre-vingt-cinq bêtes, et en mars, où De Berg avait en main les preuves du fait, il en était mort quatre-vingt-trois ; une vache et un veau ont seuls échappé à la maladie.

Ce qui est arrivé à Audrimont a eu lieu partout.

Pour constater l'efficacité d'un remède, il faudrait n'en administrer aucun à un nombre déterminé d'animaux, et faire prendre également à un même nombre le remède proposé comme infaillible ; on comparerait les résultats de l'un et de l'autre procédé après six mois ou un an.

Cette expérience a été faite en 1770, dans un canton de la Flandre, situé près de la ville de Bruges. Ce canton renfermait vingt-cinq mille six cent quatre-vingt-treize bêtes, le 7 octobre 1770, lorsque la maladie s'y manifesta.

On offrit aux propriétaires de ce bétail des remèdes et des experts vétérinaires ; ils refusèrent l'un et l'autre, à moins qu'on n'y ajoutât la promesse de les indemniser des bêtes qui viendraient à périr. Cette proposition fut rejetée. Il y eut dans ce canton dix mille neuf cent quarante-trois bêtes infectées ; sur ce nombre, la moitié à peu près furent guéries.

Les députés de la Flandre voulurent vérifier si c'était au refus des remèdes qu'on devait attribuer ce résultat ; alors ils convinrent avec les propriétaires de seize étables, de les indemniser des pertes qu'ils éprouveraient. D'après ces conventions, les cent cinquante-quatre bêtes que renfermaient ces seize étables furent traitées par des experts ; sur ce nombre, quatre-vingt-trois moururent, soixante-onze échappèrent.

On avait désigné en même temps trois autres étables, composées de cinquante-trois bêtes, pour servir à la contre-épreuve. On ne donna aucun remède à ces animaux. Il n'en mourut que vingt-une ; les trente-deux autres guérirent. On en conclut que sur les cent cinquante traitées on en aurait conservé quatre-vingt-treize, ou les trois cinquièmes, si on ne leur eût pas administré des remèdes. Il est évident que les effets des remèdes essayés ont été désavantageux, dans la proportion de quatorze pour cent.

De ces faits on doit conclure que les moyens curatifs employés jusqu'à présent n'ont pas été utiles ; aussi conseille-t-on d'abandonner aux soins de la nature la guérison des bêtes atteintes, de ne faire usage contre l'épizootie ni de bains ni de spécifiques quelconques, de ne présenter aux bestiaux que leur nourriture ordinaire, puisqu'il est prouvé que les remèdes sont superflus et inefficaces, si même ils ne sont pas nuisibles.

La maladie épizootique, dont il s'agit dans ce mémoire (1), quoique très-meurtrière et contagieuse, a été arrêtée dans

____

(1) *Précis historique de la maladie épizootique qui a régné dans la généralité de Picardie en* 1779 ; par Vicq d'Azyr. *Mémoires de la Société royale de médecine*, année 1779. Ce mémoire renferme des documens si utiles que nous avons cru nécessaire de le publier en entier, c'est un modèle d'ordre et de description. Observons que la collection où il se trouve étant rare, elle ne peut être facilement consultée par les vétérinaires. (Voyez la *Cachexie charbonneuse.*)

ses progrès, sans que l'on ait eu recours aux moyens extrê-
mes que la nécessité rend quelquefois indispensables, et
que la nature du mal exige en certains cas (1). Le traitement
que l'on a mis en usage d'après mes conseils, a d'ailleurs
été suivi le plus souvent avec succès ; ces deux motifs sont
suffisans pour rendre la description de cette épizootie intéressante. J'exposerai, dans des articles différens, tout ce qui
la concerne : la topographie ou situation des lieux dans lesquels elle a régné, ses causes locales, sa première origine
et ses accroissemens, ses symptômes, ses accidens, les ravages intérieurs observés dans les bêtes mortes de l'épizootie, ses rapports avec les autres maladies analogues, les
moyens curatifs, les préservatifs, les procédés pour la désinfection; la disposition des cordons de troupes et des autres
secours, et le tableau général des bêtes mortes et de celles
qui ont été guéries, seront représentés successivement.
Outre l'avantage qui résultera de cette méthode, nous donnerons, par ces détails, aux médecins qui se proposeraient
de semblables travaux, une idée juste et précise des vues
qu'ils auraient à remplir.

La partie de la généralité de Picardie dans laquelle cette
épizootie a régné, est située au-delà d'Abbeville, et près de
Montreuil-sur-mer ; elle consiste en une vallée très-humide,
que l'Autie arrose ; quoiqu'on y emploie des chevaux pour
le labourage, on y nourrit cependant beaucoup de bêtes à
cornes ; les vaches y sont surtout très-nombreuses ; elles
font la richesse du cultivateur, qui se nourrit avec le lait
préparé de diverses manières. La rivière qui coule dans cette
vallée est ralentie dans son cours par un moulin appelé de

____

(1) L'assommement des bestiaux.

Tigni, qui est très-peu éloigné de la mer dont les eaux occasionent un reflux beaucoup au-delà du moulin. Sa position est telle que s'il était construit à la manière ordinaire, sa roue ne pourrait tourner pendant plus de douze heures au plus , étant retenue dans le reste de la journée par les eaux de la mer montante. On a fait les plus grands efforts pour endre ce moulin indépendant des marées, et on y a réussi, en élevant considérablement les écluses qui retiennent les eaux de l'Autie ; de sorte que celles-ci ont à peu près dix pieds de chute, et le moulin tourne en tout temps. Il est résulté de cette disposition , que le cours de la rivière est retardé, et que ses eaux débordent souvent et abondamment.

Dans la partie du cours de l'Autie qui est en-deçà du moulin de Tigni, l'eau est au niveau du terrain ; au-delà, au contraire , elle est rapide et distante de ses bords de plusieurs pieds. La prairie, trop souvent baignée par les débordemens , produit des herbes hautes et élancées , telles qu'on en trouve dans les marais, tandis que le terrain placé entre l'Autie et la mer nourrit des herbes d'un bon caractère , et tient lieu dans ce pays de *prés-salés*.

Cette inondation et les vapeurs qui s'en élèvent agissent sur les hommes et sur les bestiaux ; sur les premiers, qui sont très-sujets aux fièvres intermittentes ; sur les seconds , qui sont attaqués de charbon , dans certains temps de l'année, et quelquefois d'autres épizooties très-graves. Les chaleurs furent très-vives dans les mois de juin et de juillet 1779 ; les terrains humides furent presque desséchés ; les plantes et les insectes corrompus exhalèrent une odeur infecte , et ceux qui habitaient les environs de ces marais en furent généralement affectés.

La première vache a été attaquée, le 12 juillet, dans les marais de Roussan. Peu de temps après, une autre a péri dans la paroisse de Maintenai, après dix-sept jours de maladie. Il est nécessaire d'observer que les bestiaux de Maintenai avaient été confondus dans la même pâture avec ceux de Roussan. Le 20 juillet, huit vaches ont été infectées à Roussan. Les paroisses de Montigni et de Préaux ont bientôt ressenti les atteintes de ce mal contagieux. Nampont - Saint-Firmin a été ensuite attaqué ; la maladie s'est ensuite étendue à Nampont-Saint-Martin, le 6 août ; sur la fin de ce même mois, Noyelles a été infecté par la faute d'un particulier qui a mis ses vaches dans la pâture commune de Nampont-Saint-Firmin. Vron et Avennes ont enfin été les derniers villages où l'épizootie ait pénétré. Partout les progrès du mal ont été relatifs aux communications et aux imprudences sans nombre que l'on a commises ; le marais de Roussan, qui est le plus malsain, a été le foyer de l'épizootie, et la contagion, qui a eu son principe dans un lieu bas et humide, s'est propagée par communication, et a ainsi pénétré dans les paroisses de Vron et d'Avennes, qui sont plus élevés, plus salubres, et que leur position rend moins sujettes aux maladies de toute espèce.

Les bestiaux ont en général toussé très-long-temps avant d'être malades ; la toux a continué dans quelques uns, dans les autres elle s'est rarement fait entendre.

Le premier symptôme était un grincement de dents, avec un bruit considérable ; bientôt le lait ne coulait plus en aussi grande quantité qu'à l'ordinaire ; d'autres fois, il se supprimait tout de suite, les mamelles se retiraient, **et** étaient moins pendantes ; le ventre paraissait plat ; les poils du dos se hérissaient; l'œil commençait à s'enflammer; en pinçant l'animal sur le garot, il s'abaissait, et il se relevait en dos de chameau lorsqu'on le pinçait vers le cartilage xiphoïde; symptôme sur lequel on ne doit cependant pas trop insister, parce qu'il s'observe souvent sur des animaux très-sains; les oreilles et les cornes étaient tantôt chaudes, tantôt froides; le pouls était alors plein, un peu dur, et plutôt lent qu'accéléré. L'animal ne paraissait pas plus triste qu'à l'ordinaire; et souvent même, après la suppression du lait, l'appétit était plus grand qu'avant cette époque : peu de temps après, la rumination diminuait, et cessait enfin tout-à-fait. Ces accidens étaient ceux du premier temps.

Dans le second, le lait ne coulait plus, les bêtes refusaient tout aliment solide; plusieurs buvaient encore seules; la tristesse était très-remarquable; la tête était penchée; l'œil, morne et plus enflammé, commençait à être chassieux; il l'était beaucoup dans quelques unes. L'écoulement du nez se faisait apercevoir; le pouls était moins plein et plus accéléré : dans plusieurs, la diarrhée commençait, elle se manifestait quelquefois dès la suppression du lait. D'autres bestiaux étaient constipés, et rendaient des excrémens très-durs : on en a vu quatre qui n'ont point évacué pendant toute leur maladie, et qui n'ont pas même rendu les lavemens qui leur avaient été donnés, quoique les uns eussent été émolliens et les autres purgatifs. Cette constipation opiniâtre a été suivie de la mort; dans le second temps, plusieurs continuaient de tousser : le nez était souvent froid, et il coulait de la bouche des matières écumeuses et blanches.

Dans les bestiaux qui donnaient des espérances de guérison, le pouls se soutenait et conservait sa force; les sétons excitaien tun gonflement considérable , le bout du uez ne devenait point froid , et l'animal était moins triste.

Dans les bestiaux dont le mal, loin de diminuer, s'aggravait , tous les symptômes acquéraient de l'intensité. Le pouls devenait petit et à peine sensible ; le séton ne produisait presque aucun effet ; l'animal poussait des gémissemens profonds ; quelques uns demeuraient couchés , sans qu'il fût presque possible de les faire lever ; d'autres ne se couchaient point, et paraissaient éprouver beaucoup d'anxiété. Les yeux étaient ternes et couverts d'une matière gélatineuse ; le nez était ordinairement froid, les cornes et les oreilles dans le même état, et la tête basse : plusieurs la portaient constamment sur le côté, surtout dans le dernier degré de la maladie. La respiration était alors très-laborieuse ; les plus malades tenaient la bouche comme béante ; dans quelques uns, la langue sortait à chaque expiration ; la diarrhée était alors très-fétide ; les bêtes rendaient une matière très-délayée, purulente et même sanieuse , remplie de débris et de mucosités, vulgairement appelés râclures de boyaux. Il y en avait dont la diarrhée était de cette nature dès le principe ; enfin l'animal mourait assez tranquillement, la tête portée de côté.

On a observé beaucoup de variétés dans cette maladie ; son cours ordinaire était depuis cinq jusqu'à huit jours ; au-delà de ce terme, on devait concevoir quelque espoir de guérison. On en a vu mourir en un ou deux jours , même en dix à douze heures ; quelques uns ont eu le cou couvert de boutons, et cette terminaison était ordinairement heureuse. Les bêtes grasses périssaient plus promptement ; jamais les vaches n'avaient eu tant d'embonpoint et n'avaient été si nombreuses. Suivant les rapports des laboureurs les plus âgés du pays, il régna dans le même pays, il y a trente-cinq ans, une maladie semblable, qui enleva presque toute les bêtes à cornes ; cette époque répond aux années 1744 et 1745, qui ont été très-funestes aux bestiaux dans presque tout le royaume.

La dissection a fourni les résultats suivans.

1° L'aspect de la bête a fait voir le ventre ordinairement gonflé comme un ballon. L'extrémité du rectum renversée en dessous, formant une espèce de champignon violet, rempli de matière purulente, et comme putréfié ; l'épiderme facile à enlever, si l'animal était mort depuis douze ou quinze heures. Les yeux couverts de mucosités ; le nez excorié, la bouche ainsi que la langue farcie d'une matière comme sanieuse, et le corps très-fétide dans toutes ses parties.

2° Le cerveau n'a rien présenté de remarquable, si ce n'est que, dans un des sujets qui ont été disséqués, les sinus étaient remplis d'une lymphe très-abondante.

L'arrière-bouche était très-peu enflammée ; nous l'avons trouvée plus ou moins remplie de la même humeur dont il sera parlé au sujet des bronches. Les cornets du nez étaient en bon état ; les glandes parotides, maxillaires et sublinguales étaient un peu gonflées, comme macérées et pénétrées de sérosité.

3° La seule observation que nous ayons faite dans la région du cou a été que, les mèches vésicatoires passées au fanon ayant en général mal opéré, dans les bêtes qui sont mortes, le tissu cellulaire voisin était dans un état de laxité et d'infiltration qui s'étendait jusqu'au devant du thorax.

4° Les glandes axillaires nous ont paru infiltrées , comme les parotides.

5° La trachée-artère a toujours été trouvée remplie d'une mucosité mousseuse , dans laquelle des concrétions semblables à des débris de membranes étaient mêlées. La membrane interne nous a paru enflammée dans plusieurs sujets.

6° Les poumons étaient distendus et comme soufflés ; les grands lobes étaient ordinairement très-peu affectés ; mais les petits lobes antérieurs étaient gorgés de sang , livides et souvent sphacélés ; en les coupant , il en coulait une matière puriforme , semblable à celle qui inondait la trachée-artère , et qui sortait par la bouche de l'animal. Les glandes bronchiques étaient, ainsi que les axillaires, les inguinales et les mésentériques, très-infiltrées.

7° La plèvre participait, dans plusieurs, à l'état inflammatoire.

8° L'épipoloon nous a souvent offert des points d'inflammation et de gangrène.

9° La panse était très-distendue par un amas énorme d'alimens , que nous avons trouvés plusieurs fois chauds et comme fermentant. Dans presque tous les sujets , la membrane épidermoïde de la panse se détachait et recouvrait les alimens, sous la forme d'une pellicule brune , qui était sans consistance et qui se déchirait aisément. Le bonnet était le plus souvent dans le même état ; la membrane interne qui tapissait son réseau était sphacélée et s'enlevait au moindre attouchement.

Le feuillet était gorgé d'alimens secs ; dans quelques uns il était excessivement dur , et dans plusieurs points de ce viscère on apercevait, en l'examinant, que la sécheresse était très-considérable. La membrane interne se séparait et restait attachée sur les alimens, où elle paraissait brune et comme bronzée. Les feuillets de cet estomac étaient aussi très-mous et faciles à déchirer ; mais la dureté de ce viscère n'était pas toujours au même degré.

La caillette était toujours très-enflammée ; plusieurs de ses replis paraissaient livides ; la portion qui répondait au pylore était la plus affectée, on la trouvait gonflée et quelquefois comme ulcérée ; cet estomac était rempli d'une liqueur verdâtre très-fétide.

10° L'inflammation était poussée au plus haut degré dans les intestins grêles ; les vaisseaux étaient gorgés de sang, et ils étaient remplis d'une matière putride, avec des concrétions muqueuses qui en tapissaient les parois, dont la membrane interne était aussi en mauvais état.

L'inflammation était moins vive dans les gros intestins, où les mucosités dont il vient d'être question étaient répandues en grande quantité.

Nous avons trouvé une fois l'intestin rectum excorié en plusieurs endroits, et nous y avons souvent rencontré une matière gluante et blanchâtre, comme du pus.

11° La vésicule du fiel était très-gonflée ; en l'ouvrant il en sortait une bile d'un vert foncé, d'autres fois jaune ; dans quelques sujets, de la consistance de l'huile d'olives ; et il restait quelquefois dans la vésicule un sédiment considérable.

12° Le foie était plus mou qu'à l'ordinaire, et se déchirait plus aisément. Toutes les chairs et le cœur lui-même étaient dans ce cas : ce dernier n'avait pas sa consistance ordinaire.

13° La plupart des vaches qui ont été ouvertes étaient pleines, et dans toutes nous nous sommes aperçus que le fœtus était mort depuis long-temps.

Les autres viscères du bas-ventre étaient en bon état.

14° Le tissu cellulaire était en plusieurs endroits gonflé, et comme distendu par des flatuosités. Parmi ces différentes altérations, il y a eu beaucoup de variétés.

15° Les mamelles étaient retirées ; en les coupant, on y apercevait du lait jaunâtre et peu abondant. Dans une, le lait nous a paru peu changé.

L'engorgement inflammatoire des petits lobes antérieurs du poumon, l'inflammation des estomacs, surtout celle de la caillette et des intestins grêles, se sont trouvés constamment dans toutes les bêtes mortes de l'épizootie qui ont été ouvertes et examinées avec soin.

Cette maladie avait beaucoup de rapports avec celle qui a régné en 1775 et 1776 dans les provinces méridionales de la France. L'éruption qui paraissait dans plusieurs animaux ; l'état des estomacs, des intestins, et de la vésicule du fiel, qui était le même ; la marche des symptômes, qui différait très-peu dans ces deux épizooties, et l'existence non équivoque de la contagion, forment des rapprochemens très-marqués. Mais la poitrine était particulièrement affectée dans celle de la Picardie ; la toux et la gangrène des petits lobes du poumon, symptômes qui ne manquaient jamais, en faisaient le caractère distinctif. Dans l'épizootie de nos provinces méridionales, le poumon était à la vérité attaqué quelquefois de sphacèle, mais il ne l'était pas toujours. Les bestiaux éprouvaient des frissonnemens et des secousses qu'on n'a point observés en Picardie ; et la rapidité de la con-

tagion était incomparablement plus grande. La péripneumonie maligne occasione bien les mêmes lésions du poumon ;
mais, dans ce cas, les viscères du ventre ne sont pas aussi constamment maltraités. La maladie dont nous avons fait la
description avait donc des rapports avec l'épizootie décrite
par Lancisi et Ramazzini, et avec la péripneumonie maligne ;
mais elle en différait sous d'autres aspects. On peut la regarder comme une *fièvre putride, contagieuse*, qui exerçait
en même temps ses ravages sur les viscères du ventre et
sur ceux de la poitrine.

Le premier temps était annoncé par la toux, par le grincement des dents, par la diminution ou la suppression du
lait ou par un pouls dur et plein. C'était alors que l'on pouvait espérer du succès d'un traitement bien administré.
Le commencement du second temps était caractérisé par la
perte totale de l'appétit et par la diarrhée, sans grand
abattement ni tristesse. Dans la fin du second temps et dans
le troisième, ces deux symptômes étaient très-marqués ;
tout annonçait une putridité qui était à la fin portée au plus
haut degré.

Les indications que l'on se proposa de remplir furent :
1° de diminuer l'inflammation générale et surtout celle des
viscères contenus dans la poitrine et dans le bas-ventre, et
de délayer les matières qui engorgeaient les estomaes ;
2° de prévenir et d'arrêter les progrès de la putridité, qui
existait toujours dans le dernier temps de cette maladie.

I. On a rempli la première indication de la manière suivante.

1° On ne donnait aux bestiaux aucun aliment quelconque, dès qu'on les soupçonnait d'être malades.

2° On les frottait, on les bouchonnait souvent, et on leur mettait une couverture sur le dos.

3° Lorsque l'air ne circulait pas librement dans l'étable, on y pratiquait des ouvertures. La diarrhée, qui avait presque toujours lieu, était très-fétide ; 'elle exigeait que l'on prît cette précaution et que l'on nettoyât souvent l'étable.

4° Lorsqu'on était appelé dès l'invasion, il fallait profiter de ce moment et faire une saignée à la jugulaire. On tirait quatre livres de sang aux animaux adultes ; si la maladie était peu avancée, si l'animal était robuste et vigoureux, la saignée était réitérée ; si une de ces conditions manquait, on se bornait à une seule ; on s'en abstenait même tout-à-fait, si la maladie était au second degré, s'il y avait une éruption au cou et si la suppuration du séton était déjà bien établie ; principe que cependant on n'étendait pas aux bestiaux auxquels on avait mis un séton comme préservatif.

5° Cinq ou six heures après la saignée, si le séton n'avait point été appliqué dans cette vue on y avait recours ; à cet effet on introduisait sous la peau du fanon, avec une aiguille, une mèche enduite d'un onguent vésicatoire, et on en nouait lâchement les extrémités ; on faisait en sorte que cette mèche pût aller et venir, pour rendre les pansemens plus commodes et plus prompts.

L'onguent épispastique était composé de deux parties de mouches cantharides, avec une suffisante quantité d'huile de laurier. Dans le dessein de favoriser la suppuration, on enduisait la mèche avec l'onguent basilicum. On a aussi employé la racine d'ellébore, pour exciter une tumeur au fanon, que l'on perçait, lorsqu'elle était formée, au moyen

17

d'une aiguille, avec laquelle on y introduisait une mêche épispastique.

6° On aidait le dégorgement du poumon, en assujettissant dans la bouche de l'animal, pendant une heure le matin et autant le soir, un billot composé de la manière suivante.

Prenez de la racine d'angélique	une once et demie.
De sel ammoniac	deux onces.
De camphre.	une once.

Pulvérisez et délayez, jusqu'à consistance d'électuaire, avec une suffisante quantité d'oxymel simple ; renfermez ensuite le tout dans un linge roulé, qui doit être assujetti dans la bouche de l'animal.

L'usage de ce billot était d'autant plus salutaire vers la fin du second temps, qu'il contenait des substances antiseptiques qui étaient alors très-indiquées.

7° La boisson ordinaire était de l'eau blanche préparée, lorsqu'il était possible, avec la farine de seigle où d'avoine. Quand on était obligé d'employer le son, on avait soin de le bien exprimer dans l'eau, à différentes reprises, et de le passer ensuite pour enlever la partie qui n'est point soluble, et qui est de nature très-septique.

8° On donnait de plus, quatre fois dans la journée, à des intervalles égaux, une bouteille de décoction de navet, dans laquelle on avait fait infuser, vers la fin de l'opération, des fleurs de bouillon blanc, auxquelles on avait ajouté deux ou trois gros de nitre en poudre. On faisait aussi dissoudre du nitre dans l'eau blanche ; on y ajoutait un peu de vinaigre.

9° Les lavemens émolliens contribuaient encore à remplir

la même indication. On les préparait avec les feuilles de mauve et la graine de lin. La mauve, le bouillon blanc et le navet croissaient très-abondamment dans les paroisses où l'épizootie régnait ; c'est pour cette raison que j'en ai conseillé l'usage.

10° On nettoyait l'intérieur des fosses nasales en y injectant de la décoction d'orge, à laquelle on avait joint une quantité suffisante de vinaigre et de miel.

II. L'usage des préparations suivantes remplissait la seconde indication. On y avait recours lorsque les symptômes de la putridité s'étaient manifestés, et lorsque le pouls avait perdu de sa force et de sa consistance.

1° Prenez de nitre en poudre,	une livre ;
De crème de tartre,	quatre onces ;
De camphre,	deux onces.

Pulvérisez le tout, et faites-en prendre une demi-once quatre fois dans la journée, en délayant cette poudre dans la boisson.

2° Prenez quatre onces de quinquina ; faites-en la décoction dans trois bouteilles d'eau pour réduire à deux, et donnez cette décoction en deux doses. On l'édulcorait quelquefois avec une suffisante quantité de miel. On y ajoutait deux gros de camphre, dissous dans une petite quantité d'eau de Rabel.

On usait de l'une ou de l'autre de ces préparations suivant le besoin.

III. L'animal en convalescence était toujours affaibli, ses forces languissaient ; on en a même vu mourir à cette époque faute de soin. On prévenait cette fâcheuse terminaison en faisant boire à l'animal une infusion de baies de genièvre, ou en mêlant l'extrait de genièvre dans sa boisson. La dose des baies était d'une once pour deux livres de boisson ; celle d'extrait de genièvre était d'une once et demie ou deux onces.

On terminait le traitement par un purgatif, préparé comme il suit :

Prenez feuilles de séné ,	une once ;
Eau commune bouillante ,	une livre.

Faites infuser les feuilles de séné dans cette eau ; passez et ajoutez ensuite une once d'aloès soccotrin concassé ; laissez infuser encore , et faites prendre le breuvage tiède à l'animal.

Les bêtes à cornes que l'on voulait préserver de l'épizootie , étaient traitées comme il va être dit :

1° On les renfermait ; on les éloignait de toute communication dangereuse : une seule personne en prenait soin , et elle n'approchait jamais des étables ni des bêtes infectées.

2° On empêchait les chiens et tous autres animaux quelconques de communiquer avec les bêtes à cornes que l'on voulait préserver de la maladie.

3° On entretenait leur étable bien propre et bien aérée. Si l'air ne circulait pas assez bien , on y pratiquait de nouvelles ouvertures.

4° On diminuait beaucoup la quantité de leurs alimens : on leur donnait des herbes fraîches , et on leur faisait boire de l'eau blanche que l'on nitrait quelquefois.

5° La personne qui en prenait soin , les frottait et les bouchonnait souvent.

6° On leur pratiquait un séton au fanon, soit avec l'ellébore, soit avec la mèche épispastique.

7° On leur mettait quelquefois dans la bouche un mastigadour auquel on avait attaché un linge en forme de nouet, rempli d'une substance stimulante, telle par exemple que l'asa-fœtida, à la dose d'une ou deux onces, etc. Ces précautions simples et faciles ont suffi pour entretenir les bestiaux d'un grand nombre de métairies en bon état, et pour en éloigner la contagion.

On prenait d'ailleurs avec soin les différentes précautions que la loi exige ; comme elles sont détaillées très au long dans mon exposé des moyens curatifs et préservatifs, etc., je n'en dirai rien.

1° Les syndics des paroisses remettaient au subdélégué un état très-exact, contenant les noms et demeures des particuliers chez lesquels il y avait eu des bestiaux attaqués de l'épizootie, afin que l'on pût en ordonner la désinfection, et qu'il ne se glissât aucune fraude à cet égard.

2° On enlevait le fumier et la paille renfermés dans l'étable. Le fumier était recouvert d'une couche de terre, la plus épaisse qu'il était possible. La paille était brûlée en entier s'il y en avait peu, et on se contentait, s'il y en avait une grande quantité, d'en brûler la première couche.

3° On nettoyait l'étable ; on en balayait tous les coins ; on en excavait un peu le sol ; on en grattait les murs ; on en râclait les auges, râteliers et planches.

4° On lavait abondamment l'étable, ainsi que les râteliers, planches, auges infectées, en y jetant de l'eau très-chaude, dans laquelle on avait délayé de la chaux, ou étendu du vinaigre. On employait aussi à cet usage une forte lessive faite avec des cendres de bois neuf : l'eau simple aurait pu suffire. On ne manquait pas d'en répandre dans les angles, dans les trous, et dans les coins les plus reculés.

5° Après avoir placé des charbons dans un réchaud, on jetait dessus, et à diverses reprises, un mélange de parties égales de soufre et de nitre en poudre.

6° On laissait ensuite l'étable ouverte, et quelques jours après on en blanchissait partout les murs avec de la chaux.

7° Les seules personnes préposées à la désinfection, entraient dans les étables.

Parmi les secours, les uns sont purement médicinaux, les autres sont relatifs à l'administration. J'avais divisé le pays infecté en trois arrondissemens, dans chacun desquels un artiste vétérinaire veillait à ce que le traitement des bestiaux fût fait conformément au plan qui avait été tracé.

La maladie étant contagieuse, et le pays où elle régnait étant très-voisin du Mercantère, canton très-riche en bestiaux, des campagnes d'Hesdin, et de la vallée de Conche dans l'Artois, je crus qu'il était indispensable de former des cordons de troupes, pour empêcher l'épizootie de faire des progrès. Il y eut donc des détachemens placés dans les lieux intacts, à une demi-lieue de distance du pays infecté.

Les soldats qui les formaient allaient continuellement à la rencontre les uns des autres, et ils s'opposaient à toute communication dangereuse. Ils profitaient à cet effet des rivières et des endroits propres à intercepter les passages, et ils empêchaient qu'il n'entrât, et surtout qu'il ne sortît des bêtes à cornes de l'intérieur du pays où l'épizootie régnait. Lorsqu'elle faisait de nouveaux progrès, on reculait le cordon de troupes au moins d'une demi-lieue dans le pays sain.

Il y avait aussi des détachemens dans tous les villages infectés ou suspects. Leur occupation était de faire un dénombrement particulier, de visiter tous les bestiaux deux fois la semaine, sans cependant qu'il leur fût permis de les toucher, d'avertir les artistes vétérinaires ou autres experts préposés à l'exécution des ordres du roi , lorsqu'il y avait quelque bête malade; et surtout d'avoir attention à ce que le nombre des susdits bestiaux ne fût diminué ni augmenté sans qu'ils en rendissent compte à leurs supérieurs.

Ils veillaient à ce que les fosses eussent au moins huit pieds de profondeur; à ce que l'on en creusât une pour chaque bête morte ; à ce qu'elles fussent recouvertes de terre bien battue; ils visitaient les fosses anciennes, afin de les faire remplir lorsqu'elles venaient de s'affaisser.

La désinfection des étables se faisait en leur présence; cette opération était d'ailleurs dirigée par les artistes vétérinaires.

Ils empêchaient les bestiaux de vaquer dans les chemins et dans les communes; ils faisaient renfermer tous les chiens, et ils tuaient tous ceux qu'ils trouvaient sans être attachés , même dans les cours des propriétaires , dont ils prenaient les noms pour en rendre compte à leur commandant. Ils prêtaient main forte pour l'exécution des ordres du roi. En remettant ces articles à l'officier qui commande en pareil cas, il lui est facile de distribuer le service de ses soldats, de manière à prévenir les funestes effets de la contagion épizootique.

J'ai pensé que le meilleur moyen pour connaître le danger de cette épizootie, serait de savoir combien il est mort de bestiaux dans un arrondissement de huit paroisses, et combien il y en a eu de guéris , depuis le 10 de juillet, moment de son invasion , jusqu'au 7 septembre. En conséquence, les syndics de ces paroisses ont eu ordre de faire un dénombrement exact, et c'est d'après les états originaux qu'ils m'ont remis , que j'ai dressé le tableau suivant.

Paroisses.	Bestiaux morts de l'épizootie.	Bestiaux guéris de l'épizootie.	Bestiaux malades.	Bestiaux encore sains.
De Roussan.	68	64	»	»
De Maintenai. . .	44	20	10	151
De Nampont-Saint-Firmin.. . . .	95	99	10	57
De Montigny.	43	20	2	4
De Preaux.	56	27	»	22
De Nampont-Saint-Martin.	33	4	»	187
De Noyelles.	36	31	33	10
De Vron.	13	4	13	390
Totaux.	385	263	68	824

Les résultats de ce dénombrement font donc, dans l'arrondissement indiqué, depuis le 10 juillet jusqu'au 7 septembre :

1° 385 bestiaux morts , parmi lesquels 298 avant l'administration des secours ;

2° 263 bestiaux guéris, parmi lesquels 207 ont été traités suivant les conseils contenus dans ce mémoire ;

3° 68 bestiaux malades, parmi lesquels 54 ont été guéris ;

4° 824 bêtes saines.

La somme des bestiaux morts surpasse dans cet état celle des bestiaux guéris ; mais il faut observer 1° que le plus grand nombre des morts avait péri avant notre arrivée, 2° que les paysans en ont fait mourir une partie en usant d'un régime vraiment incendiaire : j'en donnerai pour preuve les treize vaches mortes à Vron ; elles ont succombé en peu de jours au traitement d'un berger qui leur avait fait prendre une forte décoction des herbes les plus irritantes, telles que l'ellebore et les tithymales ; 3° que partout où on a appelé de bonne heure les gens de l'art, on en a guéri à peu près les deux tiers.

Les opérations que nous avons indiquées, exécutées par un magistrat actif et éclairé (1), conformément aux vues d'un ministre dont la mémoire sera toujours chère aux Français (2), et par les ordres duquel je m'étais transporté sur les lieux, ont eu le plus grand succès ; le Mercantère et les campagnes voisines de l'Artois ont été préservées, et la contagion a cessé vers le milieu du mois de septembre 1779.

Si l'on parcourt attentivement les descriptions des diverses épizooties, on s'apercevra facilement qu'elles ont, pour la plupart, un caractère inflammatoire (3).

On voit que les auteurs tranchent une question qui est encore indécise. Est-il bien prouvé que les épizooties soient inflammatoires ? Les opinions d'une foule d'auteurs sont opposées à cette manière de voir. Pourquoi alors le traitement ou la méthode curative, reconnue ordinairement si avantageuse dans les véritables phlegmasies, ne réussit-il pas ? Tous les auteurs s'accordent sur ce point, que les moyens employés sont restés sans efficacité. Cette circonstance de-

(1) M. le comte D'Agay, intendant de la Picardie.

(2) M. Necker.

(3) *Instruction sur les maladies inflammatoires épizootiques et particulièrement sur celle qui affecte les bêtes à cornes des départemens de l'Est, d'une partie de l'Allemagne et des parcs d'approvisionnement des armées de Sambre-et-Meuse et de Rhin-et-Moselle ;* publiée par le conseil d'agriculture et par MM. Huzard et Desplas, vétérinaires. Paris, imprimerie de la république, ventose an 5.

vrait faire admettre que les épizooties ne sont pas seulement et uniquement inflammatoires. Tout ferait croire qu'il y a quelque chose de plus que l'inflammation, dont on n'a pas tenu compte.

Il n'est pas exact de dire qu'il en est de la maladie dont il s'agit, comme de toutes les autres qui l'ont précédée; que livrée d'abord, et long-temps, à l'empirisme et au charlatanisme, elle n'a pu être que très-meurtrière. Cette assertion n'est-elle pas très-exagérée? Opposons à l'opinion des auteurs, le sentiment d'un vétérinaire distingué. Qu'on ne croie pas, dit Gilbert, que la conduite de cette maladie ait été abandonnée partout à des mains ignorantes et mercenaires. Des hommes très-instruits dans l'art de guérir, l'ont observée avec soin, tant en France qu'en Allemagne et en Italie. Tous sont à peu près d'accord sur ses vrais caractères; mais ils diffèrent tellement dans la manière de remplir les indications, qu'on est fondé à attribuer aux seuls efforts de la nature le petit nombre de guérisons que l'on attribue aux méthodes curatives employées. C'est ainsi, par exemple, que les médecins italiens ont célébré les bons effets du vin le plus généreux. Ils ont proscrit, comme funestes, la saignée, les délayans, les mucilagineux, dont ailleurs on a préconisé les effets dans le traitement de la même maladie.

En aurait-il été ainsi, si l'épizootie avait été purement inflammatoire, comme l'avancent les auteurs? Nous n'en voulons donner d'autre preuve que la manière très-différente dont on a envisagé cette maladie. Les uns l'ont regardée comme charbonneuse, d'autres comme une péripneumonie gangréneuse, ailleurs comme une inflammation du foie, une dysenterie bilieuse, putride; quelques uns, comme une sécheresse des alimens contenus dans le troisième estomac ou feuillet. Enfin, elle a été envisagée comme une fièvre nerveuse, inflammatoire, comme une maladie vermineuse, un typhus contagieux, etc.

Les auteurs admettent que l'épizootie est une péripneumonie, ou une *hépatite*. Ils distinguent des symptômes généraux et des symptômes particuliers ; division admise avant eux.

Les symptômes généraux sont la cessation de la rumination, la perte de l'appétit, la diminution de la sécrétion du lait, le froid des cornes, le hérissement des poils, etc.

Les particuliers sont le frisson alternant avec la chaleur, la rougeur, le brillant des yeux, la sécheresse du mufle, la viscosité de la salive, l'accélération du pouls, le battement des flancs, l'air expiré chaud, la dureté des excrémens, leur couleur noire. D'autres succèdent dans les derniers temps, tels que la toux sèche, les aphthes dans la bouche, l'oppression, la difficulté de respirer, un flux abondant par les narines, la couleur jaune des yeux, un flux bilieux par le fondement, etc. On remarque très-souvent l'enfoncement des yeux, l'emphysème du dos, et la rentrée des éruptions qui s'étaient manifestées sur différentes parties du corps.

A l'ouverture, on rencontre les suites des inflammations, l'engorgement des viscères de l'abdomen. La membrane muqueuse de l'intestin très-enflammée, en partie corrodée. Le foie d'un volume double, triple de l'état naturel, rempli *d'obstructions*, de *concrétions*, *d'hydatides*, de *vers fascioles*. La vésicule biliaire, très-étendue, renfermant une bile très-fluide. Si c'est une péripneumonie, dans ce cas les poumons sont aussi pleins *d'obstructions*, *d'hydatides*. On y voit des *abcès* ou *vomiques*, qui renferment de la matière purulente très-fétide. Il y a des épanchemens de sérosité dans le thorax. Les bouchers, les écarrisseurs, en Allemagne, donnent à cette épizootie le nom de maladie du foie, ou gros foie.

On attribue cette maladie à des causes générales, telles que celles occasionées par un venin contagieux, par la suppression de l'insensible transpiration, due à l'humidité froide de la saison, par le déplacement des aninaux dans des lieux infectés, et *vice versá*. On l'a encore attribuée à la malpropreté des étables; mais elle régnait en même temps dans des pays où les étables sont mal tenues, et dans une partie de l'Allemagne, où les étables sont très-propres et les bestiaux bien soignés.

Il paraît que la véritable cause est une nourriture d'herbes ou de fourrages couverts de vase par les débordemens et l'humidité de l'hiver et du printemps. Les bestiaux nourris à l'étable avec des turneps, des pommes de terre, des racines de disette ou betterave, n'en ont pas été attaqués. On ajoute avec raison, pour les animaux des parcs d'approvisionnement, des marches forcées, quelquefois douze lieues par jour, de fortes chaleurs avec de mauvais fourrages, et la privation de la boisson.

Elle est moins dangereuse qu'on ne l'avait d'abord pensé; elle a paru meurtrière à cause des pertes occasionées par un assommement précipité, par la négligence qu'on a mise à traiter les bestiaux malades, et par les mauvais moyens curatifs employés. Les auteurs en concluent qu'il vaudrait mieux ne faire aucun traitement, abandonner les bestiaux à la nature, les tenir à la diète, et les bien panser.

On ne peut admettre cette opinion, puisque les auteurs eux-mêmes conviennent que dans les parcs de Luxembourg, plus des deux tiers des animaux traités par les vétérinaires ont guéri.

Cette maladie n'a pas le caractère charbonneux ; elle ne se communique pas à l'homme. Les hommes, les chiens, les chats, les cochons, ont mangé de la viande, sans éprouver d'inconvéniens : la viande a paru saine.

On dit qu'elle est contagieuse entre les animaux de même espèce ; quelques faits particuliers, et l'étendue de pays qu'elle a parcourue très-rapidement, pourraient être favorables à l'idée de la contagion ; mais une cause générale à tous les lieux infectés produirait les mêmes résultats. On demande pourquoi les animaux qui sont restés enfermés sans avoir fréquenté les pâturages, n'en ont pas été exempts. On a vu des villages conserver leurs bestiaux quoiqu'entourés de villages infectés, et quoique les animaux eussent une multitude de points de communication, sur les routes et dans les champs. On a encore observé que la moitié des vaches étaient mortes, dans certaines étables, un quart avait été guéri, l'autre quart n'avait pas été affecté de la maladie.

On peut assurer qu'aucune expérience positive ne prouve la contagion.

On croit qu'elle s'était communiquée aux moutons. Les auteurs se sont convaincus que la pourriture régnait dans les lieux où l'on se plaignait de cette communication.

L'assommement des bestiaux est regardé comme ruineux. Aux armées, il favorise trop évidemment les abus des fournisseurs des vivres-viande, et dans les campagnes, cette mesure décourage le cultivateur. Sous le prétexte de la contagion, on ordonne de taillader et d'enterrer les peaux avec les bêtes mortes, tandis qu'on pourrait en tirer parti. Il résulte de ces ordres plus d'abus que de l'assommement. Il n'y a aucun danger à courir pour ceux qui dépouillent les bestiaux. On renvoie à l'instruction de Vicq-d'Azyr, publiée en 1775, page 564, de l'exposé des moyens curatifs.

Le traitement est simple et peu dispendieux; il sera toujours insuffisant et inutile aux armées, à cause des intérêts particuliers des fournisseurs; dans les campagnes, tant qu'on ne parviendra pas à gagner la confiance des cultivateurs qui préfèrent les remèdes des charlatans qui les trompent pour avoir leur argent, tant qu'on ne pourra pas leur persuader que la maladie est déterminée par des causes naturelles, que le sort et le ciel n'y ont aucune part, enfin que les processions et les prières n'ont jamais guéri une seule bête. La méthode d'enterrer dans les étables ou à leur entrée les animaux qui meurent, dans l'idée de préserver les autres de la maladie, est on ne peut pas plus funeste, par la putréfaction qui survient. On doit observer que ces émanations occasionent des maladies qu'il importe de ne pas confondre avec l'épizootie dite inflammatoire. Cette circonstance, si elle n'est pas soigneusement distinguée, appréciée, peut jeter de la confusion, puisqu'il se manifesterait une maladie différente de celle déterminée par la cause épidémique.

Pour nous faire comprendre, nous allons développer notre idée. Supposons que les émanations provenant des animaux enfouis superficiellement dans les étables, occasionent une maladie analogue à celle appelée charbonneuse; elle différera, dans cette étable où existe un foyer d'infection animale, d'une maladie épidémique qui aurait de l'analogie avec le claveau des moutons, avec la petite-vérole des bœufs, comme Ramazzini appelait celle de l'année 1711.

Cette dernière pourrait être modifiée, rendue peu meurtrière, au moyen de l'inoculation employée par Camper. Il faudrait établir un traitement sur des principes très-différens pour guérir l'affection, si elle était charbonneuse.

Ces réflexions nous ont paru utiles pour bien distinguer des maladies qu'on confond, qu'on regarde comme identiques, quoique de nature très-différente. Ainsi distinguer, c'est simplifier et perfectionner.

Les auteurs admettent que le traitement préservatif est absolument le même que le traitement curatif ; cette assertion n'est pas exacte. L'un a pour but de s'opposer au développement de la maladie, ou de détruire les causes de l'épidémie, comme la vaccine relativement à la petite-vérole. Enfin en imaginant qu'un moyen préservatif était doué de la vertu merveilleuse d'embaumer le corps de l'animal, au point de le rendre dans ce cas invulnérable aux coups de la maladie épidémique, peut-on admettre de pareilles idées ? Le mot préservatif est donc mal employé ; on lui donne une trop grande extension. Ils est évident que si le préservatif est capable de s'opposer à la manifestation de la maladie, l'animal reste dans l'état de santé. Dans ce cas, il faut avoir recours aux moyens que fournit l'hygiène pour le conserver, et non à des agens particuliers qui seraient hors du domaine de l'hygiène.

Si l'on suppose que la cause a déjà agi sur l'économie de l'animal, il y a actuellement un dérangement léger ou profond ; Si la maladie existe, il faut avoir recours aux méthodes curatives. Elles sont fondées sur ce qui constitue la maladie ; il faut établir les indications à remplir, les moyens, soit hygiéniques, chirurgicaux ou médicaux, qu'on doit employer convenablement, pour guérir la maladie existante.

En effet, les saignées, les sétons, la diète, le régime, les breuvages, les billots, les lavemens, sont des agens qui composent, en tout ou en partie, une méthode curative.

Les auteurs disent qu'on ne doit pas employer contre l'épizootie qu'ils décrivent, le camphre, le quinquina, l'alcali volatil (ammoniaque), et les médicamens recommandés. Ces substances, par leur prix élevé, auraient bientôt surpassé, et au-delà, la valeur des animaux ; d'où il résulte, suivant eux, que toutes les fois que le traitement d'un animal malade excédera, ou équivaudra seulement sa valeur, le propriétaire courra une chance plus avantageuse en abandonnant l'animal à la nature ; il est temps de rappeler la médecine des animaux à une simplicité dont elle n'aurait jamais dû s'écarter.

C'est surtout dans les cas d'épizootie que cette simplicité est impérieusement commandée et qu'elle doit être pratiquée.

On doit regretter vivement que les auteurs n'aient pas fait connaître les moyens sûrs d'arriver à un si bon et si utile résultat. Il ne suffit pas de dire : telle et telle méthode est mauvaise ; il faut aussi, si on veut avancer la science thérapeutique vétérinaire, la perfectionner, la simplifier, comme c'est le vœu exprimé par les auteurs. Il est indispensable, dis-je, d'employer des traitemens établis d'après de bons principes. Il faut encore que les méthodes curatives aient été éprouvées, reconnues par l'expérience comme étant très-efficaces et en même temps économiques. Ceux qui ont réfléchi sur ces matières, reconnaîtront avec nous combien elles sont hérissées de difficultés. Tout s'enchaîne dans la médecine vétérinaire. La thérapeutique ne peut se perfectionner qu'après la pathologie, qu'après la physiologie, et cette dernière que par des expériences réitérées et des raisonnemens qui dépendent des méthodes philosophiques. Une amélioration partielle n'aurait qu'une durée très-courte et n'atteindrait pas le but qu'on se propose. Daubenton avait déjà dit qu'un animal malade perdait moitié de son prix; qu'il était important de tenir compte, dans le traitement des bestiaux, de cette circonstance, pour ne pas mettre en usage des médicamens d'un trop grand prix. Il y a moins à espérer de l'animal qui a été guéri, que de celui qui n'a pas été malade. Daubenton insiste pour faire voir que les rapports que l'art vétérinaire aurait avec l'histoire naturelle seraient plus utiles que ses rapports avec la médecine de l'homme. Daubenton donnait la préférence au gouvernement des animaux en santé, sur la partie qui s'occupe du traitement des maladies. Cette opinion est-elle fondée? Ces deux divisions de l'art vétérinaire sont également utiles, il est vrai. La première, le gouvernement des animaux en santé, est du domaine de l'économie rurale. L'autre, le traitement des maladies, est une branche de la médecine, nommée thérapeutique. Il s'agit de savoir si l'on veut former des économes ruraux ou des médecins vétérinaires dans les établissemens consacrés à l'enseignement.

Gohier éprouve de l'embarras, pour faire connaître l'origine de cette épizootie (1). Il la regarde comme un catarrhe

<hr>

(1) Voy. *Mémoire sur la maladie épizootique qui règne en ce mo-*

très-aigu de presque toutes les membranes muqueuses, surtout de la membrane interne du canal alimentaire. Il y a diarrhée et dysenterie. Il croit qu'on a eu tort d'envisager cette maladie comme charbonneuse. Il lui paraît qu'on ne peut élever aucun doute sur son caractère contagieux. Heureusement elle ne l'est pas pour les chevaux, les ânes, les moutons et les chiens. L'auteur a cherché à la communiquer par cohabitation ou en introduisant dans les cavités nasales l'humeur des narines des bêtes malades; il n'a pas réussi avec la chair non cuite, fraîche. Il croit que les chèvres peuvent la contracter; il dit que plusieurs en ont été atteintes pour avoir séjourné très-peu de temps avec des vaches malades. Il rapporte des faits qui sont en faveur de la propriété contagieuse qu'il attribue à cette épizootie.

Les symptômes ont été si souvent reproduits, que nous ne ferons que les indiquer dans ce moment.

Après les symptômes généraux, il se manifeste des frissons, une légère tuméfaction des paupières. La membrane nasale devient rouge, avec flux abondant. Les vaisseaux de la conjonctive sont pleins, le corps clignotant est engorgé. Les cornes sont chaudes, ainsi que la superficie du corps; les excrémens, secs, présententdes traînées sanguinolentes; cet état dure deux jours, rarement trois. Ensuite ces symptômes augmentent. La diarrhée est abondante, il y a prostration des forces, craquement des dents, quelquefois raideur tétanique, respiration entrecoupée comme dans la pousse. Le 3ᵉ degré s'annonce par le froid des cornes et de la peau,

<hr>

ment (1814) *sur les bêtes à cornes dans le département du Rhône et ailleurs;* par J.-B. Gohier, professeur à l'école vétérinaire de Lyon Lyon, 1814.

la sécheresse avec excoriation de la peau du mufle, de la bave écumeuse à la bouche, une diarrhée infecte assez souvent mêlée de sang, l'effacement du pouls, des tremblemens, une très-grande gêne de la respiration, des plaintes fréquemment répétées; plusieurs animaux lorsqu'ils sont couchés portent la tête du côté de l'épaule où ils la maintiennent en courbant le cou, signe d'une mort prochaine.

L'auteur se demande si l'épizootie a été apportée par les bœufs hongrois, et si elle s'est développée dans nos contrées sur ces animaux, se trouvant dans des conditions particulières de climat, de nourriture, de fatigue, etc. C'est une question difficile à laquelle on pourra répondre un jour; quant à présent, il est impossible, selon l'auteur, de la décider.

Il ne faut pas s'étonner si elle a fait en peu de temps de grands progrès; les armées étant presque toujours en marche, on n'a pu *employer aucune de ces grandes mesures usitées en pareil cas.* Cette dernière assertion est très-importante, c'est un fait d'un haut intérêt; ce n'est donc pas l'assommement qui fait cesser les épizooties, puisqu'elle ne s'est pas perpétuée, quoiqu'on n'ait pas employé ce moyen. D'ailleurs l'assommement, proposé en 1711 par Lancisi, n'a jamais été mis en usage en Italie, et quoique les épizooties y soient fréquentes, on ne voit pas qu'elles s'y soient perpétuées. On peut conclure que la proposition de Vicq d'Azyr, que si l'on n'assomme pas les bêtes bovines attaquées, la maladie deviendra permanente, n'est fondée ni sur l'observation ni sur l'expérience.

L'ouverture démontre dans les cadavres, qui se putréfient promptement, toujours les mêmes désordres; on remarque peu d'altérations dans la poitrine; dans l'abdomen, la membrane muqueuse de l'intestin est enflammée, brunâtre, avec du sang dissous , épanché dans l'intestin. Il en est de même de la matrice et de la vessie. La vésicule du fiel est remplie de bile épaisse et noirâtre. La caillette, ou quatrième estomac, phlogosée et gangrenée dans beaucoup d'endroits. Les alimens renfermés dans le troisième sont desséchés , noirâtres ; la membrane interne, ou épithélium, se détache et reste collée aux alimens.

A peine guérit-on une bête sur douze à quinze. Les vaches qui ont pu mettre bas, ont été sauvées. Les animaux guéris ont eu des *éruptions*, qui furent favorables comme on l'a observé en 1740 et 1745.

On attribue le défaut d'efficacité des moyens employés contre cette maladie, à ce que le caractère inflammatoire qu'elle montre dans son principe a la plus grande tendance à *la gangrène*. Sous ce rapport elle a beaucoup d'analogie avec l'angine et la péripneumonie gangréneuses, maladies si graves, très-communes parmi les bêtes bovines.

D'après l'idée de gangrène, les médicamens tempérans dans le principe, ensuite les fortifians et les antiputrides, paraissent à l'auteur les moyens convenables pour la combattre avec avantage. Quatre bœufs furent saignés ; on tira à chacun *cinq livres* de sang. On donna de l'oxymel, des lavemens émolliens. Ils périrent tous quatre du troisième au cinquième jour. Une saignée de cinq livres ne prouve rien ; elle est pour les bêtes bovines tout-à-fait insignifiante.

La racine de gentiane , l'asa - fœtida , le camphre , n'eurent aucun succès. Le quinquina fut donné sans bons effets sensibles. Les purgatifs ne furent pas plus efficaces. Plusieurs bœufs eurent jusqu'à *neuf sétons* , et d'autres cinq vésicatoires. Ils n'opérèrent pas d'engorgement, et presque pas de suppuration. Il est résulté que de vingt-sept animaux, dont vingt-deux bœufs, trois vaches et deux chèvres, traités par l'auteur, il n'a pu sauver que deux vaches (1). On aurait tort de dire, suivant lui, que l'épizootie est absolument incurable. On croit à l'utilité des remèdes préservatifs ; mais n'a-t-on pas attribué au régime et aux médicamens un effet illusoire ? N'a-t-on pas prôné en différens temps une foule de remèdes pour préserver les animaux de la morve, de la rage, du claveau ; en est-il un qui ait été efficace ? On en doit dire autant des moyens qu'on croit propres à préserver de la maladie. L'épizootie est une sorte de peste. Y a-t-il dans la médecine de l'homme des médicamens qui préservent réellement de la peste ? Les médecins instruits pensent qu'il n'en existe pas. Lorsqu'on assure qu'un certain nombre d'animaux ont été préservés par un traitement quelconque d'une maladie, il ne faut pas prendre cette expression à la lettre, parce qu'on n'a jamais la preuve que tous ces animaux eussent été atteints de l'épizootie, lorsqu'on n'aurait pas employé de préservatifs. L'auteur renvoie au tableau synoptique qu'il a publié sur les différentes voies par lesquelles les maladies épizootiques contagieuses peuvent se communiquer. Il croit qu'on a aussi exagéré l'efficacité des fumigations guytoniennes, soit comme préservatives, soit comme curatives.

Il semble à Gohier qu'il est de l'intérêt général de faire

____

(1) Une pareille méthode devait avoir un semblable résultat. La saignée a été trop ménagée. C'est dans ce cas le remède héroïque. On ne guérira pas tant qu'on en usera avec timidité dans les maladies inflammatoires du bœuf.

assommer les bestiaux qui sont arrivés au deuxième degré de l'épizootie, puisque l'expérience a malheureusement prouvé que leur guérison est presque toujours impossible. D'ailleurs, pour un qui guérit, il y en a vingt qui périssent, et avant leur mort ils communiquent le mal à une foule d'autres. En pareil cas on doit se hâter de leur donner la mort quand on ne peut pas leur conserver la vie. On ne voit aucun inconvénient à retirer la peau et la graisse en usant de précautions. On doit attribuer le petit nombre de guérisons au traitement employé.

Par ces mesures on diminuerait le foyer de la contagion, sans cesse renaissant par les victimes que fait l'épizootie. L'auteur renvoie au mémoire de Vicq d'Azyr sur l'assommement, 2ᵉ partie, page 569, de l'exposé des moyens curatifs, etc. Ce mémoire sera analysé; nous y reviendrons. Il dit qu'on peut aussi consulter l'instruction du même auteur sur la manière de désinfecter les cuirs des bestiaux suspects ou morts de l'épizootie.

Après avoir rapporté des faits nombreux contre l'usage des viandes des animaux attaqués de l'épizootie, il ajoute : En supposant qu'il soit avéré qu'un grand nombre de personnes aient fait usage, sans le moindre danger, de la chair des bestiaux atteints de l'épizootie, ce n'est pas une raison pour croire qu'il en est toujours ainsi. Qui peut assurer qu'à l'époque des grandes chaleurs, cette viande n'aura pas un caractère malfaisant? Alors ceux qui en auront mangé ne pourront-ils pas être atteints de quelques maladies? Quelle inquiétude cette circonstance ne répandrait-elle pas partout? Chacun se croirait malade. Qui peut prévoir les suites funestes de ces inquiétudes? On pourrait répondre que le danger de cette cause a été exagéré, puisque rien n'est arrivé de fâcheux pour avoir consommé les bœufs affectés de l'épizootie. Il eût été difficile de faire autrement, puisque les boucheries de la capitale n'ont été approvisionnées, comme celles de l'armée, qu'avec des bœufs ou des vaches qui avaient éprouvé des atteintes de cette maladie. Or, lorsque des milliers d'individus en ont fait usage, et qu'il ne s'est élevé aucune plainte, quelle expérience plus concluante veut-on encore invoquer? Cette expérience a été faite en grand publiquement. Il y avait force majeure. Que veut-on de plus? Nous dirons qu'au reste on ne guérit jamais de la peur, quelques moyens qu'on prenne. C'est une affection sur laquelle les médicamens n'ont aucune action. On doit regretter que Gohier, praticien recommandable, n'ait pas employé la saignée et la méthode antiphlogistique avec plus de vigueur. Qu'est-ce qu'une saignée de cinq livres? c'est un remède sans efficacité; pourquoi alors dire que la mort est supérieure aux remèdes, lorsqu'on les emploie à trop faible dose? Faut-il en conclure l'inefficacité du traitement? Admettons qu'il faille pour guérir une bête bovine opérer une déplétion égale à trente livres de sang, guérira-t-on avec une déplétion de cinq livres? Sera-t-on en droit de conclure qu'il n'existe pas de méthode curative, parce qu'on se sera servi de moyens insuffisans et incomplets? Nous avons cru que ces réflexions seraient utiles ; surtout si l'on admet, avec l'auteur, que la maladie est inflammatoire. Il est démontré pour nous qu'une saignée de cinq livres ne peut faire cesser l'inflammation. Nous avons observé, à Toulouse, que l'inflammation ne cédait que lorsque la saignée avait atteint trente à quarante livres ou vingt kilogrammes : qu'on juge, d'après ce résultat, ce que peut faire une saignée de deux kilogrammes et demi !

Cette maladie est particulière aux bêtes bovines (1). Les autres espèces d'animaux n'en sont pas affectées. Elle ne se communique pas à l'homme. Son apparition date de l'instant où l'armée alliée du Sud est entrée dans l'arrondissement de Villefranche. Cette maladie meurtrière a détruit, à Paris et aux environs, un très-grand nombre de bestiaux. Elle s'est montrée dans la Suisse. Des mesures administratives promptes et vigoureuses l'ont étouffée dès sa naissance. On l'attribue à des bœufs hongrois, dont un grand nombre de troupeaux suivent les régimens autrichiens. Grognier s'est assuré que partout elle s'est développée sur le passage de ces animaux étrangers.

On admet que les plaines de la Hongrie sont le foyer de presque toutes les épizooties. Paulet est du même avis, qu'il exprime dans les mêmes termes. On ne peut révoquer en doute son caractère contagieux. Une semblable épizootie fut observée en 1711 en Italie, en 1730 en Allemagne, en 1745 et 1775 en France. Elle s'est manifestée en l'an iv aux environs de Mantoue. Le professeur Buniva l'a désignée sous le nom de *bos hongroise*. Les symptômes ne sont pas toujours les mêmes. Les neuf dixièmes des animaux ont succombé jusqu'à ce jour. La mortalité paraît diminuer. Les désordres cadavériques rapportés sont les mêmes que ceux déjà tant de fois indiqués. Les organes de la poitrine et du

---

(1) Voy. *Rapport sur l'épizootie régnante*, présenté à M. le préfet du département du Rhône, par L.-F. Grognier, professeur à l'école royale vétérinaire de Lyon, le 17 mai 1814.

cerveau (1) sont presque toujours sains. La caillette, quatrième estomac, et l'intestin, sont enflammés. Les lames du
feuillet, troisième estomac, renferment des alimens durs, secs
et comme torréfiés. La vésicule du fiel est très-distendue et
remplie de bile. Le foie, la rate et les reins, peu différens de
l'état d'intégrité. On s'est assuré qu'un grand nombre de
bœufs atteints de l'épizootie ont été abattus dans les boucheries, sans qu'aucune plainte se soit élevée contre l'usage
de cette viande.

L'auteur regarde l'epizootie bos hongroise régnante comme une fièvre *bilioso-inflammatoire*. Le caractère contagieux
de cette maladie exigeait des mesures administratives que
des circonstances extraordinaires n'ont pas permis de prendre. Il eût fallu abattre sur-le-champ les premiers animaux
affectés. Le sacrifice d'un petit nombre d'individus en eût
sauvé des milliers ; mais des obstacles insurmontables se sont
présentés partout, qui ont *empêché d'exécuter les sages mesures* prises par l'administration de ce département. Les propriétaires qui n'ont pu soustraire leurs bestiaux à l'influence
des miasmes, ont cherché à les prémunir en plaçant des
sétons au fanon, aux fesses, en leur faisant prendre des
breuvages toniques de gentiane, d'absinthe, de genièvre.
On acidulait la boisson avec du vinaigre ; on lavait le corps
des animaux en nettoyant les étables ; on y faisait des fumigations guytoniennes.

M. Grognier s'est élevé contre une pratique suivie dans

______

(1) Les auteurs ne parlent pas des altérations de la moelle épinière ;
ce qui fait présumer qu'ils n'ont pas fait l'examen de cette partie que
nous avons trouvée ramollie. *Voyez* les observations particulières de
1815.

beaucoup d'endroits, et qui consiste à faire sortir des étables les animaux malades, en y laissant ceux qui ne sont pas encore atteints, entourés de tous les principes de l'infection. C'est au contraire les animaux sains qu'il faut en éloigner.

Plusieurs traitemens infructueux ont été employés contre cette cruelle maladie. L'idée admise généralement, qu'elle avait un caractère bilieux, putride, charbonneux, a fait multiplier les toniques les plus forts, les stimulans les plus actifs. Le traitement suivant a réussi quelquefois : Saignée réitérée (1), deux sétons, breuvage avec gentiane, écorce de saule, genièvre, absinthe et vinaigre. Si l'intestin était enflammé, on administrait des mucilagineux légèrement acidulés, on cherchait à déplacer la maladie par des cautères.

Il en est des épizooties comme des maladies individuelles ; elles ont leur temps d'invasion, d'exaspération et de déclin. Courtivron dit la même chose. Sydenham est du même avis sur les épidemies.

Nous terminerons par une seule réflexion. On voit que les mesures d'isolement, d'abattage des bestiaux, n'ont pu, à cause de la présence des troupes étrangères dans ces contrées, être mises en vigueur. Cependant la maladie ne s'est pas perpétuée ; elle n'a pas été plus meurtrière que dans les cas où l'on emploie l'assommement et les autres prétendus préservatifs, ce qui ferait douter de l'efficacité de ces mesures trop vantées. Bourgelat et Vicq d'Azyr n'avaient fait adopter l'assommement que parce qu'ils admettaient que si

____

(1) On ne dit pas la quantité de sang qu'on tire; c'est cinq livres sans doute ; c'est le maximum. *Voyez* les réflexions qui terminent le mémoire de Gohier.

on ne prenait pas cette mesure, la maladie ne disparaîtrait pas dans le pays où elle se serait une fois manifestée. C'est en s'appuyant sur un principe démenti par l'expérience, que Vicq d'Azyr a fait exécuter l'assommement à main armé e. *Voyez* l'article *Assommement* pour plus de détails.

L'instruction d'Hurtrel Darboval (1) se compose de notions générales des causes particulières de la contagion, des symptômes et pronostics des autopsies, du traitement curatif, du traitement prophylactique, enfin, des actes émanés des autorités locales.

Dans les notions préliminaires, l'auteur définit l'épizootie, reconnaît pour cause principale, peut-être unique, un principe contagieux ; il dit qu'on est parvenu à réchapper un peu plus du quart des animaux soumis à un traitement rationnel et méthodique.

Nous ne suivrons pas l'auteur dans sa dissertation sur la contagion. Cette maladie, suivant lui, aurait été apportée par des bœufs venus dans le département pour la consommation des régimens anglais, qui retournaient en Angleterre.

Il est présumable, quoique l'auteur n'en parle pas, que ces bœufs n'étaient pas de race hongroise, qu'on regarde comme porteurs de contagion ; que diront alors ceux qui ont appelé cette épizootie bos hongroise? que penser de la belle dissertation du docteur Paulet, qui démontre que la Hongrie est le foyer de l'épizootie. La Hongrie n'est-elle

____

(1) *Instruction sommaire sur l'épizootie contagieuse qui vient de se déclarer parmi les bêtes à cornes dans le département du Pas-de-Calais :* par Hurtrel Darboval, médecin-vétérinaire amateur. Paris, 2ᵉ édition, augmentée.

pas, suivant lui, de l'aveu de tout le monde, le pays d'Europe qui contient les eaux les plus malsaines? On ne trouve nulle part une eau qui soit potable; il a soin d'en excepter le Danube. Il convient que ses rivières sont très-poisonneuses. Il avance, quelques lignes plus loin, ce qu'on va lire.

« Ce sont sans doute les sels métalliques, qui résultent des mines de cuivre, de plomb, de mercure et d'arsenic dont ce pays abonde, dont elles se chargent, ou à leur source, ou dans leur cours. Cela sert à favoriser la conjecture de ceux qui ont prétendu que les virus pestilentiels qui affectent les animaux sont d'une nature arsénicale (1). Les bestiaux de Hongrie, obligés de boire de ces eaux, ne peuvent qu'en ressentir les funestes effets (2). Aussi ce n'est qu'avec du sel gemme qu'on vient à bout de les préserver de plusieurs maladies; mais lorsqu'ils en sont privés et que leur sang s'échauffe par des marches un peu longues, alors ces principes fermentent, infectent toute la masse des humeurs, et il en résulte une maladie qui se communique à d'autres animaux. Ce qui fait qu'un bœuf sorti de la Hongrie, privé de sel et échauffé par une marche un peu forcée

(1) Comment les rivières sont-elles poissonneuses si les eaux contiennent des sels métalliques? Comment pourraient-ils vivre dans des eaux empoisonnées? On a peine à rendre raison de pareilles contradictions?

(2) Une réflexion aurait dû se présenter à l'esprit du docteur Paulet lorsqu'il a écrit sa dissertation; il aurait dû se demander comment il se fait que les bœufs attaqués de l'épizootie attribuée à l'arsenic n'ont pas les symptômes qui se manifestent lors de l'empoisonnement par l'arsenic; comment il se fait encore que les lésions qu'on a observées à l'ouverture des animaux sont très-différentes. Si Paulet avait fait ces réflexions, il aurait nécessairement reconnu que ce qu'il avançait était erroné, hypothétique et insoutenable. En effet, les bœufs n'ont offert aucun des phénomènes ni des désordres qu'on observe lorsqu'on donne de l'arsenic intérieurement.

est l'animal peut-être le plus à craindre qu'il y ait pour les bestiaux de la même espèce ; au point que l'Italie a été très-souvent exposée aux maladies pestilentielles des bœufs, par son commerce avec la Hongrie ; elle a été obligée, enfin, de renoncer à cette communication si dangereuse. Il est donc bien constaté que la Hongrie est l'origine de la maladie la plus dangereuse des bêtes à cornes, celle qui se répand avec le plus de fureur parmi ces animaux. »

Nous avons dû rapporter ces passages, avec d'autant plus de raison, que Darboval partage cette opinion. Cette affreuse maladie nous est assez constamment communiquée par des bœufs venant de la Hongrie. Ce qui lui paraît singulier, c'est que ces bœufs ne sont pas malades au moment où on les déplace. Cette idée est conforme à celle de Paulet et de M. Huzard, qui se sert des mêmes expressions. Ne pourrait-on pas soupçonner que cette épizootie est sortie de la Tartarie, qu'elle aurait suivi l'armée des Russes, qu'elle a pénétré avec eux en France ? Vicq d'Azyr attribue celle de 1774 à des cuirs infectés apportés à Bayonne par un bâtiment hollandais. On voit qu'on pourra choisir entre toutes ces origines ; pour nous, nous avons assez fait connaître notre manière d'envisager cet objet, pour n'y plus revenir. Il en sera de même des noms différens donnés à cette épizootie, que l'auteur rapporte comme peste des bœufs, peste varioleuse, variole des bœufs, fièvre maligne et bilieuse, putride, pestilentielle, typhus contagieux.

La maladie s'est déclarée presque en même temps dans beaucoup de villages du département du Pas-de-Calais, à Baurains, à Douchy, à Marconnelle, etc.

Vers la seconde semaine de décembre 1815, une trentaine de bêtes à cornes appartenant au sieur Moulins, boucher, fournisseur pour l'armée, logèrent dans une auberge à Marconnelle; ces bêtes venaient de Cateau-Cambresis. Plusieurs paraissaient malades. Le foin qu'elles ont laissé a été donné aux vaches de la maison, lesquelles ont contracté la maladie et en sont mortes toutes.

A la même époque, un autre préposé du sieur Moulins vint loger à Aubin. Les vaches ont peu mangé. Environ quinze jours après, arrivent au même endroit onze autres vaches. Elles ne mangent pas mieux que les précédentes. Le soir de leur arrivée, le sieur Carpentier, de Marconnelle, amène une fort belle vache qu'il a achetée. Elle refuse tout aliment. On la met à part, par l'ordre de celui qui l'avait achetée. Peu de jours après la maladie se déclare à Aubin. L'auteur indique la manière dont la maladie s'est manifestée dans un grand nombre de villages. On pense bien que nous ne pouvons le suivre dans ces détails. Nous avons rapporté un ou deux faits qui suffiront, puisque les autres ne prouvent pas plus que la maladie a été importée.

Symptômes et pronostic.

Nous ne ferons pas l'énumération des symptômes, qui sont les mêmes que ceux nous avons tant de fois rapportés.

Le deuxième temps dure deux jours; il est souvent le terme de la vie de l'animal, chez lequel la diarrhée commence avec le troisième jour de la maladie.

Lorsque la terminaison doit être fatale, les déjections ont une odeur de plus en plus fétide, très-putride, très-abondantes et très-fétides. Les yeux sont caves, ternes, la tête est penchée sur le côté, la marche devient de plus en plus impossible. Le pouls s'efface, la bête pousse des gémissemens plaintifs et sans s'agiter, elle tombe dans l'accablement jusqu'à ce que la voix s'éteigne, et que la mort survienne.

Ces divers phénomènes s'observent du cinquième au septième jour de la maladie. C'est durant cette période que les vaches pleines avortent. Plusieurs veaux venus à terme ont donné tous les signes de cette funeste maladie et en sont morts.

Lorsque la terminaison est heureuse, la maladie est moins rapide, l'animal ne refuse pas constamment les alimens ; les matières évacuées ne sont pas abondantes, ni délayées, ni décolorées ; quelquefois il survient des aphthes dans la bouche.

On doit conserver de l'espérance, si la maladie ne s'aggrave pas du troisième au cinquième jour. Si l'animal passe le septième, il est rare qu'il périsse. L'animal qui arrive au neuvième jour peut être considéré comme sauvé.

L'auteur attribue les morts promptes à la saignée et aux médicamens incendiaires.

Il affirme n'avoir pas examiné le système nerveux dans les cinq vaches dont il a fait l'ouverture. Cette omission est trop importante pour n'être pas remarquée. Elle a influé sur l'opinion qu'il s'est formée de cette épizootie ; comment porter un jugement sur ce qui constitue une maladie, lorsqu'on néglige d'examiner l'appareil le plus essentiel, qui domine tous les autres, qui n'en sont même que des dépendances ? Il doit en résulter des indications mal établies, et l'emploi des moyens curatifs ne peut avoir lieu que d'une manière empirique. Est-il étonnant que les opinions varient tant sur ce point d'un haut intérêt? Les désordres observés dans le canal alimentaire consistaient dans l'état de *phlogose*. La membrane muqueuse de l'intestin grêle était en état de *gangrène*. Il renfermait, ainsi que le gros intestin seulement phlogosé, beaucoup de fluide élastique, infect, et des matières semblables à de l'eau trouble, blanchâtre ou légèrement jaunâtre. Le foie se trouvait sans consistance, décoloré. La vésicule du fiel était pleine d'une bile liquide et jaune.

Le cœur était déprimé, ramolli et flasque; le peu de sang qu'il renfermait était noir et fluide, etc.

Les altérations ne diffèrent pas de ce qu'ont fait connaître un grand nombre de ceux qui ont parlé de cette maladie.

Les signes les plus caractéristiques de l'épizootie sont, comme le fait remarquer l'auteur, de légers mouvemens nerveux, l'adynamie, la dysenterie, la phlogose de la muqueuse des premières voies, l'inflammation de l'intestin grêle.

Les phénomènes ont varié: Dans quelques localités la maladie s'est montrée sous la forme du charbon interne. La dysenterie, qui ne se manifestait que le cinquième jour, au lieu du troisième, annonçait une mort inévitable. Dans d'autres endroits, à Villiers, le caractère inflammatoire a été assez prononcé pour exiger la méthode antiphlogistique dès le début de la maladie.

Mais le phénomène le plus remarquable, c'est une fièvre continue, quelquefois avec de courtes rémissions, accompagnée d'ataxie, d'adynamie. L'auteur regrette beaucoup que ces phénomènes n'aient pas été assez étudiés pour pouvoir les classer , afin de préciser le mode de traitement qui convient à chacune de ces variétés de formes. Aussi regarde-t-il comme impossible d'écrire un traité complet des épizooties. Il serait à désirer , dit-il , que l'attention se fixât sur les meilleurs moyens d'obtenir les élémens nécessaires pour composer une bonne histoire générale de ces maladies.

Traitement curatif.

L'auteur croit qu'on a trop insisté sur l'inutilité d'un traitement curatif. Le grand obstacle à l'emploi d'une méthode sera presque toujours les frais qu'elle occasionera ; les dépenses de traitement sont exagérées par ceux qui ont avancé cette opinion. Où trouvera-t-on , dit l'un d'eux , des médicamens en suffisante quantité pour les donner à des milliers d'animaux , tels que les ruminans , qui en exigent des quantités considérables ? L'expérience prouve que ces assertions sont erronées.

L'auteur pense qu'on ne doit pas négliger les ressources thérapeutiques , qu'on ne doit pas les considérer en pure perte, par la raison qu'elles n'ont pas toujours le succès qu'on en espère. Il regrette de n'avoir pas plus d'espace pour développer toutes ses idées sur ce point.

Dans l'épizootie actuelle , ajoute-t-il , l'observation confirme ce qu'il vient d'avancer. Plus des trois quarts des animaux traités méthodiquement ont été sauvés. La maladie , abandonnée à elle-même , ou mal traitée , compte presque autant de victimes que de malades.

Il signale les moyens dangereux , tels que les saignées qui ont été nuisibles ; les purgatifs n'ont pas eu d'efficacité , surtout les purgatifs drastiques. Vicq d'Azyr avait déjà fait cette observation en 1774. Il faut éviter, dans le début, tous les remèdes échauffans, incendiaires, thériaque, eau-de-vie. Il propose d'employer les sétons, les fumigations guytonniennes dont il indique le procédé, d'après une instruction publiée par la Société d'agriculture de Boulogne-sur-Mer.

Dans le premier degré, on administrera des boissons émollientes. Comme on doit se tenir en garde contre l'atonie, le deuxième jour on ajoutera du quinquina, de la gentiane; si le premier médicament est trop cher, la germandrée, la sauge, l'absinthe, seront employées.

Dans le second, on frottera l'épine dorsale et les membres avec le liniment volatil, on donnera des décoctions de riz, de pain, de fleurs de sureau, des boissons acidulées avec le vinaigre, l'acide sulfurique dulcifié; on y ajoute les amers et le camphre: on évitera les saignées et les purgatifs.

Troisième temps. Si, après le cinquième jour, la maladie s'aggrave, l'animal peut être considéré comme perdu: on doit abandonner tout traitement.

Si les symptômes sont moins graves, on doit entretenir les forces avec des panades et les bouillons de viande. Donnez des amers dans de la vieille bière bien houblonnée, ne remettez l'animal que par degré à sa nourriture ordinaire.

L'auteur met toute sa confiance dans les sétons, les fumigations et les boissons indiquées, amères, avec acétate d'ammoniaque, esprit de Mendérérus: ces moyens lui ont réussi. Il rapporte des faits pour appuyer ce qu'il avance. Ainsi, sur cent quarante-cinq animaux traités méthodiquement, cent sept ont été guéris ; trente huit sont morts.

Sur trois cent trente-trois abandonnés à la nature, ou mal traités, quarante-neuf seulement ont guéri, et deux cent quatre-vingt-huit sont morts.

Avec de grands soins, dans le département du Pas-de-Calais, composé de neuf cent vingt-huit communes, quatorze seulement ont été en proie à l'épizootie.

On comptait dans ces quatorze communes quatre mille huit cent vingt-trois bêtes à cornes, la maladie s'est déclarée sur quatre cent quatre-vingt-deux seulement ; et quatre mille trois cent quarante-et-une se sont dérobées à la contagion épizootique.

Sur ces quatre cent quatre-vingt-deux bêtes atteintes, trois cent vingt-huit sont mortes, et cent cinquante-quatre ont été guéries. On estime la perte, en francs, à 45,664. Cette somme est assez considérable, si l'on envisage le petit nombre de communes infectées. La perte eût été incalculable, si les neuf cent vingt-huit communes eussent été envahies par l'épizootie. La ruine des cultivateurs en eût été la conséquence inévitable.

Existe-t-il, en économie politique, un objet d'une plus grande importance ? Il domine tout ce qui compose l'agriculture. Peut-on être blâmé de chercher à approfondir ces matières, d'un immense intérêt ?

On ne peut se dissimuler que les lois, ordonnances, réglemens, concernant l'épizootie, sont trop peu connus, trop peu répandus. Il est vrai que messieurs les préfets, sous-préfets, en rappellent les dispositions ; mais presque toujours elles tombent en désuétude avant la cessation de l'épizootie. Il en résulte que le fléau nous afflige pendant un temps considérable. Ne devrait-ton pas rechercher si ce défaut d'exécution des mesures ordonnées ne doit pas être attribué à ce qu'elles gênent le commerce, sans utilité réelle? Est-il vrai que ces mesures, mieux exécutées chez nos voisins, contribuent seules à prévenir le mal et à en empêcher les effets?

On ne voit pas que dans les pays, comme Lyon et les environs, où l'armée étrangère n'a pas permis de mettre en vigueur ces ordonnances, réglemens, mesures, la maladie s'y soit perpétuée, et ait ravagé très-long-temps les contrées où elle s'est manifestée.

Nous renvoyons à la question de l'assommement, où cet objet est traité avec détail.

L'auteur s'occupe ensuite de la conduite à tenir par les propriétaires, par les personnes qui approchent des animaux malades, par les vétérinaires, par les administrations.

Il fait des réflexions sur l'emploi du traitement préservatif ou prophylactique.

Enfin, il indique ce qu'il faut faire lors des grandes épizooties. En 1779, Vicq d'Azyr, qui est venu traiter celle qui a régné en Picardie, a obtenu le plus grand succès des cordons de troupes qu'il a fait établir.

Dans le reste du volume, on fait connaître les actes émanés des autorités administratives.

L'auteur finit par en donner une analyse exacte.

Ces actes sont, pour le moment, étrangers à l'objet qui nous occupe; nous n'en parlerons pas ici. L'auteur rapporte ce que le docteur Guersent avance sur l'assommement et sur l'inoculation. Ces objets seront indiqués plus tard ; nous ne les mentionnerons pas dans ce moment, pour éviter un double emploi.

M. Darboval convient que les moyens préservatifs, recettes, etc., sont inutiles et même absurdes ; il ajoute que nous sommes dans l'ignorance presque absolue sur la cause de cette épizootie. On croit cette maladie originaire de Hongrie ; en sorte que Buniva l'appelle peste *bos-hongroise* ; en effet, les bœufs de ce pays, si l'on s'en rapporte à certains auteurs, portent dans leurs flancs, comme le cheval de Troie, les germes de cette épizootie. Les auteurs admettent sans preuve l'existence des germes qui restent pendant quelque temps en incubation avant de développer leur influence funeste. Ces expressions sont textuellement dans le Mémoire du docteur Guersent, qui cite un exemple d'après Haller, dans lequel les symptômes ne se manifestèrent que plus d'un mois après l'exposition à l'influence contagieuse. Enfin l'auteur dit que *l'incubation des miasmes contagieux*, avant le développement de la maladie, est ordinairement, à ce qu'il paraît, de quelques jours seulement. On voit qu'on ne met pas en doute l'existence de l'incubation ; on croit que ces germes couvent plus ou moins long-temps avant d'éclore ; ne trouve-t-on pas trop de métaphores, dit M. Magendie, et peu de faits exacts dans cette doctrine ; elle se prête admirablement à toutes les illusions d'un esprit prévenu, qui craindrait de recourir aux preuves directes et physiques. Ce que M. Magendie rapporte du choléra-morbus, est applicable aux maladies inflammatoires non contagieuses. *Voyez* cette Monographie.

Dans l'extrait rédigé par M. Mérat d'un rapport fait

à la société de la Faculté de médecine de Paris, le 28 avril 1814, par M. Huzard (1), on lit qu'une épizootie meurtrière s'est déclarée depuis quelque temps parmi les bœufs et les vaches; cette maladie paraît apportée de Hongrie à la suite des armées alliées. Elle est regardée comme une fièvre putride, bilieuse, très-contagieuse, qui emporte souvent les animaux en trente-six heures. Les vaches n'en sont jamais attaquées qu'après avoir communiqué avec les bœufs de Hongrie ou les vaches prises par les Cosaques, et qui ont séjourné avec les animaux malades. Ce qu'il y a de plus singulier, c'est que la maladie n'existe pas en Hongrie, d'après les renseignemens donnés par des officiers autrichiens très-versés dans l'économie rurale. Il paraît que ce sont les fatigues de la route, la mauvaise nourriture, les intempéries de l'atmosphère, qui déterminent cette maladie. Sous ce rapport on peut la comparer au typhus qui fait dans le même temps de si grands ravages parmi les hommes, et presque par les mêmes causes. Alphonse Leroy, dans un ouvrage qu'il vient de publier, croit que la putréfaction des animaux morts, dont le nombre est si grand dans la plupart des pays qui ont été le théâtre de la guerre, pourrait être une des causes de la maladie des vaches, et il pense que la putréfaction est encore plus nuisible aux animaux qu'aux hommes.

Un phénomène constant, c'est la perte de l'appétit, la cessation de la rumination, la suppression du lait, cinq à six heures avant le début. Il paraît qu'on pourrait alors éloigner le danger en mettant sur-le-champ un séton à l'animal. Cette

(1) *Rapports et observations sur l'épizootie contagieuse régnant sur les bêtes à cornes de plusieurs départemens de la France.* Paris, 1814.

maladie dure au plus cinq jours. Vers la fin il y a une dysenterie putride, très-fétide. Lorsque les bêtes succombent, on
trouve les intestins enflammés, la vésicule biliaire extrêmement distendue, remplie d'une bile plus ou moins épaisse,
très-abondante.

Le traitement mis en usage n'a pas eu de succès. Les
acides, les saignées, les sétons, les amers, sont les moyens
qui paraissent convenir le mieux. M. Huzard affirme que
l'exposition à l'air, tout le temps de la maladie, est un moyen
qui en guérit davantage, ainsi que les bains, le lavage de
tout le corps avec l'eau froide.

On n'a sauvé que quelques individus çà et là. Il faut isoler les bêtes saines des malades le plus complétement possible. Aussitôt qu'un nourrisseur voit ses vaches malades, il
se hâte de les vendre aux bouchers, qui en débitent la
viande ; elle n'est pas malfaisante. Les troupes s'en sont
nourries sans en ressentir aucun mauvais effet ; elle a cependant moins de goût, c'est le seul inconvénient qu'on lui
connaisse. En général, dans les maladies, on préfère vendre les animaux que de les faire traiter, parce que le prix
des drogues, à la dose où il faut les donner pour qu'elles
produisent quelque effet, surpasse de beaucoup les facultés des propriétaires, et quelquefois le prix des animaux.
On sent que le quinquina, le camphre, le vin, le miel, qu'il
faudrait donner journellement par onces et même par livres, sont trop chers pour être employés par les gens de
la campagne. L'expérience a démontré que les drogues
étaient toujours inutiles contre les épizooties contagieuses.

Il faut, dit M. Huzard, contre les maladies contagieuses
des bestiaux, seulement de l'argent et des hommes. De l'ar-

gent pour payer les dépenses qu'exigent les mesures de l'isolement, et des hommes pour empêcher la communication entre les animaux sains et malades, et pour faire exécuter les mesures sanitaires.

Cet extrait, que nous avons copié presque textuellement, est suivi de quelques pièces ou documens utiles ; nous en donnerons une analyse très-abrégée.

La première pièce est un résumé général, en forme de tableau, du nombre de vaches saines, malades, mortes ou vendues, les 25 et 29 avril 1814. Il résulte qu'à cette époque les vétérinaires avaient trouvé en total, dans les douze arrondissemens de Paris, bêtes saines avant la maladie, deux mille six cent deux ; mortes ou vendues, trois cent six ; malades, cent trente-six. Ce total de deux mille six cent deux est peu précis ; en effet il est difficile de compter sur l'exactitude de ce nombre, parce que plusieurs vacheries ont pu échapper à la visite des vétérinaires départis. Les déclarations des propriétaires, faites aux commissaires de police, peuvent aussi manquer d'exactitude ; on observe encore que la plupart des vaches portées mortes ou vendues ont été livrées à la boucherie, et mangées. Tout n'a pas été perdu pour le propriétaire ni pour la consommation.

Il se trouve un autre résumé général, sur le même modèle, pour les arrondissemens de Saint-Denis et de Sceaux. Ainsi, avant la maladie, vaches, quatre mille trois cent quatre-vingt ; vendues ou mortes, neuf cent quatre-vingt-treize ; malades, cent quatre-vingt-neuf ; vaches saines au moment des visites, trois mille cent quatre-vingt-dix-huit. On remarque que l'île Saint-Denis, et toute la presqu'île formée par la Seine entre Argenteuil et Neuilly, ont été préservées de la maladie, à cause de leur position topographique qui les a isolées complétement.

On voit qu'on peut évaluer à huit mille les vaches du département de la Seine. Les vaches mortes ou vendues peuvent aller, au maximum, à deux mille. Il n'y a diminution que d'un quart dans le nombre de ces animaux ; le huitième seulement a été emporté par la maladie, qui a été plus désastreuse dans la campagne que dans la ville, où la perte n'a été guère que d'un dixième. On avance que tout ce qui a pu être isolé, a été préservé ; que la maladie ne s'est manifestée que là où on l'a portée. On se plaint, avec raison, de l'insouciance ou du peu d'importance que les propriétaires attachent à l'emploi des mesures de police dans lesquelles ils ont peu ou point de confiance, tandis qu'ils en ont beaucoup dans les charlatans, dans tous les prétendus guérisseurs, et dans les recettes préservatives et curatives. Les autorités locales ignorent trop souvent les lois relatives aux épizooties, et ne veillent pas assez strictement à leur exécution. Un grand nombre n'ont rien fait, ce qu'on peut attribuer aux malheureux événemens de la guerre ; ici il y avait force majeure. Cependant on croit que la police administrative est la seule à mettre efficacement en usage dans ces sortes de circonstances. C'est enfin à la négligence et au défaut de surveillance des propriétaires, que l'on doit attribuer les ravages des épizooties, et non à la maladie elle-même, qu'il serait facile d'arrêter ou de prévenir.

Dans le résumé de ces observations, on avance que cette maladie a toujours été importée en France par contagion. Cette contagion a toujours été due à des animaux expatriés, fatigués, échauffés, mal nourris, chez lesquels toutes ces causes l'avaient fait développer spontanément.

Le caractère distinctif de cette épizootie est l'inflammation des viscères du bas-ventre, principalement des estomacs, des intestins et du foie, d'où il résulte un flux dysentérique, ou bilieux ou putride.

Elle est généralement mortelle, comme les fortes inflammations des herbivores ruminans, qui se terminent promptement par l'asthénie.

Il s'est fait une grande consommation de la viande des animaux malades par l'armée alliée, par les habitans de Paris et de ses environs, sans aucun accident fâcheux. Il n'existe aucun fait contre cette assertion; on doit peu compter sur le traitement curatif; beaucoup d'animaux guérissent par les seuls efforts de la nature. On a plus droit de compter sur le traitement préservatif, quoiqu'il ne soit pas infaillible; on le fait consister dans les saignées, les bains, les lavemens, les amers, l'exposition des animaux à l'air libre, le bouchonnement, les fumigations, etc. Le docteur Guersent fait connaître combien ces moyens ont peu d'efficacité; les bons effets dépendent uniquement de l'isolement des bestiaux. Nous sommes tout-à-fait de ce sentiment; pour peu qu'on examine la question avec attention, on remarquera que les moyens proposés sont véritablement les mêmes que ceux qui composent le traitement curatif qu'on regarde plus haut comme inefficace. De deux choses l'une : ou l'animal est actuellement malade; dans ce cas, les remèdes que l'on donnera ne produiront aucun bon effet, d'après l'auteur lui-même, qui le dit formellement. N'accorde-t-il pas plus de confiance aux effets de l'organisation qu'aux remèdes ? n'attribuet-il pas tout aux efforts de la nature? Il suffit, pour reconnaître l'utilité de ces réflexions, de rapporter les passages suivans du mémoire de l'auteur. La partie essentielle du traitement, c'est le préservatif, la seule de laquelle on ait véritablement le droit d'attendre des résultats certains; la mesure qui est le plus généralement négligée, c'est l'isolement des animaux sains d'avec les malades.

Cet isolement, dit-on, est d'autant plus indispensable que la maladie est contagieuse. La contagion n'a lieu qu'entre des animaux de même espèce. Elle ne se communique ni aux hommes ni aux animaux d'espèce différente.

L'assommement ou l'abattage des animaux malades ou contaminés, ne peut être pratiqué que dans les petits états où il y a unité d'action et d'administration, dans le commencement de la maladie, lorsqu'elle ne se montre que sur un point ou sur un petit nombre d'animaux qu'il est facile de circonscrire; ce n'est ni dans les pays qui présentent une grande surface difficile à garder, ni dans le milieu et sur la fin des épizooties, qu'on peut en faire usage.

Les propriétaires ne voient trop souvent dans cette mesure, que la destruction de leurs propriétés sans dédommagemens suffisans.

On s'est plaint de l'insuffisance des ressources qu'offre la médecine vétérinaire dans cette maladie; mais la médecine de l'homme est-elle beaucoup plus avancée dans le traitement curatif de la peste, de la fièvre jaune et du typhus? N'est-ce pas déjà quelque chose que d'indiquer d'une manière certaine des moyens préservatifs? Est-il raisonnable de regarder les moyens indiqués par l'auteur comme étant des préservatifs dans la force du terme? Nous croyons qu'en s'abuse sous ce rapport. Ce point de doctrine sera discuté ailleurs.

L'Essai sur les épizooties du docteur Guersent (1) comprend plusieurs parties : une introduction divisée en trois chapitres ;

Une deuxième partie, partagée en neuf chapitres ;

La troisième division est consacrée aux épizooties des oiseaux ;

Enfin, la quatrième traite des épizooties des poissons.

L'auteur indique dans l'introduction les motifs qui l'ont déterminé à donner à l'article Épizootie du Dictionnaire des sciences médicales une extension aussi considérable : cet article ayant été tiré à part, est devenu l'Essai sur les épizooties.

Guersent soutient, entre autres propositions, que l'étude des maladies des animaux est nécessairement liée à la pathologie de l'homme, comme l'anatomie comparée l'est elle-même à l'anthropologie. Les lois de l'organisation des grands animaux, des mammifères surtout, étant à peu près les mêmes dans toutes les altérations physiologiques et pathologiques qui en dépendent, doivent avoir entre elles beaucoup d'analogie. Ainsi la pathologie comparée peut-elle avoir des résultats encore plus utiles pour la science de la médecine générale, que l'anatomie comparée n'en a eu déjà pour la physiologie. Il suffit de rappeler la mémorable découverte du cowpox, et l'avantage de son inoculation pour l'extinction de la variole ; la facilité de multiplier des expériences sur les animaux ; cette circonstance pourra servir à

(1) *Essai sur les épizooties*, par le docteur Guersent. Paris 1815.

éclairer la thérapeutique et faire faire des progrès à la physiologie.

Au reste, la pathologie des animaux, dès à présent, nous offre dans l'histoire des épizooties une foule de considérations du plus haut intérêt pour la science médicale.

L'auteur se montre reconnaissant envers M. Dupuy, alors professeur à l'école d'Alfort, qui a mis toutes ses notes à sa disposition, et lui a communiqué ses idées sur plusieurs objets importans.

Tous les animaux sont exposés aux maladies, surtout ceux à sang rouge et chaud. On s'occupera donc particulièrement des épizooties des mammifères domestiques. Les rapports entre leurs maladies et celles de l'homme sont quelquefois si parfaits qu'il est impossible de ne pas les placer dans la même classe nosologique, et de ne pas leur assigner le même nom, quoiqu'on observe parmi les animaux plusieurs maladies qui ne ressemblent point aux nôtres. La réaction des affections morales sur le physique est extrêmement bornée chez eux, et leurs passions, n'étant jamais exaltées par l'influence de l'imagination, sont toujours entièrement subordonnées aux forces du corps. Ces causes doivent nécessairement diminuer, chez les animaux, le nombre de leurs maladies.

Dans le chapitre premier, l'auteur avance qu'on est loin d'être d'accord sur le véritable sens qu'on doit donner au mot *épizootie*. Ainsi on a regardé comme épizootiques les maladies aiguës et chroniques qui attaquent en même temps un grand nombre d'animaux à la fois. Or il lui semble qu'on doit retrancher de l'histoire des épizooties, non seulement toutes les maladies chroniques, mais même celles qui, ayant

quelquefois une marche aiguë, dépendent ou du développement accidentel d'un virus animal, comme la rage ou la présence de larves d'insectes, comme le tournis, la gale, enfin
les productions des vers intestinaux. L'auteur restreindra
l'histoire des épizooties à celle des maladies internes qui
agissent à la fois sur un grand nombre d'individus, par des
causes communes plus ou moins générales. Malgré cette
restriction, l'histoire des épizooties sera encore très-étendue ; car beaucoup de maladies sporadiques peuvent devenir épizootiques par des circonstances particulières.

Les maladies épizootiques n'offrent point de caractères
généraux qui leur soient communs. Ils sont différens suivant
chaque espèce de maladie régnante, et le seul rapport qui
existe entre toutes les épizooties, qui les distingue essentiellement des maladies sporadiques, c'est que dans chaque
épizootie la maladie se répand à peu près sous le même
aspect et à la fois sur un grand nombre. Plusieurs maladies
cependant, telles que le claveau, le typhus, ne se rencontrent presque jamais d'une manière sporadique, et sont de
leur nature toujours épizootiques. On pourrait en dire autant
de toutes les maladies contagieuses des bestiaux, parce que
ces animaux sont toujours réunis en plus ou moins grand
nombre. En supposant que l'une de ces maladies se développe spontanément sur un individu, elle se communique
plus ou moins promptement à tout le troupeau. C'est pour
cette raison, suivant l'auteur, qu'on avait pensé qu'on ne
devait admettre comme épizootiques que les seules maladies contagieuses. Mais comme nous n'avons pas de moyen
de reconnaître de suite le caractère contagieux, ce sera
donc établir une distinction insignifiante. Il observe d'ailleurs

qu'on rencontre plusieurs maladies très-meurtrières sur les bestiaux, qui affectent en même temps un grand nombre d'individus, quoiqu'elles ne soient réellement pas contagieuses, telles que quelques hémorrhagies, la maladie des moutons de la Sologne.

Dans le deuxième chapitre, qui a pour titre : Des causes générales des épizooties, l'auteur les envisage sous le point de vue des causes prédisposantes et causes occasionelles. Les premières sont obscures, inconnues; les occasionelles sont attribuées à l'influence des corps extérieurs. *Circum-fusa, ingesta et applicata,* sont les seules que nous puissions apprécier convenablement. Ces dernières causes sont contagieuses ou non contagieuses. On a imaginé que la contagion était due à un corps particulier, à un oxide d'azote. Tout semble faire croire qu'il existe autant d'émanations contagieuses distinctes que de maladies différentes. Il est difficile d'assimiler la contagion de la pustule maligne à celle du claveau, du charbon, etc.; on reconnaît les mauvais alimens, les fourrages vasés, les eaux croupies, la sécheresse excessive, les fatigues, l'entassement des bestiaux dans des lieux humides, marécageux, les étables insalubres, comme pouvant déterminer des épizooties. On voit que ces causes sont multipliées. Nous ignorons pourquoi elles n'attaquent que les bœufs, non les moutons ni les chevaux. N'est-il pas plus raisonnable de convenir de notre ignorance, que d'admettre des hypothèses pour chercher à expliquer ce que la nature a, jusqu'à ce jour, dérobé à nos recherches? Il ne faut donc pas y attacher une grande importance; il est bien plus nécessaire de recueillir avec soin les symptômes et les détails exacts des désordres, afin de les bien caractériser, afin d'arriver ensuite, d'une manière plus certaine, à une bonne méthode empirique de traitement. On ne peut assigner un traitement uniforme; les moyens curatifs doivent nécessairement varier suivant le genre de chaque maladie.

L'auteur, avant de passer à la description de chaque épizootie, fait connaître les préceptes généraux de prophylactique. Il met au nombre de ces précautions l'isolement exact des hommes, des animaux, comme chiens, chats, etc., et des objets qui ont été en contact avec les animaux malades; de faire des fumigations de chlore dans les étables; de brûler la litière, les fumiers, les harnais qui ont servi aux animaux; d'enfouir ceux-ci sans leur peau, qui dans le typhus est sans danger. On passera les cuirs à la chaux, comme le recommande Vicq d'Azyr (*v.* son Instruction); on propose aussi de brûler les cadavres, s'il est possible. On éloignera les animaux sains des causes de l'épizootie; il faut les isoler complétement. Il blâme avec raison cette méthode de saigner, employée indistinctement comme moyen préservatif. La plupart de ces moyens préservatifs sont dangereux. On n'a pas moins abusé des exutoires. On cite des exemples de troupeaux entiers préservés au moyen du séton; mais ces bestiaux étaient isolés et par conséquent inaccessibles à la contagion. On ne peut faire aucun fondement sur un pareil préservatif. L'auteur a vu lui-même quatre personnes attaquées du typhus qui régnait à cette époque à Paris, quoiqu'elles portassent des cautères bien avant l'invasion de la maladie. Il est douteux que les sétons, billots, exutoires, puissent être utiles comme moyens préservatifs, ainsi que les autres agens thérapeutiques dans cette épizootie. Il paraît prouvé qu'elle n'occasione pas d'accidens fâcheux sur

les hommes qui dépouillent les animaux qui en meurent.
Elle n'a rien de charbonneux. Pendant plus de deux mois les
troupes alliées ont mangé de la viande d'animaux affectés.
Tout Paris et les environs n'ont pas eu d'autres alimens, les
malades en ont fait usage dans les hôpitaux ; cependant il n'y
a pas eu de maladie épidémique parmi le peuple. C'est
M. Huzard qui rapporte ce fait, qui se montre opposé à
l'assommement. Il croit qu'il est inutile, et aux armées
l'assommement favorise les dilapidations des fournisseurs de
vivres-viande. Après avoir indiqué des faits en faveur de
l'opinion contraire, il se demande à quoi peut tenir cette
différence dans la manière de voir. Il semble qu'elle doit
dépendre de la différence des maladies. Dans celles gangréneuses dans les pays chauds, il faut interdire sévèrement
l'usage des chairs des animaux malades ou morts. Il renvoie
aux *Mémoires de l'Académie pour* 1766, où Morand rappelle
l'histoire de deux bouchers des Invalides, qui ont contracté
la pustule maligne pour avoir tué deux bœufs charbonneux.
Dans les cas douteux, l'intérêt particulier doit toujours céder
à l'intérêt public. La différence des organes digestifs apporte des différences assez prononcées dans plusieurs symptômes des maladies des animaux. Les alimens s'accumulent
dans les estomacs des ruminans, ils y fermentent, il y a
dégagement de fluides élastiques.

Les alimens se dessèchent entre les lames du troisième
estomac ou feuillet ; ils y deviennent de couleur brune,
semblable à du tan en poudre, ce qui complique la maladie.
La suspension de la digestion s'oppose à la nutrition, à la
réparation des pertes considérables que font journellement
les herbivores ruminans. C'est une cause prompte d'affai-

blissement, qui rend la saignée nuisible si elle n'est pas faite dès le début de la maladie. Elle augmente l'épuisement des forces; aussi observe-t-on fréquemment des épanchemens dans les cavités intérieures aux extrémités, des emphysèmes sur la région du dos, des lombes, accompagnés d'une grande faiblesse des muscles de ces parties. On remarque encore des engorgemens dans le tissu cellulaire des membres. Enfin les viscères se putréfient très-promptement, et quelques heures après la mort, on est exposé à décrire comme des altérations déterminées par la maladie, celles qui sont cadavériques ou des effets de la putréfaction. Il est important de bien établir ces distinctions, si on veut perfectionner la pathologie des bestiaux.

Après toutes ces considérations importantes et utiles, Guersent arrive à la description particulière du typhus contagieux des bêtes à cornes.

Du typhus contagieux des bêtes à cornes.

On a beaucoup écrit sur cette maladie ; elle est très-meurtrière. On lui a assigné un grand nombre de noms différens, tels que la peste des bœufs, la fièvre maligne, la fièvre pestilentielle, la peste varioleuse, et même la variole des bœufs. Guersent adopte de préférence le nom de *typhus contagieux*, que les Allemands lui ont déjà donné. Il le regarde comme contagieux. Cette maladie se comporte à peu près comme la peste ou typhus d'Orient et le typhus des armées en Europe. Il paraît que les émanations des bêtes à cornes se transmettent facilement par l'intermède de l'air. Il cite de Berg, de Bruxelles, qui a constaté ce fait. (*V. Mémoires de la société royale de médecine*, année 1778.)

Quant aux causes qui donnent naissance aux émanations contagieuses du typhus, elles ne sont pas aussi bien connues que la manière dont ces miasmes se communiquent. On admet que cette maladie vient de la Hongrie; mais on a observé le typhus dans presque toutes les guerres de quelque durée, toutes les fois que, pour l'approvisionnement, les bœufs et les vaches en grand nombre parcourent des distances considérables, lorsqu'on les force dans leur marche, qu'on les surmène, qu'on les entasse dans des étables basses, peu aérées, humides, et lorsqu'ils sont mal nourris. Il y a donc analogie avec le typhus des armées; ce qui conduit à penser que les causes sont les mêmes, quoique cette maladie ne se communique pas des bestiaux aux hommes, ni même aux autres animaux, comme Vicq d'Azyr l'a démontré par l'expérience. Il dit positivement que l'épizootie ne se communique ni aux chèvres, ni aux moutons, ni aux chevaux, chats, chiens, etc.

L'incubation des miasmes contagieux avant le développement des symptômes de la maladie, est de quelques jours.

Nous n'exposerons pas les symptômes en détail, parce qu'ils n'offriraient rien de nouveau. Déjà tant d'auteurs les ont décrits, que nous croyons utile de n'en pas présenter un nouveau tableau. Il n'existe pas d'observations, suivant l'auteur, pour pouvoir classer les différentes variétés de typhus. Il se contente, pour fixer l'attention sur ces variétés, de rapporter succinctement une histoire particulière de l'épizootie de 1796, une autre de celle de 1814, qui toutes deux ont été communiquées à l'auteur par M. Dupuy. Nous en avons rapporté à notre tour de semblables plus intéressantes sous tous les rapports; nous y renvoyons. (*V.* Épizootie de 1815, observations particulières.)

PARTIE EXPÉRIMENTALE.

La deuxième partie se composera :

1° D'une série de quatorze observations particulières.

2° D'un exposé détaillé des expériences faites sur l'inoculation de la cachexie varioleuse.

3° Des opinions pour et contre l'assommement.

4° Des expériences sur les nerfs pneumo-gastriques ou de la 8° paire. On comparera les phénomènes qui se manifestent avec ceux qui caractérisent la cachexie varioleuse.

5° D'expériences et de raisonnemens qui tendront à prouver que dans les deux cas il y a asphyxie et syncope.

6° On conclura qu'on doit rapporter tous ces phénomènes à des causes qu'on peut très-bien expliquer par les principes des sciences physique et chimique.

7° Ces explications ont en leur faveur l'autorité de Bichat. En effet, suivant lui, on peut constater d'après quelles lois se terminent les fonctions à la suite d'un coup violent, des grandes hémorrhagies, des commotions, de l'*asphyxie*, puisque les organes sont intacts ; ils ne cessent d'agir que par des causes directement opposées à celles qui entretiennent les fonctions en exercice. On peut aussi imiter ce genre de mort sur les animaux.

Nous suivrons dans cette deuxième partie, tout expérimentale, l'ordre de matières que nous venons d'indiquer.

Enfin on fera connaître à quelle classe nosologique doit être rapportée la cachexie varioleuse des bêtes bovines. Bien entendu, il ne sera question que des nosologies comparées ou vétérinaires (1).

(1) Nous commencerons par l'élément de la maladie moins variable

Première observation.

A l'ouverture d'une vache, âgée de six ans, attaquée de l'épizootie de 1815, on trouva la surface adhérente de la peau de couleur violacée, les vaisseaux remplis de sang et fortement injectés. On n'a remarqué aucune pustule ni aucun exanthème sur les mamelles, ni sur d'autres parties.

Le tissu cellulaire sous-cutané renfermait un fluide aériforme, ainsi que celui des muscles du cou, du garot; les lobules pulmonaires étaient comme soufflés, surtout les antérieurs; il y avait du sang noir épanché en assez grande quantité dans le parenchyme pulmonaire.

Le système séreux n'a rien offert de particulier dans les cavités abdominales et thoraciques; mais il n'en était pas de même dans le crâne. Les méninges rouges renfermaient beaucoup de sérosité transparente et légèrement citrine, surtout à la terminaison de la moelle, du rachis et à la région lombaire. Autour du cerveau, la petite méninge était soulevée par un fluide aériforme qu'on apercevait très-distinctement.

On remarqua beaucoup de rougeur au bulbe du prolongement rachidien, et surtout à la surface, d'où naissent les filets qui concourent à former les nerfs pneumo-gastriques, ou de la huitième paire; on a aussi vu des bulles d'air autour des nerfs optiques, à l'instant où ils entrent dans les trous sus-sphénoïdaux, et autour des couches olfactives. Le plexus choroïde du cerveau et son prolongement étaient très-rouges. Il n'y avait pas beaucoup plus de sérosité

que les causes et les symptômes, la lésion anatomique observée à l'ouverture des animaux.

qu'à l'ordinaire dans les grands ventricules. Les vaisseaux qui rampent sur leurs parois étaient gorgés et remplis de sang de couleur violacée.

Le système muqueux se trouvait très-altéré. La membrane nasale rougeâtre, et son sinus veineux rempli de sang. La buccale violacée, recouverte d'une couche blanchâtre, grumeleuse et fortement adhérente, surtout à la base et à la pointe de la langue. La membrane muqueuse du larynx violacée et recouverte de mucosités. Il en était de même de la trachée et des bronches. La membrane interne du deuxième estomac, et du quatrième surtout, était d'une couleur violacée. Les lames du troisième estomac, ou feuillet, étaient noires; l'épithélium adhérent aux matières torréfiées qui se trouvaient entre les nombreux replis de ce troisième estomac. Cette altération dépend de l'époque de l'ouverture, non de la maladie (1).

Le système musculaire, sans être infiltré de sérosité ni de sang, comme on l'observe dans le charbon ou dans la fièvre charbonneuse, était brunâtre, se déchirait par le moindre effort; du reste, les muscles n'exhalaient aucune mauvaise odeur, et ils s'éloignaient très-peu des caractères de ceux que présentent les vaches tuées dans les boucheries.

Cette première vache, âgée de six ans, atteinte depuis trois jours de l'épizootie, est amenée à l'École vétérinaire d'Alfort le 19 décembre 1835.

(1) On rencontre cet état du feuillet ou troisième estomac dans des bœufs tués dans les boucheries à des époques où il ne règne aucune maladie épizootique. Nous avons observé ces altérations dans des bœufs très-sains. Elle est donc étrangère à ces maladies; elle ne peut leur être attribuée. Nous insistons sur cette remarque parce que ces phénomènes sont décrits dans les ouvrages comme causes ou effets de certaines maladies.

On destinait cet animal à servir à des expériences sur l'épizootie qui régnait à cette époque.

L'animal examiné, on a reconnu les symptômes suivans.

La tête pesante et abaissée, le cou allongé balançant fréquemment du haut en bas, le corps voûté, les coudes écartés de la poitrine ; les membres postérieurs s'engageant sous le centre de gravité, le poil terne et hérissé, principalement sur le dos et la croupe. La température de la peau, de la base des cornes était élevée.

L'animal s'éloignait de l'auge. La sensibilité était grande en arrière du garot. Lorsqu'on touchait les pieds, surtout les postérieurs, elle les levait aussitôt, les secouait et les agitait comme on l'observe dans les animaux qui ont des crampes. Le pis et les trayons étaient douloureux et froids, sans être emphysémateux.

Le pouls accéléré, prompt, sans être dur; la respiration fréquente ; la toux, sèche et quinteuse, se manifestait aussitôt que l'on faisait marcher l'animal ou qu'on changeait sa position. Il mangeait, mais sans appétit. La rumination avait lieu, les mouvemens de mâchoire pour broyer les alimens s'exécutaient avec lenteur et avec grincement de dents.

Le mufle se trouvait sec, sans éruption ; la bouche enduite d'une salive abondante, écumeuse ; sa membrane ainsi que celles du nez, de la conjonctive, d'un rouge violacé ; les bords des paupières tuméfiés et rouges ; les larmes coulaient le long des joues ; il y avait de la matière purulente au grand angle de l'œil.

Enfin la membrane muqueuse du rectum et de la vulve

était d'un rouge foncé, et la diarrhée abondante et fétide.

Le quatrième jour de la maladie, il y avait le matin une rémission bien sensible ; le corps était moins voûté, les membranes, la peau moins froides, le pouls moins prompt, la respiration moins gênée et moins pénible. On a remarqué, la veille du troisième jour de la maladie, un balancement de la tête avec des secousses de tout le corps, semblables à celles qu'auraient produites des frissons généraux. L'animal mangeait et ruminait mieux ; cependant la toux persistait.

Le soir, vers quatre heures, on a observé un redoublement accompagné des mêmes caractères que le jour précédent ; seulement la matière de la diarrhée paraissait plus liquide, plus jaune et plus fétide. La bête s'affaiblissait de plus en plus.

Le cinquième jour au matin, on remarqua une diminution sensible dans les symptômes observés la veille, tandis que le soir il s'est manifesté un redoublement très-marqué. La corne, l'oreille gauches étaient chaudes, et les droites d'une température moins élevée ; les trayons antérieurs des mamelles froids, et les postérieurs chauds.

Le sixième jour au matin, l'animal ne mangeait et ne ruminait plus ; cependant il buvait encore ; le pouls, accéléré, fréquent, donnait soixante pulsations par minute. Il en était de même de la respiration et de la toux ; l'expiration entre-coupée s'accompagnait de plaintes, ce qui n'avait point eu lieu jusqu'alors. Les trayons, surtout le gauche, étaient gros, emphysémateux, la diarrhée très-fétide. Des matières liquides écumeuses étaient rejetées par l'animal à une grande distance ; l'urine se trouvait rougeâtre, la membrane mu-

queuse de la vulve pourprée et enduite de mucosités épaisses et abondantes.

Le soir, on administre un breuvage composé d'une once
de levure de bière, délayée dans une bouteille de bière
ordinaire, d'après la formule publiée par M. Chancey de
Lyon, insérée dans la *Bibliothèque britannique*, n° 452,
octobre 1814, qui, au rapport du vicomte de Bussy, avait
eu les plus heureux succès en Hongrie, contre une épizootie
qu'on regardait comme de même nature.

Quelques instans après avoir pris le breuvage, la bête
s'est couchée, le pouls accéléré est devenu petit, la respiration courte, fréquente, et avec plaintes. La peau des différentes parties du corps se trouvait froide, le poil hérissé et
terne, la conjonctive et la langue d'une couleur plus foncée
que le matin.

Le septième jour, la peau était plus adhérente que la veille,
le pouls moins fort, le balancement de la tête plus fréquent,
la conjonctive injectée, violacée; la matière qui s'accumulait
au grand angle de l'œil, désséchée et en croûte, tandis que
la veille elle était blanche, épaisse et puriforme. On a de
plus remarqué des mouvemens fibrillaires dans les muscles
sous-cutanés, situés aux régions des grassets et des coudes.
L'épine dorsale devenue insensible, la diarrhée liquide et
d'une odeur infecte. On a eu beaucoup de peine à faire lever
l'animal qui s'était couché. La faiblesse des muscles était
très-grande. Aussitôt qu'il a été debout, il s'est mis à
tousser, ce qui l'a beaucoup fatigué. Le breuvage n'avait
pas, comme on le voit, arrêté la marche de la maladie.

Vers les quatre heures de l'après-midi, les symptômes
précédens s'aggravèrent encore, les frissons généraux, les

tremblemens des muscles sous-cutanés devenaient plus fréquens et plus marqués, ainsi que les secousses de la tête.
Le pouls était toujours accéléré, mais très-petit et très-faible, la respiration embarrassée. L'animal a refusé les alimens solides, mais il a bu un peu ; la diarrhée a continué à
être abondante et très-fétide.

A huit heures du matin, on lui a administré une bouteille
du breuvage indiqué ; à dix heures, une seconde bouteille.

Le huitième jour au matin, l'animal paraissait moins triste,
moins accablé, la tête moins lourde, et il la tenait plus haute.
Les balancemens étaient moins fréquens, et la température
de la peau de la base des oreilles et des cornes, plus rap-
prochée de l'état naturel. Les mouvemens des muscles sous-
cutanés ne se sont pas manifestés, ni les secousses des membres, lorsqu'on les touchait. Les membranes muqueuses
moins colorées, la respiration moins pénible ; la sensibilité de
l'épine dorsale était plus grande, le pouls continuait à être
faible, accéléré et petit, ainsi que la toux sèche et fréquente,
surtout après l'administration de chaque breuvage. Il en
était de même si on faisait exécuter quelques mouvemens à
l'animal. La diarrhée est toujours très-liquide et très-fétide.
La vache a refusé de manger, et cependant elle paraissait rechercher davantage les alimens que la veille. Elle a bu davantage.

An soir, nous avons trouvé l'animal couché, appuyé sur
ses genoux, et les coudes écartés des parois de la poitrine ;
on eut beaucoup de peine à le faire lever ; il se mit aussitôt
à tousser, ce qui le fatigua beaucoup. Le pouls était à peine
sensible et très-accéléré ; la respiration bien plus gênée que
le matin. Les cornes, la base des oreilles, et les membres

très-froids. L'épine dorsale n'était plus sensible , les frissons généraux , les mouvemens fibrillaires des muscles sous-cutanés , ainsi que le balancement de la tête , ont reparu de nouveau ; la diarrhée fétide ; la matière , très-liquide , coulait sans douleur et sans épreintes le long des cuisses.

Le neuvième jour au matin , la bête était couchée, le pouls insensible, accéléré et très-petit. Les extrémités du corps et les membres très-froids ; la respiration haletante et plaintive. Elle pouvait à peine se tenir debout, et on eut beaucoup de peine à lui faire faire quelques pas dans l'étable. Les sécrétions se trouvaient supprimées , la diarrhée et l'écoulement des urines arrêtés. Les membranes muqueuses avaient perdu leur couleur violacée ; on a observé de plus sur la langue une couche de matière blanchâtre , épaisse et grumeleuse , qui y adhérait même assez fortement. Une heure après cet examen , la bête est tombée , a eu des mouvemens convulsifs des membres, a tourné le globe oculaire de manière à ne montrer que le blanc de l'œil ; les yeux s'agitaient convulsivement et se couvraient comme d'un nuage ; la bête bâillait sans cesse, et quelques instants après elle est morte en notre présence , sans trop se débattre , et comme suffoquée.

Deuxième observation.

Une vache de l'âge de sept ans est destinée aux expériences. Le propriétaire nous a assuré qu'il n'avait reconnu à cette bête aucun des symptômes de l'épizootie régnante , et qu'il se décidait à la vendre parce qu'elle donnait peu de lait, et que, présentée plusieurs fois au taureau , elle n'avait pas retenu. Cette bête, placée à côté d'une autre vache malade, et qui est morte de l'épizootie, examinée avec le plus grand soin, n'a offert effectivement aucun des symptômes de l'épizootie régnante, et elle annonçait être de la meilleure santé; elle se défendait même avec vigueur lorsqu'on voulait la toucher. Nous avons seulement observé qu'elle flairait la vache placée près d'elle, qu'elle secouait la tête, comme si elle éprouvait des impressions désagréables. C'est même le seul mouvement qu'on ait remarqué jusqu'au troisième jour de la cohabitation, époque où se manifestèrent quelques uns des symptômes de l'épizootie. La température de la peau était élevée; la base des cornes et des oreilles chaude; la sensibilité en arrière du garot également augmentée; le pouls se trouvait accéléré, fort, sans être dur; la respiration fréquente, et la toux sèche. Elle buvait et mangeait avec moins d'appétit; les mouvemens des mâchoires étaient moins nombreux et moins forts qu'à l'ordinaire. Le côté gauche du flanc se trouvait gonflé, et en le touchant on s'apercevait que le rumen contenait des alimens durs et en grande quantité; les yeux humides, le bord des paupières rouge et tuméfié, le mufle était désséché; il y avait dans les narines et dans la bouche plus de mucosité qu'à l'ordinaire.

Le deuxième jour, le pouls devint prompt, la respiration fréquente, la toux vive; une matière puriforme, épaisse, commençait à s'accumuler dans l'œil droit; les larmes coulaient sur les joues; l'animal, comme accablé, portait la tête basse; les fientes étaient toujours sèches, noirâtres et moulées; la rumination ralentie; la bête avait peu d'appétit; les mouvemens des mâchoires s'accompagnaient de grincemens de dents; enfin, la sensibilité dorsale était très-grande.

Le troisième jour au matin, on a trouvé l'animal couché, les coudes écartés de la poitrine. Il ne put se lever qu'avec beaucoup de peine, et a toussé aussitôt. Il s'écoulait des larmes et de la mucosité de la bouche ; le mufle était desséché, la conjonctive injectée ; la peau des paupières et presque toute l'habitude du corps de couleur jaune, comme on l'observe dans les hommes affectés de jaunisse ; le poil terne, hérissé, surtout sur le dos et la croupe ; la base des cornes et des oreilles froide. Ces symptômes ont continué pendant toute la journée.

Le quatrième jour au matin, l'animal offrait des caractères non équivoques de l'épizootie régnante. Le pouls accéléré et prompt, la respiration fréquente et embarrassée ; il mange avec très-peu d'appétit ; il refuse de boire. La rumination se suspend, la sensibilité de l'épine très-grande, les jarrets se coudent davantage, les jambes s'engagent sous le corps, qui est voûté, et l'animal se trouve comme raccourci ; les oreilles froides et couchées en arrière, la peau toujours jaunâtre ; les membranes muqueuses, rouges, se couvrent de mucosité abondante.

Le soir on remarque un redoublement très-sensible ; la peau, la base des oreilles et des cornes sont très-chaudes ; le pouls toujours accéléré, concentré, faible ; la respiration pénible et s'accompagnant de mugissemens plaintifs, ce qu'on n'avait point observé jusqu'alors ; l'air expiré est chaud, et la rumination totalement suspendue.

Le cinquième jour au matin, on observe les mêmes symptômes que la veille, mais l'animal est plus faible, et le degré de prostration plus grand. Il levait les pieds brusquement lorsqu'on les touchait, et les secouait à plusieurs reprises avant de les poser. La base des cornes et des oreilles, froide ; la diarrhée n'existait pas encore.

On lui a donné dans la journée quatre bouteilles d'un breuvage composé d'une once de levure délayée dans une bouteille de bière ordinaire. La vache a eu beaucoup de peine pour avaler ce breuvage, et a toussé aussitôt après l'administration.

On a pensé qu'il était utile de commencer l'usage de ce médicament, parce qu'elle offrait quelques symptômes de l'épizootie, et que, s'il n'avait pas réussi chez la première vache, c'est que la maladie était trop avancée lorsqu'on l'a employé.

Le soir, les cornes et les oreilles sont chaudes, ainsi que la peau.

Le sixième jour au matin, on a remarqué une diminution très-sensible dans les symptômes observés la veille. La bête a ruminé pendant quelques instans, quoique les mouvemens des mâchoires fussent très-lents et suivis de grincemens de dents. La respiration a paru moins pénible, le pouls un peu moins faible, et cependant les excrémens continuent à être mous. Elle a bu davantage.

Le soir elle est moins bien, la respiration et le pouls sont plus fréquens, la température de la peau plus élevée. On lui a administré quatre bouteilles du breuvage indiqué.

Le septième jour au matin, les pulsations de l'artère étaient de soixante. Le nombre des inspirations, de trente-deux la veille, n'était plus que de dix-huit. L'animal a mangé, bu et ruminé ; il paraissait moins accablé, et le mieux était très-sensible.

Le soir on a observé le redoublement des symptômes, comme les jours précédens. La diarrhée n'a pas paru.

Le huitième jour au matin, le pouls donne trente-huit pulsations, et il n'y avait plus que douze inspirations. La bête recherchait les alimens, les saisissait avec avidité, et les mangeait avec beaucoup d'appétit. Elle a ruminé comme si elle était en santé. La conjonctive était moins rouge, l'écoulement des larmes n'avait pas lieu; la température de la peau et celle des oreilles et des cornes se rapprochaient de l'état de santé. La sensibilité de l'épine était diminuée, et la bête cherchait à se défendre lorsqu'on l'approchait, en frappant de la tête et des pieds, ce qu'elle ne faisait pas le jour précédent.

Le soir, les cornes, les oreilles devinrent chaudes, les yeux larmoyans; la température de la peau s'élève; le pouls ainsi que la respiration s'accélèrent. Elle a pris quatre bouteilles de breuvage avec plus de facilité que la veille.

Depuis cette époque, 30 décembre jusqu'au 3 janvier 1816, elle a continué à ruminer et à exécuter ses fonctions comme elle faisait avant d'être attaquée de la maladie. Il y avait seulement un peu d'augmentation de la température et d'accélération du pouls. Vers le soir, on a regardé cette bête comme guérie et comme ayant échappé à la maladie régnante.

Voulant s'assurer si elle pouvait être affectée une seconde fois de l'épizootie, on a coupé une lanière de la peau de la vache n° 3, qui était morte le 1ᵉʳ janvier, et cette lanière a été passée en forme de séton au dessous de la peau du fanon de cette vache.

Le 4, il s'est manifesté une tuméfaction douloureuse et chaude autour du séton. Les cornes sont brûlantes, ainsi que les oreilles; le pouls est fréquent, et donne soixante pulsations ; la respiration accélérée ; il y avait un peu de tympanite ; la bête a mangé avec appétit et ruminé.

Le 5, on a observé de l'augmentation dans la tumeur produite par le séton, sans aucun autre symptôme que ceux remarqués la veille.

Il en était de même le 6.

Le 7 janvier, l'engorgement du fanon diminue sensiblement et est beaucoup moins douloureux ; on peut attribuer les phénomènes légers qui se sont manifestés depuis le 3 janvier, à l'effet mécanique du séton, et non à une nouvelle attaque de la maladie.

Le 8 janvier, la suppuration commence, et la bête est rétablie. Il reste un léger engorgement au poitrail. Les 9 et 10 janvier, l'animal est bien portant. Le 11, l'animal continue à être bien. L'engorgement du fanon est presque totalement dissipé. On s'est déterminé à lui passer un séton à l'encolure, après avoir trempé la mèche dans la matière de la diarrhée de la vache n° 4 ; c'est une troisième épreuve.

Les cornes et les oreilles chaudes ; on a remarqué un léger engorgement sur le trajet du séton ; on a lotionné cette surface avec de l'alcool camphré, pour faire disparaître l'odeur fétide qui s'exhalait de la matière suppurée ; il pouvait en résulter une maladie différente de celle régnante. Comme elle mange et boit moins qu'à l'ordinaire, on a cru devoir lui donner dans la journée quatre bouteilles de bière, dans chacune desquelles on a fait dissoudre une once de levure.

Le 14, les légers symptômes observés la veille, ainsi que la fréquence du pouls, avaient diminué ; elle était beaucoup mieux. On doit donc attribuer le dérangement qu'on a observé dans les fonctions, à la matière animale qui imprégnait le séton. On a cru utile d'enlever le séton, dans la crainte de déterminer des engorgemens semblables au charbon blanc, comme des expériences réitérées faites à cette époque avec des matières animales altérées par la putréfaction, nous en avaient donné la preuve.

Depuis le 15 jusqu'au 21, elle jouit d'une bonne santé.

Du 22 janvier au 13 février, la bête continue à se bien porter ; on n'a rien observé de remarquable.

Le 14 février, on a passé un nouveau séton imbibé de la matière nasale de la vache n° 8, attaquée de la maladie.

Le 15, on lui a retiré le séton ; cette inoculation n'a produit aucun effet.

Du 16 au 23, la bête continue à se bien porter. Du 24 février au 7 mars, la bête est dans le même état de santé ; elle a été dans la même étable que la vache du sieur Thioust, et n'a rien éprouvé.

Cette dernière vache, venue de Vincennes, est morte auprès de celle dont nous nous occupons. Elle a de plus été ouverte dans l'étable où elle se trouvait ; la maladie ne s'est pas manifestée de nouveau. Ce fait confirme ce qu'on a avancé, qu'une bête guérie ne contracte pas une seconde fois la maladie. Vicq d'Azyr dit qu'il n'existait aucun fait contraire à cette vérité dans toutes les provinces méridionales. Elle a été vendue le 20 juin 1816, à un nommé Brabaut, de Maisons-Alfort. Nous avons eu un certificat de l'adjoint (Goutteux Pierre), qui constate que, le 20 juin, cette vache vendue à Brabaut était en très bonne santé. Elle a été tuée quelques mois après à la boucherie, était grasse et en bon état.

Troisième observation.

Une vache âgée de huit ans a été achetée à Guigneret, garde de chasse à Vincennes, le 22 décembre 1815. Elle a été placée à son arrivée dans une étable où aucune vache malade de l'épizootie n'avait séjourné.

Le propriétaire a affirmé qu'elle n'avait communiqué avec aucune bête malade ; qu'il n'avait laissé entrer dans son étable aucun marchand ni aucun curieux ; qu'elle était en bonne santé et chez lui depuis long-temps ; qu'elle n'était pas pleine, mais donnant très-peu de lait ; elle devenait trop coûteuse à nourrir ; ces motifs l'avaient déterminé à la vendre.

Le 22 décembre 1815 elle a été inoculée avec toutes les précautions possibles, en prenant la matière puriforme qui se trouvait au grand angle de l'œil d'une vache malade qui est morte de l'épizootie. Une lancette de cette matière est remise à un élève qui n'avait visité aucunes vaches malades, et introduite par lui sous l'épiderme des trayons en faisant une piqûre à chacun d'eux ; on humectait la lancette chaque fois ; on appuyait avec le doigt pour essuyer la lancette avant de la retirer de l'épiderme.

Nous avons choisi de préférence la région des mamelles, parce que la peau y est très-fine, et qu'il est facile d'apercevoir les différens changemens qui peuvent y survenir.

Le lendemain du jour de l'inoculation, les trayons sont très-douloureux, tendus, et le bord des piqûres rouge. La bête continue à manger et à ruminer, commé à l'ordinaire. Ces phénomènes ont été attribués à une irritation mécanique plutôt qu'à l'action exercée par le virus.

Le soir, on remarqua que la conjonctive était injectée en rouge, le pouls un peu plus prompt et plus accéléré que dans l'état ordinaire, qu'il y avait plus de sensibilité en arrière du garrot, comme on l'observe dans le début de la maladie épizootique régnante.

Le troisième jour au matin, l'animal a toussé après avoir bu, comme cela a eu lieu dans la vache précédente.

Le soir, il n'a pas présenté d'autres symptômes que le pouls fréquent, ainsi que la respiration accélérée.

Le quatrième jour, l'épine dorsale devient très-sensible; il suffisait d'exercer la plus légère pression sur cette partie pour faire fléchir l'animal jusqu'à terre. Il cherchait à éviter cette pression. Cette sensibilité était bien plus grande que dans l'état de santé. Le pouls et la respiration fréquens; la température des cornes et des oreilles tantôt chaude, tantôt froide; aussi quelques quintes de toux. Ces symptômes, qui ont duré toute la journée, n'ont plus laissé d'incertitude sur l'état de la vache. On a reconnu qu'elle avait contracté la maladie.

Aussi le cinquième jour a-t-elle refusé de boire, a-t-elle mangé sans appétit; elle n'a pas ruminé. La conjonctive devint injectée et violacée, les oreilles chaudes et couchées; l'œil gauche larmoyant, les cornes et les membres froids. La sensibilité de la région dorsale est augmentée. Le pouls donnait cinquante-sept pulsations par minute; il était prompt sans être dur. Elle a resté presque toute la journée couchée, et le soir elle a tout-à-fait refusé les alimens; elle était accablée et très-malade.

Le sixième jour, même refus d'alimens; elle tenait les coudes écartés de la poitrine; il y avait un léger emphysème derrière le garot, et la sensibilité dorsale était excessive. Le balancement de la tête fréquent, ainsi que les frissons généraux et les mouvemens fibrillaires des muscles sous-cutanés. La toux sèche, le pouls accéléré, prompt, la respiration fréquente et pénible. La bête, triste, assoupie, avait la tête lourde, basse, les yeux ternes, chassieux, larmoyans. Les mucosités de la bouche et des narines, abondantes; les excrémens mous et fétides; elle grattait le sol des pieds antérieurs, se couchait et se relevait sans cesse. Si on la faisait marcher, elle chancelait en traînant les pieds postérieurs, et si on touchait la couronne, elle levait et secouait le membre à plusieurs reprises. Le soir elle parut plus malade que le matin.

Le septième jour au matin, mêmes symptômes; de plus, des grincemens de dents; la matière qui s'accumule au grand angle de l'œil, épaisse, et se rapprochant d'une matière puriforme. La diarrhée est abondante, très-liquide, et d'une odeur insupportable.

Le huitième jour au matin, l'animal est couché, la tête allongée et appuyée sur la litière; la peau froide, le poil hérissé et terne, surtout sur la région dorsale, qui continuait à être très-sensible. On aperçut des frissons généraux, et le balancement de la tête était très-fréquent. Elle eut beaucoup de peine à se lever; elle était toujours chancelante et très-faible, la toux fréquente, sèche, et le pouls ainsi que la respiration, comme la veille.

Le soir, on a compté soixante-dix pulsations et dix-sept mouvemens d'inspiration.

Le neuvième jour au matin, les symptômes précédens étaient augmentés, le pouls petit et à peine sensible, la respiration courte, pénible et plaintive; la diarrhée surtout était très-liquide et de mauvaise odeur.

Les tremblemens généraux et le balancement de la tête étaient le soir si forts qu'on ne pouvait qu'avec peine explorer le pouls.

Le dixième jour au matin, le pouls accéléré, petit et faible (quatre-vingts pulsations); la respiration courte, pénible et très-fréquente; la toux l'était moins; la sensibilité de l'épine se trouve diminuée, ainsi que la température de la peau, des cornes et des membres. Le mufle très-sec, la sécrétion des larmes supprimée, et la chassie sèche. La diarrhée très-fétide et abondante, le ventre affaissé, et les flancs plus creux que la veille. Et enfin le balancement de la tête, les mouvemens fibrillaires et les frissons fréquens et forts.

Le soir, le pouls donnait quatre-vingt-dix pulsations; la température de la peau, tantôt chaude, tantôt froide, ainsi que celle des cornes et des oreilles. La respiration très-embarrassée; il y avait une grande prostration de forces.

Le onzième jour de la maladie, l'animal reste couché. Même abattement; les pulsations des artères étaient presque insensibles, la respiration très-pénible, toutes les parties extérieures très-froides; le balancement de la tête semblable à celui d'un homme qui dort sans avoir la tête soutenue.

Le soir on n'a pu s'assurer de l'état du pouls à cause du tremblement général de la tête. La respiration était très-courte et pénible; toutes les parties extérieures froides; la sensibilité nulle à l'épine dorsale: aussi cette bête, très-accablée, est-elle morte quelques heures après cette visite.

L'animal a été ouvert le 2 janvier au matin; il était encore chaud, et il n'offrait aucun météorisme. Il sortait cependant par les narines, un liquide verdâtre qui paraissait provenir du premier estomac. L'appareil cutané n'a rien offert d'important à indiquer. Le tissu cellulaire sous-cutané était de couleur violacée, ce qu'on doit attribuer au sang qui injectait ses vaisseaux capillaires. Il n'y avait ni sérosité ni sang épanché dans les cellules. Celui situé au garrot, à l'épine dorsale, était emphysémateux. Les vésicules graisseuses des épiploons de la région rénale et de la base du cœur se trouvaient entourées d'ecchymoses, qu'on regarde ordinairement comme des taches gangreneuses. Le tissu parenchymateux des poumons rouge et emphysémateux. Les membranes muqueuses, fortement altérées, étaient épaissies et d'un rouge foncé, surtout dans les voies pneumo-gastriques, comme le quatrième estomac, ou la caillette, l'intestin grêle et le rectum ; les lames du troisième estomac, ou feuillet, comme dans les animaux sains abattus aux boucheries. Les alimens cependant y étaient bien moins desséchés, et bien moins torréfiés que dans la vache précédente. L'appareil séreux n'est point affecté dans cette maladie ; il est seulement soulevé par de l'air aux poumons, au cerveau, au prolongement rachidien. On a trouvé aussi de la sérosité, et surtout du sang, au dessous de la membrane interne du cœur, de la plèvre pulmonaire et diaphragmatique. Il y avait de ces taches produites par du sang épanché sur les lobes du cerveau. On a observé que la méningine était injectée, et qu'il y avait beaucoup de sérosité autour du prolongement rachidien. La chair musculaire est molle, de couleur violacée, ce qu'on doit attribuer au sang dont ce tissu est imprégné. En effet, ce liquide, de même couleur, n'était pas coagulé dans les cavités du cœur. Le foie gorgé de sang violacé qui sortait en abondance après les incisions ; la vésicule du fiel comme à l'ordinaire, l'intérieur était rougeâtre ; la bile ne nous a pas paru altérée ni en plus grande quantité. La peau de la région gauche des côtes du fœtus de deux mois avait des petites taches arrondies purpurines, semblables à une semence de moutarde aplatie. Examinées, on a reconnu qu'elles étaient produites par du sang épanché au dessous de l'épiderme. Il y avait beaucoup de sérosité rougeâtre dans la cavité abdominale. La matrice et les cotylédons n'ont rien présenté de particulier à indiquer.

Quatrième observation.

Une quatrième vache, âgée de six ans, achetée le 28 décembre 1845, toujours pour le même objet.

On a observé, le lendemain de son arrivée, les symptômes suivans : la tête basse, la colonne de l'épine très-sensible en arrière du garot ; les flancs distendus comme on l'observe dans la tympanite ; le poil hérissé et terne ; des mouvemens fibrillaires dans les sous-cutanés des coudes et des grassets ; les cornes et les membres froids ; le muffle sec, les excrémens liquides et fétides. La rumination suspendue ; la respiration accélérée et pénible ; le pouls fréquent, serré et prompt.

Le soir, il se manifeste un redoublement dans les symptômes. La peau et les oreilles sont chaudes ; le pouls donne soixante-dix à quatre-vingts pulsations. Les muqueuses sont rouges, la diarrhée est liquide, verdâtre et d'une odeur infecte.

Le troisième jour, les mêmes symptômes que la veille. Les

31 décembre et 1er janvier, 4e et 5e, il y eut peu de changemens.

Le 6e jour, la bête est moins triste ; elle boit et mange peu. On ne l'a pas vue ruminer. La diarrhée est aussi moins liquide.

Le 7e jour, le mouvement fibrillaire des coudes et des grassets augmente. Elle reste couchée, la tête repose sur la poitrine. Le pouls donne soixante-dix pulsations, il est petit et plus faible que les jours précédens ; la diarrhée s'accompagne d'épreintes et d'efforts pour rendre une petite quantité de matières.

Le soir on observe un redoublement ; la température des parties extérieures est plus élevée, la corne droite et l'oreille gauche sont brûlantes, tandis que celles du côté opposé sont froides. On compte soixante-douze pulsations par minute, et neuf mouvemens dans la respiration.

Le huitième jour, le pouls donne quatre-vingt-dix pulsations ; la respiration pénible s'accompagne de quelques gémissemens plaintifs. La matière de la diarrhée se couvre d'une couche glaireuse.

Le neuvième jour, mêmes symptômes ; la maladie étant bien caractérisée, on commença l'administration du breuvage avec la levure de bière, dont nous avons déjà parlé.

Les symptômes observés continuèrent jusqu'au douzième jour, où la diarrhée devint très-liquide et encore plus infecte.

Enfin, la bête très-faible, le pouls petit, accéléré, donnant soixante-dix pulsations, on a cru utile de substituer à la levure de bière du quinquina en poudre ; on voulut s'assurer si, en lui faisant prendre une demi-livre de quinquina, on s'opposerait efficacement à la grande faiblesse des forces musculaires qui existaient : on a fait prendre cette quantité après avoir été délayée dans quatre bouteilles de bière.

Aussi le treizième jour, la température de la peau se trouve plus élevée, le pouls plus fort et moins accéléré, l'animal paraît moins affaibli que les jours précédens. La diarrhée, toujours abondante et très-liquide, a une odeur moins fétide, après l'administration dans la journée de deux bouteilles de breuvage, par conséquent de quatre onces de quinquina en poudre.

Le 10 janvier, quatorzième jour de la maladie, la bête est restée couchée ; elle a fait des efforts pour se relever, mais elle est retombée presque aussitôt. La diarrhée est toujours très-abondante, jaunâtre, mais n'a pas la fétidité qu'on a observée dans les vaches n° 1 et 3.

Le pouls se soutient ; elle ne fait point entendre de mugissemens. La toux n'est pas sèche comme dans celles observées. On a jugé à propos de revenir à l'administration des breuvages composés de levure de bierre. Elle en prend dans la journée une demi livre, délayée dans quatre bouteilles de bierre ordinaire.

Le soir, elle est plus accablée et plus faible que le matin.

Le quinzième jour, on éprouve beaucoup de peine pour s'assurer du pouls, qui est accéléré (soixante-huit pulsations), petit et faible. La tête balance sans cesse, elle est pesante. Le mufle est sec, il n'y a plus de sécrétion de larmes. L'épine dorsale n'est plus sensible. La bête reste couchée, ne peut en aucune manière se lever. La diarrhée un peu moins liquide. La faiblesse est générale et très-grande ; la bête laisse peu d'espoir de guérison, malgré l'administration de breuvages de levure de bierre qu'on continue.

Vers le milieu de la journée, le pouls devient encore plus faible. On compte soixante-dix pulsations; la respiration est très-accélérée, laborieuse et plaintive. Les flancs creux donnent vingt-sept mouvemens. Ces symptômes s'aggravent, et surtout la respiration devient de plus en plus pénible, embarrassée; l'animal meurt le soir sans se débattre.

A l'ouverture faite le 12 au matin, on a trouvé le tissu du poumon très-rouge, comme à la suite d'une péripneumonie; de la rougeur à la méningine cérébrale du canal rachidien, et de plus, elle était injectée. Il y avait aussi dans ses duplicatures, de la sérosité à la région lombaire et du sang épanché sur les lobes du cerveau à l'origine du prolongement rachidien. Les plexus choroïdes du cerveau et du cervelet, se trouvaient aussi très-rouges. On a remarqué une teinte noirâtre sur les couches olfactives, comme si on y avait appliqué de l'encre de la Chine. Cette couleur noire s'observe dans l'état de santé chez les ruminans; on la prend fort mal à propos comme une altération maladive. La membrane interne de la caillette, quatrième estomac, rouge et tuméfiée; il en était de même du reste du canal intestinal; la muqueuse des bronches également rougeâtre et couverte de mucosités écumeuses et très-abondantes. La face interne de l'utérus se trouvait très-pâle, surtout les cotylédons. Le chorion et l'amnios comme infiltrés et épaissis. Le fœtus de deux à trois mois présentait dans le tissu cellulaire, au dessous de la peau, une sorte de matière glaireuse. Il y avait épanchement d'un liquide rougeâtre dans la poitrine et dans l'abdomen. Le premier estomac, le rumen, renfermait une quantité très-considérable de matière jaunâtre, liquide et sans odeur fétide, ainsi que le deuxième, ou bonnet. Le feuillet, ou troisième, moins rempli qu'à l'ordinaire, avait entre ses lames une substance semblable, mais plus liquide que dans les deux viscères précédens, ce qui est l'opposé de ce qu'on observe chez les vaches; car, comme on l'a vu, les alimens y sont desséchés, comme torréfiés ; cette circonstance est à remarquer. Au reste, c'est une preuve que le troisième estomac n'est pas, comme on le croit, le véritable siége de cette maladie ; son état n'est que symptomatique, non essentiel.

Cinquième observation.

Une cinquième vache, âgée de sept ans, a été placée dans une étable isolée de cinquante mètres des autres vaches en expérience.

Le marchand nous a déclaré qu'elle ne provenait pas d'une étable où il y avait eu des bêtes affectées de l'épizootie. L'élève qui l'a examinée n'a observé aucun des symptômes de la maladie régnante. Elle a mangé et ruminé comme une vache en santé. On a cependant remarqué un grande sensibilité en arrière du garot, et à deux heures de l'après-midi, le 3 janvier 1816, on lui a passé au fanon une lanière provenant de la peau de la vache n° 3, morte de l'épizootie.

Dès sept heures du soir, le même jour, on a remarqué un léger engorgement autour du séton ; le pouls plus accéléré et la respiration un peu plus fréquente que le matin.

Dans la journée du deuxième jour, l'engorgement devint considérable, la peau était très-chaude, la sensibilité de l'épine grande ; la bête triste, mange avec moins d'appétit ; elle rumine cependant.

Le troisième jour, l'engorgement du fanon augmente ; la sensibilité de l'épine est très-grande au garot et à la région lombaire. Elle mange, rumine et donne la même quantité de lait qu'avant l'emploi du séton.

Elle tousse vers le soir ; il se manifeste une sorte de frisson et des mouvemens fibrillaires aux grassets et aux coudes, surtout après avoir bu.

On retire le séton ; la lanière, en se putréfiant, pouvait déterminer une affection gangreneuse, comme on l'avait remarqué sur d'autres animaux non attaqués de l'épizootie.

Le 6, l'engorgement du fanon est diminué, il coule de la sérosité par les ouvertures. Le pouls et la respiration sont moins fréquens, la sensibilité de l'épine moins grande ; elle continue à donner la même quantité de lait.

Elle rumine, exécute ses fonctions comme une bête en santé, elle ne paraît pas avoir, au moyen du séton, contracté la maladie.

Le cinquième jour, l'engorgement est encore diminué, il commence à suppurer, et si on excepte un peu d'accélération dans le pouls, cet animal jouit d'une bonne santé.

Il n'y a pas eu de changement jusqu'au septième jour ; l'animal continue à se bien porter, et l'engorgement du fanon a diminué.

Le septième jour, l'animal étant rétabli et en santé, on a passé un autre séton ; mais cette fois, on a trempé le ruban dans de la salive provenant d'une vache très-malade.

Le premier jour de cette nouvelle inoculation, il y a eu un léger engorgement et de la sensibilité au cou, sur le trajet du séton ; du reste, l'animal exécute ses différentes fonctions comme en santé.

Le soir, cette bête a donné moins de lait et le pouls est moins accéléré. Il y a eu un peu plus de sensibilité à l'épine dorsale que dans l'état ordinaire.

Le deuxième jour au matin, l'animal est triste, la conjonctive injectée. On aperçoit une sécrétion abondante de larmes, sans écoulement sur les joues. Le mufle est sec, le pouls fréquent, la respiration accélérée, la toux sèche. On la détermine, lorsqu'on fait marcher et boire l'animal. L'épine dorsale est très-sensible, la vache mange avec moins d'appétit, rumine plus lentement et donne moins de lait que la veille.

Le soir elle a le bord des paupières tuméfié, ainsi que le corps clignotant ; les membranes muqueuses et celles de la vulve sont plus violacées que le matin ; les excrémens plus mous, la matière qui s'écoule du séton est épaisse, blanchâtre. Il y a un léger écoulement de larmes sur les joues. Elle boit et mange peu, et avale avec difficulté. La toux est fréquente et toujours sèche. La respiration accélérée ainsi que le pouls ; la rumination est suspendue, les membres antérieurs sont plus froids que les postérieurs, et on remarque des frissons généraux.

Le troisième jour, les symptômes précédens offrent peu de différence, seulement la prostration des forces est plus grande.

Le quatrième jour de la maladie, elle paraît reprendre un peu de forces, elle recherche les alimens ; la toux, la respiration sont moins fréquentes ; elle donne un peu plus de lait ; elle mange et boit mieux ; elle mâche les alimens avec plus de force, mais elle conserve toujours un peu plus de sensibilité derrière le garot. Les cornes et la base des oreilles sont tantôt chaudes tantôt froides.

Le cinquième jour, les excrémens sont mous. On observe le balancement de la tête pour la première fois. Elle donne autant de lait que le jour précédent.

Le sixième jour de la nouvelle inoculation, on la mét à côté de la vache n° 2, très-malade ; elle chancelle, marche avec beaucoup de difficulté et de peine.

Après l'avoir laissée reposer une heure, nous avons observé les symptômes suivans :

La tête est basse, les quatre membres rapprochés, l'épine dorsale sensible ; le mufle froid et sec, et la base des cornes et des oreilles, chaude. On compte soixante-trois pulsations et dix-neuf inspirations. Le pouls et la respiration sont fréquens, la toux sèche et quinteuse ; elle a mangé avec peu d'appétit quelques bouchées d'aliment. La rumination s'exécute lentement, les membranes muqueuses sont rouges, l'œil est chassieux, les matières excrémentitielles sont ramollies. On observe des mouvemens fibrillaires aux grassets et aux coudes ; enfin, elle ne donne plus de lait.

On lui fait prendre en breuvage deux bouteilles d'eau, dans chacune desquelles on avait ajouté deux onces d'acétate d'ammoniaque (esprit de Mendererus).

Le soir, les pulsations sont de cinquante-cinq et les mouvemens des flancs de quinze, et les fientes moins ramollies.

Le huitième jour il n'y a plus que neuf mouvemens des flancs. La sensibilité de l'épine n'a éprouvé que peu de changement. La tête est moins pesante. Elle a mangé et bu avec avidité ; les muqueuses sont moins violacées ; les excrémens moulés et fermes. Elle a donné à peu près une bouteille de lait.

Le soir, elle a eu un redoublement ; la tête est lourde ;

elle la balance fréquemment ; la respiration accélérée (dix mouvemens des flancs , soixante-trois pulsations de l'artère); elle a continué à manger et à ruminer.

Le neuvième jour au matin , la sensibilité de l'épine dorsale, ainsi que la toux, sont diminuées (cinquante-trois pulsations de l'artère et huit mouvemens des flancs), elle bave, mange et rumine bien; on lui fait prendre une bouteille du breuvage précédent.

Le soir, les cornes sont chaudes , on compte soixante-trois pulsations de l'artère et neuf mouvemens des flancs.

Le dixième jour, le pouls donne quarante-six pulsations, sept mouvemens des flancs. Le soir on compte cinquante-deux pulsations et neuf mouvemens des flancs.

Les autres symptômes disparaissent, et, depuis cette époque jusqu'au treizième jour, elle ne présente que de l'accélération dans le pouls et dans la respiration , de la chaleur à la base des cornes et des oreilles , et un peu plus de sensibilité sur le dos, vers les quatre heures de l'après-midi ; du reste, elle paraît être en bonne santé.

Ces derniers symptômes ont totalement disparu le quatorzième jour, époque où il se manifeste, sur les deux faces du cou, un grand nombre de petites pellicules furfuracées, ou semblables à du son. La quantité du lait augmente jusqu'au seizième jour depuis la deuxième inoculation.

A l'époque du vingtième jour, elle est totalement guérie.

Du vingt-unième jour au 13 février, trente-troisième jour, la bête continue à se bien porter.

Le 14 février, on lui passa une nouvelle mèche de séton imprégnée de mucus nasal de la vache sous le n° 8 (c'est une troisième inoculation). On n'a laissé ce séton sous la peau du cou, que vingt-quatre heures, pour ne pas déterminer une maladie gangreneuse, différente de l'épizootie régnante.

Ce séton n'a produit d'autre effet que de diminuer la sécrétion du lait le lendemain ; mais elle a augmenté depuis ; la bête continuant à être en bonne santé, on se détermina, le 20 février, à mettre cette vache dans l'étable, à côté d'une portant n° 10, pour décider si elle contracterait la maladie par la cohabitation, et pour s'assurer si elle avait encore conservé, quoique guérie, la faculté de communiquer la maladie. (Le n° 10, vache saine.)

Du 21 au 23, il n'y a eu aucun phénomène remarquable ; il paraîtrait, d'après cette expérience, qu'elle a perdu la faculté de transmettre la maladie, et on pourrait en conclure que l'intervalle d'un mois est suffisant pour ne plus communiquer la maladie, cette bête étant guérie depuis le 21 janvier.

Du 24 février au 7 mars, la bête continue à se bien porter. On a placé auprès d'elle une vache très-malade, amenée le 6 par Thioust, cultivateur à Vincennes, rue de la Pissotte, n° 77.

Cette bête continue à se bien porter ; l'expérience précédente et l'ouverture d'une vache morte de l'épizootie, faite auprès d'elle, n'ont occasioné aucun phénomène ; le 2 avril, elle continue à conserver son bon état de santé. Soixante-douze jours après sa guérison, quoiqu'on ait employé tous les moyens pour la rendre malade, et lui faire contracter de nouveau l'épizootie, cette vache a été vendue à un cultivateur de Bonneuil, près Créteil (Seine) ; et le 20 juin même année, nous avons nous-même constaté son bon état de santé, ainsi que de huit vaches qui avaient cohabité avec elles depuis le 3 mai.

Sixième observation.

Une sixième vache, âgée de neuf ans, est entrée en ex-périence le 3 janvier 1816 ; elle a été placée à côté de la vache précédente, et inoculée au fanon avec de la substance provenant du prolongement rachidien de la vache n° **3**, morte de l'épizootie.

A sept heures du soir, le même jour, il y avait de la tu-méfaction au fanon ; le pouls était accéléré, la respiration plus fréquente. L'animal exécute soixante-quatre mouvemens de la mâchoire avant d'avaler de nouveau la pelotte d'ali-mens qui était remontée du premier estomac, ce qui constitue le phénomène de la rumination.

Le 4 janvier, l'engorgement du fanon augmente, et on re-marque les mêmes phénomènes que la veille ; on enlève cette substance cérébrale, qui, se putréfiant assez très-vite, aurait pu occasioner une maladie charbonneuse, différente de celle qui nous occupe.

Les 5, 6 et 7, l'engorgement a diminué, la suppuration a commencé à s'établir, et la bête nous a paru guérie ; elle n'a pas contracté la maladie régnante au moyen des portions de substance de la moëlle épinière ; cette expérience est cu-rieuse ; elle prouve que la moelle épinière n'est pas capable de communiquer la maladie épizootique.

Le 8, la bête continue à se bien porter, la tumeur du fanon est diminuée et moins douloureuse.

Le 9, on a fait la même opération qu'à la vache du n° **5**, c'est-à-dire qu'on a passé un séton au fanon avec une lanière de la peau de la vache n° **3**, qui était morte de l'épizootie.

Le 10, il y a un léger engorgement et de la sensibilité sur le trajet du séton passé sous la peau du cou ; du reste, il y a peu de différence dans les fonctions avec l'état de santé. Il tombe de l'ouverture inférieure du séton une sérosité roussâtre.

Le soir, elle a moins donné de lait que le n° 5. Elle paraissait triste et accablée ; le pouls est fréquent et la respiration pénible. La rumination est suspendue, le mufle est sec et le corps clignotant infiltré.

Le deuxième jour, la sensibilité de l'épine est grande, la conjonctive légèrement violacée : les larmes commencent à couler sur les joues. La bête est triste, la tête pesante ; elle mange sans appétit, elle rumine lentement ; respiration et pouls très-fréquens ; la toux sèche et quinteuse ; le lait a aussi diminué en qualité.

Le troisième jour, la plupart de ces symptômes s'aggravent un peu, et la fiente devint plus liquide. Elle a présenté les symptômes des bêtes attaquées de l'épizootie.

Le quatrième jour, comme les symptômes indiqués ne laissaient plus de doute sur l'existence de la maladie, on se détermina à la placer auprès du n° 2, pour s'assurer si ce dernier animal contracterait la maladie, n'ayant pu lui être communiquée par deux inoculations successives. Quoique le trajet soit très-court, la bête n° 6 a éprouvé beaucoup de peine à se rendre à la nouvelle étable ; elle a chancelé, elle est même tombée dans ce court trajet. Observée une heure après, la tête est pesante, l'œil triste, violacé et larmoyant, l'extrémité des trayons froide. Il y avait peu de sensibilité à l'épine dorsale : le pouls est petit, et donne cinquante-huit pulsations ; la respiration accélérée ; on compte vingt-quatre mouvemens des flancs. La toux est fréquente et quinteuse. Cette bête refuse tout aliment; le mufle est sec et froid. Nous nous sommes alors déterminés à lui faire prendre quatre onces de levure délayée dans deux bouteilles de bière.

Le soir, il y eut un redoublement bien sensible; on observa le balancement de la tête, la sensibilité plus grande. Le pouls donnait soixante-dix pulsations. Elle continue à refuser les alimens et les boissons. Il y a des mouvemens fibrillaires aux grassets et aux coudes; les excrémens sont liquides, écumeux et jaunâtres; on lui a administré trois onces de levure dans trois bouteilles de bière.

Le 14, premier jour de la cohabitation, elle présente les mêmes symptômes que la veille. On lui administre de l'acétate d'ammoniaque, deux onces, le même breuvage et de la même manière qu'au n° 5.

Le soir, le pouls donne cinquante-huit pulsations; il est fort sans être dur; la respiration moins pénible, les excrémens plus solides; la bête paraît moins accablée; le balancement de la tête singulièrement diminué.

Le 15, deuxième jour, la sensibilité de l'épine est grande, le pouls accéléré (1er 56, 2e 15 inspirations), la toux sèche et moins fréquente. Elle donne davantage de lait; le mufle s'humecte, et les excrémens sont plus solides. On administre deux onces d'acétate d'ammoniaque.

Le soir, on n'a point observé de redoublement; elle a mangé et ruminé, ce qu'elle n'avait pas fait jusqu'à présent. Le balancement de la tête, les mouvemens fibrillaires des grassets ne s'observaient plus; les excrémens étaient plus consistans qu'à l'ordinaire et d'une couleur plus foncée.

Le troisième jour, à quelques légers symptômes près, la santé paraissait rétablie. La chassie des yeux, la rougeur des conjonctives, les mouvemens fibrillaires ne s'observaient plus. Elle mange et boit ; on remarque seulement de la fréquence dans le pouls et dans la respiration ; elle conserve encore de la sensibilité à l'épine dorsale.

Du quatrième jour au huitième , il y a quelques symptômes vers les quatre heures du soir, comme on l'observait chez la vache précédente ; du reste, la santé est bonne.

Le trente-deuxième jour, on fait une nouvelle inoculation ; on a passé sous la peau du cou une mèche de séton imprégnée du mucus nasal de la vache n° 8 ; on a enlevé le séton vingt-quatre heures après. Les matières animales dont le séton était imprégné, en s'altérant, pouvaient occasioner une maladie grave , toute différente de l'épizootie.

Du 15 au 20 février, sixième jour du séton passé, il n'y a d'autre effet notable que diminution dans la sécrétion du lait.

Le neuvième jour, la sécrétion du lait a un peu augmenté, et la bête était en meilleur état de santé.

Le dixième , elle est entrée en chaleur, s'est beaucoup tourmentée, continue à bien boire et à bien manger, mais donne moins de lait, ce qu'on attribue à ce qu'elle est en chaleur. Jusqu'au quatorzième jour, elle est dans le même état.

Le quinzième jour au soir, on a placé auprès d'elle la vache très-malade de Thioust, de Vincennes.

Le dix-septième jour, on a fait auprès de cette vache l'ouverture de celle de Thioust. Malgré ces émanations, elle a continué à ruminer et à donner du lait comme avant cette expérience. Thioust nous a dit que six autres vaches qu'il avait , ayant cohabité trois jours avec une autre vache malade, envoyée à l'École par le maire de Vincennes, ces six vaches ont été bientôt attaquées de l'épizootie régnante, et sont mortes des suites de cette cohabitation.

Du vingt-unième jour au vingt-cinquième, cette bête a continué à se bien porter, malgré l'expérience précédente. De plus, on a mis à côté d'elle la vache n° 11, qui avait contracté la maladie par inoculation.

On n'a rien observé de particulier. Le 3 mai, deux mois après, elle a été vendue bien portante à Brabaut, de Maisons-Alfort.

Le 20 juin suivant, nous nous sommes assurés par nous-mêmes qu'elle était en très-bon état de santé; elle a été tuée à la boucherie quelque temps après; elle était grasse.

Septième observation.

Une septième vache, âgée de sept ans, a été envoyé dans une charrette, le 28 janvier 1816, par M. Changeux, vétérinaire à Paris. Nous avons observé, le jour de son arrivée, les symptômes suivans :

Le pouls, sans être dur, donnait trente-six pulsations; la respiration accélérée, la toux sèche, la tête agitée d'un balancement remarquable, les coudes écartés de la poitrine, l'épine dorsale douloureuse, le poil hérissé, un écoulement abondant de salive, et les excrémens mous. Cet animal a mangé et bu.

Cette bête avait été dans une étable à côté d'une vache qui est morte de l'épizootie régnante. L'ensemble des symptômes que nous venons d'exposer, prouve qu'elle était attaquée de l'épizootie. Aussi n'a-t-on pas différé d'administrer le breuvage composé avec l'acétate d'ammoniaque, ce breuvage paraissant avoir contribué à la guérison des vaches nᵒˢ 5 et 6, dont nous avons déjà parlé.

Il était aussi important de déterminer si ce remède produirait des effets efficaces sur une bête qui n'avait pas contracté la maladie par inoculation, mais bien par voie de cohabitation.

D'après ces idées, on lui a fait prendre une bouteille d'eau dans laquelle on avait délayé deux onces d'acétate d'ammoniaque. On en a administré dans la journée quatre litres. On mettait deux heures d'intervalle entre chaque administration.

Le redoublement a eu lieu le premier jour vers le soir, sans que le balancement de la tête soit devenu plus fréquent. Il en a été de même des mouvemens convulsifs et fibrillaires aux régions des grassets et des coudes; le pouls prompt, accéléré, donnait soixante-quinze pulsations; la respiration était pénible et plaintive; la toux toujours sèche et plus répétée.

Elle a cependant recherché les alimens, bu et mangé avec plus d'avidité que le matin. Elle était, en général, accablée et faible.

Le deuxième jour, les symptômes que nous venons de décrire étaient moins intenses. Les muqueuses étaient un peu plus rouges, les excrémens liquides, fétides et jaunâtres, et les cornes et les oreilles froides.

On crut devoir réitérer l'administration du breuvage indiqué. On lui en fit prendre dans la journée quatre bouteilles; les symptômes persistèrent, et on n'aperçut aucune amélioration; l'animal, au contraire, paraissait très-affaibli.

Le troisième jour le pouls est presque insensible; il est difficile de compter les pulsations à cause du balancement de la tête. La respiration est plaintive, fréquente et très-courte; la sensibilité de l'épine dorsale n'existe plus. La bête reste couchée; la diarrhée est extrêmement liquide et d'une odeur infecte; cette matière est rendue sans efforts, et on y observe des stries sanguinolentes. L'écoulement de la membrane nasale est abondant; toutes les parties extérieures sont froides, et cet état était un mauvais présage.

Cette bête a été placée entre les n°ˢ 5 et 6, pour constater si ces dernières contracteraient la maladie une seconde fois par cohabitation, n'ayant pu la leur communiquer par d'autres voies.

Le quatrième jour, les symptômes observés sont les mêmes que ceux de la veille; le pouls est petit et fréquent, la respiration pénible et accélérée, la faiblesse très-grande; la diarrhée toujours liquide, abondante et fétide. On se détermina à lui administrer quatre onces d'acétate d'ammoniaque délayée dans un demi-litre d'eau tiède, à neuf heures du matin; on en fit de même vers les cinq heures du soir.

Le cinquième jour, 1ᵉʳ février, le pouls est moins faible et moins fréquent que les jours précédens; la respiration est laborieuse, mais l'épine dorsale sensible. Il y a une matière puriforme au grand angle de chaque œil, et le soir le pouls est plus fort que le matin. La sensibilité au dos est aussi plus grande.

Le sixième jour, on continue la même administration; on observe peu de changemens dans l'état du sujet. L'animal est cependant moins faible, ainsi que le pouls; la respiration est laborieuse; le balancement de la tête et les frissons généraux toujours très-forts. On observe des ulcérations sur toute la membrane nasale. Le 3, on se détermina dans la matinée à lui pratiquer la trachéotomie, pour diminuer la difficulté de la respiration. Cette difficulté est due au gonflement des orifices des narines, et aux ulcérations de la membrane nasale. On continue l'administration du breuvage avec acétate d'ammoniaque, et aux mêmes heures.

Examinée vers les cinq heures du soir, l'opération avait produit de bons effets. La bête respirait avec plus de facilité; le pouls était fort et l'artère pleine. Elle cherche à manger; elle a bu de l'eau blanche avec avidité. Quoique la diarrhée continue à être fétide et très-liquide, la bête est mieux; le pronostic est favorable.

Le septième jour, le mieux observé la veille se soutient. On donne aux mêmes heures le breuvage. L'animal boit et mange avec appétit.

Le soir, le pouls toujours fréquent; on compte quatre-vingts pulsations. La respiration est pénible, et la sensibilité du dos toujours très-grande. On a observé le redoublement vers le soir.

Le huitième jour, il s'est manifesté sur le pis des *pustules* très-nombreuses et isolées, semblables à celles de la clavelée. Les ulcérations de la nasale ont été détergées avec du vin miellé. La bête continue à avoir la diarrhée; mais il y a plus de force dans le pouls et moins de gêne de la respiration. On a imaginé que la diarrhée pouvait être l'effet du médicament; cette idée a engagé à en cesser l'administration, surtout la bête mangeant avec appétit, étant gaie; signes favorables.

Il s'est manifesté, le neuvième jour au matin, un tremblement général , accompagné d'accélération du pouls et de fréquence de la respiration ; mais le soir, ces symptômes ont disparu ; l'éruption du pis tombait en forme de croûte noirâtre, en laissant un enfoncement dans la peau , comme cela a lieu dans la clavelée et dans la petite-vérole. Il se détachait de la peau de l'encolure , des écailles ou pellicules nombreuses, semblables à du son. Les excrémens étaient fermes , la bête gaie , vigoureuse; aussi on ne lui a administré aucun médicament.

Le dixième jour, on a observé les mêmes symptômes que la veille au matin ; les excrémens avaient de la consistance. Elle a donné plein un verre de lait filant et visqueux. La rougeur de la conjonctive et le larmoiement avaient disparu ; les écailles de l'encolure, très-nombreuses , se détachaient facilement, ainsi que celles plus épaisses des membres ; on a seulement fait des lotions de vin miellé dans les narines et autour de l'ouverture de la trachée (on se rappellera qu'on avait pratiqué la trachéotomie à cet animal). Il a mangé de la luzerne , de la paille d'avoine ; on lui a donné plusieurs bouteilles de bouillon. Ce dernier fait est important, surtout chez les herbivores.

Le soir, on a vu la bête ruminer. Elle a donné une demi-bouteille de lait épais.

Le onzième jour, elle continue de reprendre des forces ; elle commence à respirer par les narines ; elle a mangé de la luzerne. Les croûtes des mamelles sont noirâtres à la surface; ces pellicules se détachent de différentes parties du corps. La guérison était certaine , quoiqu'il y eût encore un peu de faiblesse.

Le douzième jour, on fait prendre , dans la journée, deux

kilogrammes d'une soupe composée avec du bouillon de viande, dans laquelle une bouteille de vin a été ajoutée. On a fait, de plus, des injections de vin miellé dans les narines et autour de l'ouverture de la trachée. Le respiration et le pouls sont toujours fréquens.

Le treizième jour, l'emploi des mêmes moyens est continué; la bête mange et boit avec avidité; les excrémens commencent à se mouler; les croûtes des mamelles se détachent et tombent; le pouls et la respiration présentent comme la veille les mêmes phénomènes de fréquence.

Le quatorzième jour, le mieux continue à se manifester; cependant elle tousse de temps à autre; mais les fonctions s'exécutent bien.

Le quinzième jour, on observe des frissons généraux et le balancement de la tête, ce qu'on attribue au froid très-vif de la saison. L'ouverture de la trachéotomie est presque fermée, et l'air entre et sort par les narines. On a continué la soupe vineuse et les lotions; on regarde l'animal comme guéri.

Le seizième jour, le mieux se soutient, et l'épiderme continue à tomber en écailles aux mamelles.

Le dix-septième jour, on a cessé de lui administrer la soupe vineuse qu'elle prenait depuis le douzième jour. Les croûtes des mamelles étaient tombées en totalité.

Elle a aussi donné du lait en plus grande abondance que les jours précédens.

Le dix-huitième, la toux est moins fréquente, et la bête est encore mieux que la veille.

Du dix-neuvième au vingt-deuxième jour, on n'a rien observé de particulier; le poil est meilleur, et la bête est regar dée comme entièrement guérie. Elle conserve encore un peu de toux. L'ouverture de la trachée est presque fermée.

Du vingt-troisième au vingt-quatrième, la toux a sensiblement diminué ; elle était entretenue par un obstacle mécanique, par une portion du cartilage qui était roulée dans la trachée.

Le vingt-cinquième jour vers midi , cette bête a été placée dans l'étable et auprès de la vache n° 10 ; elle était en convalescence. On désirait s'assurer si le n° 10 contracterait la maladie en cohabitant avec le n° 7 , ou bien si cette dernière avait perdu la faculté de communiquer l'épizootie , objet important pour déterminer à quelle époque on pouvait permettre , sans inconvénient, la libre circulation des bêtes guéries.

Les écailles noirâtres du pis et des trayons se sont renouvelées plusieurs fois , et sont tombées successivement.

Le bouquet de crins qui termine la queue est tombé ; la bête tousse fréquemment ; on la croit attaquée de la pommelière.

Du vingt-sixième jour au vingt-neuvième , la bête continue à tousser et elle maigrit un peu , ce qui confirme dans l'idée que cette bête est réellement affectée de la pommelière , maladie chronique, qui aura été aggravée et aura pris une marche plus rapide par l'effet de la maladie épizootique ; tout fait présumer qu'elle en était affectée avant d'avoir été attaquée. Il y avait complication. La plaie du bout de la queue est guérie.

Cette bête n'a offert de remarquable que des éruptions sur le pis , qui tombent et se renouvellent dans l'espace de deux jours. On observe le même phénomène à l'extrémité de la queue. L'animal tousse toujours.

Du quarantième au quarante-septième jour, on a observé sur les mamelles des pustules lenticulaires blanchâtres, entourées d'une aréole rougeâtre; elles forment ensuite une croûte jaunâtre qui se détache circulairement à l'endroit où se trouvait l'aréole. On remarque au dessous un enfoncement rempli d'une matière blanche et puriforme; cette matière, en se desséchant, donne lieu à des pellicules ou des écales qui tombent et se renouvellent plusieurs fois; la surface est comme ulcérée, et ces ulcérations se guérissent très–lentement. Le poil est meilleur.

L'animal va de mieux en mieux.

Le cinquante-troisième jour, M. Changeux est venu chercher cette vache. A cette époque, elle était entièrement guérie; elle commençait à prendre de l'embonpoint et à donner du lait de bonne qualité.

Huitième observation.

Une huitième vache, âgée de dix ans, qui n'avait pas été en communication avec des bêtes malades, toussait comme les bêtes bovines affectées de la pommelière; elle fut inoculée avec du mucus nasal qui avait été pris au moyen d'une lancette sous l'épiderme des régions du mufle et du périnée de la vache n° 7.

On observa, le troisième jour, que la sensibilité du garrot était très-grande; la bête a toussé deux fois dans la journée. Les excrémens étaient mous et fétides.

Le quatrième jour, la sensibilité dorsale semblait augmentée; elle tousse comme la veille; la toux offre les caractères de celle qui se manifeste dans la maladie connue sous le nom de pommelière.

Le cinquième jour au matin, le pouls était fréquent, les conjonctives violacées, la sensibilité du dos très-grande, les excrémens toujours ramollis et fétides. La base des cornes et des oreilles tantôt chaude et tantôt froide. Ces symptômes ne nous ont laissé aucun doute sur l'existence de la maladie. Cependant nous avons cru devoir suspendre l'administration de tout médicament, pour nous assurer si la bête aurait un redoublement le soir, comme cela avait eu lieu pour les autres.

Le sixième jour, on reconnaît les mêmes symptômes que la veille ; seulement vers le soir, la toux était plus fréquente. La quantité de lait a diminué ; l'animal a cependant bu et mangé dans la journée, mais avec moins d'appétit que les jours précédens.

Le septième jour, on a remarqué sur le mufle, à quelques pouces de l'endroit où l'on avait fait l'inoculation, quatre taches noirâtres un peu plus élevées que les parties voisines ; l'animal a eu des tremblemens généraux et des balancemens de la tête. Le soir, on a observé un redoublement marqué ; le pouls plus fréquent. On a compté 60 pulsations ; la respiration plus accélérée (vingt-six mouvemens des flancs par minute).

Le huitième jour, on a changé cette bête d'étable ; elle a chancelé et même tombé dans le trajet très-court qu'elle a parcouru ; elle a été placée entre les vaches portant les n°s 5 et 7. Après l'avoir laissée reposer quelques heures, on a observé les symptômes suivans : le pouls donnait soixante pulsations ; la respiration accélérée et plaintive (trente-six mouvemens des flancs) ; la toux était sèche et répétée ; l'animal mangeait encore un peu, mais sans appétit. La conjonctive était violacée, ainsi que la membrane nasale. Il s'écoulait par la narine gauche un mucus jaunâtre mêlé de sang. Le mufle était sec et gercé ; l'épine dorsale d'une très-grande sensibilité. Il y avait balancement de la tête, des frissons généraux et des mouvemens convulsifs dans les muscles sous-cutanés des coudes et des grassets. Ces symptômes ne laissant plus d'incertitude sur l'existence de la maladie régnante, on lui a alors administré le breuvage de M. Carmignac (1), composé de ,

> Jalap   4 gros .
> Tartre émétique 8 grains ,
> Eau ordinaire   1 litre.

L'administration de ce breuvage a déterminé quelques temps après une toux répétée, et augmenté le balancement de la tête au point qu'il a été impossible d'explorer le pouls. On a aussi observé des mouvemens convulsifs dans tous les muscles du corps et des membres. La respiration était très-accélérée, pénible ; on a compté quarante-six mouvemens d'inspiration.

Le soir, la respiration était toujours plaintive et accélérée ; le pouls était serré, très-fréquent ; soixante-quatorze pulsations. Les matières excrémentitielles étaient dures, sèches et noirâtres. Elle a donné très-peu de lait.

Le neuvième jour, la bête était très-accablée, couchée ; elle toussait fréquemment ; elle allongeait le cou et faisait des efforts comme pour vomir.

(1) Ce remède avait été annoncé comme une panacée contre l'épizootie.

Le dixième jour, la bête, très-abattue, se plaignait beau-coup, se tourmentait, se levait et se couchait alternative-ment ; elle a refusé les alimens. La sécrétion du lait était supprimée ; elle était de plus constipée. Le pouls avait qua-tre-vingt-dix pulsations, la respiration plaintive, trente-huit inspirations, et le soir on a compté quatre-vingt-dix-sept pulsations et quarante inspirations.

Le onzième jour, les symptômes de la veille sont aggra-vés ; on observe un emphysème en arrière du garot. Le pouls était faible, accéléré, la respiration pénible et plaintive, le mufle sec et gercé ; les excrémens très-fétides et noirâtres ; il sortait de la vulve une matière glaireuse. Le soir on a compté cent cinq pulsations et vingt-cinq inspirations.

Comme le médicament ou le remède administré avait aggravé au lieu d'améliorer l'état de cette vache, on n'a pas cru devoir lui en donner une nouvelle dose. Il semble, en lisant la formule qu'on nous a transmise, qu'il suffit de donner une fois le médicament pour opérer la guérison.

Le douzième jour, l'emphysème est plus étendu et a gagné du côté des lombes et de la tête très-rapidement. La respiration est toujours pénible et le pouls s'affaiblit de plus en plus.

Du treizième jour, l'emphysème se porte sur le fanon, aux épaules, à la croupe, jusqu'aux genoux et aux jarrêts ; ainsi la peau est toute crépitante ; la respiration est toujours plain-tive ; la bête reste constamment couchée : on observe de la matière puriforme dans les narines, qui, en se desséchant, gêne l'entrée ou la sortie de l'air. On a cru utile de faire des injections de vin miellé pour déterger ces parties et faciliter la respiration. Malgré ces soins, la bête n'a pas tardé à mourir.

L'ouverture a eu lieu le 17 février, immédiatement après la mort de l'animal : on a suivi dans l'examen des lésions l'ordre des systèmes anatomiques.

La membrane nasale s'est trouvée rouge, épaissie et recouverte d'un enduit blanchâtre qui y adhérait fortement et bouchait les orifices des narines. Il n'y avait ni érosions ni ulcérations. La membrane muqueuse du pharynx, du larynx, de la trachée, d'une partie du tube intestinal, surtout au cœcum, était rouge et épaissie.

Le péritoine offrait sur la face diaphragmatique du foie des prolongemens blanchâtres que nous avons considérés comme des commencemens de fausse membrane. La plèvre pulmonaire du côté gauche était couverte d'une fausse membrane épaisse qui adhérait avec une pareille qui revêtait la plèvre costale. Ces deux surfaces adhéraient depuis la troisième côte jusqu'à la onzième. Il y avait aussi une égale adhérence à droite de la plèvre diaphragmatique avec des surfaces pulmonaires et costales, de manière à former une poche qui renfermait deux litres au moins de sérosité jaunâtre et gélatiniforme.

La méninge, rougeâtre, offrait çà et là, surtout du côté du cervelet, des taches noirâtres ; un fluide aériforme en écartait les duplicatures. Ce fluide aériforme était en plus grande quantité à l'origine du prolongement rachidien, surtout à l'endroit où prennent naissance les nerfs pneumo-gastriques.

Le tissu cellulaire sous-cutané du thorax et du dos était emphysémateux ; la peau était crépitante, comme si la bête avait été soufflée. Celui situé autour des reins et à l'entrée du bassin renfermait aussi un fluide aériforme, ainsi que le tissu cellulaire qui sépare les lobules des poumons.

Le tissu des poumons, noirâtre, se déchirait avec la plus grande facilité et exhalait une odeur fétide. On a trouvé un grand nombre de concrétions blanchâtres, comme cela se remarque dans la maladie connue sous le nom de pommelière. Cette bête en était affectée depuis long-temps. On ne peut s'empêcher de regarder les lésions comme la suite de cette dernière maladie, ce qui expliquerait la différence des lésions observées aux poumons de cette vache si on les compare avec celles qu'on a rencontrées dans les autres mortes de l'épizootie.

Neuvième observation.

Une neuvième vache, âgée de huit ans, fut inoculée le 20 janvier 1816, quelques heures après son arrivée, avec du mucus provenant des narines de la vache n° 7. Ce mucus a été placé sous l'épiderme du mufle et du périnée, au moyen d'une lancette à saigner l'homme. Aucun animal malade n'avait habité l'étable qui se trouvait située dans un lieu isolé. On n'a observé aucun phénomène les premier, deuxième et troisième jours.

Le quatrième jour, il existait un peu de sensibilité au garot et au dos. Les excrémens étaient ramollis et fétides.

Le cinquième jour, la sensibilité du dos est plus grande ; la conjonctive injectée et violacée, le pouls et la respiration accélérés, les excrémens noirs et d'une mauvaise odeur. Ces symptômes appartiennent à l'épizootie régnante. On a retardé l'administration de tout médicament jusqu'au moment où se manifesterait le redoublement, qui a eu lieu le soir.

Le sixième jour de l'inoculation, la sensibilité du dos est

diminuée ; on observe des taches noirâtres sur le mufle, et de plus il s'y manifeste une tuméfaction dure de la grosseur d'une noisette ; le bord des piqûres était blanchâtre et formait une sorte de pustule circonscrite, assez analogue à celle de la clavelée. Cette bête a donné un demi-litre de lait séreux. Nous avons remis ce lait à M. Labillardière, préparateur de M. Dulong, à l'école d'Alfort, pour constater par l'analyse chimique s'il contiendrait une plus grande quantité de phosphate de chaux que le lait d'une bête qui ne serait pas affectée de la pommelière. Ce chimiste a reconnu qu'il y en avait sept fois plus qu'au lait analysé par Berzélius. Ce résultat d'analyse est bien digne d'attention ; elle annonce qu'il existait une surabondance de phosphate de chaux dans l'économie de cet animal.

Le septième jour, le pouls est moins fréquent, les piqûres du mufle sont couvertes d'une croûte ; les excrémens remplis de matière glaireuse, ce qui n'avait pas encore été remarqué.

Le soir, le redoublement a eu lieu : le pouls s'est accéléré, ainsi que la respiration ; l'épine dorsale est plus sensible que le matin. La bête n'a donné que deux verres d'un lait très-séreux.

Le huitième jour, on a mis l'animal en expérience dans une autre étable, où se trouvaient les vaches marquées des nᵒˢ 7 et 8. Elle a été placée entre ces deux animaux. La plupart des symptômes que cet animal présente sont ceux qui se remarquent aussi dans la pommelière. On a reconnu qu'il en est affecté à un très-haut degré. Cependant l'animal paraît plus triste, les conjonctives plus rouges, l'épine dorsale plus sensible ; il y a cinquante-huit pulsations et dix inspira-

tière des os , c'est-à-dire de carbonate, de phosphate de chaux avec une plus faible proportion de matière animale. Depuis, M. Lassaigne a confirmé ces résultats d'analyse chimique. Trois de ces tumeurs étaient situées dans le médiastin supérieur, entre l'œsophage et l'aorte postérieure. Il y en avait de plus petites à la base du cœur. Une autre concrétion lisse , semblable à une olive pour la forme , tenait par une pédicule à la deuxième côte sternale. On a vu de plus quelques taches livides composées de sang épanché sous l'épiderme des trayons et sous la peau située à la division du pied de derrière. On n'a rien trouvé de remarquable dans le cerveau et dans le prolongement rachidien ; seulement la moelle épinière était très-pâle et avait moins de consistance qu'à l'ordinaire.

Dixième observation.

Une dixième vache , âgée de dix à onze ans , a été placée aussitôt son arrivée , le 16 février, dans une étable où il n'y avait pas eu de vache depuis un mois. On a mis auprès d'elle plusieurs vaches guéries pour s'assurer si elle contracterait la maladie par cette cohabitation. On devait ensuite l'inoculer pour voir si elle serait attaquée de l'épizootie. Ces précautions étaient nécessaires pour confirmer ou infirmer les expériences précédentes.

Du 17 au 23 , on n'observa aucun phénomène remarquable. Cette bête , en chaleur, est dite taureillère ; on appelle ainsi une vache qui cherche le taureau à chaque instant et qui ne retient pas. C'est un signe de la pommelière ou phthisie pulmonaire. Cette bête paraît en être affectée.

Le 23 , on a retiré la vache marquée du n° 5, et replacé

à côté d'elle la vache qui portait le n° 7, qui était regardée comme en convalescence depuis le 6 février. Il ne se manifeste aucun symptôme caractéristique de l'épizootie. Elle tousse, elle est très-maigre, couverte de vermine et de gale. Rien de particulier; seulement on remarque qu'elle lèche les murs et sa voisine très-souvent.

Du 3 mars. On l'a retirée d'auprès de la vache n° 7, et placée dans une étable assainie. Elle a cohabité depuis le 16 février jusqu'au 23 avec les animaux marqués des n°s 5 et 7 (depuis le 23 février jusqu'à ce jour, huit jours avec chacune). Elle est sortie de ces épreuves sans manifester aucuns symptômes de l'épizootie, ce qui semblerait prouver que les vaches n°s 5 et 7 ont perdu la faculté de transmettre la maladie à des vaches saines.

La journée du 4 mars a été employée à bien observer la bête et pour s'assurer si la maladie existait ou non chez elle.

Après un nouvel examen fait le 5, d'après lequel on s'est bien convaincu qu'elle ne présentait aucun des symptômes de l'épizootie régnante, on s'est déterminé alors à inoculer cette vache. On a trempé l'extrémité d'une lancette dans le mucus nasal recueilli le 4 au soir sur une vache malade de Thioust, de Vincennes. Cette lancette ainsi chargée a été introduite sous l'épiderme de l'angle nasal, du mufle et du périnée. On a fait de plus deux piqûres autour de la vulve, en tout six piqûres légères : celle de l'angle nasal seulement a rendu un peu de sang. Nous devons avertir que la lancette était chargée de matière avant de faire chaque piqûre. Ce procédé est celui employé par nous pour inoculer le claveau (1).

(1) Nous ne nous servons pas pour cette opération de l'aiguille can-

Le troisième jour, il y a eu un peu de sensibilité au dos ; la bête a bu et mangé moins que la veille ; mais comme elle est affectée de la pommelière , on a cru qu'il était prudent de suspendre tout jugement jusqu'à un nouvel examen de l'animal.

Le quatrième jour, la bête boit avec moins de facilité ; la sensibilité du garot paraît diminuée.

Le cinquième jour, on lui a passé sous la peau du cou un séton imbibé du mucus nasal de la vache du sieur Thioust. On a pris ce parti parce que la première inoculation n'avait pas produit d'effet certain et évident.

Le lendemain, rien à dire.

On a introduit le troisième jour par l'ouverture supérieure du séton placé la veille , des mucosités des narines et de la bave de la vache du sieur Thioust.

Le quatrième jour de la nouvelle inoculation , on observa que le trajet du séton était très-douloureux , qu'il sortait par l'ouverture inférieure une sérosité roussâtre et fétide ; la respiration et le pouls étaient plus fréquens. On retire le séton dans l'après-midi pour ne pas déterminer un engorgement gangreneux , comme cela a lieu avec des matières animales altérées , putréfiées , phénomène qui aurait été tout-à-fait différent de ceux de la maladie régnante.

Le cinquième jour, la tumeur autour du séton est toujours très-douloureuse , et l'écoulement de la sérosité fétide. La sécrétion du lait est aussi diminuée de moitié. On observe

neléc ; elle est incommode , et la lancette à saigner l'homme doit obtenir la préférence pour claveliser le mouton d'après notre propre expérience.

un redoublement le soir ; il est accompagné de la gêne de la respiration , de l'accélération du pouls , etc.

Le sixième jour, on aperçut , le soir, un grand nombre de petites pustules blanches sur les mamelles , et la sérosité qui découle du séton est toujours fétide, ainsi que la sensibilité de l'épine dorsale très-grande.

Le septième jour, les pustules se couvrent d'une croûte jaunâtre qui s'enlève en écailles minces ; l'engorgement du séton diminue, il est moins fétide. Il s'est manifesté le soir quelques nouvelles pustules.

Le huitième jour de la deuxième inoculation avec le séton, les pustules qui étaient blanches se recouvrent d'une couche jaunâtre qui se détache facilement. Le soir, on observe d'autres pustules blanchâtres sur les mamelles. Le pouls est accéléré ainsi que la respiration ; la bête mange et boit avec facilité ; on ne l'a pas vue ruminer ; elle donne davantage de lait.

Le neuvième jour, les phénomènes sont les mêmes.

Le dixième jour, on a reconnu cinq nouveaux boutons sur le pis ; un est situé sur le trayon gauche ; sa forme est lenticulaire, avec dépression au centre ; il en découle de la sérosité. On remarque qu'il existe une aréole rougeâtre ; la surface de ce bouton se trouve jaunâtre ; les autres présentent les mêmes caractères ; la sécrétion du lait diminue toujours.

Le onzième jour, les boutons sont recouverts d'une croûte qu'on enlève facilement ; la surface externe est convexe et jaunâtre , l'interne est concave ; il restait collé à cette face interne une matière blanche épaisse, puriforme et sans mauvaise odeur.

Le même jour, on a chargé une lancette de cette matière puriforme ; on a inoculé avec un jeune agneau de race béarnaise deuxième métis du troupeau de l'école. La lancette a été introduite sous l'épiderme de la peau du plat des cuisses et à la région sternale gauche. On avait la précaution d'appliquer le doigt sur l'épiderme pour bien essuyer la lancette à saigner l'homme. Il s'est manifesté le douzième jour un nouveau bouton de même nature que les précédens sur le pis, et le soir il était déjà recouvert d'une croûte jaunâtre.

Une pustule semblable se montre le treizième jour, toujours sur les mamelles.

Après cette époque, on n'observe plus rien de remarquable.

L'animal est rétabli, et le 30 avril, plus d'un mois après, l'animal continuait à se bien porter.

Cette vache, qui avait été vendue au général Musniers, maire de Bonneuil, près de Créteil, département de la Seine, examinée par nous le 30 juin 1846, était en très-bon état de santé. Les premières expériences d'inoculation avaient commencé le 5 mars (1).

(1) Il est bon d'observer que, lorsqu'on inocule la clavelée, on doit prendre le virus jeune, le septième ou huitième jour ; plus tard, il se décompose et détermine la cachexie charbonneuse. On doit se servir de la lancette ordinaire à saigner l'homme. On doit essayer la lancette avant de la retirer ; de cette manière, la matière puriforme reste sous l'épiderme. Par ce procédé plusieurs précautions sont prises. On charge la pointe de l'instrument de matière à inoculer ; on l'introduit sous l'épiderme (on ne doit pas percer le derme qui est très-mince chez les moutons, surtout chez ceux de race mérinos) ; on appuie avec le pouce de la main gauche avant de retirer la lancette pour l'essuyer et fermer la petite ouverture ou appliquer l'épiderme qui avait été soulevée par la lancette. Par ce moyen le virus dont l'instrument est chargé reste sur le corps muqueux de Malpighi. On évite aussi l'introduction de l'air atmo

Onzième observation.

Une onzième vache, âgée de six ans, a été placée, le 1ᵉʳ mars 1816, dans une étable qui avait été assainie. Le marchand nous avait assuré que cette vache ne sortait pas d'une étable infectée. Elle présente quelques symptômes de la pommelière, une grande sensibilité en arrière du garot, quelques mouvemens fibrillaires aux coudes et aux grassets ; les excrémens mous, la salive écumeuse à la bouche, et quelques écailles furfuracées sur la peau du cou. Ces symptômes ont disparu après deux jours de repos. Cette vache fut mise le 3 mars dans l'étable auprès de la vache marquée du n° 7. On voulait constater si ce dernier animal lui communiquerait la maladie.

Le quatrième jour, on voit cette vache lécher sans cesse

sphérique, qui altérerait, décomposerait le virus ; ce qui occasionerait une affection gangreneuse. Ces affections se manifestent toutes les fois qu'on met sous l'épiderme des matières animales en putréfaction. Nous avons eu fréquemment occasion de vérifier par l'expérience que l'introduction des matières animales putrides déterminent des maladies qui ont la plus grande analogie avec les affections charbonneuses. Nous insistons sur ce point important de doctrine, parce qu'il est survenu plusieurs fois dans les expériences faites pour constater la contagion de la morve des chevaux. Dans ce cas on occasione des maladies gangreneuses ; l'on vient dire ensuite que la morve est contagieuse puisqu'on a réussi à la communiquer à des chevaux sains ! Une simple réflexion fera connaître l'erreur de la conclusion ; c'est que les animaux sont morts en cinq à six jours d'une affection gangreneuse ; tandis que dans l'affection tuberculeuse, vulgairement appelée morve, les animaux attaqués vivent très-long-temps. Un cheval morveux a vécu treize ans (le cheval Souris qui a fait pendant ces treize ans le service de l'école d'Alfort) ; encore a-t-il été abattu. Nous avons constaté l'existence des tubercules sur la membrane nasale.

ce qui découle des yeux et du nez de sa voisine sans manifester aucun des symptômes de l'épizootie régnante.

On s'est déterminé, après huit jours de cohabitation, à inoculer cette bête avec du mucus nasal recueilli sur la vache de Thioust, de Vincennes; on a imbibé un ruban de fil de cette matière ; on l'a passé en forme de séton sous la peau du cou.

Le 12 au soir, on a introduit par l'ouverture supérieure du séton une nouvelle quantité de mucus nasal recueilli sur une autre vache malade appartenant au même propriétaire.

Du 13 au 14, on n'observe aucun phénomène.

Le cinquième jour, la sensibilité de l'épine est plus grande qu'à l'ordinaire et le pouls plus accéléré.

Le sixième jour, les mêmes symptômes se manifestent.

Le septième jour, la sensibilité dorsale et l'accélération du pouls ont continué; elle n'a presque point donné de lait ; la respiration est accélérée; la bête reste couchée, allonge le cou et présente quelques légères éruptions sur les mamelles. La base des cornes est froide dans la journée et se trouve très-chaude le soir ; elle a aussi des frissons généraux et secoue la tête.

Il est bon d'observer que ces symptômes étaient si légers qu'il y a eu de l'incertitude en réfléchissant que cet ensemble de symptômes, quoique peu intenses, se manifestant surtout le cinquième jour de la réinoculation, a levé ces doutes. Le jour suivant, la bête a toussé et elle reste long-temps couchée. La respiration devient pénible, la toux sèche et plaintive; elle refuse de boire et de manger, elle donne peu de lait. Le redoublement a lieu vers le soir ; le pouls est accéléré, la respiration embarrassée ; des tremblemens généraux et le balancement de la tête se manifestent

On l'a changée d'étable le septième jour. On la mit près
des nᵒˢ 2 et 6. Elle a eu beaucoup de peine à arriver jusqu'à
sa nouvelle destination ; elle a chancelé dans la route ; elle
traîne les pieds de derrière , elle est triste, abattue , et a le
mufle froid. Il y a écoulement de larmes et de salive ; les
cornes et les oreilles chaudes , l'épine dorsale très-sensible
On observe des mouvemens fibrillaires dans les muscles sous
cutanés des grassets et des coudes, des frissons généraux , le
balancement de la tête ; le pouls donne soixante-quinze pul
sations. La respiration est pénible, fréquente et accompagné
de toux. Cette bête , cependant, recherche un peu le foin
on ne l'a pas vue ruminer. Les conjonctives , la muqueus
de la bouche , des narines et de la vulve , sont de couleu
violacée, et les excrémens secs et noirâtres. L'épiderme s'e
lève facilement en de petites pustules miliaires dont le som
met est noirâtre. Ces symptômes s'observent sur les bête
affectées de la maladie régnante. On a cru utile de lui admi
nistrer le remède suivant , qui avait été efficace :

Prenez acétate d'amomniaque , 4 onces ou 1 hectog.

2 grammes.

Eau , un demi-litre.

Agitez et administrez.

On donne le même breuvage et de la même manière le soi

Après l'administration, le pouls a augmenté en fréquenc
ainsi que la respiration. Les excrémens sont un peu moi
noirs et plus consistans que le matin.

Le lendemain, cette bête paraissait mieux , la sensibili
de l'épine dorsale est diminuée , les tremblemens général
sont moins marqués , la respiration et et la circulation mo

accélérées et la toux moins fréquente. On administra le même breuvage et à la même dose dans l'après-midi ; elle chercha à manger et elle a bu avec moins de difficulté. La respiration est moins gênée, le pouls, la température et la sensibilité de l'épine, se rapprochent de l'état ordinaire ; il y a eu cependant, le soir, un léger redoublement, ce qui nous a fait donner à l'animal la même quantité d'acétate d'ammoniaque.

La bête a ruminé le neuvième jour, ce qu'elle n'avait pas fait avant. Le mufle est couvert d'un grand nombre de gouttelettes de sérosité transparente, comme on l'observe chez les animaux en santé, en exceptant un léger balancement de la tête. La bête paraissait en pleine convalescence ; aussi a-t-elle donné plus de lait, et les excrémens ont-ils été consistans.

On a cru utile, pour compléter la cure, d'administrer pour la dernière fois de l'acétate d'ammoniaque de la même manière et à la même dose.

On a observé au soir une éruption aux mammelles.

La bête continue à bien manger, à ruminer et à donner du lait le dixième jour. L'épiderme du cou et des mammelles tombe en petites écales abondantes. Il s'est manifesté à cinq heures du soir un léger redoublement qui s'est montré par l'accélération du pouls, la gêne de la respiration, le balancement de la tête, la température élevée et chaude de la peau, de la base des cornes et des oreilles.

Le onzième jour, on n'observe aucun phénomène bien remarquable, si ce n'est quelques boutons sur les mamelles, dont le sommet devient blanchâtre. Cependant il y eut le soir un redoublement moins fort que celui de la veille.

Le douzième jour, on fait les mêmes remarques.

Le treizième jour, il y a seulement eu redoublement le soir; on voit tomber des pustules des mamelles, une grande quantité d'écales furfuracées.

Enfin dès cette époque, cet animal fut considéré comme guéri. Un mois après, il était dans le meilleur état de santé. Il a été vendu; nous nous sommes assurés par nous-mêmes de ces circonstances.

12ᵉ *Observation.*

Une douzième vache, âgée de 8 ans, a été inoculée; on a introduit le 10 avril par l'ouverture supérieure d'un séton placé au cou, du mucus nasal recueilli sur une vache malade.

Du 11 au 13, la bête, visitée plusieurs fois par jour, s'est bien portée jusqu'au 14.

Mais le 14 à midi, cinquième jour de l'inoculation, on observa des tremblemens généraux et des mouvemens fibrillaires aux sous-cutanés des cuisses et des grassets. A deux heures, le balancement de tête, et une douleur à la région sternale, se sont manifestés; la moindre pression sur cette partie occasionait un relèvement de l'épine dorsale qui devint très-sensible en arrière du garot. La salive et le mucus nasal sont abondans, la respiration accélérée et pénible; le pouls, de soixante-quinze à quatre-vingts pulsations par minutes. Elle continuait de manger, et de ruminer quoiqu'incomplètement.

Le sixième jour, le redoublement parut à la même heure avec les mêmes symptômes.

Le septième jour, la rumination se suspend; il y a de plus

une grande sécrétion de mucus nasal et de salive, avec suppression presque totale du lait. Les matières fécales sont
dures et noirâtres. Le redoublement a lieu vers les deux
heures de l'après-midi.

Les huitième et neuvième jours, même état et prostration
de forces plus grande. La bête reste constamment couchée.
Il s'est montré à l'origine de la queue plusieurs boutons co-
niques ; la base est blanche, et le sommet noirâtre. Il y a
autour de légères phlyctènes. Il paraît de plus un emphysème en arrière du garot. La sensibilité de l'épine est moins
grande que les jours précédens. Le pouls est petit, presque insensible, et intermittent.

Le neuvième jour de l'inoculation, dans l'après-midi, la
diarrhée s'est manifestée, et les matières exhalaient une
odeur infecte. La bête était si faible qu'on eut beaucoup
de peine à la faire arriver à une nouvelle étable qui était à
peu de distance de celle qu'elle quittait.

Il est utile de remarquer que cette bête était dans les hôpitaux de l'école, et comme les symptômes qui s'étaient manifestés jusqu'alors ne donnaient pas des signes suffisans pour la croire attaquée de la maladie régnante, nous
avons pensé devoir différer le traitement jusqu'à l'apparition
de la diarrhée ; nous présumions bien qu'à cette époque
avancée, les moyens employés n'auraient pas la même efficacité que si on les eût employés le 15 ou le 16, quatre jours
auparavant.

(Ce passage est copié textuellement du registre destiné
aux expériences.)

A sept heures du soir du neuvième jour, on lui administra
une demi-bouteille d'acétate d'ammoniaque bien neutre,

étendue dans une même quantité d'eau commune et légèrement tiède.

Le même jour, à dix heures du soir , on a donné la même dose.

Le dixième jour au matin , il y eut un mieux manifeste. La bête est plus gaie ; elle cherche à manger. On lui administre le même breuvage, et de plus on a fait des frictions sur le dos avec le liniment volatil qui est composé d'ammoniaque et d'huile.

Le redoublement a eu lieu à deux heures , mais avec moins de force que les jours précédens ; on administre le même remède et on fait les mêmes frictions.

On crut utile de faire donner le même breuvage à huit heures du soir, ainsi qu'à dix heures. La diarrhée avait continué d'être abondante et fétide.

Le onzième jour, la bête est très-malade ; la respiration pénible, courte et plaintive. On lui fait prendre de l'eau blanche et six bouteilles de bouillon de viande.

Le soir, on lui en administre la même quantité. Les excrémens, parsemés de stries de sang, sont toujours d'une grande fétidité. Le pouls est presque insensible, la respiration très-pénible et la sensibilité du dos anéantie. La bête est regardée comme perdue.

Le douzième jour, les symptômes indiqués s'aggravèrent, et la bête est morte vers le soir.

A l'ouverture, on trouve le tissu cellulaire sous-cutané rempli d'une grande quantité de fluide aériforme. Ce tissu était sec, et faisait entendre un bruit pareil à celui du parchemin qu'on froisse. Il était gonflé, soufflé comme dans les boucheries. Il en était de même de celui situé autour des reins, à la base du cœur. Les lobules des poumons étaient écartés par le tissu cellulaire interlobulaire, qui était également gonflé par ce fluide élastique. Il en était de même sous la membrane arachnoïde, à la base du cerveau, aux lobes antérieurs et autour de la moelle épinière ; cette dernière se trouvait très-ramollie.

Le tissu cellulaire sous-séreux était aussi rempli par un fluide élastique. Il y avait aussi un liquide rougeâtre, de manière à faire croire que la membrane séreuse était couverte de points rouges noirâtres, ce qui est regardé quelquefois comme un des caractères des maladies charbonneuses. On a fait la même observation au tissu cellulaire placé sous la membrane interne du ventricule gauche du cœur, lésion qui, suivant certains auteurs, se rencontre dans la fièvre charbonneuse.

La membrane muqueuse des narines, de la trachée et des bronches se trouvait légèrement épaissie et rouge, et sa surface parsemée d'une multitude de petits points de couleur violacée. La membrane du larynx a offert les mêmes particularités. La membrane interne du premier estomac, du deuxième, du troisième et du quatrième, de l'intestin et de la matrice, était aussi tuméfiée et rouge ; mais cette couleur rouge était peu intense et la tuméfaction peu prononcée.

Le cerveau se trouvait injecté, sablé, coupé ; on voyait une multitude de petits points rouges. L'arachnoïde, comme nous l'avons dit, était soulevée par un fluide aériforme abondant ; la matière cérébrale ramollie, et celle de la moelle épinière était d'une très-grande diffluence : cette altération était très-grande et très-prononcée.

Les muscles ne présentaient que peu d'altération, seulement ils étaient moins consistans et de couleur bleuâtre.

Treizième observation.

Une treizième vache, hors d'âge, a servi aux expériences. On a passé le 9 avril 1846 à cette bête, au dessous de la peau du cou, un ruban de fil, après l'avoir trempé dans les matières excrémentitielles d'une vache malade du village des Carrières près Charenton.

Le lendemain 10, on a introduit par l'ouverture supérieure du séton, de la mucosité provenant des narines d'une vache de Vincennes qui était affectée de l'épizootie.

Du 11 au 14, ou jusqu'au quatrième jour de l'inoculation, cette bête, visitée très-souvent, n'a offert aucun des signes de l'épizootie. Elle a continué à avoir le même état de santé qu'avant l'inoculation.

Du douzième au vingt-deuxième jour, elle a continué à se bien porter.

Le 27 juillet, onzième jour de l'inoculation et de cohabitation, cette bête est en bon état de santé, mange avec appétit. Elle a, de temps à autre, éprouvé des météorisations. Elle tousse fortement, ce qu'on regarde comme des effets de la pommelière dont elle est affectée.

Le 27 juillet, à 10 heures et demie du matin, MM. Jadelot et Husson, commissaires du comité de vaccine de Paris, sont venus, et ont inoculé du virus de la petite-vérole qu'ils avaient apporté sur des plaques de verre.

Pour faire l'inoculation de ce virus sous l'épiderme des mamelles et des trayons de cette vache ; on a délayé le virus avec un peu d'eau à la température ordinaire.

M. Husson a pratiqué l'inoculation au moyen d'une aiguille cannelée. Il a fait une piqûre aux trayons, excepté à celui postérieur gauche sur lequel M. Dupuy a pratiqué deux piqûres avec le même instrument ; et pour assurer davantage le succès de l'opération, on a pensé qu'il était convenable de faire une autre piqûre avec l'aiguille chargée de virus, à la face interne de la conque de chaque oreille.

Du 27 au 30 du même mois, on n'a rien observé de remarquable aux parties inoculées. On a vu un assez grand nombre de petites vésicules violacées qui renfermaient une sérosité rougeâtre. On les déchirait facilement avec l'ongle, surtout au trayon antérieur gauche. Ces vésicules étaient très-superficielles.

Il y avait le 1ᵉʳ août, cinquième jour de l'inoculation, un plus grand nombre de ces petits points vésiculaires à la base des trayons. On observait autour un petit cercle rougeâtre.

Du 2 au 4, ces points ont persisté dans le même état ; l'aréole s'est cependant décolorée.

Le 5, beaucoup de ces points vésiculeux avaient disparu, surtout ceux situés à la base des trayons, et l'épiderme des parties occupées par ces vésicules s'enlevait en écales furfuracées.

Toutes ces vésicules avaient disparu le 10 août, quatorzième jour après l'inoculation pratiquée par MM. Husson et Dupuy.

Il est bon de dire que cette inoculation de la petite-vérole ou variole n'a en aucune manière dérangé la santé de cet animal. L'inoculation n'a déterminé qu'un léger travail local ou les petites vésicules décrites plus haut. Cet animal a servi à d'autres expériences.

Ainsi le 2 septembre, on a trempé une mèche de fil dans le mucus nasal d'un bœuf de deux ans attaqué de l'épizootie depuis trois jours. Elle avait été renfermée dans la fiole n° 1, et envoyée par M. Denis, vétérinaire à Rumillies, département des Ardennes. Cette humeur avait été obtenue par ce vétérinaire le 30 août 1816; il y avait un peu plus de trois jours que ces matières avaient été prises sur des animaux affectés de l'épizootie qui régnait à cette époque dans ce village près Rocroi. Cette humeur exhalait une odeur légè·rement fétide, odeur de moisi.

On a passé à la face interne du cou une mèche de séton trempée dans les matières liquides envoyées par le vétérinaire Denis.

On a observé le 3 septembre, quatrième jour, un engorgement très-peu douloureux. Le pouls était accéléré; on comptait soixante-trois pulsations par minute et quinze inspirations.

L'engorgement du séton s'était un peu étendu; du reste, il n'y avait rien de remarquable. La bête ne discontinua pas de manger et de ruminer; seulement on a distingué un peu de chaleur autour du séton.

Le dixième jour après l'inoculation, il ne se manifeste aucun phénomène.

Du 12 au 16, l'animal n'a rien offert d'important à noter, il a continué à se bien porter.

Il est bon de remarquer que cet animal n'a déjà rien éprouvé de plusieurs inoculations. Peut-être avait-il déjà été atteint de l'épizootie lorsqu'il nous a été vendu. Cette circonstance rendrait raison de son peu d'aptitude à contracter de nouveau la maladie. On pourrait encore dire que la matière envoyée par M. Denis s'était altérée, décomposée avant d'être employée à l'expérience. Son odeur de moisi semblerait l'indiquer.

Cette bête a continué à se bien porter : le 18, elle n'a offert aucune particularité. Il semblerait même que l'affection nommée pommelière, dont cet animal est affecté, est moins intense ; la toux est moins fréquente : il prend de l'embonpoint. On lui donne de la nourriture verte, qui diminue la toux et semble améliorer son état maladif.

Le 23 décembre 1844, nous avons eu occasiou d'examiner avec soin la moelle épinière et le cerveau d'une vache qui était morte des suites de l'épizootie. Nous avons remarqué les lésions que nous allons faire connaître. Il y avait peu d'heures que l'animal était mort, la grande et la petite méninge étaient rouges et fortement injectées ; la substance de la moelle épinière se trouvait semblable à de la matière caséeuse ramollie. Ce ramollissement était surtout très-grand à la région lombaire. Cependant l'extrémité de la queue dite de cheval, s'est rencontrée ferme et comme dans l'état de santé. Il est utile d'observer que c'est à cette région que se manifestait une très-grande douleur, lorsqu'on pinçait la région lombaire dans les animaux malades. C'est encore à cette région que la peau devient emphysémateuse ; les veines latérales situées près des trous intervertébraux, se trouvaient distendues et de la grosseur du doigt. Le sang qu'elles renfermaient était de couleur noire foncée et coagulé.

Nous rapportons dans notre registre d'observations, que l'ouverture des six autres animaux morts de la même maladie épizootique, a offert des lésions en tout semblables à celles que nous venons de décrire. Nous observons aussi qu'à cette époque on négligeait les ouvertures de la colonne vertébrale; cependant, dès 1796, nous avions fait connaître les altérations de la moelle épinière, comme le prouve M. Guersent, dans l'article *Epizootie* du grand Dictionnaire des Sciences médicales; il s'exprime ainsi :

« L'examen du système nerveux, qui n'avait pas encore » été assez bien observé, a particulièrement fixé l'attention » du professeur Dupuy, dans plusieurs ouvertures d'animaux, » faites pendant les épizooties de 1796 et pendant celle de » 1815. Voici ce qu'il a constamment remarqué : la moelle » épinière est plus injectée que dans l'état naturel ; la petite » méninge, souvent rouge, contient entre ses duplicatures » une grande quantité de sérosité limpide et transparente ; » cette sérosité est tellement abondante, surtout vers la ré- » gion lombaire et sacrée, et la substance médullaire est, » dans cet endroit, tellement ramollie, qu'elle se réduit par » l'attouchement en une sorte de bouillie. Le tissu cellulaire » des nerfs lombaires et sacrés est ordinairement gorgé de » sérosité et d'ecchymoses nombreuses et noirâtres. »

Nous rapportons aussi que la moelle épinière, observée dans toute son étendue, offrait des points noirâtres à l'origine des nerfs cervicaux, dorsaux, lombaires, sacrés et coxygiens. Ces petites tumeurs noires, formées par du sang épanché, étaient plus nombreuses et plus apparentes aux nerfs de la région sacrée. Ce fait a été communiqué au professeur Chaussier, qui nous a assuré que Quesnai avait fait la même observation (*voyez* son *Traité sur la Gangrène*).

Ayant eu occasion de faire l'ouverture de trois vaches

mortes de l'épizootie, en décembre 1814, voici ce que nous avons écrit aussitôt l'ouverture de ces animaux, faite peu d'heures après la mort. Nous résumerons les désordres, en disant qu'on rencontra une grande quantité de sérosité citrine dans les ventricules du cerveau, autour du prolongement rachidien de la moelle épinière (1), de la rougeur sur sur la petite méninge, de légères ecchymoses, comme des vergetures, sur la paroi interne du ventricule gauche du cœur; les poumons emphysémateux, et les lobules qui les composent, se trouvaient écartés par un fluide aériforme, qui distendait les mailles du tissu cellulaire interlobulaire. On remarquait également du fluide aériforme à la base du cerveau et à l'origine de la moelle épinière. Il y avait de la rougeur à la membrane muqueuse de l'arrière-bouche, du pharynx, de la caillette et de l'intestin grêle; mais cette couleur rouge, peu intense, pouvait aussi être attribuée au camphre, administré à grande dose à ces animaux.

L'une de ces vaches, malade seulement de la veille, avait le pouls accéléré, prompt, la respiration fréquente, l'épine dorsale très-douloureuse, avec emphysème sous la peau de cette région et sous celle des mamelles. Il existait sur la peau des trayons, des éruptions croûteuses, sans caractère bien déterminé; cette circonstance aurait pu faire croire que la maladie était pustuleuse, analogue à la clavelée du mouton; les yeux larmoyans, chassieux; le mufle se trouvait sec; la bouche remplie de salive écumeuse; la diarrhée abon-

---

(1) La sérosité trouvée autour de la moelle épinière n'offre plus la même importance que nous y attachions alors, depuis la découverte et les travaux de M. Magendie sur le fluide céphalo-rachidien. Sa quantité est grande dans l'état naturel.

dante, d'une odeur très-fétide; les matières tombaient de l'anus sans effort.

Le troisième jour de la maladie, la marche devint chancelante, difficile. Il s'est manifesté des borborygmes fréquens, des tremblemens généraux, accompagnés de secousses convulsives de la tête et du cou. Des mouvemens fibrillaires et convulsifs aux muscles sous-cutanés, panicules charnus, surtout aux régions des coudes, du grasset; l'animal rapprochait les quatre membres, voûtait l'épine dorsale, en sorte qu'il était comme ramassé; le poil hérissé, les muqueuses injectées de couleur violacée; les yeux remplis de chassie; enfin une évacuation de matières excrémentitielles noires, écumeuses, et d'une odeur infecte; tels étaient les symptômes qui se sont manifestés jusqu'à la mort, survenue le quatrième jour après l'administration d'un breuvage composé de camphre. Cette bête est morte comme suffoquée.

Nous croyons qu'on lira avec intérêt une relation d'une maladie observée près la ville de Coulommiers (Seine-et-Marne).

Un fermier des environs de Coulommiers (Seine-et-Marne) achète d'un marchand trois vaches; l'une d'elles, de l'âge de deux ans, fut attaquée de l'épizootie, et en mourut le cinquième jour. Une deuxième ne tarda pas à périr, en offrant les mêmes symptômes. Sept autres vaches, qui se trouvaient dans cette même étable, lorsqu'on y plaça celles nouvellement achetées, moururent également le cinquième jour de la maladie; elles eurent des mouvemens généraux, des secousses convulsives de la tête et du cou; une très-grande sensibilité à l'épine dorsale, accompagnée d'emphysème. On a remarqué aux mamelles, sur les trayons, des pustules qu'on a comparées à celles de la petite-vérole ou de la clavelée.

Il survenait une diarrhée de matière noirâtre, d'une odeur infecte. Les maréchaux qui furent consultés ne reconnurent pas l'épizootie, et regardèrent la maladie comme étant une affection charbonneuse ; le traitement fut établi d'après cette idée ; ils passèrent des sétons avec la racine d'ellébore noir, sous forme de trochisques, à la région du fanon.

Nous allons rapporter fidèlement ce que nous avons observé à l'ouverture de deux de ces animaux.

L'une de ces vaches, âgée de quatre ans, se trouvait pleine de quatre mois environ. Le système séreux n'a rien offert de particulier. Il n'en était pas de même du tissu cellulaire sous-séreux, qui renfermait du sang épanché, qui soulevait la membrane interne des cavités du cœur. Il en était de même pour la membrane séreuse qui revêt cet organe à l'extérieur. Le tissu des poumons paraissait moins consistant qu'à l'ordinaire, était, de plus, de couleur rougeâtre, sans avoir de mauvaise odeur; le tissu du foie se trouvait décoloré ; la vésicule biliaire, remplie de bile jaunâtre, épaisse et peu altérée; la membrane muqueuse de la trachée et des bronches s'est rencontrée rouge et épaissie ; ces cavités étaient remplies de mucosité écumeuse et abondante; la membrane interne des premier, deuxième, troisième estomacs, également altérée, ainsi que la muqueuse du quatrième et de tout l'intestin; elle se trouvait épaissie et rougeâtre, comme dans la dysenterie ; cette altération ne pourrait-elle pas être attribuée au camphre qu'on avait administré à cet animal pour combattre la maladie? Le système musculaire était comme dans l'état naturel, circonstance importante à noter.

parce qu'il est ordinairement ramolli dans les affections dites charbonneuses.

Le tissu cellulaire, emphysémateux, renfermait, dans les différentes régions du corps, un fluide aériforme.

Les cotylédons de l'utérus, noirâtres et fétides, peu altérés. L'eau de l'amnios limpide, de couleur citrine et sans mauvaise odeur.

Le fœtus, de la grosseur d'un chat; sa peau offrait une couleur violacée, sans être cependant en putréfaction. On remarquait, sur la membrane amnios, des taches semblables à de petites pustules, de couleur jaunâtre; elles se détachaient aisément, semblaient seulement appliquées sur la surface de cette tunique; quelques unes étaient de la grosseur d'un pois ordinaire; la matière qui les composait ressemblait à du blanc d'œuf durci, ou à une substance caséeuse.

Dans la deuxième ouverture, les désordres étant les mêmes, nous ne rapporterons que les lésions observées à l'ouverture du cerveau de l'animal, qui était une génisse âgée de quinze mois.

Le cerveau mis à découvert, on a vu la petite méninge rouge, ainsi que le plexus choroïde, au pont de Varole, à la région où naissent les deux nerfs pneumo-gastriques. Il se trouve, dans notre registre d'observations, des réflexions qui prouvent que cette particularité nous a frappés, surtout depuis que nous avons fait de nombreuses expériences sur ces nerfs, qui jouent un rôle si important dans l'économie animale, en considérant l'influence que ces nerfs pneumo-gastriques exercent sur les fonctions digestive et respiratoire. Nous reviendrons plus loin sur ces expériences importantes.

Sur cinq vaches échappées à cette maladie dans cette ferme, l'une a été très-légèrement affectée ; les autres, que nous avons examinées avec soin, avaient sur les lèvres, sur les mamelles, aux trayons, à la face interne des cuisses et autour de la vulve, des pustules desséchées qui se détachaient par plaques, comme on l'observe sur les moutons affectés de la clavelée. C'est le neuvième jour de la maladie que nous avons fait cet examen. Enfin cette éruption a offert la plus grande analogie avec les pustules du claveau. Nous sommes conduits naturellement à résoudre une question d'une immense portée sur la solution de laquelle nous devons insister.

Il s'agit de déterminer s'il existe des maladies des bêtes bovines qui seraient analogues à la petite-vérole des enfans ou à la clavelée des moutons ; si ces maladies ne seraient pas le cowpox ou une maladie pustuleuse analogue. Pour éclairer ce point de doctrine, des recherches historiques deviennent nécessaires. Voyons.

Recherches sur l'inoculation de la cachexie varioleuse.

Dans un mémoire publié en 1770, page 8, Bourgelat dit : « Ces secours dans les maladies épizootiques ne consistent »pas dans des expériences meurtrières ; l'inoculation est une »méthode constamment salutaire, elle prévient de la manière »la plus certaine tous les malheurs qui ne suivent que trop »fréquemment les atteintes de la petite-vérole naturelle. »Nous en avons nous-même suggéré la tentative sur les ani- »maux et particulièrement sur les moutons, presque tous »une fois attaqués du claveau dans leur vie et à l'abri de ses »coups quand ils en ont réchappé. Elle nous a parfaitement

»réussi sur les chevaux de rivière, communément exposés à
»un farcin dû à la nourriture échauffante qu'on leur donne et
»à un passage continuel et successif de l'eau sur la terre et
»de la terre dans l'eau, au moment d'une sueur provoquée
»par un travail pénible et forcé. Nous ne l'aurions pas même
»mis en usage à leur égard, si nous n'avions vu que, ce
»farcin guéri, le retour du mal n'était plus à craindre pour
»eux. »

Ce passage de Bourgelat est à peine connu ; il est passé
inaperçu. On aura considéré cette vue comme une pure hypothèse dont on ne devait faire aucun cas ; du moins les vétérinaires ne paraissent pas y avoir fait attention et n'ont
pas cherché à en tirer un parti avantageux. Il a fallu qu'une
de ces découvertes inattendues, surprenantes, soit venue
changer la face de la science pour examiner de nouveau ces
objets d'une grande importance. C'est en effet lorsqu'on eut
reconnu, après des expériences réitérées, que la vaccine
n'était pas préservative de la clavelée, qu'on est revenu à
l'inoculation du claveau, procédé si simple, si économique.
Il ne meurt qu'un très-petit nombre de moutons de la clavelée artificielle, une bête sur cinq cents au plus, tandis
que la clavelée contractée naturellement, enlève dans certaines années la moitié ou les deux tiers des bêtes du troupeau. Gilbert assure que la clavelée a duré six mois dans un
troupeau de moutons de différens âges et de races diverses.

Bourgelat, fondateur des écoles vétérinaires, a consigné
dans des notes ajoutées au mémoire de Barberet, qui avait
remporté le prix de la Société royale d'agriculture de Paris,
en 1765, les réflexions suivantes : «Ces boutons étaient
»exactement des boutons de petite-vérole. » (Page 57.)

Bourgelat demande : « Ne pourrait-on pas tenter l'inocula-
»tion sur un mouton sain ou sur un agneau intact qu'on au-
»rait préparé ? Quelle serait l'issue de cette expérience faite
»avec toutes les précautions possibles dans la crainte de ré-
»pandre la contagion ?

»Cette même opération pratiquée sur un mouton guéri
»du claveau naturel, le virus aurait-il encore prise sur lui ?

»En la pratiquant de nouveau sur un mouton inoculé et
»guéri, le virus porterait-il encore le trouble dans la masse?

»Quelle serait la suite de l'insertion d'un ou plusieurs
»grains varioliques sur des ânes, des mulets, des chevaux,
»des bœufs, des chiens, en un mot sur des animaux de gen-
»res différens?

»Quels seraient les effets de l'insertion du virus variolique
»humain sur les moutons et d'autres animaux ?

»En inoculant des moutons avec la matière d'un claveau
»discret, en insérant à d'autres la matière d'un claveau con-
»fluent, quel en sera le produit?

»Exposez un mouton guéri après l'insertion du levain au
»milieu de plusieurs moutons atteints du claveau naturel; en
»sera-t-il attaqué lui-même?

»Dans le claveau artificiel, la violence de la maladie sera-
»t-elle toujours en raison de la promptitude avec laquelle la
»fièvre se montrera, et ce fait arrive-t-il dans le claveau natu-
»rel? Le ferment varioleux du claveau artificiel agira-t-il
»comme le ferment varioleux du claveau naturel ?

»Enfin ne serait-il pas possible de comparer dans certains
»cantons le nombre des animaux morts du claveau na-
»turel avec le nombre des animaux morts du claveau ar-
»tificiel ?

»Quel est celui qui excéderait et quelle en serait la diffé-
»rence? »

Bourgelat termine ses importantes observations par une
réflexion que nous ne pouvons nous empêcher de rapporter;
la voici :

« Au surplus , il est aisé de comprendre que ces mêmes
»expériences ne pourraient être bien faites , bien suivies et
»bien raisonnées que dans une école vétérinaire et sous les
»yeux d'hommes instruits. Il faut espérer, ajoute-t-il, que
»l'importance de la maladie et l'utilité que la médecine hu-
»maine pourrait en retirer, détermineront quelque jour
»les chefs de ces écoles à s'y livrer. » On demande pourquoi
les espérances de Bourgelat ont été si long-temps à se réali-
ser. Lui-même aurait dû faire ces inoculations dont il avait
si bien reconnu l'importance et l'utilité. Pourquoi en a-t-il
laissé le soin à d'autres? Ces expériences ne présentaient
cependant pas de grandes difficultés ; elles étaient faciles
et peu coûteuses. Il suffisait d'inoculer ou claveliser quelques moutons qui n'avaient pas éprouvé naturellement la
clavelée. Une fois guéris, de mettre les animaux inoculés dans
un troupeau attaqué de la clavelée ; s'il ne contractait pas
une seconde fois la maladie au milieu d'un foyer de contagion , la question se trouvait résolue. Bourgelat, qui avait
proposé un plan d'expériences si bien conçu , aurait eu la
gloire de décider une question d'un très-haut intérêt pour
l'agriculture et l'économie politique. On peut dire que ses
occupations l'en auront sans doute détourné et l'auront empêché de faire ces expériences qui auraient contribué à
augmenter sa gloire et nos richesses agricoles, en conservant un animal aussi précieux que le mouton, que les Sué-

dois appellent l'animal au pied d'or, voulant annoncer par cette figure qu'il enrichit les contrées qui le soignent et le multiplient.

Venel Tessier et Chrétien avaient fait connaître l'utilité de l'inoculation de la clavelée ; mais c'est à l'occasion de la vaccine qu'on a repris les expériences sur l'inoculation du claveau ou la clavelisation. Il en est résulté que le claveau inoculé une seconde fois ne produisait que des effets qui se dissipaient très-promptement, qu'on conservait un grand nombre d'animaux par la clavelisation (1).

Le procédé que nous employons consiste à se servir d'une lancette à saigner l'homme. Cet instrument est bien plus commode que la lancette cannelée, qui est aussi en usage pour claveliser. Nous ne sommes pas exposés avec la lancette à percer d'outre en outre la peau si mince du mouton et à déposer le virus dans le tissu cellulaire sous-cutané, ce qui donne très-souvent lieu au développement de tumeurs furonculaires qui ne sont pas sans danger pour l'animal sur lequel elles se manifestent. Par ce procédé simple avec la lancette, nous n'avons perdu qu'une bête sur cinq cents inoculées en suivant notre méthode.

Poursuivons nos recherches sur l'inoculation de l'épizootie.

Il est évident que lorsqu'on n'a pu parvenir à se garantir de l'invasion d'une épizootie, le meilleur moyen qu'on puisse tirer d'une circonstance aussi malheureuse, c'est sans doute d'en profiter pour rechercher la cause de ce fléau, sa marche, son origine, les moyens de le combattre

---

(1) Nous traiterons en détail cette matière importante à la monographie de la cachexie claveleuse.

avec avantage, les moyens bien plus importans encore d'en prévenir pour jamais le retour.

C'est pour remplir les vues de Gilbert que nous allons traiter des différens moyens proposés par les auteurs contre ces maladies désastreuses. Il ne faut pas s'imaginer que des médecins très-instruits ne se soient pas occupés des maladies des bestiaux ; on serait dans l'erreur si on adoptait cette idée. Un grand nombre d'entre eux nous ont laissé, comme nous le remarque notre auteur, des observations précieuses ; mais ils ne les ont regardées eux-mêmes que comme des données d'un problème dont la solution en exigeait un grand nombre d'autres. Tous ont invité ceux qui viendraient après eux à s'occuper de recherches qui seraient très-importantes quand elles n'intéresseraient que la santé des animaux , mais qui le deviendraient bien plus encore par l'influence qu'elles pourraient avoir sur celle des hommes.

Ce vœu était bien capable de nous encourager dans notre entreprise. Ce qui regarde l'inoculation nous semble un objet d'une grande importance, surtout lorsqu'on réfléchit sur les autres moyens proposés , qui jusqu'à ce jour ont été reconnus tout-à-fait insuffisans pour arrêter la marche de la cachexie varioleuse et pour la guérir.

Vicq d'Azyr, qui n'était pas partisan de l'inoculation, puisqu'il a préféré , comme nous le dirons plus tard, l'assommement, a composé un très-bon mémoire sur cet objet, il a pour titre : *Examen impartial des avantages que l'inoculation de la maladie épizootique a produits en Hollande et en Allemagne, et de ceux qu'on peut en attendre en France.* Voyez tom. II des Mémoires de la Société royale de médecine , 1777 et 1778 , page 162 de l'histoire.

Vicq d'Azyr rapporte un passage d'une lettre que lui avait adressée, le 7 septembre 1777, Haller ; le voici :

« Pour les épizooties, ce n'est que chez nos voisins qu'elles »peuvent se soutenir. Notre méthode est de tuer sans rémis-»sion tout le bétail infecté ; et par ce moyen très-simple »nous avons constamment empêché la maladie de s'étendre »dans notre pays, quoique nos frontières en soient toujours »tourmentées, les vôtres surtout si mêlées avec nos mon-»tagnes qu'il est d'une difficulté extrême d'écarter la conta-»gion. »

Vicq d'Azyr ajoute qu'il a été chargé par la Société royale de médecine de rechercher ce qui avait été fait sur l'ino-culation. C'est ce travail qu'il présente et dont nous ferons connaître les principaux résultats.

L'idée qui conduit à employer l'inoculation vient sans doute de ce qu'une observation réitérée avait prouvé que certaines maladies exenthématiques n'attaquaient qu'une seule fois le même individu.

Quoiqu'on attribue aux Anglais la première application de ce moyen contre l'épizootie, on ne peut refuser à Cam-per la gloire d'en avoir parlé le premier avec précision et d'avoir fait des expériences suivies sur cet objet impor-tant.

Camper a commencé par inoculer des veaux, ensuite des génisses, et en général toutes les bêtes à cornes jusqu'à l'âge de trois ans. Mais, quelques précautions qu'il ait prises, il n'a pu, dans le principe, sauver plus d'une moitié des bestiaux inoculés, et il est resté souvent au dessous de cet avantage. Il nous semble que le résultat n'était pas à dédai-gner, puisque Sauvages avoue que dans l'épizootie de 1745, sur vingt bêtes attaquées, dix-neuf mouraient, et Courti-vron, que c'étaient les neuf onzièmes qui périssaient en Bourgogne à cette époque.

Pour inoculer, Munnicks se sert d'un gros fil double imbibé de sanie qui coule des naseaux d'une bête malade. La matière récente est préférable et lorsqu'elle est chaude. On introduit le fil à l'aide d'une petite aiguille plate sous la peau de la cuisse pour faciliter l'écoulement purulent. Le trajet est d'un demi-pouce environ. On le laisse en place douze et vingt-quatre heures, intervalle qui suffit pour que la contagion se communique à l'animal. On n'observe aucun changement notable pendant les cinq ou six premiers jours. Le douzième et le treizième jour sont ceux où la crise se fait le plus communément. Les observations rapportées ont été faites sur plus de onze cents bêtes bovines dont l'auteur a suivi la maladie. Le chien, le chat, le cheval, non plus que le cerf, la biche, quoique ces deux derniers soient ruminans, ne sont pas susceptibles de contracter cette contagion. Vicq d'Azyr a obtenu, en Guienne, les mêmes résultats. Il croit que, si la proportion des bestiaux inoculés avec succès est plus grande en Hollande qu'elle ne l'a été dans les provinces méridionales de la France, on doit l'attribuer à ce qu'en Hollande on a choisi les jeunes animaux et que l'épizootie s'est adoucie en Hollande par sa durée. Il croit aussi que Munnicks n'a pas assez répété l'expérience lorsqu'il annonce qu'ayant fait avaler à deux veaux différens fluides chargés de matières contagieuses, ils n'ont pas contracté la maladie épizootique. Munnicks rend justice à un cultivateur nommé Geert Teinders, qui observa le premier que les veaux nés de vaches guéries de l'épizootie étaient très-légèrement attaqués et réchappaient, tandis que les autres mouraient presque tous.

Ce fait intéressant fut un trait de lumière pour Camper et Munnicks, qui résolurent alors de recommencer leur essai sur un nouveau plan. Il est résulté que les veaux nés de vaches réchappées guérissaient très-facilement s'ils contractaient la maladie. Ils sont disposés de manière que peu de temps après leur naissance, ils résistent pendant un certain temps à la contagion. Ce temps favorable passé, ces veaux contractaient l'épizootie d'une manière aussi dangereuse que les autres animaux.

Enfin les veaux ainsi disposés, inoculés pendant cet intervalle, contractent une maladie si légère, qu'on serait tenté de croire que leur santé n'a souffert aucune altération. Cependant un fil imbibé de leurs humeurs peut servir pour inoculer d'autres animaux, ce qui prouve bien l'existence du virus épizootique dans ces veaux. Pour n'être pas induit en erreur par le peu d'intensité des symptômes, on a pris le parti d'inoculer ces veaux à l'âge d'un mois. On fait la même inoculation un mois après, lorsqu'on ne trouve aucun signe certain de l'épizootie produit par la première inoculation. Quelquefois même on répète encore ce procédé à l'époque du quatrième ou du cinquième mois. En suivant cette méthode, sur vingt bêtes inoculées on n'en a perdu qu'une. Ainsi, pendant une année, quinze cents veaux ont été conservés par ce moyen. Un obstacle qui a empêché de continuer les inoculations, c'est qu'on ne peut conserver la matière contagieuse, qu'elle perd bientôt la propriété de communiquer la maladie. On a appris qu'un fil imbibé de liqueur contagieuse renfermé dans un vase bouché, répand une odeur de moisi dès le quatrième jour, et n'est plus propre à l'inoculation. Ayant pompé avec une machine pneumatique tout l'air renfermé dans le vase, le fil imprégné s'y est conservé onze à douze jours avec ses propriétés. Le succès a été le même, soit qu'on se soit servi de l'humeur des narines ou de celle de toute autre partie. Ces moyens de conservation étaient loin de remplir les vues de Camper et de Munnicks.

Vicq d'Azyr rapporte ensuite les expériences faites en Allemagne.

On lit dans l'ouvrage de Claus (1), qu'on a essayé tous les remèdes tant domestiques que physiques; simples, onguens, on n'a rien négligé. On s'est servi de remèdes sérieux et ridicules, sages et insensés, tout a été vain; de sorte que, lorsqu'une bête est attaquée de l'épizootie, on ne peut plus mettre sa confiance dans aucun remède.

On a eu soin de séparer par un cordon de troupes réglées les lieux infectés de ceux qui ne l'étaient pas. Ces précautions très-dispendieuses devinrent inutiles, et le mal, s'étendant de plus en plus, paraissait dans des lieux éloignés, et l'épizootie devenait générale.

Une affaire si importante mérite qu'on l'examine dès son origine. L'expérience avait fait connaître qu'une bête relevée de cette maladie n'était plus sujette à récidive. Elle avait également prouvé que l'inoculation de la petite-vérole n'est presque pas dangereuse. L'auteur parle des essais faits en Angleterre. Il fait connaître les expériences de Camper, que

______

(1) *Avis au public concernant l'inoculation de la maladie épidémique des bêtes à cornes, suffisamment approfondie et généralement introduite dans le Mecklenbourg, par Claus Detlof-Doertzen, à Hambourg, in-4°, 1779.*

nous venons d'indiquer. Il mentionne les observations faites à Brunswick sur l'inoculation de l'épizootie en 1763. Ce moyen est le seul qui ait eu des succès. Les avantages sont qu'on peut préparer les bestiaux, que la durée de l'épizootie est moins longue dans le pays. Le séjour des troupes qui forment les cordons sera moins long, moins dispendieux. La méthode proposée est très-défectueuse, comme on va en juger. Elle consiste à introduire une mèche imbibée de sang regardé comme contagieux, dans une ouverture faite à la veine jugulaire, ou dans une incision pratiquée à la peau du fanon. Sur douze vaches inoculées de cette manière, six sont mortes. L'humeur des narines, la salive, le sang et le lait ont paru également contagieux.

Le procédé de l'inoculation employé par Berger, en Danemarck, en 1770, 1771, 1772, est moins mauvais. Il consistait à passer un fil de coton trempé dans la morve d'une bête malade, sous la peau de la fesse, près de l'os de la hanche. On se servait d'une aiguille à deux tranchans, longue de trois à quatre pouces. On a inoculé trois cents quatre-vingt-dix bêtes : deux cent trente-deux ont guéri, quarante-deux sont mortes, et cent trente-trois n'ont pas été malades. On ne dit pas si on a réitéré l'inoculation, ni si on s'est assuré que ces bêtes, qui n'avaient pas contracté la maladie, en avaient été attaquées avant la première inoculation. L'auteur remarque que l'inoculation a été heureuse au milieu du foyer épizootique. La maladie artificielle se communique lentement ; le bétail bien portant n'éprouve qu'une maladie bénigne.

On a couvert de la peau encore toute chaude d'une bête morte, le corps de bestiaux guéris, pour connaître s'ils retomberaient malades : c’est ce qui n’est jamais arrivé. On a envoyé en Zélande onze bêtes qui avaient échappé aux tentatives d’inoculation. On les a dispersées parmi les troupeaux attaqués de l’épizootie. Elles ont été placées dans des étables où se trouvaient des bêtes malades, dont plusieurs sont mortes ; enfin on les a soumises à bien d’autres épreuves sans qu’elles aient été atteintes en aucune manière. La plupart des vaches pleines et des génisses inoculées ont mis bas à terme, et la plupart des veaux sont restés en vie.

Tout ce bétail a été vendu à l’encan, et, après les informations qu’on a faites, les propriétaires ont attesté la parfaite santé, et même par serment.

L’épizootie se manifestant de nouveau, en 1776, dans le Mecklenbourg, Bulow résolut de faire des expériences sur l’inoculation, après avoir en vain employé tous les autres préservatifs et tous les remèdes possibles. Il fit d’abord ses essais en petit avant de les faire en grand.

La première fois, il inocula, le 30 novembre 1777, trois génisses âgées de trois ans, avec de la matière qu’il appelle bénigne ; il ne les avait pas préparées. Les quatrième et cinquième jours, les plaies commençaient déjà à suppurer. Le septième et le huitième jour, toutes étaient malades. Une de ces génisses mourut le onzième jour ; les trois autres guérirent. Encouragé par ce succès, il fit un deuxième essai sur onze autres génisses du même âge. Les bêtes, en se léchant, entraînèrent les fils : on crut utile de renouveler l’inoculation le quatrième jour. Enfin on en inocula quelques unes pour une troisième fois. L’auteur croit qu’on introduisit une trop grande quantité de virus, parce que ces bêtes succombèrent à ce venin. Cinq se rétablirent très-lentement, après avoir été gravement malades. Cet accident fâcheux n'empêcha pas un troisième essai le 14 janvier 1778. Bulow inocula quatre jeunes taureaux et une génisse. Ces cinq bêtes devinrent malades assez légèrement. Une constipation, précédée d'un dévoiement, en fit périr deux. Après s'être assuré que les bêtes inoculées ne sont plus attaquées de l'épizootie naturelle, il fit un quatrième essai le 10 février 1778, sur quatre taureaux et trois génisses : il ne mouru qu'une seule bête.

Un cinquième essai eut lieu sur vingt-cinq jeunes taureaux et trois génisses de trois ans ; trois tombèrent malades les neuvième, dixième et onzième jours ; vingt-deux se rétablirent : il n'en mourut que trois.

On fit un sixième essai sur deux bêtes âgées de sept à huit ans. La matière n'était pas fraîche ; elle avait même une odeur de putréfaction. Une de ces bêtes est morte. Pour éviter cet inconvénient, on inocula avec des fils desséchés ; mais l'inoculation ne prit pas.

Un septième essai a été fait en avril sur onze bœufs de sept à huit ans, et sur six autres jeunes bêtes. Un seul bœuf, qui du reste déjà ne se portait pas bien, en est mort. On observa, dans le même mois, que la matière n'opère pas lorsqu'elle est prise d'une bête qui a déjà passé la crise, et qui commence à se rétablir. On inocula avec une semblable matière, dans un huitième essai, vingt-huit jeunes bêtes, le 10 avril. Ces bêtes se trouvaient encore bien portantes le quatorzième jour : aussi on les réinocula avec de la matière fraîche, avec quatorze veaux sevrés, dont douze provenaient de vaches échappées à l'épizootie. Ils en relevèrent tous, après avoir été légèrement malades ; on en inocula huit jusqu'à trois fois ; ils n'ont rien éprouvé, quoique enfermés dans des étables infectées.

Bulow s'était déterminé à faire l'inoculation de trente bêtes ; il avait conservé de la matière bénigne lorsque l'épizootie se déclara chez un de ses voisins, qui le pria de lui prêter du secours. En inoculant ses bêtes bien portantes, Bulow céda la bonne matière dans l'espérance d'en retrouver d'autre. Mais bientôt à son tour, craignant l'épizootie, il fut obligé d'inoculer avec la matière prise sur les bêtes de son ami sans savoir de quelle espèce serait cette épizootie. Malheureusement elle devint très-maligne ; toutes les bêtes inoculées ainsi tombèrent malades dès le cinquième jour. Les symptômes d'une épizootie maligne se manifestèrent, et, malgré tous les soins qu'on avait pris, on ne put sauver que cinq bêtes sur les vingt-cinq inoculées. Dix-huit autres succombèrent également. Tout fait présumer, dit l'auteur, que ces accidens sont dus à la matière maligne qu'il a employée pour inoculer (1).

Bulow a encore fait deux tentatives, la première avec sept bœufs et sept vaches inoculés, qui ont tous échappé. Dans la deuxième, de dix-neuf vaches et autant de bœufs, il est mort deux bœufs et cinq vaches.

Ainsi, de cent soixante-dix-sept bêtes, sans compter les veaux inoculés, on en a sauvé cent trente-cinq ; quarante-deux seulement ont été perdues, perte très-peu considéra-

______

(1) Il faut en distinguer deux très-distinctes, le véhicule et le virus. Le premier, étant une matière animale, s'altère facilement ; il en résulte une cachexie charbonneuse. Le virus ou le germe détermine la clavelée, la cachexie varioleuse ; c'est ce que l'auteur appelle matière maligne et matière bénigne de l'épizootie : charbon et variole, maladies très-différentes.

ble en comparaison de celle occasionée par l'épizootie naturelle.

L'inoculation, dit l'auteur, avait beaucoup d'ennemis dans le Mecklenbourg. Quoique utile, on n'osait pas imiter l'exemple de Bulow.

Mais Claus Detlof fit de son côté des expériences. Sur cent trente-une bêtes inoculées à la fin d'octobre 1778, il en a guéri quatre-vingt-huit et perdu quarante-trois. Il observe avec raison qu'on doit se garder d'inoculer des bêtes fatiguées. Il assure qu'on en sauve davantage par l'inoculation que lorsqu'elles contractent l'épizootie naturelle. Il convient que cette dernière est semblable à l'inoculée ; mais la maladie qui survient après l'inoculation est moins violente et moins meurtrière. Les vaches prêtes à mettre bas sont plus dangereusement affectées, et il en est de même des veaux sevrés. On ne doit inoculer que des vaches qui ont mis bas et les veaux qui ont plus de six mois. La perte sera peu considérable dans ce cas. Les animaux doivent être bien portans, vigoureux ; les bêtes faibles, fatiguées n'ont pas assez de force pour supporter la maladie. Il importe, suivant lui, que la matière employée pour inoculer provienne d'une épizootie naturellement bénigne. Une matière maligne détermine une maladie grave ; c'est ce qu'il prouve par deux exemples. Il n'a pu conserver la matière virulente que cinq à six jours, un peu plus en hiver. Si on la garde plus long-temps, elle sèche ou tourne en putréfaction. Dans le premier cas, elle ne produit aucun effet, et dans le second elle n'en détermine que de mauvais. Le procédé qu'il décrit consiste à placer la matière sous la peau du dos en faisant une incision d'un pouce ou deux. On ne doit pas endommager les chairs, mais seulement la peau. On introduit la mèche imbibée de matière virulente après avoir étanché le sang et la sérosité ; on applique sur la plaie un emplâtre ou de la poix qu'on étend sur un morceau de toile. Il recommande de fermer exactement la plaie, cette précaution étant indispensable pour réussir. Il faut garder les bêtes attachées pendant trois jours, dans la crainte qu'en se léchant elles n'enlèvent les fils, les mèches et l'emplâtre. Après cette époque, on croit que l'inoculation a opéré. On les nourrit sobrement, on les fait boire deux fois par jour. Ces soins sont continués jusqu'au sixième jour ; il est temps alors d'ouvrir les plaies pour retirer les fils, les mèches. Le pansement se fait en mettant les bêtes dans un travail ; on lave avec de l'eau de chaux ou de l'eau d'alun ; elle n'est pas corrosive et produit de bons effets. Si les plaies ne guérissent pas, que le pus n'ait pas d'écoulement, il faut faire alors des ouvertures pour faciliter sa sortie ; on emploie quelques gouttes de vinaigre dans lesquelles on met du vitriol bleu pour laver les parties. Nous avons rapporté ces détails pour faire connaître que cette région est très-mal choisie pour inoculer ; qu'il n'est pas surprenant qu'il se manifeste des tumeurs de nature charbonneuse, qui seules peuvent déterminer la mort des animaux. Des expériences que nous avons faites nous en ont donné la preuve. Ainsi des portions de muscles prises sur des animaux sains qu'on a laissés se putréfier à l'air, ont occasioné des engorgemens charbonneux qui ont fait périr en quelques jours les animaux en expérience. Il suffisait pour obtenir ce résultat d'introduire une petite quantité de cette matière putride sous la peau. Nous reviendrons sur ces expériences qui pourraient rendre raison de ce qui est arrivé à Bulow dans ses tentatives avec de la matière qu'il appelle maligne, lorsque nous traiterons de la cachexie charbonneuse. Dans l'article III, page 54, l'auteur s'occupe du succès de l'inoculation fondé sur l'expérience. Il est constant que l'inoculation rend la maladie moins funeste, moins meurtrière ; qu'une bête qui en réchappe est à l'abri d'une nouvelle atteinte. L'auteur remarque que la maladie inoculée se manifeste ordinairement le huitième, le neuvième et le dixième jour ; mais elle est d'autant plus dangereuse, qu'elle se déclare avant le huitième jour, ce qu'il attribue à ce qu'on a mal choisi la matière virulente. L'auteur assure avoir inoculé avec de la matière maligne trente bêtes dont aucune n'a réchappé, tandis qu'avec de la matière bénigne, sur cent bêtes on en perd au plus dix. L'exemple de Camper confirme ce qu'il vient de dire. Camper n'a pas égard à la qualité de la matière à inoculer. Aussi le bétail devient-il malade le cinquième jour ; il en guérissait à peine la moitié ; c'est ce qui a été observé dans le Mecklenbourg. Il s'appuie sur l'exemple de la petite-vérole. Quel est le médecin, suivant lui, qui ne tâche de se procurer de la matière provenant d'une petite-vérole bénigne? mais ces différences doivent être attribuées au mode différent d'insertion du virus. Camper l'introduisait au moyen d'une mèche trempée dans la matière sécrétée par les narines, la bouche ; il se servait des larmes, au lieu que dans le Mecklenbourg on plaçait le sang sous la peau du dos, partie où la peau est très-épaisse. Cette circonstance devait occasioner des accidens très-graves, le sang se putréfiant dans une partie chaude et humide, et le contact de l'air déterminait une affection charbonneuse. Detlof regarde la bête comme préservée si, après l'inoculation, les plaies s'enflamment, si la bête prend un air triste, si elle mange peu pendant quelques jours, s'il y a écoulement par le nez et les yeux. Une autre remarque, c'est que lorsque les bêtes contractent naturellement la maladie de celles qui avaient été inoculées, comme lorsqu'on met les bêtes bien portantes dans les mêmes étables que celles qui ont été inoculées, la maladie contractée est bénigne.

Enfin, malgré les inadvertances et les essais malheureux, sur quatre mille soixante-quinze bêtes inoculées, il n'en est mort que quatre cent trente-huit. Il est vraisemblable, ajoute l'auteur, que dans la suite on réussira mieux lorsqu'on aura acquis plus d'expérience. Les propriétaires n'auront-ils pas sujet de se consoler de la perte de la dixième partie de leur bétail, lorsqu'ils auront la certitude que les neuf autres ne peuvent plus contracter de nouveau la maladie?

L'auteur, dans l'article IV de son mémoire, combat l'opinion de Bergius, qui regarde l'épizootie comme analogue à la peste. N'étant pas exenthématique, elle peut attaquer, suivant lui, plusieurs fois le même animal, et son opinion est qu'ainsi l'inoculation ne peut être employée. Claus Detlof croit qu'il n'est pas certain que l'épizootie des bestiaux soit semblable à la peste de l'homme dans ses effets et dans sa nature. Les auteurs n'ont pas parlé de bubons, de charbon et de pétéchies qui caractérisent la peste. Jusqu'à présent il ne s'est encore présenté aucun exemple constaté qu'une bête réchappée de l'épizootie soit devenue une seconde fois malade. Nulle part ailleurs on n'a soutenu le contraire de cette assertion. Il en est de même de la maladie inoculée; elle a les mêmes symptômes que la maladie naturelle, si ce n'est qu'elle est moins dangereuse et moins meurtrière. Il rapporte l'expérience de Bulow, qui a mis ses bêtes échappées de l'épizootie avec trois vaches attaquées naturellement, dont deux sont mortes ; les bêtes inoculées n'ont rien éprouvé. On a même réitéré l'inoculation sur toutes les bêtes qui n'avaient été que légèrement malades ; tous les témoignages sont unanimes qu'il ne s'est pas manifesté la moindre trace d'une nouvelle contagion parmi ces bêtes.

Un autre document du même Bulow est d'un grand poids : il inocula pour sa sœur neuf jeunes bêtes : elles ne furent pas malades la première fois. On a cru nécessaire de les réinoculer une deuxième fois : il n'y en eut que cinq qui furent bien malades : le reste le fut très-légèrement. Ce bétail devait être conduit près d'un lieu où l'épizootie naturelle se manifestait. Aussi on se détermina à inoculer une troisième fois, et même avec une matière très-maligne. Elles restèrent bien portantes ; elles furent menées à leur destination. Quelques mois après, l'épizootie naturelle se manifesta dans cette contrée. Toutes les bêtes en moururent très-promptement ; il n'y eut que ces neuf bêtes, qui cependant étaient au milieu des autres, qui ne furent pas malades. Claus Detlof fit une pareille expérience. Il envoya trente bêtes échappées par l'inoculation pour être nourries dans un lieu où venaient de périr, en peu de jours, soixante-treize bêtes. Elles furent mises dans les mêmes étables sans qu'on les eût nettoyées : elles restèrent saines.

Il cite encore un grand nombre de faits en faveur de son opinion. Je suis las, dit-il en terminant, de parler encore sur la certitude d'un fait qui ne peut plus être révoqué en doute.

Vicq d'Azyr, qui a cherché à apprécier les différentes méthodes employées, qu'il réduit à trois principales pour inoculer, déduit de son examen les principes suivans :

1° Il serait aussi déraisonnable que funeste de porter le germe destructeur de l'épizootie, sous prétexte de l'inoculer, dans un pays où elle ne régnerait pas.

2° Aucune des méthodes adoptées pour cette inoculation ne peut être employée dans un pays récemment infecté.

3° Ces méthodes supposent que le mal a fait des progrès et est répandu depuis long-temps. Elles supposent de plus qu'on ne prend aucune mesure pour l'extirper radicalement : elles ont l'inconvénient de continuer et de propager la contagion.

4° Dans la supposition où l'épizootie serait assez ancienne pour être devenue bénigne en quelques endroits, on pourrait tenter l'inoculation telle qu'elle est en usage dans le Mecklenbourg ; on aurait soin de déterminer la proportion qui existerait entre les bestiaux morts de l'épizootie contractée naturellement et ceux qui succomberaient après avoir été inoculés : c'est ce qui jusqu'ici n'a pas été fait.

5° Si l'épizootie se déclarait de nouveau dans un pays précédemment infecté , on pourrait inoculer les veaux qui naîtraient alors des vaches guéries dans le temps de la première invasion.

6° Si , par une négligence très-condamnable, l'épizootie, abandonnée à elle-même, avait jeté des racines assez profondes pour ne pouvoir être détruite, et s'il y avait un certain nombre de veaux nés de vaches guéries, on pourrait les inoculer suivant la méthode de Camper.

7° Le reproche fait aux médecins français de n'avoir point

employé l'inoculation de l'épizootie à l'imitation des Hollandais, n'est pas fondé, puisque nos provinces sont depuis trois ans délivrées de ce fléau, puisque l'inoculation ne peut être pratiquée avec fruit dans un pays nouvellement infecté, et que pour cette raison elle ne convenait pas en 1776 dans les provinces méridionales.

Rapportons ce que Camper écrivait aux états-généraux de Hollande :

J'ai suivi pendant quinze mois cette terrible épizootie ; j'ai été forcé d'en tirer cette malheureuse conclusion :

Que tous les remèdes de la pharmacie sont impuissans contre cette maladie, parce que les intestins ont déjà cessé leurs fonctions lorsque l'animal donne les premiers signes de contagion.

Les remèdes restent sans effet dans le premier estomac ou la panse. Une saignée peut seule diminuer la toux, mais elle reste sans effet. J'ai abandonné comme infructueux les diasostiques.

J'ai cru que l'inoculation était peut-être le meilleur remède ; elle rendait la maladie moins violente et par conséquent moins dangereuse.

Nos efforts ont été heureux ; l'inoculation permettait de pouvoir mieux suivre la nature de la maladie, de découvrir diverses circonstances avantageuses aux propriétaires et au gouvernement, des recherches pour déterminer si la peau des bestiaux morts de l'épizootie peut en infecter d'autres ; si la chair, le suif et le sang sont capables de produire le même mal ; enfin si le lait, le fromage des vaches attaquées de maladies contagieuses doivent être regardés comme nuisibles. Le lait pris intérieurement ne peut causer de contagion. Il ne produit aucun effet quand on s'en sert pour inoculer des veaux. Si donc les chèvres, moutons, porcs ne sont pas attaqués de l'épizootie, comme l'a prouvé l'inoculation que nous avons faite sans fruit sur ces animaux, si la viande fumée et salée ne paraît pas contagieuse; pourquoi en occuper le gouvernement?

D'après de nombreuses expériences, il résulte 1° que la maladie communiquée par l'inoculation a été accompagnée des mêmes symptômes que ceux de l'épizootie naturelle; 2° qu'elle se communique avec la même facilité; 3° qu'elle est en général plus bénigne et plus facile à guérir; 4° que les bestiaux guéris résistent parfaitement à une deuxième contagion, soit naturelle, soit inoculée.

Depuis ce temps nous avons confirmé tout cela par des centaines d'observations que les veaux nés de bêtes guéries sont aussi exposés à l'épizootie.

Sur cent douze, nous en avons sauvé quarante-cinq par l'inoculation; ensuite quarante-six sur quatre vingt-douze.

Lorsque nous comparons ces succès avec la liste des bêtes malades, mortes et guéries en Hollande et en West-Frise, nous trouvons les bienfaits de l'inoculation plus grands encore. Il paraît qu'on a conservé un quart en Hollande, un tiers dans la Nord-Hollande, tandis que nous en avons conservé la moitié.

Quoi qu'il en soit, nous avons appris que les remèdes prophylactiques diasostiques sont absolument inutiles; que les évacuations modérées, obtenues par du sel ordinaire, et des saignées répétées, sont très-salutaires ainsi que les alimens bien choisis. Les poumons cependant restaient trop fortement attaqués pour laisser quelque espoir que des sai-

gnées eussent pu opérer le moindre soulagement. Nous
concluons qu'il y avait inflammation des poumons. Aussi
vîmes-nous mourir de phthisie plusieurs bêtes qui étaient
en convalescence. Nous avons inoculé deux fois de suite un
animal avec la matière morbifique d'une vache très-malade;
mais il résista à la contagion. Une autre fois, nous avons obtenu un veau vivant d'une vache malade. Ce sujet, malade
en naissant, mourut avec les symptômes de l'épizootie.

Comme il y a beaucoup de choses à observer dans les
progrès de la maladie, il serait à souhaiter qu'on fît aux
frais du gouvernement les expériences suivantes :

Ouvrir les bestiaux vivans chaque jour après la communication de la maladie.

Ouvrir les bestiaux aussitôt qu'il y a signe de guérison.
Peut-être trouverait-on des remèdes capables de ramener la
rumination et de guérir l'inflammation des poumons.

La violence de la maladie communiquée par inoculation,
diffère, en apparence, si peu de la contagion naturelle,
qu'il y a lieu d'en être étonné. Il est vrai que l'inoculation
est susceptible d'amélioration.

Nous nous sommes blessé et d'autres en ouvrant les cadavres sans que nous en ayons éprouvé aucune suite fâcheuse.

Ni le lait, ni le beurre, ni le fromage, ni la chair, tant
fraîche que fumée et salée, des bestiaux attaqués, ne produisent aucun mauvais effet sur ceux qui en font usage.

Nous avons inoculé, en six endroits, une chèvre ainsi
qu'un mouton avec le virus d'une vache fort malade sans que
nous ayons aperçu aucun symptôme de maladie. Nous avons
fait cohabiter des chèvres avec des vaches malades sans qu'il

en soit résulté aucun accident. On peut en conclure qu'on peut nourrir les veaux sans inconvénient avec le lait des vaches de la plus mauvaise nature morbifique possible, mêlé avec de l'eau, que nous avons fait avaler à plusieurs veaux, ainsi que du sang, du lait d'une vache fort malade. On n'aperçut aucun signe. Pour nous convaincre que cela ne dépendait pas d'une constitution particulière des animaux comme n'étant pas disposés à recevoir la maladie, nous les avons inoculés; ils ont donné dès le cinquième jour des signes de l'approche de l'épizootie. Les bestiaux ne gagnent pas l'épizootie en buvant dans les mêmes vases, en avalant de la bave.

On a voulu savoir combien de temps les peaux demeurent capables de communiquer la contagion après la mort.

Un veau a été inoculé avec des lanières de peau provenant d'une vache qui venait de périr de l'épizootie.

Un autre veau quarante-huit heures après la mort de la vache, et de la même manière.

Un troisième avec des languettes de cette même peau, quatre jours après la mort de la vache en question.

Un quatrième avec six aiguillettes, six jours après la mort.

Tous ces veaux tombèrent malades le cinquième jour après l'introduction, avec une telle violence qu'un seul en réchappa.

Nous fûmes fâché d'en conclure que les peaux communiquent la maladie six jours après. Il faut donc prendre des précautions.

Nous avons inoculé quatre autres veaux avec de la chair musculaire de la même vache, savoir : le premier, le deuxième, le quatrième, le sixième jour après la mort. Les quatre veaux ont péri rapidement. La chair est donc contagieuse aussi ; il ne faut donc pas la transporter où l'épizootie ne règne pas. Denis, vétérinaire, a fait la même observation auprès de Rocroy, en 1814.

Les veaux inoculés avec du suif de bêtes mortes de l'épizootie, les troisième, quatrième et sixième jours après la mort, ont été atteints si violemment de la contagion, qu'ils ont été très-malades le sixième jour ; ils sont morts ensuite. Pendant combien de temps le suif reste-t-il contagieux ? Quatre veaux ayant été inoculés avec le sang de la même vache morte de la contagion, les premier, deuxième, troisième, quatrième et sixième jours de la maladie, ils périrent tous.

Ces résultats prouvent que les précautions sont à peu près inutiles ; il n'est guère possible d'éviter le sang, la bave, etc.

Il est à croire que le fumier serait très-contagieux ; mais il n'y a pas d'expérience pour le constater. Un fait : un garde de la porte de Fontenai, sous le bois de Vincennes, a communiqué la maladie épizootique en donnant à ses vaches du foin délaissé par des vaches malades (en 1814). Sa vacherie était isolée de toute autre habitation.

L'inoculation a été pratiquée en Angleterre, dans le duché de Brunswick en 1746 ; en Nord-Hollande en 1755, près de La Haye en 1757 ; la même année à Londres, par Camper, avec le célèbre Van Doeveren, à Gottingue, en 1769 ; et par M. Munnicks en Frise.

L'inoculation a, suivant Camper, les avantages suivans :

1° Ce sont des veaux d'un prix modique qu'on expose ;

2° Des génisses avant qu'elles aient reçu le taureau ;

Presque toutes les vaches avortent par l'effet de la conta-gion. La matrice est tellement affectée qu'elles ne peuvent ensuite retenir facilement. On est obligé de les nourrir une année sans en rien retirer. On les engraisse pour la bou-cherie.

Actuellement l'inoculation s'opère en Frise et dans la province de Groningue sur tous les veaux, avec un tel suc-cès, qu'il en meurt rarement un sur cent.

Je crois pouvoir conclure que dans les pays où la méthode de *tuer les bestiaux attaqués* n'a pas le succès qu'on en at-tendait, l'inoculation des veaux nés de bêtes guéries est le seul remède qu'on puisse employer pour rendre ce fléau supportable.

Il est maintenant évident et reconnu, soit qu'on ait recours au moyen de tuer les bestiaux ou à celui d'inoculer, il serait utile de savoir pendant combien de temps le virus peut se garder sans perdre son activité ; combien de temps une bête morte conserve sa qualité contagieuse ; combien de temps la viande salée, fumée, le suif, la peau, les cornes, les os, les poils restent imprégnés de ce même germe. Et en ce qui concerne l'inoculation, il faudrait savoir combien de temps la matière dont on se sert pour cette opération con-serve sa vertu.

Par ces différentes expériences, on parviendrait à pouvoir indiquer aux chefs du gouvernement et aux fermiers les moyens d'opérer avec certitude dans la suite, et par là on ne manquerait pas de bien mériter de ses contemporains et de la postérité.

Ne voulant rien négliger sur l'importante question de l'i-noculation, nous rapportons, pour nous conformer à cette idée, ce qui se trouve à la page 112 de l'ouvrage de Vicq d'Azyr.

Il dit : « L'inoculation m'a paru peu avantageuse, puisque tous les bestiaux sur lesquels je l'ai tentée ont péri. « Vicq d'Azyr est convaincu qu'elle réussit mieux sur les jeunes animaux que sur ceux qui sont plus avancés en âge. Dans les temps où la maladie est moins meurtrière, l'inoculation l'est moins aussi. Dans son premier voyage, un seul bœuf sur douze a été conservé, et dans le dernier, la maladie étant plus bénigne, trois sur dix ont été guéris. » Layard, suivant Vicq d'Azyr, avait déjà tenté l'inoculation de l'épizootie en Angleterre : Camper l'avait pratiquée en Hollande. Le docteur Koopnam et le docteur Sandifort en avaient répété l'expérience dans le même pays ; enfin Bergius, dans les Mémoires de l'Académie de Suède en 1769, a soumis ce procédé au calcul le plus exact pour en connaître les dangers et les avantages. Sur cent douze bestiaux inoculés, Camper en a guéri quarante-un ; Koopnam, sur quatre-vingt-quatorze, en a guéri quarante-cinq. On vient de voir le résultat de mes expériences, qui n'est pas aussi avantageux que celui des tentatives faites en Hollande. « Je ne crois pas que personne ait pris autant de précautions que moi, c'est Vicq d'Azyr qui parle, pour en assurer le succès. » Peut-être est-il vrai de dire, avec Bergius, que, cette maladie n'étant pas essentiellement exanthématique, l'inoculation n'est pas de nature à lui convenir. Quoi qu'il en soit de cette opinion, des expériences bien faites et très-multipliées prouvent qu'elle n'offre aucun avantage, et qu'elle ne peut que répandre la contagion et augmenter le nombre des victimes.

Vicq d'Azyr dit qu'il a eu la précaution de mettre long-temps les animaux à la diète, d'en faire saigner quelques uns, de leur faire établir des cautères avant de les inoculer. Il a même poussé la précaution jusqu'à acheter des vaches bretonnes qui donnaient beaucoup de lait, et il n'a pas été plus heureux. Il a trempé les tampons imbibés dans les huiles grasses et aromatiques ; il les a exposés à la vapeur de l'acide sulfureux, comme le recommande Mauduit, à celle de l'esprit de sel ; il les a mouillés avec l'alcali volatil, et l'épizootie s'est communiquée aussi facilement ; son invasion a été seulement retardée chez les bestiaux inoculés avec les tampons imbibés de l'alcali volatif. Il a inutilement piqué à diverses reprises le cuir des bestiaux sains avec un scalpel trempé dans le pus des bestiaux malades. L'épizootie ne s'est pas communiquée par ce moyen. Il a fait une, deux, quelquefois jusqu'à trois plaies pour introduire de petits plumaceaux infectés : la maladie n'a paru ni plus prompte ni plus violente. Les plaies sont toujours devenues noires, fétides et gangrenées, et, dans les bestiaux morts à la suite de l'inoculation, le ramollissement putride des chairs s'étendait profondément jusqu'à l'os.

L'auteur a surtout retiré cet avantage de l'inoculation, qu'il a vu naître la maladie et qu'il a pu être témoin de ses premiers symptômes. Il s'est assuré que plus l'invasion est prochaine, plus aussi la sensibilité vers le cartilage xiphoïde est grande. Les convulsions cutanées se déclaraient à cette époque, et l'air étonné, la vivacité et la pétulance dans les mouvemens ont été les symptômes précurseurs de la maladie dans quelques uns des bestiaux inoculés.

La cohabitation durable avec les bestiaux infectés a paru favoriser la propagation de l'épizootie. Deux bœufs sains ont été conduits d'un lieu infecté dans un autre pendant plus de quinze jours, en sorte qu'il ne restait pas plus de deux jours de suite dans chaque étable où étaient les bestiaux malades, et ils passaient la nuit dans une étable non infectée. Deux autres également sains ont séjourné, pendant deux jours seulement, dans une écurie assez grande avec trois bœufs malades, dont ils étaient aussi éloignés qu'il était possible ; ils ont été attaqués vers la fin du dernier jour de l'épizootie. Il a fait frotter d'huile les bestiaux sains qui vivaient avec les bestiaux infectés pour essayer d'éloigner l'introduction du virus par les pores de la peau ; la maladie est venue aussi promptement.

Il a frotté une certaine quantité de foin sur le dos des bestiaux infectés ; il en a donné moitié à un bœuf sain, qui est devenu malade au bout de quelques jours. Il a fait battre fortement et laver l'autre moitié à plusieurs eaux ; les bêtes qui en ont mangé n'ont point été attaquées. Il a nourri long-temps un veau dans une étable où étaient des bestiaux malades, sans qu'il ait été attaqué de l'épizootie. Vicq d'Azyr l'avait logé loin des autres bestiaux, dans une espèce de cage faite avec des morceaux de bois ; on lui donnait des alimens bien choisis, et une personne qui n'approchait pas des bêtes malades, lui frottait, à diverses reprises dans la journée, le nez et la bouche avec du vinaigre d'ail très-fort. Pendant qu'il ne mangeait pas, il avait les naseaux renfermés dans un panier d'osier frotté avec de l'huile de térébenthine. Il s'est conservé sain.

Parmi les animaux inoculés, il y a eu un bœuf qui n'a pas été attaqué de la maladie, et qui a résisté au virus. Vicq d'Azyr a vu, dans le Condomois, les bœufs d'une femme charitable qui se faisait un plaisir et un devoir de labourer les champs des malheureux cultivateurs dont l'épizootie avait enlevé tous les bestiaux, résister à la contagion qui les entourait de toutes parts, et contre laquelle elle ne prenait aucune précaution. Ce fait curieux et important perdra tout son merveilleux si on en rapproche un passage qu'on lit page 209 du même ouvrage : « Les bestiaux qui ont échappé pendant l'année dernière à la maladie, et qui sont en petit nombre, n'ont pas été attaqués cette année, quoique l'on n'ait pris aucunes précautions à leur égard. » On a cependant assuré à l'auteur qu'à Balma, dans le Lauraguais, un bœuf a été attaqué deux fois de l'épizootie. Cet exemple est le seul qu'il connaisse, et encore n'est-il pas bien certain que cela soit ; car, ajoute-t-il, il ne faut pas regarder comme ayant été attaqués deux fois, les bestiaux de la Népax, non plus que ceux de Mas-Fimarcon, puisque la première maladie de ces bestiaux avait été supposée par deux charlatans qui avaient intérêt de passer pour des guérisseurs, et dont les remèdes en ont fait périr un grand nombre. Ceux de ces bestiaux que l'on croyait guéris, ont été attaqués véritablement de l'épizootie quelques mois après, et ont presque tous péri. Quelques bestiaux en ont été quittes pour une éruption galeuse, qui ne leur a pas même ôté l'appétit. M. Belot, avocat à Toulouse, a eu quelques bœufs qui ont été dans ce cas dans sa métairie, sur le bord du canal. On a vu quelquefois la maladie des bestiaux sporadique aux environs des lieux où elle était épidémique. Il ne paraît pas que Vicq d'Azyr se soit assuré si les bœufs de cette dame charitable dont il parle avaient été attaqués de l'épizootie ; c'était cependant le point principal qu'il fallait bien constater, puis-

que, de son aveu même , il n'y avait point d'exemple bien avéré qu'une bête une fois guérie eût contracté la maladie une seconde fois. Ces réflexions détruisent ce que pouvait avoir de merveilleux le fait aux yeux de Vicq d'Azyr , qui venait d'observer, une ligne plus haut , qu'un bœuf inoculé avait résisté au virus. Rapportons ses propres paroles (page 104) : « J'ai inutilement tenté de communiquer la ma
» ladie une seconde fois à des bestiaux qui , l'ayant essuyée,
» avaient eu le bonheur d'en guérir. A peine cite-t-on deux
» exemples contraires dans toutes les provinces méridio-
» nales ; encore ils sont suspects. Ce fait doit rassurer les
» personnes qni ont des bestiaux guéris de l'épizootie ac-
» tuelle. »

Vicq d'Azyr, dans l'Extrait du journal de ses expériences, publié en Auch , en janvier 1775 , avance que la maladie épizootique ne se communique point aux chevaux , mulets , ânes , chiens , chats , cochons , moutons , chèvres. Trois moutons sont cependant morts à la suite de l'inoculation ; mais il a semblé à l'auteur lui-même que cet accident devait être attribué à l'action du virus sur la plaie , qui , en moins de trente-six heures, a gagné une extrémité tout entière. Il a piqué des pigeons et des coqs avec un scalpel imprégné de molécules virulentes , et leur santé n'en a point souffert. Ces différentes expériences ont été faites à grands frais et avec beaucoup d'exactitude. On n'a rien négligé, suivant Vicq d'Azyr, pour mettre hors de doute les vérités qu'on an-nonce. Il lui a plus coûté de peine et de travaux pour consta-ter l'insuffisance des remèdes contre l'épizootie , que pour en trouver un capable de la combattre avec avantage , s'il avait été assez heureux pour le découvrir. C'est une erreur

que nous ne pouvons partager que de rechercher **un remède**
spécifique contre une maladie ; un traitement spécifique
particulier, une bonne méthode curative, sont à nos yeux
une réunion de moyens tirés de l'hygiène, de la thérapeutique, de la chirurgie et de la police administrative, convenablement appropriés d'après une ou plusieurs indications
déduites de la nature de la maladie et de toutes les conditions où l'animal est placé. Admettre qu'un seul remède
pourra remplir toutes les indications, c'est une chimère. On
est surpris qu'un médecin éclairé tel que Vicq d'Azyr ait pu
se laisser séduire par une idée du domaine du vulgaire.

C'est ici le lieu de nous appuyer d'une grande autorité et
de faire connaître un projet d'expériences présenté à l'Institut, en 1797, par Gilbert. Le lecteur se convaincra, en le
parcourant, combien la question qui nous occupe est grande
et compliquée. Nous n'aurons peut-être pas une autre occasion d'en parler ; son importance nous a déterminé à le conserver. Le voici :

Lorsqu'on n'a pu parvenir à se garantir de l'invasion d'une
épizootie (1), le meilleur moyen qu'on puisse tirer d'une
circonstance aussi malheureuse, c'est sans doute d'en profiter pour rechercher la cause de ce fléau, sa nature, sa
marche, son origine, les moyens de le combattre avec avantage, les moyens bien plus importans encore d'en prévenir
pour jamais le retour.

Depuis Hippocrate, qui ne dédaigna pas de s'occuper des
maladies des bestiaux, jusqu'à nos jours, il est peu d'épi-

---

(1) *Projet d'expériences pour parvenir à la connaissance de la nature, de la marche, des causes et du traitement de l'épizootie régnante ; par Gilbert. (Annales d'agriculture française, tom. II.)*

zooties de quelque importance qui n'aient été observées par
les hommes les plus versés dans l'art de guérir. Tous ont
reconnu et n'ont pas craint d'avouer que ces maladies désastreuses présentaient des phénomènes dont l'explication
échappait à leur sagacité et qui semblaient même se jouer
des connaissances les plus positives de la physique animale.
Plusieurs nous ont laissé des observations extrêmement précieuses ; mais eux-mêmes ne les ont regardées que comme
des données d'un problème dont la solution en exigeait un
grand nombre d'autres. Tous ont invité ceux qui viendraient
après eux à s'occuper de recherches qui seraient sans doute
très-importantes quand même elles n'intéresseraient que la
santé des animaux, mais qui le deviennent bien plus encore
par l'influence qu'elles peuvent avoir sur celle des hommes.

C'est sur les moyens qui me paraissent les plus propres à
remplir un vœu aussi raisonnable que je viens proposer
quelques idées.

Il m'a semblé que le premier pas à faire était de bien connaître les points principaux qui restaient à éclaircir. Je vais
indiquer ceux qui se présenteront à mon esprit ; je ferai connaître ensuite les expériences qui semblent devoir porter
quelque jour au milieu de ces ténèbres, et j'examinerai
quels sont les moyens d'exécution que peuvent permettre
les circonstances.

On sent aisément, d'après ce simple aperçu, que mon intention doit se borner à tracer ici le cadre d'un tableau qui
ne peut être rempli que par le concours d'un grand nombre
de coopérateurs.

Points à éclaircir. 1° Quoiqu'il soit assez généralement
reconnu aujourd'hui que la maladie régnante est conta--

gieuse, il suffit que cette question ait été controversée et qu'elle puisse l'être encore, pour qu'on doive chercher à la résoudre par des expériences positives, si l'on fait attention surtout qu'on a très-souvent regardé comme l'effet de la communication des maladies qui ne se déclaraient à la fois sur un grand nombre d'individus que parce que tous avaient participé à la cause qui les avait produites.

2° Quelles sont les voies par lesquelles la contagion passe d'un individu à un autre? Est-ce par la déglutition ou par la respiration, ou par les pores absorbans?

3° Quelles évacuations sont les véhicules du virus contagieux? Celles des narines, des yeux, de la bouche, de l'anus, de la vessie?

4° Le contact immédiat est-il nécessaire pour établir la communication? ou le virus peut-il passer dans les animaux avec l'air qu'ils respirent, avec les fourrages qu'ils avalent, avec l'eau dont ils sont abreuvés?

5° Les vapeurs recueillies dans les estomacs et les intestins des cadavres et exhalées à l'orifice des narines, peuvent-elles communiquer la maladie?

6° Des mèches imbibées ou de la bave, ou de la morve, ou de l'humeur lacrymale, ou de la bile, ou de l'urine des animaux affectés de l'épizootie, et insinuées sous la peau d'un animal sain, peuvent-elles lui communiquer la maladie?

7° Pendant combien de temps des mèches ainsi imprégnées peuvent-elles conserver la faculté de communiquer la contagion?

8° N'existe-t-il aucun moyen d'émousser, de neutraliser, d'enchaîner ou d'éteindre l'activité du virus fixé sur les mèches, soit par des substances grasses et invisquantes, soit par des substances âcres, corrosives, soit par des substances délayantes, détersives, astringentes, etc. ?

9° Les fluides reconnus pour être les véhicules de la contagion, conservent-ils cette funeste propriété après la mort de l'animal?

10° La chair crue et le lait des vaches affectées de l'épizootie peuvent-ils être consommés sans danger par l'homme ou les animaux d'une autre espèce ?

11° La cuisson n'établit-elle aucune différence à cet égard?

12° Les peaux des animaux morts de l'épizootie sont-elles incapables de la communiquer quoiqu'elles n'aient été soumises à aucune préparation ?

13° Dans le cas où les cuirs frais seraient reconnus capables de communiquer la maladie, est-il suffisant de les passer à la chaux pour les désinfecter ?

14° Les habits des personnes qui soignent les animaux malades, peuvent-ils servir de véhicule à la contagion?

15° Y a-t-il à cet égard quelques différences entre les étoffes de laine et celles de fil? La soie, les toiles cirées ou gommées peuvent-elles prévenir ce danger?

16° Un bœuf qui a cohabité avec un animal infecté, peut-il communiquer la maladie, quoiqu'il n'en soit pas lui-même attaqué? Les chiens, les chats, les cochons, les volailles, peuvent-ils être également des moyens de communication?

17° La maladie est-elle contagieuse à toutes ses époques, depuis son invasion jusqu'à sa terminaison?

18° Si, au moment de l'invasion, on sépare les bêtes affectées de celles avec lesquelles elles habitent, mais qui n'ont point été exposées à recevoir le germe, peut-on espérer d'en préserver ces dernières?

19° Combien de temps le germe de la maladie peut-il rester suspendu dans les animaux qui l'ont reçue?

20° La durée de cette suspension est-elle la même, quelles qu'aient été les voies par lesquelles le virus s'est communiqué?

21° Cette suspension est-elle bien réelle? N'y a-t-il véritablement aucun symptôme accessible à l'observation, à commencer de l'époque de l'introduction du germe jusqu'à l'invasion?

22° Après quels temps, depuis l'admission du virus, les fluides des narines, de la bouche, et autres, deviennent-ils susceptibles de la communiquer?

23° L'immersion dans l'eau des animaux qui ont été exposés à recevoir sur leur corps des particules virulentes, suffit-elle pour en détruire l'effet?

24° Une incision faite sur la peau d'un animal sain avec une lancette ou autre instrument chargé du mucus virulent, peut-elle communiquer la maladie?

25° La maladie inoculée sévit-elle avec la même fureur que celle qui a été introduite par les voies ordinaires? L'inoculation ne peut-elle servir qu'à répandre la contagion, comme l'a prétendu Vicq d'Azyr, ou bien diminue-t-elle les chances de la mortalité, comme l'ont assuré Camper, Bergius et plusieurs autres?

26° Ne pourrait-on pas en diminuer la malignité par des préparations? Sur quels principes doivent-elles être dirigées?

27° L'animal qui a été affecté de la maladie ne peut-il l'être une seconde fois?

28° Les cautères, les sétons, en un mot les exutoires

quelconques, peuvent-ils être regardés comme préservatifs certains ou du moins très-puissans, comme semblent le prouver un grand nombre de faits observés dans les maladies pestilentielles, non seulement des animaux, mais encore de l'homme? N'affaiblissent-ils pas l'activité du virus, lorsqu'ils ne le détruisent pas?

29° L'écoulement abondant par les narines, qui est un des caractères les plus constans de cette maladie, ne pourrait-il pas être rendu critique, comme quelques faits dus au hasard ont semblé le prouver?

30° Quels sont les moyens les plus propres à déterminer cette crise?

31° Quelle est la véritable nature de cette maladie, que les uns ont regardée comme une *fièvre maligne pourpreuse*, d'autres comme une *fièvre ardente éruptive*, d'autres comme une *dysenterie*, d'autres comme une *petite-vérole;* que d'autres ont attribuée au seul endurcissement des alimens dans le feuillet, et d'autres encore à l'altération de la bile, dont la vésicule engorgée s'est trouvée quelquefois la seule lésion accessible à l'observation?

32° Quel est ce genre singulier d'inflammation dont la saignée et l'usage des tempérans ont si souvent augmenté l'intensité, et qu'on a vue diminuer par l'usage du poivre, de l'ail, des ognons, du vin le plus généreux, de l'eau-de-vie, de la thériaque, et autres substances incendiaires?

33° Par quelle singularité la même maladie est-elle bénigne dans un canton, au point que le plus grand nombre des malades guérit sans aucun secours, tandis que, dans le canton adjacent, soumis en apparence à l'empire des mêmes circonstances locales, elle sévit avec une telle fureur, que

les secours les mieux indiqués ne peuvent sauver qu'un très-
petit nombre de bêtes ?

34° Quelles sont les altérations qu'éprouve, dans cette maladie, l'humeur bilieuse, qui doit paraître aux moins clair-
voyans comme jouant un des premiers rôles?

35° Comment se peut-il que les animaux qui ont été exposés à recevoir les germes de l'épizootie, puissent être conduits avec avantage dans les lieux où elle a cessé, qu'ils n'y
soient point attaqués, ou qu'ils le soient beaucoup moins
dangereusement que ceux laissés dans le pays d'où on les a
tirés ?

36° Quelques faits ont prouvé qu'une partie des alimens
endurcis dans le feuillet avait été avalée plus de quarante
jours avant l'invasion de la maladie ; ne serait-il pas possible
de s'assurer d'un fait si extraordinaire ?

Expériences à tenter. Quoiqu'il me paraisse bien difficile de
résoudre toutes ces questions, et une infinité d'autres qu'on
pourrait y joindre, il est utile au moins de le tenter. On ne
peut se flatter du succès qu'à l'aide d'un nombre considérable
d'expériences. Quelques unes ont déjà été faites par des
hommes très-éclairés, et surtout par Vicq d'Azyr ; mais on
ne peut se dissimuler qu'une foule d'obstacles de tout genre
ont dû s'opposer à ce qu'on fît toutes celles qui eussent été
nécessaires, et qu'on les fît surtout avec une exactitude capable d'en garantir les résultats.

On comprend qu'il faut se résoudre au sacrifice d'un grand
nombre de bêtes saines, et qui n'aient pas été exposées à recevoir les germes de la maladie.

On sent qu'il est nécessaire de les réunir dans un lieu isolé,
et de les espacer assez pour qu'on puisse être sûr que les ef-

fets qu'on obtiendra seront réellement les résultats des expériences, et ne pourront être attribués à aucune autre
cause.

Le choix de ce local doit être tel qu'on ne puisse avoir
rien à craindre de la communication de la maladie, qu'on y
établira pour l'observer.

Je crois inutile d'entrer dans le détail des expériences
qu'il sera nécessaire de tenter ; outre qu'elles se trouvent
déjà indiquées en quelque sorte par l'exposition des questions à éclaircir, on doit sentir qu'elles devront être extrêmement variées, et modifiées à raison des circonstances. Mais
quels seront les moyens d'exécution ? C'est le point sur lequel je crois surtout nécessaire d'appeler l'intervention de
l'Institut.

Ce serait en vain qu'on attendrait d'un particulier les expériences dont je viens d'indiquer la nécessité. Ceux qui auraient assez de zèle pour les tenter, n'auraient sûrement
point assez de fortune, et réciproquement. C'est donc du
gouvernement, et du gouvernement seul, qu'on doit attendre des essais d'une utilité aussi générale. Il y a des maisons
rurales consacrées à toutes les expériences utiles à l'agriculture ; en est-il qui touchent plus immédiatement à ses intérêts que celles-ci ? Il existe dans ces établissemens des parcs
très-vastes qui se prêtent à toutes les dispositions que la prudence et la précision des expériences pourront exiger. Il y
existe aussi des animaux; et, déjà frappé de l'utilité de ces
essais, j'ai engagé à suspendre la vente d'une douzaine de
bêtes à cornes. J'ai pensé que quelques vérités, ajoutées à la
masse de nos connaissances sur un objet de cette nature, vau-
draient mieux que l'argent qu'on retirerait de ces animaux.

27

Déjà mes regards se sont portés sur un local qui m'a paru réunir la plupart des conditions exigées pour le succès de cette opération.

J'ai pensé que la classe ne regarderait pas comme un objet indigne d'elle de nommer, dans son sein, des commissaires pour diriger ces expériences, et lui rendre compte des résultats. J'ai pensé qu'elle croirait utile d'intervenir auprès du ministre de l'intérieur afin d'obtenir de lui l'autorisation nécessaire pour faire cette expérience dans un des établissemens ruraux, et des fonds pour subvenir aux frais, très-peu considérables, qu'elles exigeront dans une localité où se trouvent déjà les dispositions les plus importantes.

Il ne sera pas difficile de prouver au ministre que c'est surtout à des essais de ce genre que doivent être consacrés les établissemens ruraux, et il me semble que l'Institut doit saisir toutes les occasions qui se présenteront d'user du droit qu'il a de faire servir cet établissement à l'avancement des sciences qui l'occupent.

Je ne me dissimule pas qu'on peut m'objecter que, si la maladie vient à se déclarer dans le pays où seront faites ces expériences, on ne manquera pas de les en accuser; mais je répondrai que la pusillanimité seule pourrait faire cette objection; que jamais on ne tenterait rien si on était arrêté par de semblables difficultés; qu'on n'eût jamais, par exemple, fait l'essai de l'inoculation, qu'on ne la ferait même jamais encore dans la crainte de répandre dans le voisinage la petite vérole. Qu'on me permette de dire, puisque c'est une vérité dont il est utile que tous les esprits soient frappés, que l'épizootie régnante a tous les caractères de celle de 1714, et surtout de celle qui commença en 1745, et fit, pendant dix ans, le tour de l'Europe , qu'elle dévasta. On lit , dans les registres de la Faculté de médecine, pour l'année 1745, que l'épizootie prit naissance dans la Bohème ; qu'elle gagna, d'un côté , la Hongrie , la Bavière , la Styrie , la Carynthie , le Tyrol, l'Italie et les provinces méridionales de la France, et que, de l'autre , elle pénétra dans l'Alsace, le Luxembourg , la Franche-Comté , la Lorraine , les Pays-Bas , la Flandre , la Picardie, d'où elle fut apportée à Paris , et de là dans presque toutes les autres provinces de France , qu'elle dépeupla l'une après l'autre. Il semble que ce soit là l'historique de la maladie régnante. S'il n'a pas été possible d'éviter les premiers actes de cette sanglante tragédie , tâchons au moins de prévenir le dernier. « Rien de si dangereux , dit Vicq d'Azyr, qu'une sécurité déplacée ; on ne peut connaître trop bien et trop tôt toute la supériorité de l'ennemi que l'on se propose de combattre. »

La réflexion qui termine le mémoire de Gilbert , porte naturellement notre pensée sur la mesure cruelle qui coûta des millions à la France; on voit qu'il s'agit de l'assommement, question débattue de part et d'autre avec une sorte de violence. Il est évident qu'un moyen aussi terrible devait affliger profondément le cœur de Turgot, qui fut forcé de signer sur son lit de mort le massacre des bestiaux. Aussi jugea-t-il nécessaire de s'entourer des lumières des plus célèbres médecins de la capitale, qui déjà en 1745 avaient montré le plus grand dévouement pour combattre une mortalité qui régnait alors dans Paris et les environs. M. de l'Épine, doyen de la Faculté, dit Paulet, se transporta sur les lieux infectés de contagion, et en rendit compte aux magistrats; mais, la maladie ayant fait des progrès , M. de l'Épine, ne pouvant vaquer seul à cet emploi, s'associa plusieurs confrères. D'abord MM. Boudard, Cochu, Maloin et Bertin, et ensuite MM. Chomel et Lemoine, enfin, MM. Lemonnier, J. Le Thuillier, Ferrein et Procope, qui partaient tous les jours de Paris et allaient visiter les bêtes malades. Jamais, ajoute Paulet, on ne fit tant d'honneur à ces animaux, et il eût été difficile de les mettre en des mains plus habiles. Aussi remarquons à cette occasion que les meilleurs ouvrages sur les épizooties sont dus aux médecins. Cependant ceux qui formaient la commission établie par Turgot, reconnurent avec douleur que le fléau qui désolait le commerce des bestiaux se montrait supérieur aux ressources fournies par la science médicale. Cette circonstance détermina Turgot à donner à cette commission une disposition académique. Aussi forma-t-elle en 1776 la société royale de médecine, dont les travaux ont tant contribué à l'avancement de la science. Cette compagnie savante devait incessamment s'occuper de tout ce qui concerne les épidémies et les épizooties. La renommée a publié les services que cette société célèbre a rendus.

Faisons maintenant connaître les raisons pour et contre l'assommement, en commençant par le mémoire de Vicq d'Azyr.

Les secours de la médecine, il faut en convenir, ne sont pas aussi étendus qu'on pourrait le croire (1),

1° Parce qu'elle ne peut rien lorsque la maladie est très-meurtrière ;

2° Parce que, lorsque la maladie, devenue plus bénigne,

____

(1) *Réflexions sur les avantages de l'assommement ;* par Vicq d'Azyr, pag. 569 et suivantes (Voyez *Exposé des moyens curatifs et préservatifs.*)

cède à un traitement méthodique, les paysans refusent constamment de s'y conformer et s'obstinent à préférer la recette
d'un charlatan , à une méthode raisonnée. Il arrive donc que
les secours dont le gouvernement peut disposer , sont les
seuls qui puissent opérer un bien universellement répandu
dans les campagnes. Le gouvernement a deux grandes ressources dont il peut user dans le besoin.

La première consiste à laisser un espace d'une ou plusieurs
lieues vide et dépourvu de bestiaux entre le pays sain et le
pays infecté , en se servant autant que possible des rivières
ou fleuves pour assurer le succès de cette opération. Alors
on fait refluer les bestiaux vers l'intérieur, où une expérience malheureuse a prouvé qu'il meurent en peu de temps
de la maladie, ou bien on les emploie aux salaisons : on établit
une barrière que la contagion ne franchit jamais lorsqu'on
empêche tous les abus qui pourraient la propager.

La seconde ressource consiste dans l'assommement, qui
peut être ordonné suivant des vues différentes.

Dans un pays sain où il se déclare une ou plusieurs bêtes
malades , le parti le plus sage est sans contredit celui de les
assommer et de les ensevelir profondément. Un arrêt du
conseil du 18 décembre 1774, ordonna que les dix premières
bêtes malades seraient assommées, que le roi en paierait le
tiers.

2° Dans un pays dévasté par l'épizootie, et où elle a jeté
de profondes racines , lorsqu'elle y exerce des ravages opi-
niâtres auxquels la médecine ne peut opposer que de faibles armes , l'assommement des bestiaux malades dès l'apparition des premiers symptômes , diminue de beaucoup la
masse d'infection et peut même quelquefois la détruire tout-

à-fait. Ce moyen ne porte aucun préjudice aux particuliers, auxquels le paiement du tiers rend au-delà de leurs espérances.

Un arrêt du conseil rendu le 3o janvier 1775, ordonna l'assommement de toutes les bêtes attaquées de l'épizootie dès son invasion, et le paiement du tiers. L'arrêt fut mis sur-le-champ en vigueur dans les provinces méridionales.

Quelque temps après, Bourgelat publia deux mémoires dans lesquels il adopta ce système, qu'il appuya de l'autorité des premiers médecins du roi, de presque tous les médecins de la cour, et de plusieurs médecins de Paris. L'exécution constante et suivie de ce projet a produit le plus grand bien partout où l'esprit d'indulgence n'a point apporté d'entraves.

Quelque chose que l'on ait dit, ses succès en démontrent mieux l'utilité que tout ce que je pourrais ajouter ici. En vain objecterait-on que, s'il est le triomphe de l'administration, il est l'opprobre de l'art ; faudra-t-il que, par excès d'amour-propre, par une présomption coupable et déplacée, l'on promette plus que l'on ne peut tenir, que l'on trompe le gouvernement lorsqu'il demande à être éclairé ? Et quelle honte peut-il y avoir pour un médecin à tracer lui-même et à ne pas outrepasser les limites de ses connaissances ; à donner tous les développemens d'un projet utile et à en diriger l'exécution ? Mais, dira-t-on, comment l'art pourra-t-il jamais faire des progrès si une main meurtrière détruit tous les malades à mesure qu'ils se présenteront ? A cet égard, on n'a rien à se reprocher. Il n'y a pas de méthode dont je n'aie fait et ordonné l'essai, et quand on compterait mes efforts pour rien, on ne fera pas la même injustice à ceux de plusieurs médecins célèbres. Que regrette-t-on, d'ailleurs? Est-ce l'impossibilité où l'on sera alors de trouver un remède spécifique? Cette découverte paraîtra toujours une chimère dans un mal aussi compliqué et aussi prompt. Est-ce l'impossibilité où l'on sera de chercher dorénavant un traitement méthodique? Mais ce traitement est toujours sans succès lorsque l'épizootie est très-meurtrière, et lorsqu'elle commence à s'adoucir, on ne manque pas de moyens pour la combattre. La médecine a rendu tous les services qui étaient en elle. Mais l'auteur semble oublier une circonstance très-importante; c'est qu'on assomme des bestiaux qui auraient pu échapper à la maladie, puisqu'il dit lui-même que les épizooties les plus meurtrières ne font périr que les deux tiers des animaux.

Mais revenons : dans ces épizooties, on peut, dit Vicq d'Azyr, employer les moyens les plus vigoureux, sans manquer aux devoirs et aux qualités d'une bonne administration. On y manquerait en ne les employant pas.

1° Quand on aurait trouvé un traitement spécifique, il serait presque impossible de le faire universellement adopter dans les campagnes.

2° Dans un grand nombre de pays on vient difficilement à bout d'engager les fermiers à séparer les bestiaux sains d'avec les malades.

3° Si la communication des bestiaux entre eux ne peut être empêchée que très-difficilement, à plus forte raison, celle des hommes, des animaux, des chiens; les hardes échappent nécessairement à la vigilance de l'administration.

4° La vente des bestiaux, qui se fait toujours furtivement,

quelquefois à force ouverte, est encore un moyen de communication.

5° L'assommement des bestiaux malades ne réussit pas toujours, parce qu'il faut attendre que tous les bestiaux d'une métairie soient attaqués pour en ordonner l'assommement ; ce qui demande un temps très-long, qui perpétue la contagion et augmente beaucoup les dépenses.

6° On sait d'ailleurs qu'aussitôt que la maladie a pénétré dans une métairie, tous les bestiaux en sont successivement attaqués et qu'aucun n'échappe à la contagion. Il est évident que, la loi de l'assommement de toutes les bêtes malades une fois établie, il importe peu, relativement aux intérêts du propriétaire, que, pour les assommer, l'on attende ou que l'on n'attende point que la maladie se déclare. Cette rigueur lui est avantageuse, puisqu'on en paie la totalité lorsqu'on n'aurait payé que le tiers si on avait donné à la maladie le temps de se développer. Mais Vicq d'Azyr convient que l'on doit se garder d'une loi aussi sévère si on n'a pas assez de courage pour la faire exécuter partout en même temps. Dans le cas contraire, au lieu d'un projet utile, on exécuterait une suite de vexations aussi onéreuses à l'état qu'elles seraient à charge aux particuliers.

7° Il est encore prouvé, suivant le même auteur, que la meilleure méthode, si l'on considère l'ensemble, ne guérit jamais plus d'un tiers des bestiaux attaqués. Tandis qu'on cherche à guérir les bêtes d'une étable, la maladie, bénigne dans un village où elle a vieilli, se communique très-meurtrière dans un autre très-voisin.

8° Partout où l'on a suivi le système de l'assommement le plus étendu, en Angleterre, dans les Pays-Bas autrichiens, dans les provinces méridionales, la maladie a été tout-à-fait détruite ; elle subsiste, au contraire, partout où l'on s'est obstiné à traiter les bestiaux, parce qu'alors les surfaces infectées deviennent si étendues, si nombreuses, qu'on ne peut se flatter de les purifier toutes. La Hollande en fournit un exemple.

On rapporte à l'appui de ce sentiment un article de la *Gazette de France* du 24 août 1770, n° 68, qui porte ce qui suit :

«Pendant le cours de l'année dernière, 9,800 bêtes à cornes sont mortes dans la province de Frise. Dans la Hollande méridionale, depuis le 1er avril 1769 jusqu'au dernier mois de cette année, il est mort 115,665 bêtes, et l'on en a guéri 40,454. Pendant le mois d'avril dernier, 699 sont mortes et 221 ont été guéries. En juin suivant, on en a compté 309 de mortes, et 67 de guéries.

»Dans la Hollande septentrionale, il est mort depuis le 1er avril 1769 jusqu'au dernier mois de cette année, 43,563 bêtes, et on en a guéri 21,237. Le nombre de celles qui sont mortes en avril est de 555, et celui des guéries est de 231 ; en mai, 443 sont mortes, et 90 ont été guéries ; en juin, il y en a eu 160 de mortes, et 423 de guéries ; de manière que le total des bêtes mortes est de 162,276, et celui des bêtes guéries de 62,555.»

D'après l'exposé de ces vérités terribles, dont aucune ne peut être révoquée en doute, il est évident que le parti le plus sûr est celui d'assommer, non seulement les bestiaux malades, mais encore les bestiaux sains qui ont communiqué avec eux ; de désinfecter, non seulement les étables où il s'est trouvé des animaux malades, mais encore celles où des bestiaux suspects ont séjourné.

Ce moyen violent étouffe le germe pestilentiel dès sa naissance et ne lui permet pas de se développer de nouveau.

Bourgelat donne les raisons suivantes en faveur de l'assommement des bestiaux dans le cas d'une épizootie (1).

Il est des maladies épizootiques contagieuses supérieures à tous les efforts de l'art. Il en est d'autres qui cèdent en partie à l'action et à l'efficacité des remèdes.

On agite dans le mémoire dont on donne ici un précis, la question de savoir s'il ne serait pas plus avantageux à l'état de tuer sur-le-champ les bêtes bovines attaquées plus ou moins gravement, sauf au gouvernement à donner une indemnité plutôt que de s'occuper du soin de leur administrer les secours de l'art vétérinaire.

Les raisons sur lesquelles on se fonde sont :

1° L'impossibilité certaine et avérée de parer à toute communication des bestiaux malades avec les bestiaux sains. La sévérité des ordonnances n'a pu jusqu'à présent déterminer les paysans à user des précautions nécessaires pour arrêter par ce moyen, le premier et le plus sûr de tous, la marche et les progrès de la contagion.

2° L'avidité du cultivateur, qui, désespéré de la perte, cherche à la diminuer en vendant à vil prix à des marchands, à des bouchers, un animal dont la transplantation propage la maladie dans des lieux qui auraient été à l'abri de ses coups.

3° L'action meurtrière qu'il commet en enlevant les dépouilles des animaux morts, cherchant à se dédommager par la vente des cuirs, dont l'exportation porte bientôt l'infection partout.

(1) *Sommaire d'un mémoire publié en 1775*, par Bourgelat, sur une question très-importante.

4° La défiance du paysan, son peu d'attention à veiller sur les bestiaux, l'incapacité dans laquelle il est de s'apercevoir de leurs maladies, son opiniâtreté et ses refus quand on lui prescrit de séparer les animaux sains d'avec les malades, de nettoyer les étables afin de faciliter l'accès de l'air, et de n'y pas amonceler une énorme quantité de bêtes.

5° Le soin qu'il a de cacher les malades, l'imprudence avec laquelle il les enterre souvent dans les étables mêmes où il laisse les bêtes saines ; son ignorance de l'administration des médicamens, les additions qu'il y fait de son propre mouvement ou par les conseils d'une foule de charlatans répandus dans les campagnes.

6° L'impuissance où se trouvent un petit nombre de vétérinaires éclairés, de suivre et de servir exactement eux-mêmes des animaux en grand nombre, dispersés dans des hameaux, dans des villages plus ou moins écartés les uns des autres, et d'employer méthodiquement les remèdes convenables pour que les succès en soient assurés.

Nous avons rapporté les raisons données par Bourgelat. Tel est selon lui le concours effrayant des obstacles à vaincre. Il les regarde comme insurmontables. Il en conclut que le seul moyen capable de s'opposer rigoureusement à la propagation des fléaux de ce genre, est celui qui ordonnerait le prompt sacrifice des animaux qui en auront reçu les premières impressions.

L'auteur a donc pensé que le sacrifice subit des premières bêtes attaquées, sacrifice auquel le gouvernement participerait par un dédommagement acquitté sur-le-champ, était la seule voie qui pût parer à l'entière dévastation du pays et le moyen de conserver aux campagnes des animaux d'autant plus précieux que sans eux elles ne peuvent recevoir la moindre culture.

Les principes du mémoire de Bourgelat ont reçu l'approbation des médecins consultés à cette époque. Un d'entre eux, *Vachier,* après avoir parcouru en abrégé l'histoire des différentes épizooties, termine par dire qu'il résulte des observations des plus célèbres médecins et de celles d'habiles vétérinaires, que les maladies des bœufs sont incurables et désastreuses.

Vachier ajoute, en s'adressant à Bourgelat : « Vous indiquerez, sans doute, toutes les précautions encore très-nécessaires à prendre pour étouffer les miasmes pestilentiels, ainsi que les moyens de distinguer les maladies *contagieuses de celles épidémiques* ou *endémiques qui ne se communiquent pas.* Il y a tout lieu d'espérer de la bienfaisance du gouvernement qu'il ordonnera l'exécution de votre projet en ce point. »

« Je suis né, dit Bordeu, dans le Béarn qui a été, vous le savez, un des foyers de l'épidémie. J'en ai suivi les progrès et les désastres, étant informé, à chaque ordinaire, par mon père et mon frère, médecins dans notre partie ; ils ont tout tenté. Je leur ai envoyé des projets de traitemens : tout a été inutile ; enfin je suis parvenu à penser entièrement comme l'auteur du mémoire, qui aurait pu joindre à ses autres raisons celle tirée de la dépense pour les traitemens des bêtes malades, à quoi le pauvre paysan n'est pas en état de fournir. Cette dépense nécessaire amène les charlatans, qui ne cherchent qu'à se nourrir des malheurs publics. J'ai donc l'honneur de vous renvoyer votre Mémoire simplement signé de moi. Ce 26 février 1775. »

Ces différentes citations prouvent que le mémoire de

Bourgelat a obtenu l'assentiment des médecins, tels que Lieutaud, Lassoane, Lorry, Tronchin, Poissonnier, Cochin, Le Thuillier, Bordeu, Vachier et Montabourg.

Passons au mémoire de Brugnoné.

« Ceux qui se proposent de tuer, dit Brugnoné, se fondent sur ce que, 1° jusqu'à présent, l'on n'a pas encore trouvé de remède spécifique ni aucune méthode pour guérir les bêtes malades, et qu'elles meurent presque toutes (1).

» 2° Que les bêtes suspectes, c'est-à-dire qui ont communiqué avec les bêtes malades, prennent toutes les unes après les autres la maladie et en meurent.

» 3° Qu'en supposant qu'avec des remèdes, ou en abandonnant les animaux aux efforts de la nature, l'on pût en guérir le tiers ou même moitié, il ne conviendrait pas de les traiter ou de les abandonner à leur sort, à cause de la contagion qu'ils ne cessent de répandre tout le temps que dure la maladie, et même quelque temps après.

» 4° Qu'il est très-difficile d'empêcher la communication médiate ou immédiate des bêtes saines avec les bêtes malades.

5° Si l'on renouvelle toujours le virus épizootique, il est à craindre que, quoiqu'étranger à notre climat, il n'y devienne à la fin indigène et ne s'y perpétue, ainsi qu'il est arrivé à la maladie vénérienne et à la petite-vérole ou variole.

(1) *Sommaire d'un mémoire sur cette question très-importante :*
Convient-il, pour détruire dans un pays la maladie pestilentielle des bêtes à cornes, d'y tuer toutes les bêtes malades et toutes les bêtes suspectes? par Brugnoné, professeur primaire à l'école vétérinaire de Turin ; lu à l'académie des sciences de Turin en nivose an VIII. (*Annales d'agriculture*, tom. XVI, pag. 63.

» 6° Enfin, que, dans tous les pays où l'on a adopté l'assommement, comme en Angleterre, en Suisse, dans la Flandre,
le Brabant, en France, l'épizootie a été éteinte en peu de
temps. »

Examinons si ces motifs sont assez forts pour engager le
gouvernement à se prêter à un expédient si dur et si violent.

Ces motifs peuvent donc être infirmés. L'expérience et le
témoignage de l'histoire attestent qu'une partie assez considérable des animaux réchappe par les effets de la nature ou
par un traitement. Le tiers au moins de ceux qui ont communiqué avec les animaux malades ne prend pas la maladie.
Écoutons M. de Berg, qui a vu, examiné en philosophe,
pendant plusieurs années, le cours de la maladie dans les
Pays-Bas. Ce magistrat de peut être soupçonné d'exagération, puisqu'il est un partisan très-zélé de l'assommement :

« Les effets destructeurs de l'épizootie sont quelque-
» fois de faire périr les neuf dixièmes des bêtes attein-
» tes, quelquefois d'en faire périr les trois quarts, quel-
» quefois les deux tiers seulement, enfin une moitié de la
» masse infectée du bétail d'un village, ou d'un canton
» échappé à la mort. »

Voilà le plus grand ravage que fasse l'épizootie au commencement de son invasion dans un pays. En effet, en Hollande, depuis le mois d'avril 1769 jusqu'à la fin de mars 1770,
il y eut deux cent vingt mille neuf cent dix-neuf bêtes malades ; il en est mort cent cinquante-neuf mille deux cent
vingt-huit ; soixante-un mille six cent quatre-vingt-onze ont
guéri. Ce qui est arrivé en Hollande a été observé en Pié-
mont. Le nombre des bêtes réchappées par la nature a été
plus grand que celui de celles qu'on a traitées.

Mais on ne dit pas la méthode qu'on a employée ; était-elle incendiaire comme c'était alors l'habitude, puisqu'on regardait cette maladie comme déterminée par des causes affaiblissantes? On remarque, dans l'exposé des moyens employés rapportés par Vicq d'Azyr, que les adoucissans, les émolliens, les sels neutres, étaient très-efficaces ; cependant on a préféré les remèdes cordiaux sous toutes les formes. Il faut convenir que l'aveuglement était grand.

« On ne peut pas nier, dit Brugnoné, que, pendant qu'on traite, les miasmes peuvent se répandre, propager la maladie, infecter des corps qui peuvent la communiquer à des animaux sains. Il est vrai encore qu'en tuant on diminue le danger ; mais on ne le fait pas disparaître entièrement, puisque des harnais, du foin infectés, peuvent occasioner la maladie. En tuant, on perd des animaux qui auraient échappé ; cette réflexion n'est pas favorable à ce procédé. »

On convient qu'il est difficile de s'opposer aux communications des animaux malades avec les sains ; mais lorsqu'on aura tué, on sera encore obligé de prendre de grandes précautions. Une bête malade peut s'échapper ; il faut même, après l'assommement, prendre des précautions très-minutieuses, gênantes ; on en aura la preuve en lisant les ordonnances émanées des gouvernemens autrichien et français, de 1769 à 1776.

Peut-on imaginer que les paysans, qui ne croient que difficilement à la contagion, se prêteront à employer les précautions qu'on indiquera lorsqu'ils n'auront plus d'animaux ni malades ni suspects, puisqu'on ne pouvait les convaincre lorsqu'ils avaient des animaux à conserver?

Le grand motif sur lequel on s'appuie, c'est la crainte que

la maladie ne se perpétue , ne devienne permanente comme la variole ou petite-vérole , qui est étrangère à nos climats. Mais la lèpre a disparu d'elle-même , la maladie épizootique ne s'est perpétuée nulle part jusqu'à présent. Il est prouvé que l'épizootie , abandonnée à elle-même, devient, avec le temps, moins forte , moins meurtrière et moins contagieuse. Elle finit par se détruire entièrement. Elle n'a jamais demeuré plus de six années dans le même pays, vérité consolante qui a été reconnue deux fois en Italie , trois fois en Angleterre, en Danemarck. Il paraît , dit Haller, que le mal diminue , qu'il pourra cesser de lui-même comme toute maladie étrangère , et la peste même s'éteint après un certain temps.

L'assommement proposé en 1711 , par Lancisi, n'a pas été adopté en Italie. La maladie a disparu après avoir duré neuf mois ; il est plus facile de préserver une île comme l'Angleterre , que les pays de plaines du continent. L'épizootie de 1740 et années suivantes , qui a parcouru l'Europe , a cessé à la fin, sans qu'elle ait été détruite nulle part au moyen de l'assommement.

L'exemple de la Suisse n'est pas applicable, nous l'avons dit, aux pays de plaines. Il est aisé de garder un défilé, une gorge de montagne. On a pu s'en préserver en n'introduisant pas de bœufs hongrois ou étrangers. Les Suisses exportent leur bétail ; ils n'en importent pas. Aussi, dans ces derniers temps, lorsque les armées autrichiennes et russes ont pénétré dans ce pays, la maladie s'y est manifestée et répandue. Alors l'assommement n'a pu la détruire comme autrefois.

Une remarque , qu'on ne doit pas laisser échapper, qui a

été faite par De Berg, c'est qu'en général la maladie semble être plus désastreuse dans les cantons bas et marécageux, qu'elle ne l'est dans les cantons secs et élevés. On pourrait tirer un grand parti de cette observation sous le rapport de la nature de l'épizootie et sous celui du traitement, surtout s'il était vrai que la maladie ne se fût jamais perpétuée dans un pays où elle n'était pas épizootique.

On s'est trop pressé de prôner, dans la Flandre autrichienne, l'avantage obtenu par l'assommement. La maladie n'y a été assoupie que pour un temps très-court; elle a bientôt recommencé plus furieuse qu'avant; elle a continué jusqu'à la fin de 1776. Elle avait commencé en 1770, ainsi qu'on le voit par les édits publiés depuis 1770 jusqu'en 1776.

En 1795, la maladie s'est introduite deux fois dans les provinces d'Acqui et de Bielle, dans les provinces de Lauzo et de Pont (Italie), où elle a toujours fini d'elle-même en très-peu de temps et avec une perte très-petite sans qu'on eût besoin de l'assommement.

En France, on a long-temps hésité à adopter l'assommement des bêtes malades et suspectes. On a d'abord abattu les dix premières bêtes. *Voyez* Édit du conseil du 18 décembre 1774. Ce moyen ayant été reconnu insuffisant, il a été rendu un autre arrêt du 30 janvier 1775, qui ordonna de tuer toutes les bêtes malades. Cet édit a été mis de suite à exécution dans toutes les provinces méridionales; mais, la maladie continuant de faire des ravages, on a publié un troisième édit, le 25 juin 1776, qui ordonne de tuer, non seulement les bêtes malades, mais toutes celles qui avaient communiqué avec elles. Cet édit n'a été exécuté que dans une partie des Flandres et de l'Artois. Avant la publication, la maladie n'existait presque plus dans le midi de la France.

Vicq d'Azyr, envoyé par l'Académie royale des sciences pour arrêter l'épizootie, proposa l'assommement. Il dit que l'assommement des bêtes malades ne suffit pas toujours ; qu'au contraire ce procédé perpétue la contagion et augmente beaucoup la dépense ; que si l'on ne tue que les bêtes qui portent les signes visibles de la maladie, ne dût-il sur cent bêtes en réchapper qu'une, ce serait une destruction inutile et un surcroît de calamité.

Enfin, après qu'il a été ordonné de tuer les bêtes malades et les suspectes, il avertit que l'on se garde bien d'une loi aussi sévère si l'on n'a pas les moyens de la faire exécuter partout en même temps. Alors, au lieu d'un projet utile, on n'exécuterait qu'une suite de vexations aussi onéreuses à l'état qu'à charge aux particuliers.

Qu'on juge, d'après cet aveu du plus zélé partisan de la tuerie bien ordonnée et ponctuellement exécutée, si la disparition de l'épizootie dans les provinces méridionales de la France, où l'on n'a jamais tué que les bêtes malades, jamais les suspectes, doit être attribuée à cet assommement mal entendu, très-mal exécuté, ou bien s'il n'est pas très-naturel de conclure qu'elle n'y a cessé, en 1776 comme en 1714 et en 1746, que par l'extinction spontanée du venin, qui n'a plus été renouvelé par l'introduction de bœufs étrangers infectés ?

Nous l'avons déjà dit, l'assommement n'exempte pas de prendre des précautions comme si on ne l'avait pas employé. Malgré toute la vigilance possible, si la maladie recommence, il faut alors avoir recours à l'assommement autant de fois que le mal repullule. On y reviendra, dit Vicq d'Azyr, autant de fois qu'il sera nécessaire sans se fatiguer ni sans se décourager. Il nous dit aussi que, si la maladie était éteinte partout, excepté dans un ou deux villages, le plan le plus sûr serait de faire assommer tous les bestiaux de ce petit canton. Le succès a prouvé plusieurs fois, ajoute-t-il, que l'on est sûr de réussir en faisant un pareil sacrifice.

On ne doutera en aucune manière de la réussite ; on serait embarrassé de dire comment la maladie pourrait se montrer lorsqu'il n'y aurait plus d'animaux à attaquer.

On doit faire attention aux dépenses énormes qu'entraîne un pareil plan. Le gouvernement pourra-t-il y suffire ? Il faut payer les bestiaux ou le tiers en France, le foin, la paille, le fumier qu'on brûle. Il faut payer les experts, les administrateurs, les gens de loi. Il faut payer le transport des cadavres, payer pour faire les fosses, pour enfouir les bestiaux. Il faut des troupes pour établir des cordons. La dépense est immense, et pour résultat on aura assommé des animaux. Quel triomphe ! Y a-t-il de quoi chanter victoire ? On frémit lorsqu'on réfléchit à l'exécution d'un pareil plan ; on ne conçoit pas qu'on ait pu le faire adopter, aujourd'hui qu'on connaît mieux tout ce qui tient à la propriété, qu'il est dit dans nos codes qu'on ne peut s'emparer d'une propriété pour un service public, qu'elle n'ait été estimée à dire d'expert ou qu'on n'ait donné une indemnité. Il ne serait peut-être pas aussi facile de faire adopter un pareil expédient ; ensuite, l'eût-on fait adopter, il est douteux qu'on puisse le mettre facilement à exécution dans les campagnes.

Un motif qui doit faire rejeter l'assommement, c'est de voir dans le pays un certain nombre de bêtes guéries de l'épizootie, bêtes très-précieuses puisqu'elles ne peuvent en être attaquées une deuxième fois, lorsqu'elle se manifeste dans le même pays, surtout pendant la guerre. Quel avantage d'avoir des animaux qui ne tomberont plus malades ! La maladie a reparu en France, et on n'a pas eu recours à l'assommement pour l'arrêter.

Le seul cas où l'assommement peut être employé, c'est lorsque la maladie est concentrée dans une ou deux étables ; en tuant toutes les bêtes, les enfouissant avec les peaux, on peut alors arrêter la contagion.

Ce précepte a été donné par un très-ancien auteur cité par Columelle.

C'est donc dans le principe lorsqu'il n'y a que quelques individus d'attaqués. Il faut être prévenu que cet assommement ne réussit pas toujours lorsque les pays limitrophes sont infectés ; il est très-difficile alors de se défendre de la communication ; ce qui est arrivé dans les Pays-Bas autrichiens en 1769 en est une preuve. Malgré les ordres les plus sévères de tuer toutes les bêtes attaquées, l'épizootie qui faisait les plus grands ravages en Hollande, s'annonça à la fois dans plusieurs endroits de la Flandre autrichienne. C'est une nouvelle preuve qu'il est presque impossible de boucher tous les passages à la contagion.

En résumant toutes ces réflexions, il en résulte qu'il n'y a que les cas de l'infection partielle d'un petit nombre d'étables ou de villages qui réclame l'assommement ; qu'il ne peut avoir lieu s'il y a un grand nombre de villages d'infectés.

1° L'assommement est contraire aux principes de la médecine vétérinaire, parce qu'on perd des bêtes qu'on aurait guéries ou qui n'auraient pas pris la maladie de nouveau.

2° Contraire à l'économie politique, parce que l'assommement répété d'un très-grand nombre de bestiaux décourage et ruine les cultivateurs, peut même les pousser à la révolte, à des insurrections fâcheuses.

3° Aux principes d'économie, à cause des dépenses énormes que l'assommement occasione au gouvernement, sans toujours arrêter la marche de la maladie, surtout s'il arrive qu'elle soit épizootique.

Le mémoire de Brugnoné contre l'assommement est rempli de vues très-sages. Il mérite d'être lu et médité par les vétérinaires et les médecins qu'on consulte dans le cas d'épizooties.

Il soulève des questions du plus haut intérêt en économie sociale. Elles ne peuvent être décidées que par des recherches et des observations approfondies. Il s'agit de déterminer si l'épizootie est ou n'est pas contagieuse. Serait-elle reconnue contagieuse, ce ne serait pas une raison pour légitimer l'assommement, s'il est prouvé qu'elle ne se perpétue pas dans un pays. Si elle n'est qu'épidémique, à quoi bon toutes ces mesures désastreuses, toutes ces précautions? elles deviennent parfaitement inutiles ; on ne les emploie plus contre les maladies charbonneuses, qui sont réputées contagieuses. L'idée qui domine tous les auteurs dans les mémoires des partisans de l'assommement, c'est que l'épizootie, qui est étrangère à nos climats, pourrait, comme la petite vérole, s'y perpétuer. Mais Brugnoné prouve que cette crainte n'est pas fondée. (*Voy.* lettres de Dufau, qui suivent.)

Le docteur Dufau fait connaître dans l'avertissement les obstacles qu'il a rencontrés et qui sont cause que la publication de ses Lettres par l'impression n'a pu avoir lieu qu'en 1787 (1).

Je suis fâché, dit Bourgelat, des retards que les circonstances ont apporté à la censure de cet ouvrage ; mais il est des matières et des opinions sur lesquelles on ne peut prendre trop de précautions pour n'être pas inquiété soit comme auteur, soit comme censeur.

Cet ouvrage est le résultat des expériences que Dufau a eu occasion de faire sur la maladie épizootique qui, au printemps de 1774, s'est manifestée dans la Basse-Navarre et le pays de Labour, d'où elle s'est répandue dans l'Aquitaine avec une célérité incroyable.

Dès le mois de juillet, elle ravageait les environs de Dax.

Les épidémies, au jugement de Sydenham, ont un commencement pendant lequel elles font des progrès accompagnés de symptômes qui deviennent tous les jours plus terribles et plus funestes, jusqu'à ce qu'elles soient parvenues à leur comble. Alors elles perdent insensiblement de leur violence et de leur malignité jusqu'à ce qu'elles finissent.

Il doit en être de même des épizooties qui doivent reconnaître pour cause une constitution particulière et inconnue de

(1) *Lettres écrites à* **M. L.**, *contenant des observations sur l'épizootie qui ravage les provinces méridionales de la France, avec des remarques sur les ouvrages de quelques auteurs qui ont traité de cette maladie, où l'on démontre que les conséquences qui résultent de leur système par rapport à l'administration, sont préjudiciables à l'état et aux particuliers;* par **M. D. D. M.**, de plusieurs académies.

> ......*Levius fit patientiâ*
> *Quidquid corrigere est nefas.*
> Hor., l. I, *Od.* 21.

A Genève et à Paris, chez Delalain jeune, libraire, rue Saint-Jacques.

l'air. En effet, les médecins ont reconnu que celle d'Aquitaine commençait à s'adoucir , qu'elle était moins meurtrière. Il y a apparence qu'elle s'apaisera peu à peu , jusqu'à ce qu'elle disparaisse de ces provinces affligées.

Quoique ma petite fortune dépendît de la conservation du bétail qui laboure quelques métairies près de la ville, je fus moins touché du danger de le perdre que de la nouvelle espèce de calamité que je voyais fondre sur nous par les prohibitions et les contraintes d'autant plus inutiles que nos efforts paraissaient impuissans contre un fléau au dessus de l'industrie des hommes.

Lorsque les arrêts du conseil qui défendaient de tirer parti des cuirs et des suifs, et qui ordonnaient de tuer les bêtes malades , nous furent notifiés, je m'étais déjà très-sérieusement occupé de l'épizootie ; je continuai depuis à m'en occuper avec le même zèle.

La perte des cuirs était un objet très-important. Lorsqu'on les mettait à profit, ils diminuaient la perte d'un quart. L'assommement des bêtes malades privait le propriétaire d'un nombre petit mais précieux de bêtes qui par la seule force de la nature auraient échappé à la maladie.

Les commissaires auxquels le ministre avait donné sa confiance, avaient d'autres idées. Ils ne voyaient dans la maladie que la contagion toujours prête à se répandre et à se communiquer. Ils ne furent occupés que des moyens de lui donner des bornes. Ils adoptèrent les plus dispendieux, parce qu'ils les crurent les plus efficaces. Mais, quoique exécutés à main armée , et de la manière la plus absolue, ils furent, comme ils seront toujours, sans force contre l'épizootie ; ils n'eurent d'autre effet que de fatiguer le peuple.

Dans ces circonstances, je pris le parti de publier mes observations pour intéresser les savans en faveur des malheureux habitans des campagnes ; c'est ce travail que nous allons faire connaître.

Première lettre. Rien ne vous paraît plus important que de profiter des circonstances malheureuses sous lesquelles nous gémissons, pour tâcher de découvrir la cause ou du moins le caractère de cette maladie, de manière qu'il ne reste plus d'incertitude pour l'avenir.

Ces maladies subites et meurtrières dans les premiers temps, dans leur marche rapide, ne laissent d'autres ressources que de consulter les auteurs qui ont écrit sur cette matière, dont les opinions bonnes ou mauvaises deviennent dès-lors la règle de notre conduite.

Mes observations m'ont désabusé de l'idée que j'avais, d'après les savans, sur la contagion de cette maladie. C'est à l'ignorance où nous avons vécu sur la nature et le caractère de cette maladie, que nous devons attribuer les défenses de communiquer, l'interdiction du commerce et toutes ces prohibitions si onéreuses qui, sans rien diminuer de la durée et de l'activité de la maladie, ont ajouté aux malheurs dont nous sommes accablés.

Au reste, je ne suis pas surpris de l'impression qu'ont dû faire sur votre esprit, les ouvrages de MM. Bourgelat, Dufau, Doazan, Vicq d'Azyr, de Montigny. Ils sont bien capables d'exercer une grande influence ; aussi j'ai balancé long-temps à faire paraître une façon de penser différente de ces auteurs célèbres ; j'étais dans la crainte de m'être abusé ; mais, en examinant les choses à loisir, j'ai cru pouvoir hasarder de proposer mes idées aux savans.

Deuxième lettre. J'ai été dès le commencement sur le théâtre de la tragédie ; j'ai été plus à portée de la connaître que la plupart de ceux qui ont écrit sur cette maladie.

Voici ce que j'ai observé le plus constamment.

Dans le principe, l'animal est triste, il s'agite contre son ordinaire. Il cesse de ruminer, il tousse, il frissonne, il éprouve des alternatives de froid et de chaud ; le lait diminue sensiblement. Le poil paraît terne et hérissé. Il a les cornes et les oreilles fort chaudes. Si l'on passe la main sur l'épine dorsale, l'animal paraît sensible et ploie comme pour éviter la pression. Il paraît dégoûté, il mange peu, nonchalamment ou point du tout. Les yeux paraissent tristes, enfoncés, la tête est penchée. Au bout de deux ou trois jours l'animal refuse tout aliment, et le lait tarit aux vaches. Il découle des narines une morve sanieuse, purulente, de mauvaise odeur ; les yeux sont chassieux et enflammés. Il sort de leur bouche béante une matière écumeuse; la langue est pâle ou livide, pendante. Bientôt l'animal ne peut plus se soutenir, il se couche, et, si on le force à se relever, il se recouche bientôt. Il survient enfin une diarrhée de matière fluide, purulente, sanguinolente, très-fétide. La respiration est très-précipitée, la froideur des cornes et des oreilles succède à la chaleur extraordinaire de ces parties, la mort vient le huitième jour terminer les souffrances de l'animal.

Après avoir reconnu la maladie, il s'agissait d'y porter remède. J'ai examiné des bêtes malades, jai fait des ouvertures ; j'ai impunément fouillé dans leurs entrailles. Après bien des essais, j'ai reconnu qu'il ne fallait pas penser à guérir une maladie qui résistait à tous les remèdes et qui avait été regardée comme incurable dans tous les temps.

Ramazzini, Lancisi, et aujourd'hui MM. Vicq d'Azyr et de Montigny, sont du même sentiment.

J'ai vu l'impossibilité de réussir, même en s'opposant à la communication.

On n'a rien négligé dans l'objet d'arrêter les progrès de la maladie. On a établi des hôpitaux pour séquestrer les bêtes malades. On a fait des habits de toile pour les personnes qui les soignaient. On a suivi ponctuellement les consultations de Bourgelat. Vaines espérances, j'ai été témoin de l'inutilité des soins des vétérinaires secondés par les habitans, j'ai vu l'épizootie dévaster la province et porter la désolation dans tous les cœurs.

Les commandans des provinces, les gendarmes, les intendans de Pau, d'Auch, de Bordeaux, de Montauban et de Montpellier, n'ont pas eu de succès plus heureux. Ils n'ont cependant rien négligé pour empêcher la maladie de se répandre ; ils ont mis en mouvement tous les magistrats, tous les subdélégués, tous les commandans de gendarmerie ; mais toutes ces précautions ont été vaines ; la maladie a franchi toutes les barrières ; la Garonne même n'a pu l'arrêter. Comme un air empesté emporté des bords sud-ouest de l'Océan où la maladie a commencé, la maladie a suivi son cours vers l'est, abandonnant peu à peu, après les avoir ravagées, les provinces de la Basse-Navarre, du pays de Labour, de la Gascogne, du Béarn, et se portant vers la Guyenne, le Quercy, le Languedoc.

Les paysans, ayant vu l'inutilité des moyens employés par les vétérinaires, les ont totalement négligés, malgré les exhortations qu'on n'a cessé de leur présenter. Ce qui a encore dégoûté ces paysans, c'est qu'ils ont trouvé ces moyens, ces pratiques trop difficiles et trop compliquées.

Il faut bien peu connaître l'ignorance des paysans, pour imaginer qu'ils puissent employer tous les moyens préservatifs recommandés par l'École vétérinaire et par Vicq d'Azyr. Vicq d'Azyr en fournit la preuve lui-même, lorsqu'il dit que toutes les précautions ont été négligées malgré les exhortations les plus pressantes. C'est vraisemblablement ce qui l'a déterminé à faire exécuter les mesures de précaution par des soldats.

Une autre raison, c'est que les paysans avaient vu un grand nombre de bêtes qui avaient été renfermées dans des chambres bien closes, soignées autant que possible, garanties sévèrement de toute communication, contracter la maladie et en périr, tandis que d'autres, qui se trouvaient au milieu des bêtes malades, se sont conservées intactes. Plusieurs ont survécu à trois, quatre, quelques unes jusqu'à dix-sept qu'on leur avait associées successivement, à mesure que les premières périssaient. Ces faits sont certains ; ils sont contraires à ceux rapportés par le commissaire Vicq d'Azyr, qui avance que les bestiaux renfermés et isolés de toute communication, ont été préservés du mal.

Voyez son Mémoire instructif, imprimé à Bordeaux, page 4, où il est dit :

« Ce fait, qui est constant, donne lieu de se flatter que » cette peste est étrangère au royaume, qu'elle a été apportée par des cuirs arrivés par mer de la Guadeloupe à » Bayonne. »

Je suis fâché de me trouver en opposition de sentimens

avec de célèbres académiciens dont je respecte les talens ; mais il importe de découvrir la vérité dans une occasion aussi importante.

Supposons, par exemple, que la maladie dont il s'agit soit une simple épizootie, c'est-à-dire qu'elle dépende d'une cause générale et inévitable, comme le vice de l'air, des eaux, à laquelle les individus de la même espèce sont tous également exposés, mais dont ils sont néanmoins différemment affectés. N'est-il pas vrai que dans cette supposition on aurait pu éviter beaucoup de malheurs et des pertes immenses ? Et n'est-ce pas une chose étonnante et bien déplorable que, depuis deux cent cinquante ans au moins que cette maladie ravage l'Europe, particulièrement la France et l'Italie, où l'art de gouverner les peuples a fait tant de progrès, on n'en ait fait aucun à l'égard de cette épizootie ? Il semble que nos pas soient rétrogrades. Cette lenteur vient de deux causes : la première, de ce que la maladie n'est pas commune, n'est pas fréquente ; elle se montre une ou deux fois par siècle dans chaque pays. L'autre raison, c'est que nous trouvons plus commode, plus aisé de marcher dans les routes battues et frayées par nos prédécesseurs. Nous croyons avoir beaucoup fait quand nous avons ajouté quelque pratique nouvelle. En effet, nous n'avons que répété, étendu, commenté les moyens recommandés dès le principe par Bourgelat, qu'il avait lui-même pris des écrits des médecins italiens, dont les ouvrages avaient paru en 1711 (Lancisi et Ramazzini). Ramazzini affirme que la Faculté de médecine de Padoue décida, après de longs débats, que l'usage de la viande était exempt de danger, attendu que la maladie était particulière aux bêtes bovines, et qu'elle ne pouvait se communiquer à d'autres animaux. On n'a pas eu lieu de se repentir d'avoir suivi cette décision, ce que les partisans de l'opinion contraire n'auraient pas manqué de faire observer si cela était arrivé. Pour prouver de plus en plus que l'usage de ces chairs était sans danger, il suffit de faire observer que, dans le temps que cette province se nourrissait de cette viande, les hommes jouissaient d'une santé admirable et extraordinaire, et, depuis quarante ans, on n'avait pas vu dans ce pays si peu de maladies sur les hommes que dans l'été et l'automne de 1775.

Ceux qui ont fait des ouvertures d'animaux, n'en ont jamais éprouvé le moindre inconvénient.

« J'ai pensé long-temps, dit l'auteur, comme les commissaires. Je serais encore dans les mêmes préjugés si j'avais été à leur place; mais sur les lieux, dès la naissance du mal, témoin assidu et spectateur intéressé de sa marche, de ses progrès, de l'inutilité des moyens employés pour l'arrêter, il n'est pas surprenant que je sois parvenu à me défier d'un système qui donnait si peu de succès à ses sectateurs. »

Dufau démontre, dans la troisième lettre, l'inutilité des précautions et des moyens préservatifs qu'on a employés; il rapporte les soins que se sont donnés les paysans pour se procurer des bestiaux pour labourer les terres. « Tout leur parut possible, dit-il; ils trompèrent la vigilance des gardes qui empêchaient toute communication. »

Tous ceux qui avaient des moyens ne furent plus arrêtés par les prohibitions, les confiscations, les amendes; la loi impérieuse de la nécessité leur fit franchir toutes les barrières.

Les marchands avides achetèrent du bétail dans les pays

qui commençaient à être attaqués de l'épizootie, parce qu'ils avaient les bestiaux à vil prix, et qu'ils les vendaient chèrement dans les contrées que l'épizootie venait de quitter.

Ceux qui avaient le germe de l'épizootie périrent ; mais les autres conservèrent leur santé.

Ce fait constant, que l'auteur assure avoir observé avec soin, est intéressant, et mérite d'être rapporté. En effet, les bestiaux qui auraient péri, s'ils étaient restés dans le pays d'où on les retirait, se sont conservés dans les contrées qui en étaient délivrées. Ils y étaient à l'abri du danger, et ces bestiaux auraient succombé sans cette émigration.

Cette découverte précieuse, qu'on doit à la fraude des marchands, ne mérite-t-elle pas la plus grande attention? Il semble démontré, par ces expériences mille fois répétées depuis, qu'il serait possible d'enlever à l'épizootie le plus grand nombre des victimes, en faisant conduire tous les bestiaux menacés dans les pays qui viennent d'en être délivrés. Si ce moyen était employé, il réduirait à peu de chose les ravages d'un fléau qui désole, apauvrit toutes les contrées qu'il attaque, et qui, jusqu'ici, a été au-dessus de toutes les forces humaines. Mais la crainte de la contagion s'opposera à cette mesure salutaire ; on dira : Les étables où sont morts les animaux n'ont pas été désinfectées.

Dans l'Avis aux peuples de Montigny, art. 6 et 13, il est dit qu'il faut être en garde contre les animaux domestiques ; les chiens, chats, moutons, poules, portent la contagion d'une étable à l'autre.

Il faut être en garde contre les auges, les râteliers, les harnais qui ont servi aux bêtes malades. Le plus sûr est de les brûler ou de les enterrer avec les animaux.

Est-il possible d'étendre la destruction plus loin? Que conservera-t-on ? où s'arrêtera-t-on ?

Quarante moyens sont recommandés pour désinfecter ; s'ils sont possibles pour les particuliers, ils sont impossibles pour le plus grand nombre des habitans des campagnes.

On l'a si bien senti, que toutes les opérations pour désinfecter se réduisent à brûler un mélange de soufre, de salpêtre et de poudre à canon dans les étables seulement, et de les enduire d'un peu de chaux.

Dans la quatrième lettre, l'auteur prouve que l'épizootie de la Guadeloupe n'a aucun rapport avec celle qui a régné dans les provinces méridionales de la France, que les mêmes moyens ne peuvent être appliqués à des maladies très-différentes ; que l'épizootie des provinces méridionales ne peut être attribuée à un cuir venu de cette île. Celle des provinces méridionales aurait dû être semblable ; or la maladie du pays de Labour ne ressemble en rien à celle de la Guadeloupe ; elle en diffère, au contraire ; elle n'a donc pu être portée par des cuirs venus de ce pays.

Dans la cinquième lettre, on traite de la peste qui attaque l'homme. Ce sujet nous est étranger : aussi n'en parlerons-nous pas.

Les exemples rapportés n'éclaireront pas davantage la question qui nous occupe.

Dans la sixième lettre, on démontre que la maladie de l'Aquitaine ne ressemble pas à celles décrites par Ovide, Tite-Live, Lucrèce.

Les preuves nous ont paru sans réplique ; alors pourquoi employer des remèdes semblables si les maladies ne sont pas de même nature ?

Aussi n'a-t-on pas eu de succès ; nous ferons observer que Ens s'était fortement élevé contre les auteurs qui avaient regardé une maladie épizootique qu'il décrit avec élégance et exactitude, comme étant une maladie pestilentielle.

Si on suivait une marche aussi vicieuse, on confondrait des maladies très-différentes qu'il devient utile de distinguer avec grand soin.

Nous passons à la septième lettre.

Je crois, dit Dufau, que l'épizootie est un mal insurmontable ; que le massacre des bêtes malades est insuffisant pour l'arrêter ; que les dépenses qu'on fait sont sans fruit ; qu'on peut permettre de débiter les bœufs dans les boucheries, qu'on peut s'en nourrir sans le moindre danger, comme d'exploiter les cuirs.

Les cuirs n'ont pas paru altérés à Courtivron, en 1745. Ils ne communiquaient pas la maladie en Normandie, ce qui aurait dû rassurer les commissaires.

Il suit des principes de l'auteur que toute prohibition absolue est nuisible parce qu'elle prive des bienfaits du commerce. On ne peut se faire une idée de cette privation ; il n'y a que ceux qui l'ont éprouvée qui peuvent bien connaître les effets des interdictions.

Le gouvernement devrait, au lieu de l'empêcher, encourager l'émigration, puisque ce procédé est utile.

Concluons que nous aurions moins souffert, s'il nous eût été permis d'exploiter les cuirs et les suifs.

Rien n'est plus préjudiciable que le massacre qui s'exécute à main armée. Heureusement que ces ordres ne sont arrivés qu'après que le pays était délivré de la maladie ; sans cela on aurait été privé d'un petit nombre de bêtes qui avaient échappé et qui multiplieront un peu la génération.

Pourquoi prévenir la nature et se mettre au hasard de détruire ce qu'elle aurait conservé ?

Pourquoi priver le pays d'animaux qui donnent l'espérance de voir renaître les troupeaux ? On ne doit pas aggraver les malheurs par de vaines terreurs, par des précautions ruineuses et inutiles, et par des prohibitions qui ôtent au peuple toute ressource et ne lui laissent d'autre sentiment que celui de ses malheurs.

La huitième lettre parle de l'impossibilité où sont les paysans de remplir les conditions exigées par Vicq d'Azyr dans son instruction, où l'on permet de tirer parti des cuirs, outre qu'elle est arrivée trop tard pour les provinces méridionales.

Cette permission aurait prévenu une perte immense, puisque l'on a enterré soixante mille cuirs en vertu des arrêts du conseil.

Vicq d'Azyr a eu peu de rapports avec les habitans des campagnes. Il ne sait pas combien ils sont misérables, ignorans ; s'il l'eût su, il aurait compris qu'il était impossible au plus grand nombre d'exécuter les conditions qu'il exige d'eux.

Comment pourraient-ils fournir aux dépenses des fosses, des cuviers, de la chaux et des opérations multipliées qu'on exige pour désinfecter les cuirs ?

Les savans font des projets dans leurs cabinets ; ils y trouvent tout facile, rien n'arrête leur plume. Le sort des provinces se trouve quelquefois livré à des idées systématiques. Les inconvéniens sont souvent ignorés de ceux qui les occasionent. Les paysans avaient déjà fait le sacrifice des cuirs et des suifs ; mais ils ont été affligés quand ils ont vu les campagnes inondées de militaires, surtout lorsqu'on connaît l'antipathie qui existe entre les personnes de ces deux états.

L'auteur dit que le détachement militaire qui était à Poyanne, après avoir commis des excès de toute espèce, lorsqu'il fut près d'en sortir pour aller ailleurs, voulut exiger du syndic un certificat de bonnes vie et de mœurs. Le syndic représenta qu'il ne pouvait le délivrer sans trahir la vérité. Le commandant, irrité du refus, envoya prendre M. de Poyanne, grand seigneur et syndic, par quatre soldats la bayonnette au bout du fusil, le fit conduire en sa présence et le força, par la terreur des menaces, à lui donner l'attestation qu'il demandait. Qu'on juge, ajoute Dufau, par cet exemple, de ce qui s'est passé dans les autres paroisses de la campagne. On voit si on doit proposer des mesures avec légèreté lorsqu'elles peuvent avoir des conséquences aussi fâcheuses. Doit-on employer des moyens sans une utilité bien constatée et bien reconnue ?

Un autre malheur, c'est le massacre des bœufs, dont on a chargé ces militaires, qui, flattés de ces commissions, les exécutent avec un zèle enthousiaste, persuadés que leur mérite se mesurera, de même que leurs récompenses, d'après le nombre d'expéditions qu'ils feront.

Mais qu'on opère les précautions, les désinfections et les massacres, l'épizootie a-t-elle été arrêtée ? a-t-elle cessé de se répandre ? Il semble, au contraire, qu'elle ait pris de nouvelles forces depuis qu'on assomme, qu'on multiplie les contraintes, les entraves, et que le sort du paysan devient de plus en plus malheureux.

Dans la neuvième lettre, Dufau fait voir que les malheurs des paysans ont été aggravés par les soldats répandus dans les campagnes.

Au mois de septembre dernier, 1775, une personne de Nérac raconta que Vicq d'Azyr, voulant prouver aux incrédules, dont le nombre était grand, que la contagion ne se communiquait pas par les cuirs, fit enlever la peau à un bœuf mourant de l'épizootie, et fit appliquer cette peau fraîche sur un bœuf sain. Elle ne communiqua pas l'épizootie au bœuf; elle sembla, au contraire, lui servir d'égide pour l'en garantir. Cette expérience est bien capable de rassurer contre le danger tant exagéré de la communication au moyen de la peau.

Une réflexion bien simple se présente à l'esprit; c'est qu'en supposant cette grande activité dans la contagion, les commissaires se mettent dans l'impossibilité de l'arrêter, et dans la nécessité de convenir que tous leurs efforts seront vains et inutiles. Quel moyen d'empêcher un chat, une souris, une mouche d'entrer dans une étable et d'aller dans une autre? La chose devient impossible. Dans la dixième lettre, l'auteur donne une analyse exacte de l'ouvrage de Paulet sur les épizooties.

Comment croire avec Paulet qu'un cuir venu d'où l'on voudra aura pu causer la perte de plus de cent mille bêtes dans les provinces méridionales. Est-il vraisemblable que ce cuir, qui avait été séché ou salé, ait conservé les particules contagieuses si long-temps? est-il vraisemblable que le tanneur aura pris plaisir à le promener sur les pâturages des bœufs? Rien n'est plus vague que ces moyens de communication, qu'on adopte si légèrement, sur lesquels on bâtit des systèmes. Les uns disent que ce cuir est venu de la Guadeloupe, les autres le font venir de la Hollande ; Paulet le fait venir de la Zéelande ou de l'Artois. Les uns le font aller à Bayonne, à Villefranche ; les autres à Saint-Jean-Pied-de-Port.

M. de Courtivron prétend que l'armée du roi qui revenait de Bavière, en 1743, a fait passer le Rhin à cette maladie et l'avait répandue en Alsace, et de là en Lorraine, en Champagne. Cependant il est constant, selon Paulet lui-même, que cette maladie existait déjà dans les Vosges en 1742. Les auteurs font naître cette maladie de 1742, à Prague en 1745. Peut-on se fonder sur des faits anssi douteux, aussi vagues? Les savans trouvent dans leur esprit les moyens d'éluder les argumens. Paulet est surtout admirable par sa fécondité lorsqu'il cherche des moyens pour défendre l'opinion qu'il a embrassée. Il fait une dissertation savante pour démontrer que les exhalaisons qui sortent des lieux long-temps fermés ne sont pas contagieuses, quoiqu'elles soient mortelles; ce qu'il prouve très-bien. Il en conclut que les émanations contagieuses ne sont pas dans l'air; que l'air ne sert pas à le transmettre d'un lieu dans un autre. Il ne faut que de l'eau pour désinfecter. Il blâme les acides nitreux, sulfureux.

Mais lorsque Paulet refuse à l'air la propriété de communiquer les principes épidémiques, il contredit formellement tous les médecins qui ont écrit sur cette matière.

On a encore admis, sans vérification, que cette maladie venait de la Hongrie; dès-lors on a trouvé les causes qui doivent la produire dans cette région.

Mais n'admirez-vous pas qu'on s'obstine si fort à accuser

ce fameux cuir de tous les malheurs causés par l'épizootie,
depuis qu'on a reconnu l'innocence des cuirs en général? Car
enfin si les cuirs frais des bœufs morts de l'épizootie, appliqués sur des bœufs sains, n'ont pu leur communiquer le
mal, tous les cuirs quelconques ne doivent-ils pas être cen-
sés innocentés? Ces animaux qui, selon Paulet, portent leur
tête en tous sens, la porteront vers le cuir dont ils sont recouverts; ils lécheront ce cuir comme c'est leur coutume.
Si ces animaux n'ont pas contracté la maladie ainsi cuiras-
sés et par un contact aussi étendu, qui embrasse tout le
corps; si ces animaux n'ont pas été infectés, et sont sortis
sains de ces tentatives, n'est-ce pas la preuve la plus complète
qu'on puisse désirer que ces cuirs sont sans danger, qu'ils
ne peuvent déterminer l'épizootie?

Pourquoi les faire taillader? pourquoi les faire enterrer
avec l'animal suivant les arrêts du conseil? C'est une perte
considérable sans utilité réelle.

Paulet est persuadé que les bœufs contractent la maladie,
qu'elle est originaire de Hongrie. Il l'attribue au vice des
eaux de ce royaume; que ce germe se développe par la fatigue d'une longue marche, qui les échauffe, et par la privation du sel qui leur servait de préservatif. Il suffit d'é-
noncer ces propositions pour faire connaître combien elles
sont vagues et peu fondées.

J'ai fait, dit Dufau, pour rendre service à nos provinces,
tout ce qui dépendait de moi. J'ai fait voir combien étaient
vaines et inutiles les opérations par lesquelles on a prétendu
désinfecter. J'ai eu la satisfaction de trouver les mêmes sentimens dans Paulet même. J'ai déploré la perte immense que
les peuples ont soufferte par la défense de tirer parti des cuirs

et des suifs, perte qui s'élève à beaucoup de millions. J'ai fait connaître les maux infinis causés dans le pays par les prohibitions, par les contraintes et surtout par le débordement des soldats dans les villages.

J'ai tâché de faire sentir les dommages qu'occasione le massacre des bœufs, dont l'inutilité est démontrée par le peu de succès qu'on en a retiré depuis plus d'un an qu'on ne cesse d'assommer. M. Paulet a reconnu cette vérité ; il l'a publiée, mais avec tant de circonspection qu'il l'a fait presque méconnaître. Il semble qu'il n'y croit pas.

Il faut l'avouer, dit Paulet, la conduite qu'on tient est à la vérité le triomphe des moyens politiques de l'administration, mais fait la honte de l'art et ne donne aucune espérance.

Comment appeler cette pratique meurtrière, le triomphe des moyens politiques, cette pratique qui fait la honte de l'art et ne laisse aucune espérance?

Quel triomphe, qui n'aboutit qu'à assommer des bêtes sans fruit, qu'à épuiser les finances de l'état et à désespérer les peuples?

Pourquoi Paulet, qui se plaint qu'on dépense un argent immense en bois et en parfums inutiles, n'ajoute-t-il pas : et en massacres aussi inutiles et bien plus dispendieux? Il le sent, mais il n'ose s'expliquer ouvertement de crainte de déplaire.

Le ministre Turgot aurait-il employé tant de soins, fait tant de dépenses pour découvrir la vérité, s'il ne l'avait cherchée sérieusement et de bonne foi?

Paulet a cru peut-être devoir louer et applaudir les mesures administratives même contre le témoignage de sa conscience ; mais c'est encore une erreur.

Il fallait dire que le moyen de Vicq d'Azir, par lequel il avait cru faire notre délivrance, notre salut, n'avait servi qu'à redoubler nos maux. Toutes les opérations des soldats se sont bornées à assommer quelques bêtes, à désoler les paysans et à tout dévorer. Cependant, dans les siècles futurs on dira, lorsqu'une maladie semblable se manifestera, qu'un auteur célèbre a écrit qu'en 1775, en France, dans l'Aquitaine, on avait prouvé qu'on pouvait arrêter l'épizootie, l'étouffer dans sa naissance. On dira qu'on avait opéré ces grandes choses au moyen d'un cordon de troupes et de cordons particuliers ; qu'on avait assommé les bêtes malades. Les vétérinaires, les commissaires futurs ne manqueront pas de proposer des moyens semblables confirmés par l'expérience et rapportés par un docteur de deux facultés (Paulet).

Le gouvernement ordonnera l'exécution de ces mêmes moyens, qui opéreront, comme aujourd'hui, le malheur et le désespoir des peuples, et ne remédieront à rien.

Remarquez les malheurs des peuples de cette contrée en considérant les circonstances dans lesquelles ils ont eu à souffrir par les contraintes, prohibitions, précisément à l'époque où le roi s'occupait le plus du bonheur du peuple en détruisant les corvées. Les commissaires de l'Académie qu'il a honorés de sa confiance, très-instruits en tout ce qui regarde les sciences physiques, le sont très-peu en économie rustique. Ils ont suivi les routes frayées par d'autres savans, ils ont adopté les moyens qui avaient été pratiqués dans les mêmes circonstances, quoique avec très-peu de succès depuis 1711.

Les auteurs qui écrivent dans leurs cabinets, qui traitent à leur aise du sort des peuples affligés par de pareilles calamités, seraient bien plus circonspects s'ils partageaient leur situation. Nous sommes toujours affectés très-superficiellement des maux d'autrui. C'est ainsi que Paulet représentait l'épizootie comme éteinte et le sort du peuple adouci par des moyens qui contribuaient à le rendre plus malheureux. Le ministre, persuadé que les moyens adoptés étaient les seuls qu'on pût employer contre ce fléau, faisait exécuter ces mesures avec rigueur, et il devenait nuisible contre son intention.

Vous venez de voir ce que j'ai tenté pour tâcher de faire adoucir votre sort; daignez, peuple de l'Aquitaine, ajoute Dufau, entendre mes dernières paroles. Pour vous délivrer des maux indépendans de l'épizootie dont vous êtes accablés, si je n'ai pas obtenu le succès que j'espérais, ce n'est pas faute de zèle et de bonne volonté. Il y a près d'un an que j'élève ma voix en votre faveur ; mais une faible voix n'a pu se faire entendre de si loin. Je n'ai pu détourner les malheurs dont nous sommes accablés, qui sont résultés des soldats répandus dans les campagnes sans leur chef. Combien dans ce cas il est difficile de les contenir dans l'ordre et dans la discipline! Si les commissaires, si M. Paulet avaient représenté que les sommes immenses perdues si inutilement en de si vaines opérations auraient été bien mieux employées à consoler, à secourir les peuples, ces sommes auraient suffi pour adoucir le sort des paysans ruinés et leur faire oublier leur malheur. Ils auraient éclairé le gouvernement sur ses véritables intérêts et sur les nôtres, et l'affliction se serait changée en actions de grâces pour le prince qui gouverne.

Ah! est-il donc nécessaire de maltraiter, d'attenter à la liberté, de traîner en prison les paysans pour les obliger à conserver ce qu'ils ont de plus cher et de plus précieux ? Mais, dira-t-on peut-être, les peuples ne connaissent pas leurs intérêts, ils ignorent les moyens de réussir dans les affaires qui les concernent, qui les intéressent le plus ; ils ont besoin d'être guidés. On répondra qu'on est en général très-clair-voyant lorsqu'il s'agit de ses plus chers intérêts. Au reste, si vous êtes plus savans, plus habiles, instruisez-nous, donnez-nous des conseils ; nous sommes très-disposés à les recevoir avec reconnaissance, à en faire usage s'ils sont conformes à nos intérêts. Vous nous les rendez odieux lors même qu'ils seraient utiles, puisque vous employez la violence et les mauvais traitemens pour nous les faire accepter.

Si, comme nous l'avions proposé, on avait permis de tirer parti des cuirs et des suifs, si l'argent employé à faire tuer les bêtes, à défendre les communications, à inonder de soldats les campagnes, avait été employé à secourir, les pays dévastés ne se seraient que peu ressentis de ce funeste fléau.

Le docteur Guersent, dans l'Essai qu'il a publié en 1815, a été conduit à parler de deux préservatifs particuliers au typhus des bêtes à cornes, c'est le nom qu'il a donné à cette espèce d'épizootie. L'un a pour but d'arrêter les progrès de la contagion en sacrifiant tous les animaux sains, en étouffant les germes de la maladie dans ceux qui en sont affectés ; c'est la méthode de l'assommement. Dans l'autre on se propose, à l'aide de l'inoculation, de rendre la maladie moins grave parmi les animaux qui ne l'ont pas encore contractée.

On a proposé l'assommement de tous les bestiaux malades et de ceux qui sont soupçonnés de porter déjà les germes de la contagion à cause du peu de succès des moyens employés, et surtout par la difficulté qu’on éprouve à s’opposer aux progrès de la contagion. Nous renvoyons à ce que nous avons dit sur cette méthode, si on peut appeler ainsi une tuerie organisée. Une réflexion se présente à l’esprit, c’est qu’on n’élève aucun doute sur l’existence de ces germes qui propagent la maladie. Ne semblerait-il pas qu’on les a vus, qu’on les connaît, qu’on les a soumis à l’expérience? Tout le monde les admet sur parole; malheur à l’audacieux qui serait d’une opinion contraire; on est disposé à le regarder comme un ennemi du bien public. Cependant rien n’est moins prouvé que l’existence de ces prétendus germes. Ne convient-on pas des grandes difficultés qu’on éprouve lorsqu’il s’agit de s’opposer à la contagion? L’auteur fait observer que, malgré l’inutilité ou même les inconvéniens de tous les remèdes connus pour combattre jusqu’à ce jour l’épizootie ou le typhus, la nature triomphe souvent de la maladie et des médicamens mal administrés. Nous dirons qu’un tiers des animaux malades guérit. Quelquefois la proportion est plus grande encore. On sacrifie donc dans ce cas par l’assommement beaucoup de bestiaux qui n’auraient point succombé, qui ne seraient pas morts de la maladie. D’ailleurs, la thérapeutique ne sera pas toujours si imparfaite. On a lieu d’espérer que le traitement se perfectionnera à mesure que la médecine de l’homme et l’art vétérinaire feront des progrès. Alors les moyens curatifs mieux dirigés seconderont les efforts de la nature. On conviendra que par l’assommement on diminue la masse d’infection et par conséquent, suivant notre auteur, le foyer de la contagion. Mais peut-on l’éteindre entièrement? Elle se perpétue même après la mort de l’animal. Il ne faut pas moins user de toutes les précautions possibles pour empêcher les cadavres et tous les objets qui ont servi aux animaux malades de répandre et de propager la maladie. Il faut apporter la même circonspection pour désinfecter les étables, enfin prendre les mêmes précautions pour isoler les animaux sains. On ne voit pas jusqu'ici les avantages de l'assommement. Les partisans de cette pratique prétendent que sans elle la maladie se perpétuerait dans les pays infectés ; mais l'observation prouve, comme nous l'avons déjà dit, que la maladie s'éteint toujours d'elle-même. Et comme le remarque très-bien Brugnoné, on a souvent attribué à l'assommement la cessation d'une épizootie qui tirait à sa fin. En effet, en comparant les résultats des pays comme l'Italie, où l'assommement n'a jamais été mis en vigueur, avec la Flandre, la France, l'Angleterre, où l'assommement a été employé avec beaucoup de rigueur, on ne voit pas que cette pratique abrège la durée de l'épizootie. Il est donc, dit le docteur Guersent, permis, malgré l'autorité de Vicq-d'Azir, de révoquer en doute les grands avantages obtenus par l'assommement. On pourrait tout au plus l'employer au moment où la maladie commence à se développer, qu'elle est encore bornée et circonscrite à une très-petite surface de terrain. Dès que la contagion a déjà fait de grands progrès, l'assommement est inutile ou même désavantageux. Telles sont les raisons du docteur Guersent, sur ou contre l'assommement. On voit que son opinion n'est pas favorable à cette pratique cruelle, contre laquelle nous nous sommes élevé dans différens endroits de nos recherches historiques.

Vient après le second préservatif, l'inoculation de l'épizootie qu'il nomme comme on sait, *Typhus contagieux*. Il raconte que ce moyen préservatif a d'abord été mis en pratique en Angleterre par les docteurs Dodson, Layard et Bewley, et en Hollande, par le célèbre Camper, d'où il s'est répandu dans le Nord et ensuite dans le Midi. L'auteur rapporte les différens procédés opératoires employés ; le moyen de Camper, comme on le sait, consiste à imbiber un fil double dans la mucosité sanieuse qui s'écoule des narines de l'animal malade, à l'introduire au moyen d'une aiguille tranchante sous la peau de la partie interne des cuisses en ayant l'attention de diriger le fil de haut en bas afin de faciliter l'écoulement du pus. Les Anglais s'étaient servis auparavant d'une croûte de ces petites pustules qui se manifestent dans le cours de la maladie, et qu'ils inséraient dans une incision faite sur les parties latérales du cou. Deltof Doertzen employait une mèche de coton ou une petite éponge imbibée de mucus nasal placé sur une incision faite à la peau du dos et qu'on recouvrait d'un emplâtre aglutinatif. Une autre méthode que Guersent regarde comme préférable, ce serait d'introduire avec la lancette un peu de mucosité nasale, ou une petite quantité d'humeur quelconque sous la peau, vers la partie interne des cuisses, dans les endroits dénués de poil ou sur les parties latérales du cou. Quel que soit du reste, ajoute l'auteur, le mode d'inoculation employé, cette opération réussit presque constamment, et tous les bestiaux contractent la maladie. La salive, le mucus nasal, la bile, le lait, le sang et toutes les humeurs de l'animal, peuvent également servir à l'inoculation. Mais, d'après Camper, au bout de quatre jours, ces liquides, même contenus dans un vase fermé, ont perdu cette propriété. S'ils sont renfermés dans un flacon très-hermétiquement bouché et placé dans un lieu frais, ils la conservent huit jours, davantage même en hiver si le vase est privé d'air.

Lorsque l'inoculation réussit, on observe rarement un changement notable avant le quatrième ou le cinquième jour. A cette époque quelques bestiaux refusent de boire et perdent même quelquefois l'appétit. Cependant si la maladie est légère, l'animal mange, excepté dans les derniers instans. Le cinquième jour, les paupières se gonflent, la conjonctive, la membrane clignotante s'enflamment, l'animal frissonne et éprouve des grincemens de dents; la fièvre se manifeste, la soif survient, la rumination cesse, l'animal est constipé. Vers le huitième jour, les oreilles sont tantôt chaudes, tantôt froides; la constipation diminue. Le neuvième jour, l'animal est oppressé, il pousse des gémissemens profonds, les déjections deviennent plus liquides et plus abondantes, les naseaux se remplissent d'une mucosité sanieuse, et la crise s'opère du 10e jour au 13e.

La méthode d'inoculation est fondée sur cette vérité d'observation que les bestiaux qui ont une fois contracté l'épizootie n'en sont presque jamais affectés de nouveau. On a cherché à inoculer la maladie à ceux qui en avaient déjà été atteints, et toutes les tentatives ont été inutiles. Les exceptions sont très-rares. S'il en existe, elles ne suffisent pas pour faire renoncer aux avantages de l'inoculation. Les partisans de cette méthode disent en sa faveur qu'elle donne la facilité de préparer les animaux à recevoir la maladie, qu'ainsi on peut prendre d'avance toutes les mesures nécessaires pour empêcher les progrès de la contagion; on pense aussi que la maladie inoculée est moins meurtrière que lorsqu'elle se développe spontanément. Les résultats de l'inoculation comparés dans différens pays ne sont pas à beaucoup près les mêmes. On croit que la maladie est plus dangereuse lorsqu'elle commence à se manifester dans une contrée, qu'elle est moins meurtrière lorsqu'elle y pénètre pour la deuxième fois. C'est aussi par cette raison que l'inoculation, pratiquée pour la deuxième fois dans le midi de la France et dans le Meklenbourg, a été moins fâcheuse que la première. Un autre fait important, c'est que l'inoculation est moins grave sur les veaux que sur les bestiaux adultes. Un autre fait plus remarquable encore, c'est que les veaux provenant de bêtes guéries de l'épizootie, n'éprouvent la maladie que d'une manière bénigne, pendant les premiers six mois de leur vie. Après cette époque, ces veaux contractent la maladie d'une manière aussi grave que les autres bestiaux. Ce moyen ne peut servir que pour conserver un nombre de veaux toujours très-peu considérable, puisqu'il n'est applicable qu'à ceux nés de vaches échappées à la maladie. Quant à la méthode de l'inoculation employée indistinctement sur les animaux de différens âges, et dans tous les temps de l'épizootie, l'auteur la regarde comme peu favorable. Elle est aussi meurtrière que le typhus spontané. Ensuite elle tend à multiplier les foyers de contagion, à la perpétuer en la rendant enzootique. Il la proscrit excepté dans le cas des veaux nés de vaches guéries, où elle est applicable.

Il est évident que le docteur Guersent partage la manière de voir de Vicq d'Azyr; mais ne pourrait-il pas être arrivé qu'il se soit laissé influencer par le nom qu'il a donné à cette maladie? Il aurait raison, si l'épizootie était un véritable typhus; mais si elle se rapprochait par sa nature de la clavelée du mouton, de la petite-vérole de l'homme, si c'était la petite-vérole des bœufs, comme l'appelait en 1711 Ramazzini ; la question, ainsi envisagée, changerait de face, et les objections élevées contre l'inoculation tomberaient d'elles-mêmes. C'est sous ce point de vue médical que ce sujet doit être envisagé suivant nous.

Pour compléter cette partie expérimentale, il nous reste à décrire trois objets très-importans : 1° faire connaître les raisons, les causes qui ont fait repousser l'inoculation de la cachexie varioleuse.

2° Prouver que les phénomènes qui se manifestent ont la plus grande analogie avec ce qu'on observe lorsqu'on fait la section des nerfs pneumogastriques.

Démontrer que, dans les deux cas, il y a asphyxie et syncope.

3° Enfin indiquer la classe, l'ordre et l'espèce où cette maladie se trouve rangée par les auteurs vétérinaires qui ont classé les maladies des bestiaux, ou qui ont composé des nosologies.

Vicq d'Azyr, après avoir fait adopter au gouvernement français la mesure connue sous le nom d'assommement des bœufs attaqués de l'épizootie, déclare, dans l'Éloge de Camper, que toutes les maladies exanthématiques sont susceptibles d'être inoculées. Mais ce n'est pas parce qu'une maladie est dite exantémathique quelle doit être inoculée, mais bien lorsqu'elle est de nature à n'être contractée qu'une seule fois. Cette distinction est pour nous de la plus haute importance : elle résume toute la question. Nous croyons même que c'est cette circonstance très-remarquable que Vicq d'Azyr n'avait pas reconnue, qui l'a déterminé à donner la préférence à l'assommement sur l'inoculation.

Ce n'est pas un objet indifférent que de voir Vicq d'Azyr prendre le soin de se réfuter lui-même, de s'enferrer. « Ainsi, dit-il, la maladie décrite par Lancisi, la même qui a régné depuis 1774 jusqu'à l'année 1778 dans les provinces méridionales de la France, dans la Normandie et dans le Maine, où elle a été détruite ; la même qui a ravagé la Hollande, où elle est devenue, pour ainsi dire, habituelle, cette épizootie pouvait être inoculée. » C'est Vicq d'Azyr lui-même qui proclame cette grande vérité. « Déjà, ajoute-t-il, Dodson, Layard et Bewley, avaient essayé cette méthode en Angleterre ; Noseman, Kool et Tack en Hollande ; on avait fait les mêmes tentatives dans le Danemarck, à Brunswick et à Mecklenbourg ; Vicq d'Azyr avait répété ces expériences dans le Condomois et le pays d'Auch : dans tous ces essais dont nous avons déjà rendu compte ailleurs, la maladie épizootique s'était communiquée avec tout son danger. Camper avait établi, dans la Frise, une société uniquement occupée de cet objet. Mais tant de patriotisme est demeuré long-temps sans succès. Une remarque faite par un cultivateur le mit enfin à portée de recueillir le fruit de ses travaux. Ce cultivateur, appelé Reinders, lui observa que l'épizootie communiquée par insertion à des veaux nés de mères guéries du même mal, parcourait tous ses degrés sans orage. Camper multiplia les essais d'inoculation conformément à ces vues, et il parvint à tracer une méthode que ses concitoyens ont adoptée, et qu'ils regardent comme un bienfait. L'objet important, c'est que, parmi les animaux soumis à cette insertion, *il n'en périt pas plus de trois sur cent*, et auparavant on en perdait plus des deux tiers. Cette découverte fut annoncée dans les journaux de 1777. Vicq d'Azyr fut consulté sur cet objet intéressant. Sa réponse fut que l'inoculation de l'épizootie ne pouvait être utile et ne devait être accueillie que dans les cantons où, comme en Hollande, ce mal, ayant jeté des racines profondes, ne pouvait être extirpé, mais qui, en France, où, comme en Angleterre et dans le Brabant, par de grands sacrifices on en a détruit le germe, ce serait une faute capitale que d'adopter une pratique par laquelle on verrait renaître l'ennemi qu'on avait eu tant de peine à étouffer. On avait calculé les distances, et on offrait d'envoyer de la Frise des fils imbibés du virus contagieux le plus récent, c'est-à-dire de nous rendre l'épizootie. « Necker, dit Vicq d'Azyr, alors contrôleur-général des finances, repoussa un présent si funeste, et c'est aux yeux de Vicq d'Azyr un service de plus que lui doit la patrie. » Nous ne pouvons partager les craintes exagérées de Vicq d'Azyr. Les expériences que nous avons faites à l'École d'Alfort, en 1816, prouvent que l'épizootie, avec quelques précautions, peut être renfermée dans un lieu étroit sans se communiquer au dehors. On doit regretter qu'à cette époque éloignée de nous on n'eût pas fait d'expériences, comme le désirait Paulet. Ne pourrait-on pas, du moment qu'une bête malade est condamnée et censée morte, au lieu de la tuer tout de suite, l'enfermer dans un endroit particulier, à l'abri de toute communication, et faire sur elle l'essai des différentes méthodes qu'on propose, jusqu'à ce que les symptômes décidément mortels, tels que la dysenterie, paraissent. De cette manière, l'état et les particuliers ne perdraient que ce qu'il est impossible de sauver, et l'on aurait au moins la facilité de faire des tentatives, qui pourraient peut-être avoir quelque succès. « Car, dit Paulet, il faut l'avouer, la conduite qu'on tient est, à la vérité, le triomphe des moyens *politiques* de l'administration, mais fait la honte de l'art et ne donne aucune espérance. » Si les expériences proposées par Paulet avaient été faites, un grand nombre de questions qui partagent encore les vétérinaires éclairés auraient été résolues au grand avantage de la science médicale et de la société. On aurait aussi eu la preuve que les procédés suivis pour inoculer la maladie étaient très-défectueux ; que c'était à leur imperfection qu'on devait attribuer que l'épizootie se communiquait par l'inoculation avec tout son danger. Ainsi, dans un Avis sur l'inoculation, publié à Brunswick, en 1763, l'auteur, après avoir parlé de l'inutilité des remèdes, dit que, de tous les essais, l'inoculation est ce qui a le mieux réussi. La méthode d'inoculation consiste à faire tenir ferme par quatre hommes la bête qu'on se propose d'inoculer ; un autre passe une corde autour du cou comme pour pratiquer la saignée. On fait une ouverture à la veine, par laquelle on introduit un plumasseau trempé dans le sang d'une bête malade. S'il venait à tomber, on en introduirait un second de la même manière. On rapporte ensuite les expériences faites en Danemarck, en 1770, 1771 et 1772, par Berger et OEder. L'inoculation consistait à introduire sous la peau de la cuisse des fils de coton trempés dans la morve d'une bête malade. Par ce procédé, sur trois cent quatre-vingt-dix bêtes inoculées, deux cent trente-deux ont réchappé ; il n'en est mort que quarante-cinq. On observe que cent trente-trois bêtes n'ont pas été malades. Ces derniers animaux avaient sans doute éprouvé la maladie avant d'avoir été inoculés. Un grand nombre de faits prouvent que les animaux guéris ne contractent pas la maladie une deuxième fois.

Dans ces premiers essais, Bulow, sur cent soixante-dix-sept bêtes inoculées, sans compter les veaux, en avait sauvé cent trente-cinq et perdu quarante-deux; perte qu'il regarde comme peu considérable en la comparant à celle occasionée par l'épizootie naturelle. L'épizootie était revenue dans les pays où l'on avait introduit de nouveau bétail qui n'avait pas encore été attaqué de la maladie. Il est, suivant lui, démontré que l'on réchappe un plus grand nombre de bêtes par l'inoculation que par l'épizootie naturelle; il observe que la maladie artificielle était semblable à la naturelle, mais bien moins meurtrière.

L'auteur espère que le public sera encouragé à suivre son exemple, puisque, malgré les contagions naturelles, les inadvertances et les essais malheureux, il n'est mort que quatre cent trente-huit têtes de bétail sur quatre mille soixante-quinze bêtes inoculées. Il ajoute qu'il est vraisemblable que dans la suite on réussira mieux à force d'acquérir de l'expérience. Les particuliers n'auront-ils pas lieu de se consoler de la perte de la dixième partie à peu près de leur bétail, d'autant plus qu'ils sont assurés que les animaux guéris ne sont plus sujets à contracter de nouveau une épizootie qui malheureusement revient trop souvent. Il s'efforce de prouver, dans le chapitre suivant, que les bestiaux, une fois guéris, ne contractent pas une seconde fois l'épizootie.

Le nombre des bêtes sauvées n'aurait-il pas été plus grand encore si on avait suivi une méthode moins défectueuse, telle que celle qui était en usage pour inoculer la petite-vérole? Cette dernière est commode, facile, et de plus n'entraîne aucun danger. Lacondamine, ce défenseur zélé de l'inoculation de la petite-vérole, établit d'une manière piquante les avantages de l'inoculation. Rapportons ce passage :

« Tel est le sort de l'humanité : plus d'un tiers de ceux qui naissent sont destinés à mourir, dans la première année de leur vie, par des maux incurables ou du moins inconnus. Échappés à ce premier danger, le risque de mourir de la petite-vérole devient pour eux inévitable ; il se répand sur tout le cours de la vie et croît à chaque instant. C'est une loterie forcée où nous nous trouvons intéressés malgré nous ; chacun de nous y a son billet ; plus le billet tarde à sortir de la roue, plus le danger augmente. Il sort à Paris, année commune, quatorze cents billets noirs dont le lot est la mort. Que fait-on en pratiquant l'inoculation ? On change les conditions de cette loterie, on diminue le nombre des billets funestes : un sur sept, et dans les climats les plus heureux un sur dix était fatal ; il n'en reste plus qu'un sur trois cents, un sur cinq cents ; bientôt il n'en restera pas un sur mille. Nous en avons déjà des exemples. Tous les siècles à venir envieront au nôtre cette découverte : la nature nous décimait, l'art millésime. »

C'était sans doute pour diminuer le nombre de billets funestes qu'on avait proposé de pratiquer l'inoculation de l'épizootie des bêtes bovines. On demande pourquoi les inoculateurs tels que Claus Detlof d'Oertzen, Berger, Bülow, ont préféré pour inoculer la maladie, le sang ou le mucus des narines ; pourquoi n'ont-ils pas imité Layard, qui, dès 1757, ayant reconnu qu'il existait la plus grande similitude entre la petite-vérole et la maladie contagieuse, avait puisé dans les pustules des mamelles la matière d'inoculation ? il avait observé que, les poumons étant principalement attaqués dans cette maladie, il devenait utile par l'inoculation d'empêcher cette congestion pulmonaire ou la matière morbifique de pénétrer jusqu'aux poumons. De plus, il remarque que l'écoulement considérable de matière putride qui a lieu par l'incision agit à la manière des sétons, des abcès critiques ; il en résulte que l'animal se trouve moins affaibli par l'inoculation que par la maladie naturelle.

Sans doute, personne ne voudrait porter la contagion dans un pays, uniquement par amour de l'inoculation ; mais il n'en est pas de même lorsque la maladie est dans le voisinage du bétail. Layard rappelle qu'en Hollande, où l'inoculation a eu alternativement de bons et de mauvais succès, on a inoculé avec de la matière de l'écoulement des narines, de la bouche et des yeux. Il croit que cette matière devenait vicieuse par la violence de la maladie. Il fait observer que la matière morbifique portant sa première et plus forte impression sur la partie où elle se jette d'abord, on doit prendre le plus grand soin pour ne pas inoculer près du cœur et des poumous ; et s'il s'agit d'une vache pleine, il faut éloigner l'inoculation des environs de la matrice. Dans l'espèce humaine on inocule aux bras et aux jambes. Layard recommande d'inoculer les bêtes bovines au milieu de l'épaule et de la fesse et des deux côtés pour avoir l'avantage de deux écoulemens ; il recommande d'introduire sous la peau un plumasseau imbibé de la matière d'un *bouton* ou d'une *pustule* d'un jeune animal guéri de la maladie ; cette matière étant regardée comme étant plus louable que le mucus des narines et des yeux , qu'on a employé. On peut dire qu'il y a deux élémens, le virus et une matière animale qui, se décomposant, peuvent déterminer une affection analogue au charbon ; maladie très-différente de la cachexie varioleuse.

Nous avons cru utile d'insister encore une fois sur un point aussi important. Ce défaut de distinction ou cette confusion a fait rejeter l'inoculation à Vicq-d'Azir, et lui a fait préférer l'assommement des bestiaux; mesure désastreuse. Nous renvoyons sur cet objet au mémoire de Brugnoné. En faisant assommer les bestiaux, est-on certain de détruire toute la matière contagieuse? Si elle est volatile, n'échappe-t-elle pas à tous les moyens ? Ainsi on a fait périr les premières bêtes ovines attaquées de la clavelée ; empêche-t-on la maladie de se manifester dans un certain nombre de brebis ? Le germe se trouvait chez elles dans l'état d'incubation à l'époque où l'on a tué les premières. Depuis, on inocule le claveau ; procédé bien plus économique.

Layard donne une courte description des phénomènes qui surviennent peu après l'inoculation. Le troisième jour, la plaie se décolore, les bords sont pâles et enflés, ce qui est un signe que l'inoculation a réussi. Les bêtes ne tombent malades que le sixième jour, ce qui répond exactement aux observations qu'on a faites sur les enfans inoculés. Les symptômes de pesanteur et de stupeur n'ont pas plus tôt paru, qu'il faut couvrir les bêtes légèrement. Elles seront frottées, bouchonnées, pansées soir et matin, jusqu'à ce que les boutons commencent à paraître et à se sentir sous la peau. Il recommande de donner des décoctions de foin et de bons alimens secs ; il faut être circonspect pour employer les laitages, qui occasionent la diarrhée.

En cas d'accidens on aura les mêmes précautions que dans la maladie naturelle ; on emploiera les mêmes remèdes, mais il est rare dans l'inoculation qu'on soit obligé d'y avoir recours ; les différentes périodes de la maladie se succèdent avec bénignité.

Après la crise complète, on fera prendre l'air par degré ; on purgera avec le sel d'Epsom ; enfin on aura pour les animaux les mêmes précautions indiquées à l'article du traitement de la maladie naturelle.

La dernière méthode que nous venons de décrire offre autant d'utilité que les autres ont d'inconvéniens ; il ne pouvait y avoir d'incertitude en la suivant, puisqu'on se servait de la matière renfermée dans les pustules ; procédé suivi pour inoculer la petite-vérole. Si cette méthode était adoptée, on n'inoculerait que les épizooties pustuleuses, et non les charbonneuses ni les inflammatoires.

La maladie si bien décrite par Ens, en 1746, n'aurait pas pu être inoculée puisqu'il ne s'est manifesté aucune pustule ; elle était seulement inflammatoire. L'ouverture de douze bœufs ne laisse aucun doute dans l'esprit sur la nature de cette épizootie. Il faut donc bien distinguer la cachexie varioleuse de la cachexie charbonneuse. Un examen tant soit peu attentif suffira pour établir les différences qui existent entre les tumeurs charbonneuses et les pustules de la clavelée, et celles de la cachexie varioleuse. En effet, dans les affections charbonneuses, les animaux qui en sont attaqués ne cessent de boire et de manger que dans la période la plus avancée ; on en a vu qui, ayant la langue presque toute rongée, semblaient avoir conservé de l'appétit. Le pouls n'est changé que dans le dernier temps de la maladie. Les narines ne sont pas remplie par des humeurs aussi abondantes et aussi fétides ; la diarrhée n'est pas semblable à de la raclure de boyaux sanguinolente et d'une odeur insupportable. Bien d'autres caractères distinguent ces maladies. Une observation importante, c'est qu'on n'a jamais proposé ni adopté la mesure de l'assommement des bêtes bovines contre les épizooties charbonneuses ; cette considération est d'un haut intérêt social. Pourquoi continuerait-on cette désastreuse mesure dans les épizooties déterminées par la cachexie varioleuse ? L'emploi de cette mesure tout administrative est aussi onéreux à l'état que ruineux pour l'agriculture. Cette question mérité bien d'être discutée, aujourd'hui qu'on est plus instruit sur ce qui concerne les maladies contagieuses. On les distingue en celles produites par des germes et celles déterminées par infection. Les germes sont comparés à des semences de plantes ; les germes une fois fécondés se développent, éprouvent des évolutions, des métamorphoses continuelles qui constituent les âges. Les germes des maladies ont un développement très-rapide et arrivent très-promptement à leur maturité ou à l'époque où ils peuvent se reproduire, et donner lieu à d'autres germes qui suivent les mêmes évolutions, les mêmes phases ; ainsi à l'infini. Ces phénomènes expliqueraient ce que rapporte De Berg ; si les habitations se touchent, si elles sont à la vue les unes des autres , la maladie gagne de proche en proche avec plus ou moins de rapidité, et toujours en raison de l'usage que l'on est de laisser sortir le gros bétail des étables, du plus ou moins de liaison qu'il y a entre les habitans d'un canton. Rien ne saurait arrêter les progrès de cette maladie dans les lieux où il y a des pâturages communs ; elle s'étend avec rapidité si surtout ces pâturages se touchent. Ainsi, en deux ou trois mois , cette maladie se communiquerait infailliblement d'une extrémité de l'Europe à l'autre s'il existait entre elles une ligne non interrompue de pâturages couverts de bêtes bovines. On voit aussi la maladie suivre la direction des grandes routes et celle du vent. Il arrive que sa marche est irrégulière, qu'elle attaque des étables très-éloignées les unes des autres, d'une lieue, même davantage. Lorsqu'on prend des renseignemens, on s'aperçoit que les propriétaires des bestiaux sont parens, c'est ce qui avait fait dire que cette maladie sautait d'un lieu en un autre. Ceux qui croient que la maladie est seulement épidémique sans être contagieuse se servent très-souvent du mot *sauter* pour indiquer par là que, suivant leur opinion, la maladie se jette çà et là sans qu'il y ait aucune communication entre les premières bêtes affectées et les secondes séparées par une lieue d'intervalle ; elle fait encore de grands progrès dans les cantons où le commerce du gros bétail n'est pas sévèrement interdit. Un propriétaire qui voit approcher la maladie, qui prévoit sa ruine être prochaine, se hâte de vendre son bétail, ou bien, s'il reconnaît une bête malade, il sait que toutes les autres la contracteront. Bientôt il tue et sale la bête attaquée, et s'empresse de vendre à tout prix les autres qui conservent encore l'apparence de la santé, quoique infectées. Les acheteurs les conduisent dans des villages éloignés ; elles sont réparties dans des étables différentes où la maladie ne tarde pas à se déclarer à la fois ; on en conclut que la maladie saute, que ce n'est pas par communication ni par contagion qu'elle se contracte. Nous avons été témoin d'un fait semblable à Lagny, en 1814 : un cultivateur avait acheté plusieurs génisses qu'il mit sans précaution dans son étable ; la maladie épizootique attaqua quelques jours après l'achat les cinq génisses, et bientôt les dix-sept

autres vaches de l'étable, à l'exception d'un taureau et de
trois vaches qui échappèrent ; elles avaient été attaquées de
la maladie l'année précédente ; les autres en moururent. Un
procès-verbal que nous avons dressé a fait condamner les
marchands à rembourser le prix des cinq genisses. Un nourrisseur de Vincennes envoie à l'école d'Alfor tune vache
affectée de l'épizootie ; elle est placée à son arrivée dans la
même étable où se trouvaient les vaches qui portaient les nᵒˢ 5
et 6 ; cette bête est morte près d'elles. Son ouverture a été faite
dans l'étable pour augmenter les effets contagieux ; ces deux
vaches n'ont pas contracté une deuxième fois la maladie. Il
résulte de ces vérités qu'une étable infectée peut propager
au loin la maladie aux bêtes d'une deuxième étable, ainsi de
suite, parce qu'il est physiquement impossible que la contagion n'ait pas son effet à cause des nombreuses communications qui existent dans une exploitation rurale, dans une
ferme. Plus le germe contagieux s'étend, se reproduit, plus
il s'attache aux objets voisins, boiseries, plâtres des étables,
au foin, aux fosses à fumier, à la laine, aux poils. A chaque
reproduction l'on perd dans chaque endroit infecté le plus
souvent un quart ou un tiers et plus de la masse du bétail
existant. Ce tableau paraîtra exagéré à quelques personnes,
qui n'auront pas bien observé la marche de cette épizootie ;
mais elles changeront d'avis si elles prennent une connaissance exacte sur ce qu'on avance. Les symptômes de cette
maladie ont tellement varié que très-souvent, n'observant
pas chez les bêtes d'une étable exactement les mêmes symptômes que sur les animaux d'une autre étable, la maladie a
été méconnue dans son principe ; c'est ce qui arrive pour la
petite-vérole. En effet, quelle différence ne se rencontre-t-il

pas entre la petite-vérole discrète, bénigne, et la petite-vérole confluente? cette dernière est si maligne, si meurtrière!
L'inoculation vient prouver que la discrète et la petite-vérole confluente sont identiques puisque le pus de l'une inoculé
occasione l'autre *et vice versá*. Il en est de même de la maladie dont nous nous occupons. Une bête qui en est affectée la
communique inévitablement à toutes celles qui sont dans la
même étable, quel qu'en soit le nombre ; on observe qu'elles
en sont atteintes avant le terme d'un mois. Nous avons été
dans le cas de constater ce fait. On remarque aussi que toutes
les bêtes n'ont pas d'éruption cutanée ; que quelques unes
sont malades légèrement pendant vingt-quatre heures ; cependant, si elles guérissent, elles ne sont plus susceptibles de
contracter une seconde fois la maladie. Ainsi, toute bête une
fois guérie ne contractera plus la maladie. S'il existe des
exemples dument constatés, dit De Berg, ils sont plus rares
que ceux de la petite-vérole contractée une seconde fois.
Les faits ne laissent aucun doute sur cette assertion. Une
bête guérie placée dans une étable infectée avec vingt autres
bêtes reconnues pour n'avoir pas été atteintes de l'épizootie ;
les vingt bêtes auront la maladie ; la seule bête guérie ne la
contractera pas de nouveau. Qu'on répète cent fois cette
expérience, on aura cent fois le même résultat.

Vicq d'Azyr, quoique n'étant pas partisan de l'inoculation, avance qu'il a inutilement tenté de communiquer la
maladie une seconde fois à des bestiaux qui, après l'avoir
essuyée, avaient eu le bonheur d'en guérir. A peine cite-t-on
deux exemples contraires dans toutes les provinces méridionales de la France ; encore ils sont très-suspects. L'inoculation n'a pas paru avantageuse à Vicq d'Azyr, qui affirme que

presque tous les bestiaux sur lesquels il l'avait tentée avaient péri. Il s'était assuré qu'elle réussissait mieux sur les jeunes animaux que sur ceux qui sont plus avancés en âge. Peut-être est-il vrai que, cette maladie n'étant pas essentiellement exanthématique, l'inoculation n'est pas de nature à lui convenir. Observons que Vicq d'Azyr s'était servi de la matière qui découlait des narines, des yeux, ou de la bouche ; ces matières altérées ont communiqué l'affection charbonneuse, et non la maladie varioleuse. On demande comment Vicq d'Azyr, qui avait connu les expériences de Layard, n'avait pas distingué l'immense différence qu'elles présentaient de celles des inoculateurs de Hollande, d'Allemagne, du Mecklenbourg. Layard est le seul inoculateur qui propose de puiser la matière pour inoculer dans les pustules qui existent sur la peau des bêtes à cornes. Il remarque que le pus est bien plus louable que le mucus des narines, des yeux et la salive, qui par la marche et la violence de la maladie, peuvent être viciés, altérés. Rien n'est plus juste et plus important que cette utile distinction ; il est évident qu'à l'exception des expériences de Layard, les autres inoculations ne doivent inspirer aucune confiance, et ces expériences ne prouvent rien contre l'inoculation bien faite.

Les anciens vétérinaires, privés pour la plupart des connaissances de l'anatomie ordinaire et des moyens d'en acquérir, devaient ignorer les maladies des bestiaux. A l'époque même où Bourgelat parut et institua les écoles vétérinaires, on se livrait entièrement aux recherches concernant l'état naturel des organes, et on s'occupait très-peu des altérations. Bourgelat en fait lui-même l'aveu dans différens passages de ses écrits. Dans l'avertissement de son Précis de l'anatomie

du corps du cheval, il dit: Au surplus, nous ouvrons simplement les voies, et il ne fallait pas moins de vingt années
de veilles et d'application pour défricher et pour préparer le
terrein. D'autres reculeront les bornes auxquelles nous nous
sommes arrêtés; le champ vaste et inculte, dont nous arrachons avec tant de peine les ronces et les épines deviendra fertile dans leurs mains. Dans un autre ouvrage il ajoute:
L'anatomie comparée, par exemple, n'a pu être mise à
la portée des élèves, que lorsqu'après l'avoir envisagée
sous une multitude de faces, nous avons eu le bonheur de
parvenir à la leur présenter d'une manière si intelligible et si
claire que nos seules descriptions guident leur scalpel. Mais
avant de parvenir à ce point, nous nous sommes vus forcés
vingt fois à élever, à démolir, à réédifier et à abattre de
nouveau. Des hommes tellement occupés de l'anatomie ordinaire ne devaient remarquer que comme par hasard les lésions cadavériques qui se présentaient à leur observation; il
est évident qu'il fallait perfectionner ce premier instrument de
recherche avant de se livrer à l'étude de l'anatomie des maladies. Cependant Bourgelat avait reconnu l'importance et
l'utilité de cette étude, lorsqu'il recommande aux professeurs de profiter de la facilité qu'ils ont de disposer librement des cadavres pour observer tous les changemens
que la mort a pu produire; assez souvent ils trouveront le
mot de l'énigme dans des accidens dont on n'aura pas aperçu
le moindre indice et qu'on n'aura pu prévoir ; c'est ainsi, par
exemple, qu'à l'ouverture des animaux, il a trouvé des vers,
des égagropiles, des pierres énormes dans le duodénum, des
concrétions de toutes sortes, un amas de matières gypseuses
et crétacées, qui non seulement formaient une croûte sur les

organes de la vie , mais qui , logées dans les interstices des fibres des organes du mouvement , tendaient à réduire pour ainsi dire , l'animal en une masse pétrifiée ; un vieux soulier dans le premier estomac d'un bœuf rongeant. Ces notions étaient éparses , sans liens communs ; elles n'étaient pas coordonnées; ne se rattachant à rien, elles ne pouvaient être d'un très-grand degré d'utilité.

Bourgelat avait également donné un essai de nosologie vétérinaire. Il convient que le siècle, tout éclairé qu'il est, était encore pour la médecine vétérinaire un siècle de barbarie, où faute d'une nomenclature exacte et de convention, à peine est-il possible de s'entendre. Il désirait que les mots fussent les mêmes que ceux que la médecine de l'homme adopte. Il admet que les méthodes les plus simples sont toujours préférables à toutes les méthodes systématiques, dans l'énumération et l'exposition des maladies.

Il est , dit-il , des maladies communes à tous les animaux, il en est de particulières à chaque espèce ; elles sont externes ou internes. Les externes comprennent les inflammations , les tumeurs, les plaies, les ulcères et les différentes affections des os. Les internes renfermeront les maladies qui tiennent au système sanguin, celles qui tiennent du système lymphatique et du système nerveux. On les suivra dans les trois cavités , et l'on n'omettra pas les maladies qui peuvent se manifester dans la plénitude et la gestation des femelles. Toutes ces divisions n'empêcheront pas de distinguer les maladies symptomatiques des idiopathiques , les aiguës, des chroniques, les continues , des intermittentes, les bénignes , des malignes, les épizootiques, des sporadiques, les contagieuses , des non-contagieuses.

Nous avons rapporté les passages du programme publié par Bourgelat, pour démontrer qu'il avait établi une classification des maladies. Il donne de plus un modèle d'un état que l'élève chargé de traiter une épizootie devait remettre au directeur, à son retour. Ces états devaient être déposés dans les archives, et joints aux mémoires sur chaque maladie à l'effet de pouvoir justifier en cas de besoin de l'utilité, de ces écoles, et de conserver les noms des élèves qui, dans telles et telles circonstances, auront bien mérité du gouvernement.

Les élèves les plus avancés dans la connaissance des maladies étaient alors envoyés, munis d'instructions rédigées par Bourgelat, dans les provinces et les lieux où les épizooties faisaient redouter leurs ravages. Depuis, des vétérinaires sortis des écoles, se trouvant établis dans un grand nombre de localités, cette mesure a dû tomber en dessuétude.

Le second auteur qui s'est occupé de classer les maladies des animaux, est le docteur Vitet. Les épizooties sont rangées dans la première classe, premier sous-ordre du premier genre, sous les noms de peste, de maladie contagieuse, maladie pestilentielle, maladie épidémique; cette division fait partie du tome II de la Médecine vétérinaire de Vitet.

Si on étudie les phénomènes des maladies pestilentielles des animaux, décrites depuis les temps les plus reculés jusqu'à nos jours, on verra presque autant de maladies particulières qu'il y a eu de pestes. La seule ressemblance, si l'on s'en rapporte aux assertions de Vitet, qui se trouve entre elles, est l'infection du bétail par la communication du sujet pestiféré avec l'animal sain. En effet, si les auteurs parlent d'éruptions cutanées, ils n'indiquent pas en quoi elles diffèrent les unes des autres. Aussi est-il impossible de prescrire des remèdes spécifiques contre la peste. Suivant Vitet, les symptômes décrits sont ceux des maladies inflammatoires aiguës soit externes soit internes; il ajoute que les auteurs n'établissent pas le vrai caractère de la peste. Il en est de même en ce qui concerne les désordres que présente l'ouverture des animaux pestiférés. Vitet pense qu'au lieu d'attendre la mort de l'animal attaqué pour en faire l'ouverture, il serait préférable de le faire égorger dès les premiers instans de la maladie, afin de le disséquer scrupuleusement; on retirerait de cette mesure de grandes lumières pour déterminer la nature de la maladie. Nous ne suivrons pas plus loin l'auteur, qui entre dans beaucoup de détails, et qui donne la description des épizooties dont nous avons parlé à la partie historique, à laquelle nous renvoyons. Vitet a suivi les principes de Sauvages dans sa classification.

Camper est le troisième auteur qui ait cherché à classer les maladies des animaux. Camper a traité des épizooties dans deux articles différens. Le premier consiste dans des leçons spéciales sur la maladie épizootique qui a régné en Hollande en 1768. Nous en avons donné l'analyse dans la partie historique. (*Voyez* cette partie, p. 147).

Le deuxième article que nous devons faire connaître a pour titre : Réponse à la question proposée en 1783, pour sujet de prix, par la Société batave de Rotterdam : exposer les raisons physiques, pourquoi l'homme est sujet à plus de maladies que les autres animaux. C'est dans la quatrième classe de sa Nosologie que Camper a rangé les fièvres ou les maladies épizootiques.

Il semble à Camper que les quadrupèdes sont sujets à un plus grand nombre de maladies contagieuses et pestilentielles que l'homme ; du moins, cela a-t-il plus souvent lieu chez eux.

Un quatrième auteur a établi une classification des maladies des animaux , c'est le docteur Aygaleuq. Sa Nosologie est fondée sur les principes de Pinel. On peut suivre , pour classer les maladies des grands animaux domestiques, tels que le bœuf, le cheval , la brebis, le chien , etc., la même méthode que le docteur Pinel a employée pour la classification de celles de l'homme.

Les maladies des premiers comme celles du second , peuvent être divisées en aiguës et en chroniques; dans la première section sont comprises les pyrexies, les phlegmasies, les hémorrhagies ; la deuxième est divisée en nerveuses et en maladies du système lymphatique. Les pyrexies comprennent six ordres. C'est dans les ordres quatrième (fièvre adynamique) , cinquième (fièvre ataxique), et dans l'ordre sixième et dernier, qui renferme la fièvre adéno-nerveuse , que sont rangées les maladies épizootiques. La fièvre adéno-nerveuse est celle à laquelle les animaux , le bœuf surtout, se trouvent le plus sujets. C'est à cet ordre qu'il faut rapporter tant d'épizooties qui, à diverses époques, ont ravagé plusieurs contrées de l'Europe. On s'accorde généralement à regarder, avec Pline, la peste comme originaire du Levant, et que ce n'est que par contagion qu'elle passe parfois dans d'autres pays , où elle se renouvelle de temps en temps par la même voie. Ce qu'il est essentiel de connaître , c'est que toutes les observations qu'on a faites sur l'origine des pestes les plus meurtrières, pour l'espèce humaine et pour les animaux s'accordent à prouver qu'elles viennent, par rapport à la Hollande, la France et l'Italie, du côté de l'Orient, ou bien qu'elles sont toutes sorties de la Hongrie, un des pays les plus pestilentiels du monde. Une chose bien digne de remarque, c'est que la peste, dans un temps donné, fait bien plus de ravage sur les animaux que sur l'homme; le célèbre Vicq d'Azyr l'a très-bien observé. Cependant il faut dire, pour bien comprendre la valeur de cette assertion d'Aygaleuq, que Vicq d'Azyr considérait la peste comme étant une épidémie très-meurtrière; il n'attachait pas la même idée au mot *peste* qu'on lui donne aujourd'hui. Il faut pour qu'une maladie soit caractérisée du nom de peste, la présence de bubon et de charbon; il faut surtout avoir la précaution de commencer assez tôt le traitement prophylactique; car il est plus facile de préserver que de guérir les maladies pestilentielles. Le plus ordinairement, les fièvres des trois derniers ordres se compliquent pour constituer les épizooties dont tant d'auteurs se sont occupés. Aygaleuq renvoie aux ouvrages de Lancisi, de Ramazzini, de Paulet, de Clere, de Ens.

Telle est la manière de voir d'Aygaleuq sur les maladies épizootiques, qui a été adoptée par nous, en 1806, par Gohier et Verrier quelques années après.

On ne peut se dissimuler que ces auteurs ne donnent qu'une idée très-incomplète et tout-à-fait insuffisante des maladies; comment établir, avec ces faibles documens, une méthode curative, qui est l'objet important?

A l'imitation d'Aygaleuq, de Gohier, M. Huzard fils a donné un essai de Nosographie. Il range les épizooties dans la deuxième classe, qui comprend les fièvres. Ces maladies sont désignées sous le nom de peste du gros bétail , qui est une maladie terrible ; elle porte encore les noms d'épizootie contagieuse du gros bétail, de fièvre bilioso-nerveuse , de typhus, de peste du gros bétail. On peut assurer, sans crainte de se tromper , qu'aucune de ces dénominations ne peut convenir à la cachexie varioleuse. Voyons l'épizootie contagieuse. Elle est alors confondue avec les maladies charbonneuses, qui sont regardées aussi comme étant contagieuses. Cette confusion est un grand mal ; l'assommement à main armée n'a jamais été ordonné par la police sanitaire extirpatrice , contre les maladies charbonneuses.

La dénomination de fièvre bilioso-nerveuse est impropre, parce que rien ne prouve que le siége de cette maladie est dans les nerfs et dans le foie. D'ailleurs ce nom fait-il mieux connaître la nature ou ce qui constitue la maladie ? Sur quelles bases reposeront les indications, et les moyens à employer contre cette épizootie ? il est évident qu'on serait dans le champ si vaste des hypothèses.

La maladie n'est pas non plus un typhus ; qu'entend-t-on par typhus ? Si c'est une fièvre typhoïde ; nous ne voyons pas que les auteurs aient fait connaître le caractère anatomique de ce typhus ; aucun d'eux n'a décrit les altérations des glandes de Peyer. On serait donc en droit de rejeter cette dénomination , peste du gros bétail ; ce n'est pas une peste, puisqu'on n'observe pas de bubons, de charbons , phénomènes qui caractérisent la véritable peste.

Nous avons dû faire ces réflexions, qui démontrent qu'aucun des auteurs n'a même soupçonné que cette maladie pourrait bien être analogue à la petite-vérole des enfans , à la picote des vaches décrite par Jenner, se substituant à la variole , déterminant par l'inoculation la vaccine , qui préserve ensuite des mortalités occasionées par la petite-vérole. La durée de la vie moyenne des hommes est devenue plus grande; bienfait immense pour l'humanité tout entière.

Mais, avant de déterminer ces considérations sur les nosologies vétérinaires, arrêtons-nous un instant sur une proposition paradoxale de l'auteur du dernier *Essai de Nosographie.*

Si l'on traite méthodiquement, dit-il, la peste du gros bétail, où trouvera-t-on des médicamens, quels que soient ceux qu'on emploierait, en quantité suffisante pour les donner à des milliers d'animaux tels que les ruminans qui exigent qu'on les administre en quantité considérable? Cette proposition , présentée d'une manière aussi absolue, n'est heureusement qu'une hypothèse qui contient autant d'erreurs que de mots. Il nous faudrait plus d'espace que celui que nous pouvons donner à cette discussion pour démontrer tout ce qu'elle a de contraire , d'opposé à l'observation et à l'expérience.

S'ensuit-il , parce que les ruminans consomment par jour pour se nourrir une très-grande quantité d'alimens , qu'il faille admettre qu'il est nécessaire pour les guérir de leur administrer une grande quantité de médicamens ? Dans la proposition on n'a pas tenu compte des décompositions chimiques qui se font dans l'intérieur du premier estomac, qui renferme quatre-vingts livres de substances végétales , de l'eau. La preuve qu'il en est ainsi , c'est que , lorsqu'on fait arriver un médicament qui n'a pas produit d'effet dans le véritable estomac , le quatrième ou caillette , il agit avec une très-grande énergie et tue même l'animal. On confirme ce résultat en injectant une petite quantité de ce médicament dans les veines. Ce n'est donc pas l'organisation du ruminant qui est insensible à l'action du médicament, mais bien le premier estomac, revêtu intérieurement d'un épithélium très-épais de mucus qui fait fonction d'épiderme intérieur, qu'il faut détruire, comme celui de la peau, pour que le médicament puisse parvenir dans le torrent de la circulation et se répandre dans toute l'économie de l'animal.

Les méthodes curatives qui ont été efficaces contre l'épizootie ne se distinguent pas par le nombre et l'abondance des substances médicamenteuses. Au contraire, quelques sétons, des boissons émollientes, adoucissantes, avec des amers, racine de gentiane, aunée; des sels neutres, nitre, sel de Glauber; des acides, du vinaigre combiné avec l'ammoniaque, esprit de Mendererus, etc.; voilà à quoi se sont réduits les médicamens, les moyens curatifs, sans oublier la saignée lorsque le cas l'exige. C'est au vétérinaire instruit à reconnaître les circonstances maladives où la saignée peut être employée sans danger avec avantage.

Mais s'il était prouvé que l'épizootie est la picote ou de la famille des maladies pustuleuses qui ne peuvent être contractées qu'une seule fois par le même animal, il découlerait de cette proposition un traitement d'un bien autre intérêt et immense par ses résultats, puisqu'on serait conduit à employer l'inoculation. Le bœuf aurait, comme le mouton, sa clavelée qui se guérirait, sans presque aucune perte d'animaux, au moyen de l'inoculation; procédé simple, économique qui en peu d'heures pourrait être employé sur plusieurs centaines d'animaux.

Nous avons rapporté dans les observations particulières les détails de la vache qui portait le n° 7. Cette vache nous

avait été envoyée par M. Changeux, vétérinaire à Paris.
Elle a eu une éruption de pustules analogues à celles de la
clavelée du mouton ; elle a guéri. Nous avons été obligé de
pratiquer la trachéotomie pour éviter l'asphyxie dont elle
était menacée. Nous ferons connaître tous les avantages de
la clavelisation lorsque nous traiterons de la cachexie claveleuse, et à la troisième partie, où il sera question du
traitement. Cette discussion nous conduit naturellement à
étudier la picote des vaches.

Malheureusement Jenner, qui l'a observée le premier, en a
donné une description très-incomplète, comme le remarque
avec raison M. Bousquet dans son Traité de la vaccine. On peut
voir, en lisant le chapitre 1er, comment Jenner a été conduit à
cette découverte si importante pour l'humanité entière et l'é-
conomie sociale.

Jenner, dit M. Bousquet, restait convaincu qu'il fallait
aller puiser au pis de la vache à chaque nouvelle opération,
et comme le cow-pox ne revient qu'une fois l'an et qu'il est
d'ailleurs fort rare, on comprend toutes les conséquences
d'une pareille sujétion.

C'est en recherchant des éclaircissemens sur la vaccine oc-
casionelle que Jenner fut frappé de l'idée heureuse qu'il
était peut-être possible de propager la maladie par inoculation comme on propage la petite-vérole, c'est-à-dire en prenant d'abord du cow-pox à la source et le reprenant ensuite
sur le sujet inoculé pour le transmettre à un autre, et ainsi de
suite. La maladie légère qu'éprouva le sujet vacciné laissa
des doutes dans l'esprit d'un aussi bon observateur que
Jenner. Pour sortir de cet état d'incertitude, il inocula la petite-
vérole au même sujet qu'il avait vacciné quelques mois aupa-

ravant. Cette inoculation ne donna aucun résultat, ce qui le rassura. Il prit alors des arrangemens pour faire l'expérience en grand. L'occasion se présenta bientôt à lui. Il exposa ensuite les enfans vaccinés à tous les modes de contagion de la petite-vérole, tels que l'inoculation, le contact des individus affectés de petite-vérole, le séjour dans la même atmosphère ; ils sortirent sains et saufs de toutes les épreuves. Dès ce moment, Jenner ne crut pas devoir différer plus long-temps de publier ses recherches sur les causes et les effets de la variole vaccinale : maladie découverte dans quelques contrées de l'Angleterre occidentale ; particulièrement dans le comté de Glocester, et connue sous le nom de *picote des vaches*.

Cet ouvrage, suivant M. Bousquet, fut accueilli avec la prévention qui s'attache à tout ce qui est nouveau. Néanmoins la vaccine portait avec elle un tel caractère d'évidence, qu'elle réunit bientôt tout les suffrages en sa faveur. En quelques années, elle a fait le tour du monde. Williams Pitt proposa lui-même au parlement de donner à Jenner une récompense nationale ; le ministre prononça à cette occasion ces paroles mémorables : « La Chambre ne doit pas craindre que la reconnaissance excède le service : il n'en fut jamais de plus grand ; qu'elle vote donc tout ce qu'il lui plaira à l'auteur de la découverte de la vaccine ; elle aura l'approbation générale (1). »

Jenner assure que le cow-pox se manifeste sur les mamelles de la vache sous forme de pustules irrégulières qui,

____

(1) Le Parlement vota dans cette séance 10,000 liv. sterl. Le roi y en joignit 500. En 1807 le parlement en vota encore 20,000. En tout 760,000 francs de France.

dès leurs premières apparences, sont d'un bleu pâle ou plutôt un peu livide et environnées d'une inflammation érysipélateuse. Ces pustules, à moins qu'on y porte un prompt remède, dégenèrent fréquemment en ulcères phagédéniques extrêmement incommodes, et guérissent lentement et avec difficulté si les remèdes ne sont pas employés à temps; les vaches sont souffrantes dans cet état, et la sécrétion du lait s'affaiblit beaucoup.

Le docteur Jenner a attribué cette affection à l'application de la matière qui suinte du sabot du cheval lorsqu'il est attaqué de cette maladie que les Anglais appellent *grease*, mot que l'on a traduit par *eaux aux jambes;* comme dans beaucoup de fermes anglaises les mêmes hommes soignent les chevaux et les vaches, Jenner croyait que ces gens infectaient les vaches lorsqu'il les trayaient après avoir pansé les pieds des chevaux malades. Cette opinion de Jenner n'a pas été confirmée par les expériences directes qui ont été faites.

Ce que nous voulons constater, c'est que les vaches ont au printemps, après avoir velé, des éruptions de boutons. Dans certaines circonstances peu connues, les domestiques employés à les traire ne tardent pas à gagner la maladie. L'affection se manifeste par des pustules qui se développent sur les mains, les doigts ou les bras de celui qui a manié les mamelles d'une vache malade; cette éruption est accompagnée de fièvre, de maux de tête et de douleurs à l'aisselle. Jenner termine son ouvrage par les axiomes suivans :

1° La petite-vérole des vaches, ou la vaccine, garantit de la petite-vérole, quoiqu'elle se borne à une affection locale ou au bouton d'inoculation.

2° On peut l'inoculer comme la petite-vérole ; le virus, en

passant d'un sujet à un autre, se reproduit et n'éprouve aucune altération.

3° La vaccine n'est jamais suivie d'éruption générale : elle ne fait naître des pustules qu'à la place où la matière a été insérée sous l'épiderme.

4° La vaccine ne se communique pas par ses effluves : elle ne se propage que par le procédé d'inoculation.

Les fait publiés par Jenner ne pouvaient, dit Odier, qu'intéresser vivement les médecins de Genève, qui, depuis cinquante ans, inoculent toutes les années la petite-vérole avec un succès tel qu'on ne voit plus aucun habitant aisé de cette ville qui en soit attaqué. Mais, malgré la bénignité ordinaire de la petite-vérole inoculée, on sait cependant qu'elle est quelquefois accompagnée d'accidens effrayans, de convulsions graves, de beaucoup de fièvre, d'une éruption abondante, de temps en temps même confluente, et mortelle au moins trois fois sur mille. Ces accidens, quoique rares en comparaison de ceux de la petite-vérole naturelle, donnaient fréquemment de l'inquiétude.

Le cow-pox, qui règne principalement au printemps, est très-rare ; ce n'est pas, dit M. Bousquet, que vingt personnes au moins, médecins, vétérinaires, cultivateurs, n'aient cru l'avoir trouvé ; mais quand on est venu à la démonstration, c'est-à-dire à l'inoculation, le résultat a presque toujours démenti l'exactitude de l'observation.

De toute cette discussion, nous ne voulons aujourd'hui tirer d'autre induction que de bien constater qu'il existe sur les bêtes bovines plusieurs éruptions qui ont de l'analogie avec la picote des bœufs décrite par Jenner.

Un seul médecin se trouvait dans la véritable direction

en ce qui regarde la cachexie varioleuse : ce médecin est
Layard ; il prenait la matière qu'il employait pour inoculer
la maladie dans les pustules qui se manifestaient sur la peau
des mamelles , tandis que les inoculateurs, Camper , et Vicq
d'Azyr lui-même , se servaient de la matière du flux des
narines, de la bouche ; quelques uns employaient le sang de
la bête malade. Ils étaient exposés à déterminer une maladie très-différente, non pustuleuse, mais de nature charbonneuse , comme nous n'avons cessé de le faire remarquer.

Une autre observation d'un grand intérêt faite également
par Layard , c'est que la maladie était d'autant plus grave
qu'elle attaquait les poumons. C'était l'avis de Haller : l'on
a cru que la maladie parmi les bêtes à cornes était une fièvre inflammatoire , une fièvre maligne , une fièvre accompagnée d'éruption à la peau ou bien une inflammation de
l'estomac. Le vulgaire a mieux connu la nature de la contagion , que les savans ; il est évident aux yeux d'Haller que
c'est une maladie des poumons qui commence par une inflammation qui passe souvent à la grangrène , occasione
des abcès et finit alors par une phthisie. Haller s'étonne
que, parmi la quantité de médecins modernes qui ont écrit
sur une contagion, subsistante depuis tant d'années , presqu'aucun d'eux n'ait observé que le siége de la maladie résidait dans les poumons quoiqu'ils aient remarqué eux-mêmes
que les poumons étaient attaqués.

La manière de voir de l'auteur de la grande physiologie nous
a toujours frappé, surtout depuis que nous avons eu l'occasion
d'observer la cachexie varioleuse. Nous avons pu constater
fréquemment, pendant deux épizooties, que les bêtes bovines
affectées offraient les principaux phénomènes de l'asphyxie

par privation d'air, maladie très-fréquente chez les animaux. Cette maladie se manifeste par des phénomènes qui sont les mêmes que ceux qui se passent après la section des nerfs pneumogastriques. Nous nous trouvons autorisé par Bichat, à faire ce rapprochement. D'après ce célèbre physiologiste, on peut constater suivant quelles lois se terminent les fonctions de l'économie animale, à la suite d'un coup violent, des grandes hémorrhagies, et des *asphyxies*, parce que les organes, étant intacts, cessent d'agir par des causes directes opposées à celles qui les entretiennent en exercice, et on peut imiter ce genre de mort sur les animaux.

Un autre principe que nous ne devons pas perdre de vue lorsqu'il s'agit de faire des expériences, est de les simplifier le plus qu'il est possible. Il faut surtout écarter toutes les circonstances qui pourraient en compliquer les effets et les résultats. Ce sont les principes qui nous ont servi de guide dans les expériences que nous avons faites sur les nerfs de la huitième paire du pneumogastrique et dont nous allons rendre compte. Nous avons choisi des chevaux pleins d'énergie affectés de la maladie appelée vulgairement la morve. On faisait la veille la trachéotomie. Le lendemain, lorsque l'animal était reposé et n'éprouvait plus aucune douleur de l'opération, on coupait les deux nerfs de la huitième paire, les pneumogastriques. Que résultait-il de cette expérience? Que prouve-t-elle? Voyons.

Les poumons et l'estomac recevaient des nerfs de la huitième paire et des filets des grands sympathiques ou des nerfs ganglionnaires. En coupant les deux nerfs pneumogasques, il ne reste plus que les filets provenant du grand sympathique. Observons que tous les viscères et les organes étaient intacts ; que nous n'avions fait autre chose que d'interrompre les rapports nerveux des poumons avec l'organe encéphalique , ou avec les centres nerveux. Cependant cette interruption a suffi pour déterminer un grand nombre de changemens, de phénomènes du plus grand intérêt.

L'animal en expérience est tout à coup privé de l'action des poumons; il se trouve placé dans l'échelle animale, près des animaux qui n'ont pas de poumons ou de nerfs de la huitième paire. La circulation pulmonaire, ou la petite circulation , est dérangée , ralentie , suspendue ; le sang veineux ne se change plus en sang artériel , pourvu des matériaux de la nutrition et des sécrétions diverses. Il n'y a plus développement d'acide carbonique ; l'animal se refroidit. Cependant l'air entre et sort au moyen de l'ouverture artificielle faite à la trachée ; il arrive jusqu'aux vésicules pulmonaires ; il peut être , comme avant la section des nerfs , en rapport intime avec le sang de l'animal : comment expliquer pourquoi les phénomènes de l'hématose ; sont-ils suspendus par la simple section des nerfs pneumogastriques ? Les membranes ne sont-elles plus perméables? l'endosmose ou l'imbibition ne peut-elle plus avoir lieu? Que conclure? que ces nerfs sont nécessaires , indispensables pour l'exercice des fonctions pulmonaires, puisque leur section entraîne inévitablement la mort par asphyxie.

Observons que les médecins qui ont répété les expériences sur la section des nerfs de la huitième paire , depuis Galien jusqu'à nos jours, n'ont décrit que l'agonie des animaux , agonie qui avait une durée plus ou moins longue ,

suivant que, par cette section des nerfs, l'ouverture du larynx ou la glotte se trouvait fermée plus exactement chez
les uns que chez les autres. Nous avons apporté une modi-
fication très-importante en répétant, à différentes époques,
les expériences. Notre méthode consiste à faire la trachéotomie, avant de couper les deux nerfs pneumogastriques au
milieu du cou du cheval, animal sur lequel nous avons fait
un grand nombre d'expériences, sur lequel nous avons observé les phénomènes d'asphyxie par privation d'air. En pratiquant la trachéotomie, la mort n'arrivait que le sixième ou
le septième jour ; elle survenait en quelques heures, si l'on
ne pratiquait pas d'ouverture artificielle à la trachée-artère.
Les dissections de M. Magendie donnent une bonne explication de ce qui arrive lorsqu'on ne fait pas la trachéotomie.
Elles prouvent que les nerfs qui se distribuent au larynx
proviennent des pneumogastriques, qu'ils sont divisés en
nerfs laryngés supérieurs et inférieurs. Ces derniers se détachent de la huitième paire dans la poitrine, et remontent pour
se rendre aux muscles qui dilatent le larynx ; on les appelle
nerfs récurrens, ou laryngés inférieurs. Ces nerfs récurrens
sont frappés de paralysie lorsqu'on coupe les nerfs de la
huitième paire au milieu du cou. Il n'en est pas de même
des nerfs laryngés supérieurs, qui se distribuent aux muscles
constricteurs du larynx ; ces muscles, n'étant pas paralysés,
se contractent et ferment plus ou moins la glotte. L'air atmosphérique ne peut plus arriver aux vésicules pulmonaires ;
les phénomènes de la respiration sont suspendus, et l'animal périt asphyxié par privation d'air. La section des nerfs
est à peine terminée, que l'animal recule, dilate largement
les narines, secoue vivement la tête, fait entendre un cri

semblable à celui des chevaux corneurs ; ils éprouvent les mêmes désordres qu'on observe lorsqu'on place un oiseau sous la cloche d'une machine pneumatique, et qu'on y fait le vide.

On comprime les nerfs de la huitième paire sur une jument âgée ; la respiration devient aussitôt fréquente, les pulsations de l'artère glosso-faciale de 38 s'élevèrent à 92 par minute ; les battemens du cœur étaient moins fréquens. Pour faire cesser l'anxiété, les phénomènes d'asphyxie qui se manifestaient, on se détermina à faire la trachéotomie ; l'animal ne s'agita plus, il devint calme. Remis à sa place, à l'écurie, il mangea et but ; mais on vit le deuxième jour les alimens sortir par l'ouverture faite à la trachée. Le troisième jour, l'animal refusa de manger ; mais il but beaucoup ; il fut tourmenté de coliques très-fortes. Le quatrième jour, la respiration était embarrassée, laborieuse, fréquente : le pouls donnait 145 pulsations ; cette fois les battemens du cœur étaient tellement accélérés qu'on en a compté 200 par minute. L'animal est mort suffoqué par privation d'air.

Le sang qu'on a tiré de l'artère carotide quelques instans avant la mort avait une couleur plus foncée que celle du sang veineux ordinairement. A l'ouverture on a observé que les bouts des nerfs coupés se trouvaient rouges, tuméfiés et ramollis : ils exhalaient une odeur très-fétide. L'estomac et l'œsophage étaient distendus par des matières alimentaires sèches, qui n'avaient éprouvé aucun changement par leur séjour dans l'estomac.

Les poumons étaient gorgés de sang très-noir, et leur tissu se déchirait facilement. Le péricarde renfermait beaucoup de sérosité rougeâtre ; les cavités du cœur se trouvaient remplies de sang coagulé et d'une couleur noire foncée ; son tissu avait subi du ramollissement ; les bronches contenaient des sinuosités écumeuses et des parcelles de matières alimentaires.

Nous nous sommes décidé à publier de nouveau deux observations, parce que les expériences ont été faites en présence des élèves et répétiteurs de l'école vétérinaire d'Alfort ; cette circonstance leur donne en quelque sorte de l'authenticité, ayant eu lieu devant des personnes éclairées ; ensuite ces expériences résument toute la question. Nous aurions pu en choisir d'autres ; mais elles n'auraient pas été plus complètes que celles que nous avons préférées.

Nous avons exercé une compression très-exacte sur les nerfs pneumogastriques, en y comprenant les trisplanchniques, sur un cheval vigoureux, affecté de la morve. Il est bon de dire que nous n'avions point pratiqué la trachéotomie ; aussi la respiration ne tarda pas à être sifflante, et semblable à celle des chevaux corneurs. Il fut presque impossible de le faire avancer de quelques pas ; au contraire , il reculait, dilatait fortement les narines, avait la bouche entre-ouverte, et une expression de la face analogue à ce qu'on remarque aux chevaux affectés de la pousse à un haut degré, et qu'on aurait fait courir pendant quelque temps,

On tira du sang de l'artère carotide , et sa couleur était très-noire ; l'animal secouait fréquemment la tête , comme s'il avait voulu se débarrasser de mouches , ou d'un corps étranger ; les poils qui recouvrent la paupière supérieure et le bas des oreilles se mouillèrent de sueur, et, comme nous l'avons remarqué constamment , la température de la tête était plus élevée que celle des parties postérieures, autant que

nous avons pu en juger, en appliquant la main successivement sur ces différentes régions ; les mouvemens d'inspiration, qui sont ordinairement de huit à dix par minute, s'élevèrent à dix-neuf, les pulsations de l'artère glosso-faciale
étaient de soixante-douze, au lieu de quarante, dans l'état
ordinaire. Ces phénomènes se sont manifestés dans l'espace
de trois heures ; et alors, comme il menaçait de périr à
chaque instant par suffocation, on s'est déterminé à faire la
trachéotomie, et à enlever les cassots qui comprimaient les
nerfs. Aussitôt l'animal a respiré avec plus de facilité ; il fut
moins agité ; le deuxième jour, on remarquait que la respiration devenait sifflante chaque fois qu'on bouchait l'ouverture
de la trachée ; et on voyait se renouveler les symptômes du
cornage ; il a mangé de la paille, du foin et de l'avoine avec
appétit ; cependant la déglutition paraissait difficile et gênée,
et on ne fut pas long-temps sans s'apercevoir que les matières
qu'il avalait retombaient par l'ouverture artificielle faite à la
trachée.

Pendant le troisième jour, l'animal a mangé, mais avec
moins d'appétit que la veille ; les matières alimentaires et les
boissons qu'il avalait sortaient par l'ouverture de la trachée ;
vers le soir, les matières qu'il rejetait avaient une odeur très-
fétide, et à cette époque la scène changea assez brusquement.
L'animal manifesta les symptômes qui caractérisent l'indigestion vertigineuse, le vertige abdominal de Gilbert ; il bâillait
fréquemment, agitait sans cesse l'encolure et la tête ; il devint
chancelant, fléchissait les membres antérieurs, pour les relever tout à coup ; les pupilles étaient dilatées, l'animal ne
voyait plus ; il appuyait le front contre le mur de face, et le
bout du nez sur le fond de la mangeoire ; il prenait l'attitude

d'un cheval de trait qui pousse en avant, de cette manière
le poids de son corps portait sur la pince des pieds postérieurs
et sur le front ; les membres antérieurs étaient fléchis, et ne
reposaient pas sur le sol. Il resta assez long-temps dans cette
position, et, quoiqu'il parût très-fatigué, il employait toutes
ses forces à rester debout ; il tombait tout à coup comme une
masse, sa respiration alors était très-pénible et bruyante,
lorsqu'il était sur la litière. Le pouls offrait des phénomènes
bien remarquables ; il était plein, embarrassé, fort dès que
l'animal avait éprouvé des convulsions, et s'affaiblissait graduellement jusqu'à la quinzième et vingtième pulsation ; il
devenait presque imperceptible, et aussitôt l'animal se tourmentait, et les mêmes phénomènes se renouvelaient ; on observa la respiration de plus en plus pénible, râlante, et l'animal, qui continuait à s'affaiblir, est mort comme suffoqué.

A l'ouverture, on a trouvé l'estomac et l'œsophage, le
pharynx et les cavités nasales remplis de matières alimentaires ; la membrane interne du sac gauche de l'estomac était
de couleur violacée, ce qu'on remarque très-rarement dans
le cheval ; elle est, comme on sait, blanche et semblable à
celle de l'œsophage : la membrane muqueuse du sac droit
était tuméfiée et de couleur noirâtre ; la membrane interne
des voies aériennes avait subi la même altération, et les bronches étaient remplies de mucosités puriformes d'une odeur
très-fétide ; le tissu pulmonaire, gorgé de sang noir, était
rouge et friable comme celui du foie ; les nerfs, dans les parties qui avaient été comprimées, se trouvaient ramollis,
d'une couleur noire et d'une odeur fétide ; c'est ordinairement lorsque les nerfs exhalent cette odeur désagréable qu'on
voit se manifester des symptômes semblables à ceux qu'on a

remarqués sur les bêtes bovines dans l'épizootie qui a régné en 1814, et qu'on a appelée le typhus des bêtes à cornes ; les cavités du cœur étaient distendues par du sang coagulé, d'une couleur très-noire ; les aortes, les veines caves, les veines, les artères pulmonaires, en contenaient également.

Il résulte de cette expérience, que la voix du cheval a été modifiée, et semblable à celle des chevaux corneurs ; qu'il a présenté des symptômes de péripneumonie, et ceux de l'indigestion vertigineuse ; qu'on pouvait rendre la respiration sifflante en bouchant l'ouverture de la trachée ; que les boissons et la nourriture que l'animal avait prises pendant l'expérience, après avoir rempli l'estomac et l'œsophage, retombaient par l'ouverture de la trachée.

Il est utile d'observer que les animaux périssent presque tous le cinquième jour. Un cheval de race hongroise, soumis à ces expériences, a vécu neuf jours. Les bêtes bovines, attaquées de l'épizootie de 1814, dépassaient rarement cinq jours.

Il paraîtrait que la vie du cheval ne peut être entretenue au-delà de cette durée, par du sang qui n'a pas éprouvé l'influence pulmonaire ou l'hématose.

On voit que ces expériences auront éclairé plusieurs maladies dont l'étiologie est très-obscure, telles que le vertige ou l'indigestion vertigineuse, le cornage, la pousse, les épizooties.

Un cheval hongre, âgé de neuf ans, en très-bon état et vigoureux, fut destiné aux expériences. Examiné avant l'opération, le pouls battait trente-quatre fois par minute, et présentait tous les caractères de celui d'un animal en santé.

Les mouvemens de la respiration étaient de treize pendant le même temps.

Afin de reconnaître les altérations que le sang pourrait éprouver, on pratiqua une saignée à l'artère carotide; le sang, d'une couleur très-vermeille, s'est coagulé promptement. Une once de ce caillot a fourni vingt et un grains de fibrine et deux centilitres de sérum. (La fibrine a été pesée étant humide.)

Après avoir pratiqué la trachéotomie, on fit la section des nerfs pneumogastriques au milieu du cou, en ayant soin d'enlever à chaque bout environ un demi-pouce de substance, et d'y placer une ligature, afin d'examiner à volonté les changemens qui surviendraient par l'effet de leur section.

Deux heures après, les bouts des nerfs examinés n'ont rien présenté de particulier ; on n'aperçoit aucun changement dans la circulation ni la respiration, l'animal continue à manger comme auparavant; seulement la température de la peau de la tête est très-élevée, et une sueur abondante se fait remarquer autour des oreilles.

Quatre heures après l'opération, les bouts des nerfs sont un peu rouges et tuméfiés, la respiration est accélérée, les battemens du cœur sont assez forts, l'artère est tendue, le pouls petit et vite.

Le sang retiré de la carotide est un peu moins rouge ; le caillot, sur lequel on a remarqué une couenne inflammatoire de moitié de sa hauteur, ne contient plus que dix-neuf grains de fibrine.

L'animal boit et mange ; mais la déglutition semble s'exécuter par un mouvement convulsif, les liquides sortent par l'ouverture de la trachée.

Seize heures après la section, les bouts des nerfs sont rouges, ecchymosés, durs, très-tuméfiés ; l'animal se tourmente davantage lorsqu'on comprime tant le bout supérieur que l'inférieur ; le nerf supérieur est imprégné de sang, il est arrondi et semblable à une plume à écrire.

La respiration est lente, grande ; on ne compte plus que huit mouvemens au lieu de treize. Il sort des muscosités écumeuses par l'ouverture de la trachée ; les alimens retombent aussi par cette ouverture. Les doigts appliqués sur l'artère céphalique ou carotide, font reconnaître que l'action du cœur est moins forte qu'au commencement de l'expérience; une compression légère suffit pour arrêter les pulsations de l'artère. On compte soixante-dix à soixante-quinze battemens au lieu de quarante. Le sang obtenu en levant la compression exercée sur la carotide, est brun, moins coloré en rouge que celui retiré précédemment ; la même quantité fournit un grain de moins de fibrine, et la même proportion de sérum.

La couenne inflammatoire a moins d'épaisseur ; lorsque l'animal boit ou mange, les substances avalées continuent à tomber par l'ouverture de la trachée. La température de la peau est à peu de chose près la même; la sueur est diminuée. On remarque de légers tremblemens plus sensibles aux muscles sous-cutanés qui recouvrent les régions des coudes et des rotules ; les pieds sont très-froids, ainsi que les parties situées en arrière de la section.

Quatrième examen, vingt-huit heures après: les nerfs sont tuméfiés, rouges, douloureux, surtout le bout supérieur.

La respiration n'a éprouvé aucun changement; le pouls donne quatre-vingt-dix pulsations; le sang de la carotide est semblable à du sang veineux. Le caillot lavé n'a fourni que seize grains de fibrine. La couenne inflammatoire, encore moins épaisse, contient de l'albumine imprégnant le caillot. On observe les mêmes accidens que nous avons indiqués lorsque l'animal mange; la conjonctive est d'une couleur jaunâtre; la température des parties au dessus de la section est plus élevée que celle des partiessituéesau dessous et en arrière; cependant on s'aperçoit que celle de la tête est plus basse qu'auparavant.

Cinquième examen, quarante heures après. Les bouts des nerfs n'ont point d'odeur fétide; ils sont douloureux lorsqu'on y touche; l'animal se tourmente alors beaucoup, et fait des efforts pour tousser. Lorsqu'on comprime les bouts supérieurs, la respiration devient aussitôt laborieuse, embarrassée; il s'écoule par l'ouverture de la trachée beaucoup de mucosités mêlées de parcelles d'alimens. Les battemens du cœur sont moins forts, l'artère donne quatre-vingt-quinze pulsations; le sang est noir, le caillot ne fournit que douze grains de fibrine au lavage; la couenne inflammatoire est bien moins épaisse.

L'animal éprouve beaucoup de peine pour avaler; les matières retombent par la trachée; on reconnaît que l'œsophage est rempli, distendu et très-dur. Ce cheval est dans un état comateux; les yeux sont fixes, annonçant l'effroi; la température est très-basse aux membranes postérieures.

Sixième examen, cinquante-deux heures après. Les bouts des nerfs n'offrent que peu de changement.

La respiration est accélérée, treize par minute; elle est embarrassée, bruyante; les narines sont dilatées; la bouche reste ouverte; la respiration est stertoreuse; les membranes conjonctive, buccale, sont injectées et de couleur bleuâtre.

On compte de quatre-vingt-quinze à cent pulsations; pouls petit, mou, faible; le sang est très-noir; lavé, il n'a fourni que sept grains de fibrine; le caillot était imprégné de sérosité; la couenne était de moitié de l'épaisseur du caillot. L'animal recherche encore les fourrages, il les mâche seulement, mais il ne peut les avaler. On a observé un mieux momentané après l'évacuation du sang de la carotide; mais l'animal éprouve bientôt la plus grande anxiété; il se couche, se relève avec beaucoup de peine, comme on l'observe dans les cas de colique; il regarde le flanc. L'inspiration devient grande, prolongée; les narines dilatées et la bouche ouverte, il fait des efforts pour faire entrer de l'air dans ses poumons; il tombe, ne peut se relever, et meurt suffoqué.

L'ouverture du cadavre a été faite environ quinze heures après la mort.

Organes encéphaliques et nerveux.

Le cerveau n'a présenté aucune altération.

La substance dans laquelle les nerfs pneumogastriques prennent naissance, et qui est la colonne moyenne de la moelle épinière, n'a présenté aucune altération appréciable; les racines de ces mêmes nerfs n'ont point non plus paru altérées. Les extrémités des nerfs coupés étaient grosses, dures et ecchymosées; les filets nerveux étaient rouges; il y avait du sang épanché dans le tissu cellulaire qui les environne. La tuméfaction s'étendait jusqu'à un pouce et demi au dessus de la section; au-delà de ce point, la substance nerveuse était encore ecchymosée; les cordons qui se rendent aux bronches présentaient la même altération; les nerfs

..aryngés inférieurs, et ceux œsophagiens, étaient aussi dans leur intérieur rouges et ecchymosés. Les divisions qui se rendent dans l'oreillette droite et le ventricule du même côté ont paru sains ; les nerfs diaphragmatiques n'ont présenté aucune lésion.

Organes respiratoires.

Les cavités nasales renfermaient des alimens triturés ; la muqueuse offrait des ulcérations à bords rouges, renfermant dans leur centre une substance blanche ; les veines et le sinus médian étaient remplis par un caillot fibrineux blanc ; le cheval était morveux.

Larynx. Les aryténoïdes étaient très-rapprochées et l'épiglotte abaissée, ce qui rendait l'ouverture de la glotte très-étroite. La muqueuse de cette cavité était rouge et tuméfiée.

La poche gutturale droite renfermait une petite quantité de matière puriforme. Sa muqueuse était rouge et épaissie.

La muqueuse de la trachée était verdâtre ; mais nous avons considéré cette couleur comme suite d'altération cadavérique.

La surface des poumons était mamelonée et tachée de noir et de blanc : ils étaient très-gros et très-pesans. Leur paren chyme, dur, et cependant se déchirant avec facilité, était marbré de rouge et de blanc à l'intérieur. La substance blanche était grumeleuse et facile à séparer de la rouge. Des cavités plus ou moins grandes, capables de contenir une noisette, et quelquefois une noix, étaient remplies de cette substance. Il y avait des tubercules ramollis. (Il ne faut pas oublier que ce cheval était affecté de la morve, maladie que nous regardons comme tuberculeuse ; au moins est-ce la variété la plus commune.)

Les bronches ont paru altérées aux bouts inférieurs avoisinant les cavités dont nous venons de parler. A quelque distance de ces ouvertures, la muqueuse était pointillée. Elles étaient remplies de mucosités et de matières alimentaires. Les vaisseaux ont paru sains.

Organes de la circulation.

La substance charnue du cœur était ramollie. Ses cavités renfermaient un sang très-noir et non coagulé. L'artère abdominale et les artères crurales renfermaient également un sang très-noir. Les veines cave, porte et jugulaire contenaient aussi du sang, qui était en général noir et coagulé.

Organes digestifs.

L'œsophage était plein d'alimens dans toute sa longueur, ainsi que le pharynx et les cavités nasales : on en remarquait jusqu'à l'extrémité des bronches.

L'estomac était distendu et rempli d'alimens presque secs, sans odeur acide, et adhérens à la muqueuse, qui était rouge, principalement à la grande courbure.

Dans certaines portions des intestins grêles, les villosités étaient noires; ces parties du tube digestif ne contenaient pas de chyme, mais un mucus filant et jaunâtre.

Le cœcum renfermait peu d'alimens, ceux-ci étaient très-secs.

Le colon en contenait beaucoup, qui étaient un peu plus humides.

Leurs muqueuses étaient saines.

Le foie était très-gros.

La rate présentait à sa face postérieure de larges taches noires. Le sang qu'elle contenait était noir et bourbeux.

Les reins et la vessie n'ont rien présenté de particulier.

Si nous nous reportons maintenant aux phénomènes que nous avons pu observer sur l'animal, et aux altérations que nous avons rencontrées à l'autopsie, il nous semble que l'influence que nous avions accordée aux nerfs pneumogastriques sur le larynx, les poumons, le cœur, l'estomac, l'œsophage et même la rate, se trouve complétement justifiée.

Sur le larynx : il ne peut y avoir aucun doute à cet égard, puisque, si l'on ne pratique point la trachéotomie aussitôt après la section des nerfs, l'animal meurt au bout de quelques heures en présentant les phénomènes de l'asphyxie par privation d'air, et que ces animaux font entendre le même bruit que les chevaux corneurs. A l'autopsie, nous avons vu que l'ouverture de la glotte était très-rétrécie, qu'il y avait occlusion presque totale.

Si ces nerfs ne servaient point à l'action vitale des poumons, l'action chimique aurait lieu, puisque l'air entre et sort par l'ouverture faite à la trachée, il se trouve dans les mêmes rapports avec le sang que dans un animal sain.

Cependant l'hématose est suspendue, le sang tiré de la carotide, d'abord vermeil, devient noir et semblable au sang veineux à mesure qu'il y a plus de temps que la section a été faite. On a vu, par les analyses que nous avons rapportées, que ce sang, qui, dans une même quantité, contenait avant l'expérience douze grains de fibrine, n'en possédait plus que sept peu de temps avant la mort.

L'œsophage était paralysé et privé du mouvement qui lui

est propre, puisque l'animal, lorsqu'il voulait exécuter la déglutition, était obligé de déplacer la tête, d'exécuter un mouvement convulsif, et que les alimens finissaient par s'accumuler dans l'œsophage, le distendre, ainsi que l'estomac.

Les alimens n'avaient point éprouvé de chylification, et l'intestin grêle ne renfermait pas de chyle.

Enfin la rate était gonflée et remplie d'un sang noir et bourbeux ; une portion de sa substance altérée (une once), introduite sous la peau d'un cheval sain, a déterminé un engorgement charbonneux qui a fait périr l'animal en quatre jours. A l'ouverture de ce dernier, la rate a présenté une altération semblable à celle trouvée dans le premier cheval.

Ces expériences prouvent que les chevaux périssent d'asphyxie. Le rapport des poumons avec le cerveau par l'intermède des nerfs pneumogastriques est donc nécessaire pour entretenir la circulation pulmonaire ; il semble que c'est la pile de Volta dont on a enlevé un des élémens, un des poles; elle ne peut plus fonctionner.

L'asphyxie se manifeste chez les animaux bien plus fréquemment qu'on ne le croit ordinairement.

Ainsi on détermine l'asphyxie et la syncope lorsqu'on injecte dans la veine d'un cheval une très-petite quantité de matière cérébrale d'un mouton sain après l'avoir délayée dans de l'eau distillée. Cette liqueur est passée à travers un linge fin pour qu'elle soit liquide sans grumeaux. Elle a la couleur de l'orgeat.

Une once de cette liqueur blanchâtre est injectée, avec toutes les précautions possibles pour éviter l'introduction d'air, dans la veine du cheval.

A peine l'injection est-elle terminée, qu'un cheval vigoureux, destiné aux expériences, tombe instantanément comme s'il avait été frappé par la foudre, et il meurt. Nous ouvrons l'animal encore chaud ; il s'offre à nos yeux un phénomène d'un haut intérêt scientifique : la surface des poumons se couvre de petites taches noirâtres, qui s'étendent, s'élargissent d'instant en instant ; ces taches examinées avec un soin tout scrupuleux, nous reconnaissons distinctement qu'elles étaient formées par du sang épanché sous la plèvre pulmonaire. Si nous avions ouvert l'animal quelques heures plus tard, lorsqu'il aurait été refroidi, l'épanchement aurait été achevé, et le phénomène accompli. N'aurions-nous pas pu donner une autre cause à ce phénomène purement cadavérique, ou du moins qui s'est manifesté dans les derniers instants de la vie ? Nous avons vu de pareilles taches être regardées comme des effets d'une affection charbonneuse, par des hommes d'une très-grande instruction.

Nous demandons, et la question est importante pour éclairer la matière que nous traitons, si les chevaux et les bœufs qui périssent l'été, qu'on dit *pris de chaleur*, ne meurent pas *asphyxiés*, lorsqu'on imagine qu'ils sont morts d'une fièvre charbonneuse. On serait d'autant plus disposé à admettre cette étiologie, que les désordres décrits par les auteurs, sont presque identiques à ceux qui résultent de l'injection de la matière cérébrale d'un animal sain tué dans nos boucheries, comme nous pourrions en donner la preuve. Nous avons vu, sous nos yeux, se former des pétéchies ou ecchymoses sur la surface des poumons des chevaux auxquels nous avions injecté de la matière cérébrale dans les veines. Or, si ces ecchymoses se manifestent après la mort, on ne doit pas les regarder comme un caractère de la maladie. Nous terminerons ces réflexions en rapportant une dernière expérience.

Nous avons injecté quelques centilitres de cette émulsion cérébrale dans les veines d'un zébu très-vigoureux, que plusieurs hommes avaient de la peine à faire arriver au lieu où devait se faire l'expérience, au jardin des plantes de Paris.

M. Rousseau, chef des travaux anatomiques du muséum d'histoire naturelle, avait lui-même acheté, dans une boucherie, le cerveau d'un mouton qui venait d'être tué ; la matière cérébrale a été délayée avec de l'eau, distillée et passée à plusieurs reprises, à travers un linge très-fin. La liqueur blanchâtre qui en est résultée a été injectée tiède dans une des veines du jarret, par M. Pinel-Granchamp ; l'animal en expérience est mort en deux minutes et quelques secondes. A l'ouverture, tous les organes étaient intacts, gorgés de sang noir. Nous avons fait remarquer à M. de Blainville, professeur du muséum, à MM. Laurent Coste, Pinel-Granchamp et Rousseau, qu'il existait un caillot de la grosseur du poing, qui bouchait l'ouverture auriculo-ventriculaire et qui adhérait fortement aux valvules qui bordent cette ouverture, qui se trouve entre l'oreillette et le ventricule droit. La circulation avait été suspendue sur-le-champ, par l'injection de cette matière cérébrale ; l'animal est mort par l'effet de la coagulation du sang, qui s'est opérée immédiatement. C'est une cause toute mécaque à laquelle doit être attribuée la mort des animaux. Si le sang est coagulé, s'il adhère aux valvules, comment la circulation pourrait-elle continuer ? elle devient physi-

quement impossible ; nous croyons qu'il n'y a rien de délétère. Nous nous appuyons pour avancer cette proposition sur d'autres expériences faites avec le sublimé-corro-
tif, deuto-chlorure de mercure. En effet, une petite quantité
en dissolution dans de l'eau distillée, a suffi pour déterminer la mort par asphyxie et syncope, ce que l'on aura
peine à croire, moins promptement que l'injection de la matière cérébrale. C'est cependant ce que nous avons observé.

Ainsi quarante grains de sublimé en dissolution, injectés
dans la veine jugulaire d'un cheval, l'ont fait tomber comme
une masse inerte. L'animal ne serait pas mort avec plus de
rapidité lors même qu'il aurait été frappé de la foudre. A
l'ouverture, on a observé un caillot ferme élastique qui remplissait le ventricule gauche, et adhérait fortement aux valvules, à leurs cordes tendineuses.

Dans cette dernière expérience, la composition, les élémens de la substance injectée sont connus, et ont été bien
déterminés par l'analyse chimique. Il n'y a pas lieu d'admettre rien de délétère. C'est une substance minérale déterminée ; on connaît d'ailleurs très-bien l'action chimique
qu'elle exerce sur l'albumine, qu'elle coagule en formant
une substance blanche, solide, élastique ; injectée, cette
matière agit donc en coagulant l'albumine du sang, ce qui
suffit pour arrêter la circulation à l'instant même.

Ces rapprochemens sont utiles pour détruire dans l'esprit
du lecteur ce que l'injection de substance cérébrale pouvait laisser de vague, d'incertitude. En effet, cette substance est composée d'un grand nombre d'élémens divers.
On pouvait admettre, avec raison, qu'un élément inconnu

avait pu échapper à l'analyse chimique et occasioner les désordres indiqués.

Les objections s'évanouissent, si l'on considère que l'injection du sublimé-corrosif détermine des effets analogues et une mort par syncope et asphyxie; les élémens du sublimé sont bien connus.

Nous avons dû insister sur le résultat de ces expériences importantes, parce que l'on est encore trop enclin à rapporter les maladies des animaux à des causes occultes, à des facultés dont l'imagination peuple l'économie animale.

Empruntons un passage à Buffon, qui résume très-bien toutes ces considérations :

« C'est par des expériences raisonnées et suivies que l'on »force la nature à découvrir ses secrets ; toutes les autres »méthodes n'ont jamais réussi, et les vraies physiciens ne »peuvent s'empêcher de regarder les anciens systèmes comme »des rêveries, et sont réduits à lire les nouveaux comme on »lit les romans. »

PARTIE ADMINISTRATIVE.

Dans toute épizootie, on se propose deux buts différens ; l'un est de préserver, et l'autre de guérir.

Les mesures préservatives se composent des lois, arrêts , ordonnances émanés du gouvernement, dans le but d'arrêter, d'extirper les maladies. Cette police administrative n'a rien de médical , elle regarde entièrement le gouvernement.

Ces documens sont des objets utiles à connaître; ils constituent une branche très-importante de l'hygiène publique.

Ces arrêts font partie d'ouvrages qu'il devient difficile de consulter ; c'est cette circonstance qui nous a surtout déterminé à les publier, avec d'autant plus de raison, que les principales dispositions de ces arrêts et ordonnances sont encore en vigueur.

La deuxième partie, toute médicale, étudie ce qui concerne les indications et les moyens curatifs pour les remplir; enfin les méthodes curatives proposées et employées contre la cachexie varioleuse dont nous traitons.

Arrêt du conseil 16 avril 1714 (1).

Le roi, ayant été informé que dans les lieux du royaume où les bestiaux sont attaqués de maladies, la plupart des propriétaires abandonnent dans la campagne et sur les chemins, ceux qui meurent, après en avoir fait arracher et enlever les peaux : et sa majesté voulant prévenir le mal qui pourrait en arriver : ouï le rapport du sieur Desmaretz, conseiller ordinaire au conseil royal, contrôleur général des finances ; sa majesté étant en son conseil, a ordonné et ordonne que tous les propriétaires des bœufs, vaches, moutons, brebis, agneaux, chèvres, boucs et autres bestiaux qui viendront à mourir soit dans leurs maisons ou à la campagne, seront tenus de les faire mettre sur-le-champ dans la terre, jusqu'à trois pieds de profondeur, sans pouvoir en prendre ni enlever les peaux, sous quelque prétexte que ce soit, le tout à peine de cent livres d'amende

______

(1) Les arrêts, ordonnances, étant encore en vigueur, nous nous sommes décidé à les publier. Les collections où ils se trouvent consignés étant très-rares, il devient difficile de les consulter. Il est utile de connaître la jurisprudence administrative applicable à la cachexie varioleuse.

pour chaque contravention , applicables moitié au dénon
ciateur et l'autre, au profit de l'hôpital le plus prochain; et de
peine afflictive en cas de récidive , sans préjudice de l'a-
mende, qui sera de deux cents livres applicable, comme dessus : enjoint sa majesté , aux sieurs intendans et commissaires départis dans les provinces et généralités du royaume,
et à tous officiers royaux ou autres , de tenir la main à
l'exécution du présent arrêt. Fait au conseil d'état du roi , sa
majesté y étant , tenu à Versailles , le dixième jour d'avril
mil sept cent quatorze. Signé Phelippeaux.

Arrêt du conseil du 16 septembre 1714.

Le roi, ayant été informé que la communication des maladies
des bestiaux, d'une province à une autre ou même des lieux
infectés d'une province , dans d'autres de la même province
qui ne l'étaient pas, s'est faite principalement à l'occasion des
foires et marchés par le mélange des animaux malades avec
les sains , lesquels, s'étant répandus en divers lieux , y ont
porté les mêmes maux qu'ils avaient pris : et sa majesté voulant empêcher la continuation d'une communication si dangereuse et en même temps prendre les précautions convenables
pour conserver la liberté des foires nécessaire au commerce et à la subsistance des peuples ; en sorte néanmoins
que l'on n'y puisse conduire des bêtes infectées ou suspectes ; ouï le rapport du sieur Desmaretz , conseiller ordinaire au conseil royal , contrôleur général des finances , sa
majesté étant en son conseil , a fait très-expresses ini-
bitions et défenses à tous marchands , bourgeois et autres ,
de quelques qualité et condition qu'ils puissent être, de
conduire , amener, vendre ni exposer en vente aucuns

bœufs, vaches, ni veaux, de quelque province ou pays qu'ils puissent être, dans les foires et marchés de Brie, Gatinais, Morvant, suivant les ordonnances particulières qui seront rendues par les sieurs intendans ou commissaires départis; fait, sa majesté, pareilles défenses à toutes personnes de conduire ni d'amener desdites provinces infectées ou suspectées, aucuns bœufs, vaches, ni veaux, dans les provinces et pays où les bestiaux ne sont point encore attaqués des mêmes maux, sous quelque prétexte que ce soit, même de les vendre dans les foires et marchés qui s'y tiendront; le tout à peine de confiscation des bestiaux, et de mille livres d'amende contre chacun des contrevenans, qui seront emprisonnés sur-le-champ, jusqu'au parfait paiement de ladite amende : veut néanmoins sa majesté, que lesdites défenses n'aient lieu que jusqu'au 15 novembre prochain : en joint sa majesté aux sieurs intendans et commissaires départis, aux juges des lieux, et à tous autres officiers qu'il appartiendra, de tenir la main à l'exécution du présent arrêt, qui sera publié et affiché partout où besoin sera, à ce que personne n'en ignore. Fait au conseil d'état du roi, sa majesté y étant, tenu à Fontainebleau, le seizième jour de septembre mil sept cent quatorze. Signé Phelypeaux.

Ordonnance du roi, du 6 janvier 1739.

Art. 1ᵉʳ. Tout commerce et négoce des bestiaux, et marchandises de quelque espèce que ce soit, venant desdits pays, ou qui y auront passé, sera et demeurera interdit et suspendu, jusqu'à ce qu'autrement par sa majesté en ait été ordonné ; sans que , sous quelque prétexte que ce soit , elles puissent être reçues dans le royaume.

2. Pour prévenir les inconvéniens que cette interdiction pourrait occasioner dans le commerce d'entre les sujets de sa majesté et ceux des pays où la santé des bestiaux n'est point altérée; veut, sa majesté, que les négocians, commerçans, voituriers, et autres qui voudront faire entrer des marchandises d'Allemagne , et pays en dépendans, autres que ceux qui sont attaqués de la contagion, soient tenus de rapporter des certificats de santé expédiés en bonne et due forme par les magistrats du lieu d'où lesdits bestiaux seront partis , et où lesdites marchandises auront été fabriquées ; lesquels certificats seront présentés à l'entrée du royaume aux commandans ou magistrats , pour être par eux visés ; à faute de quoi, il ne leur sera pas permis de continuer leur route.

3. Aucun voyageur, passager , ou autres venant d'Allemagne , ne sera pareillement admis à entrer dans le royaume , sans un pareil certificat de santé , visé des commandans ou magistrats de la première ville de la frontière qui se trouvera sur leur route.

4. Ces précautions seront exactement observées en Flandre, en Haynault, dans les évêchés, sur la frontière de Champagne , en Alsace , en Comté , en Bresse , Bugey, Valromey et pays de Gex , en Dauphiné et en Provence, sans qu'aucun marchand , voiturier ou voyageur venant directement ou indirectement d'Allemagne , puisse être dispensé de rapporter lesdits certificats : voulant, sa majesté, que ceux qui n'en seront pas munis soient obligés de rétrograder comme suspects.

5. Quant aux officiers qui ont fait la dernière campagne en Hongrie, et qui ont fait depuis une quarantaine en pays non suspect; sa majesté trouve bon, qu'en rapportant un certificat authentique des magistrats du lieu où ils auront fait ladite quarantaine, l'entrée du royaume leur soit permise.

Mande et ordonne, sa majesté, à tous gouverneurs et ses lieutenans-généraux en ses provinces frontières, aux gouverneurs et commandans de ses villes et places, intendans et commissaires départis pour l'exécution de ses ordres en sesdites provinces, commissaires ordinaires de ses guerres, bourguemestres, mayeurs, échevins et gens de loi, commis et gardes établis sur les ponts, ports, péages et passages, et tous autres, ses officiers et sujets qu'il appartiendra, de s'employer et tenir la main à l'exacte observation de la présente, laquelle, sa majesté, veut être lue, publiée et affichée partout où il appartiendra, à ce qu'aucun n'en prétende cause d'ignorance. Fait à Versailles, le six janvier mil sept cent trente-neuf, signé Louis. Et plus bas, Bauyn.

Arrêt du conseil, du 14 mars 1745.

Le roi s'étant fait représenter, en son conseil, l'arrêt rendu en icelui le 4 avril 1720, par lequel il est fait défenses à tous laboureurs, fermiers, ménagers et autres personnes de quelque qualité et condition que ce soit, de vendre à aucuns bouchers les veaux et génisses qui seront âgés de plus de huit ou dix semaines, ni aucunes vaches qui seront encore en état de porter des veaux; et auxdits bouchers de Paris et des environs, de les acheter ni tuer, à peine, contre les vendeurs, de confiscation desdits veaux, génisses et vaches, et contre les bouchers, de pareille confiscation, de trois cents livres d'amende, et d'être privés de faire la marchandise de la boucherie ; et sa majesté étant informée que par la mortalité des bestiaux, dans plusieurs provinces du royaume, l'espèce des bœufs et vaches est si considérablement diminuée, qu'il est important de rendre ces défenses générales, afin d'en prévenir la disette, qui serait d'autant plus préjudiciable à ses sujets qu'en donnant lieu à une augmentation sur la viande, elle en occasionerait une aussi dangereuse sur les voitures, et ferait cesser une partie de la culture. A quoi voulant pourvoir : Oui le rapport du sieur Orry, conseiller-d'état ordinaire, et au conseil royal, contrôleur-général des finances ; le roi étant en son conseil, a ordonné et ordonne :

Art. 1er. Que l'arrêt du conseil du 4 avril 1720 sera exécuté selon sa forme et teneur ; et, en conséquence, a fait inhibitions et défenses à tous laboureurs, fermiers, herbagers, ménagers et autres, de quelque condition et état que ce soit, de vendre à aucuns bouchers, tant dans les villes qu'à la campagne, aucuns veaux et génisses au dessus de l'âge de six semaines ni aucunes vaches qu'elles n'aient dix ans passés ; le tout à peine de confiscation, et de trois cents livres d'amende pour chaque contravention.

2. Défend pareillement, sa majesté, tant aux bouchers de Paris qu'à ceux des autres villes du royaume, même à ceux des autres villes du royaume même, à ceux répandus dans les campagnes, d'acheter lesdits veaux et génisses au dessus de l'âge de six semaines, et les vaches qui n'auront pas dix ans passés, pour les tuer, sous pareille peine de con-

fiscation, de trois cents livres d'amende, et d'être en outre privés de leur état.

3. Veut, sa majesté, que par l'officier qui sera commis par le sieur lieutenant-général de police aux marchés de Sceaux et de Poissy, les commis des fermes à Paris, ceux des autres villes du royaume; les commis des aides, répandus dans les provinces, les huissiers et autres officiers ayant serment en justice, les contrevenans puissent être saisis, et qu'ils soient poursuivis par devant le sieur lieutenant-général de police à Paris, et les sieurs intendans et commissaires départis dans les provinces, à la requête des personnes qu'ils jugeront à propos de commettre pour l'exécution du présent arrêt.

4. Les peines ci-dessus prescrites seront prononcées contre les parties saisies, sur les simples procès-verbaux des commis, affirmés véritables devant le plus prochain juge du lieu où ils auront été faits, dans le temps prescrit par l'ordonnance des aides.

5. Et, pour engager lesdits commis et autres à veiller plus attentivement à l'exécution des défenses portées par le présent arrêt, sa majesté a accordé et accorde à ceux qui feront les saisies, la moitié des amendes qui seront prononcées sur leurs procès-verbaux; et sur le surplus il sera fixé un honoraire pour celui qui sera proposé et chargé de la poursuite.

6. Enjoint, sa majesté, au sieur lieutenant-général de police à Paris, et aux sieurs intendans et commissaires départis dans les provinces, de tenir la main à l'exécution dudit présent arrêt, leur attribuant toute cour et juridiction pour connaître et juger sommairement, sauf l'appel au con-

seil, les contestations qui naîtront à cette occasion, et toutes les contraventions qui seront constatées en vertu d'icelui.

7. Et sera le présent, imprimé, lu, publié et affiché partout où besoin sera, à ce que personne n'en ignore, même inscrit sur le registre des délibérations de la communauté des bouchers de Paris à la diligence des jurés. Fait au conseil-d'état du roi, sa majesté y étant, tenu à Versailles, le quatorzième jour de mars mil sept cent quarante-cinq. Signé Phelypeaux.

Arrêt du conseil du 19 juillet 1746.

Le roi étant informé que la maladie épidémique sur les bœufs et sur les vaches, qui, depuis quelque temps s'était ralentie, se fait sentir de nouveau dans quelques provinces du royaume, qu'il y a lieu de penser qu'elle s'y est communiquée, soit parce que des propriétaires de bestiaux, dans la crainte de voir périr chez eux ceux de leurs bestiaux dont l'état était suspect, se sont déterminés à les donner à des prix médiocres, et les ont fait conduire à cet effet à des foires et marchés, dans des lieux où la maladie n'avait pas encore pénétré, soit parce que ceux qui font le commerce des bestiaux voulant, par une avidité condamnable, profiter de l'inquiétude desdits propriétaires, ont acheté leurs bestiaux à des prix extrêmement bas, et les ont revendus par préférence à ceux qui venaient des cantons non suspects en les donnant à des prix inférieurs; ce qui, dans l'un et l'autre cas, a porté la maladie dans les lieux où les bestiaux ont été conduits, en sorte qu'elle pourrait s'étendre successivement dans les endroits qui, jusqu'à présent, en ont été préservés,

s'il n'y était pourvu par des dispositions capables de remédier à un abus si préjudiciable au bien public et à l'intérêt de
chaque province en particulier. Et l'expérience ayant fait
connaître que le moyen le plus assuré pour empêcher le
progrès de cette maladie, est d'empêcher toute communication des bestiaux qui en sont attaqués, avec ceux qui ne
le sont pas; comme aussi que les bestiaux d'un lieu où la maladie s'est fait sentir, ne soient conduits dans un lieu où elle
n'a point pénétré ; sa majesté voulant, sur ce, expliquer ses
intentions : Ouï le rapport du sieur de Machault, conseiller
ordinaire au conseil royal, contrôleur général des finances ;
le roi étant en son conseil, a ordonné et ordonne ce qui
suit :

Art. 1er. Tous propriétaires de bêtes à cornes, habitant
dans les villes ou paroisses de la campagne, dont les bestiaux seront malades ou soupçonnés de maladies, seront
tenus d'en avertir, dans le moment, le principal officier de
police de la ville, ou le syndic de la paroisse dans laquelle
ils habiteront, sous peine de cent livres d'amende, à l'effet
par ledit officier de police, ou ledit syndic, de faire marquer
en sa présence, lesdits bestiaux malades ou soupçonnés,
avec un fer chaud, d'une marque portant la lettre M, et de
constater que lesdites bêtes malades, soupçonnées de la maladie, ont été séparées des bestiaux sains, et renfermées
dans des endroits d'où elles ne puissent communiquer avec
lesdits bestiaux sains de la même ville ou paroisse.

2. Ne pourront lesdits propriétaires, sous quelque prétexte
que ce soit, faire conduire dans les pâturages ni aux abreuvoirs, leurs bestiaux attaqués ou soupçonnés de maladie;
et seront tenus de les nourrir dans les lieux où ils auront été

renfermés, sous la même peine de cent livres d'amende.

3. Les syndics des paroisses dans lesquelles il y aura des bestiaux malades ou soupçonnés de maladie, seront tenus, sous peine de cinquante livres d'amende, d'en avertir, dans le jour, le subdélégué du département, et de lui déclarer le nombre des bestiaux qui seront malades ou soupçonnés, et qu'ils auront fait marquer, le nom des propriétaires auxquels ils appartiennent, et s'ils en ont été avertis par lesdits propriétaires ou par d'autres particuliers de ladite paroisse. Veut, sa majesté, qu'au dernier cas, le tiers des amendes qui seront prononcées contre lesdits propriétaires, faute de déclaration, appartienne à ceux qui auront donné le premier avis, soit au principal officier de police dans les villes, soit aux syndics des paroisses de la campagne.

4. Le subdélégué, conformément aux ordres et instructions qu'il aura reçus du sieur intendant de la province, et les officiers de police dans les villes, tiendront la main non seulement pour empêcher que les bestiaux malades ou soupçonnés n'aient aucune communication avec les bestiaux sains de la même ville ou paroisse, mais encore pour empêcher que tous les bestiaux, soit malades, soit soupçonnés, soit sains, du lieu où la maladie se sera manifestée, n'aient aucune communication avec ceux des villes ou paroisses voisines.

5. Fait, sa majesté, très-expresses inhibitions et défenses aux habitans des villes ou des paroisses de la campagne dans lesquelles la maladie se sera manifestée, de vendre aucun bœuf, vache ou veau ; et à tous particuliers des autres paroisses, ou étrangers, d'en acheter, sous peine de cent livres d'amende, tant contre le vendeur que contre

l'acheteur, par chaque tête de bétail vendu ou acheté en contravention de la présente disposition, sans préjudice néanmoins de ce qui sera réglé par l'article huit, ci-après.

6. Fait pareillement, sa majesté, défense à tous particuliers, soit propriétaires de bêtes à cornes ou autres, de conduire aucuns des bestiaux sains ou malades, des villes ou paroisses de la campagne où la maladie se sera manifestée, dans aucunes foires ou marchés, et ce, sous peine de cinq cent livres d'amende par chacune contravention; de laquelle amende les propriétaires desdits bestiaux qui pourraient se servir d'étrangers pour les conduire auxdites foires et marchés, seront responsables en leur propre et privé nom.

7. Permet sa majesté à tous particuliers qui rencontreront, soit dans les pâturages publics, soit aux abreuvoirs, soit sur les grands chemins, soit aux foires ou marchés, des bêtes à cornes marquées de la lettre M, de les conduire devant le plus prochain juge royal ou seigneurial, lequel les fera tuer sur-le-champ en sa présence.

8. Pourront néanmoins les propriétaires des bêtes à cornes qui auront des bestiaux sains et non soupçonnés de maladie, dans un lieu où quelques uns des bestiaux auront été attaqués, vendre lesdits bestiaux sains et non soupçonnés de maladie, aux bouchers qui voudront les acheter; mais à la charge qu'ils seront tués dans les vingt-quatre heures de la vente, sans que lesdits bouchers puissent, sous aucun prétexte, les garder plus long-temps, à peine, tant contre lesdits propriétaires que contre lesdits bouchers, de deux cents livres d'amende pour chaque

contravention, pour laquelle amende lesdits propriétaires et lesdits bouchers seront solidaires.

9. Seront en outre tenus lesdits bouchers qui, dans les lieux où il y aura des bestiaux malades ou soupçonnés, achèteront des bestiaux sains, de prendre un certificat des propriétaires desquels ils feront lesdits achats, lequel sera visé de l'officier de police de la ville ou du syndic de la paroisse dans lesquelles les achats auront été faits, et contiendra le nombre et la désignation des bestiaux qu'ils auront achetés et qu'ils n'ont eu aucun symptôme de maladie ; comme aussi de représenter lesdits certificats à l'officier de police de la ville ou au syndic de la paroisse dans laquelle ils conduiront les dits bestiaux, à l'effet de constater que lesdits bestiaux seront tués dans les vingt-quatre heures du jour de l'achat, le tout sous la même peine contre lesdits bouchers, de deux cents livres d'amende, par chaque contravention et par chaque tête de bétail qui n'aurait pas été tué dans lesdites vingt-quatre heures de l'achat.

10. Si aucuns desdits bouchers, abusant de la faculté qui leur est accordée par les deux articles précédens, revendaient aucuns desdits bestiaux à telle personne que ce puisse être, veut, sa majesté, qu'ils soient condamnés en cinq cents livres d'amende par chaque tête de bétail, même qu'il soit procédé extraordinairement contre eux, pour, après l'instruction faite, être prononcée telle peine afflictive ou infamante qu'il appartiendra.

11. Les bouchers qui pour s'approvisionner des bestiaux dont ils auraient besoin en achèteraient dans les lieux où la maladie n'aurait point encore pénétré, seront

tenus de prendre un certificat de l'officier de police de la
ville ou du syndic de la paroisse dans laquelle ils feront
leurs achats, lequel certificat fera mention de l'état de la
paroisse sur le fait de ladite maladie et du nombre et désignation des bestiaux qu'ils y auront achetés, comme
aussi de représenter ledit certificat à l'officier de police
de la ville, ou au syndic de la paroisse de leur domicile,
toutes fois et quand ils en seront requis, pour justifier
que lesdits animaux ont été achetés dans des lieux sains
et peuvent être conservés sans danger, sous peine de confiscation desdits bestiaux et de deux cents livres d'amende
par chaque tête de bête à cornes.

12. Veut et entend pareillement, sa majesté, que tous
les particuliers et habitans des villes ou des paroisses
de la campagne où ladite maladie n'aura point pénétré,
qui voudront conduire ou envoyer des bestiaux aux foires
et marchés, pour y être vendus, soient tenus, sous peine
de confiscation de leurs bestiaux, et de deux cents livres
d'amende par chaque tête de bête à cornes, de se munir
d'un certificat de l'officier de police de la ville, ou du syndic de ladite paroisse, visé par le curé, ou par un des
officiers de justice ; lequel certificat fera mention de l'état
de ladite ville ou paroisse, sur le fait de la maladie,
et contiendra le nombre et la désignation desdits bestiaux, et sera ledit certificat représenté aux officiers de
police, si aucuns y a, ou aux syndics des paroisses des
lieux où se tiendront les foires et marchés, avant l'exposition desdits bestiaux en vente.

13. Fait, sa majesté, très-expresses inhibitions et défenses auxdits officiers de police, et syndics des lieux et

communautés où lesdites foires et marchés se tiendront, de
permettre l'exposition d'aucuns desdits bestiaux, sans préa-
lablement s'être assurés, par la représentation desdits certificats, du lieu d'où ils viennent, et que la maladie n'y
a point pénétré ; à peine contre les syndics des paroisses,
de cent livres d'amende, et contre lesdits officiers de police, de destitution de leurs offices.

14. Si aucuns des officiers de police des villes et des
syndics des paroisses de la campagne, dans les cas où il
leur est enjoint, par le présent arrêt, de donner des
certificats, en donnaient de contraires à la vérité ; veut,
sa majesté, qu'ils soient condamnés en mille livres d'a-
mende, même poursuivis extraordinairement, pour, après
l'instruction faite, être prononcé contre eux telle peine
afflictive ou infamante qu'il appartiendra.

15. Veut, sa majesté, que dans tous les cas où les
amendes prononcées par le présent arrêt seront encourues, les délinquans soient contraignables par corps au
paiement desdites amendes, et qu'il tiennent prison jusqu'au parfait paiement d'icelles.

16. Lesdites amendes seront remises au greffier de
police pour les villes, et au greffier des subdélégations
dans chaque département pour les paroisses de la campagne, pour être distribuées, savoir : un tiers en conformité
et dans le cas porté par l'article 3 du présent arrêt, et le
surplus ainsi qu'il sera ordonné par sa majesté, sur l'avis
du sieur lieutenant-général de police de la ville de Paris,
et des sieurs intendans dans les provinces. Enjoint sa
majesté, au sieur lieutenant-général de police à Paris, et
aux sieurs intendans et commissaires départis dans les

provinces, de tenir la main à l'exécution du présent arrêt, qui sera lu, publié et affiché partout où besoin sera, à ce que personne n'en ignore, et exécuté nonobstant oppositions ou autres empêchemens quelconques, pour lesquels ne sera différé, et dont si aucuns interviennent, sa majesté se réserve, et à son conseil, la connaissance, icelle interdisant à toutes ses cours et autres juges. Fait au conseil d'état du roi, sa majesté y étant, tenu à Versailles, le dix-neuvième jour de juillet mil sept cent quarante-six.

Signé Phelypeaux.

Arrêt du conseil du 31 janvier 1771.

Le roi étant informé que la maladie épizootique sur les bêtes à cornes qui affligeait des pays voisins, aurait pénétré dans quelques provinces de son royaume ; et que, malgré les secours que sa majesté a fait porter aux lieux où ladite maladie s'est manifestée, la contagion a continué de se répandre par la négligence, même par la mauvaise foi des propriétaires des bestiaux malades ou soupçonnés, qui se sont empressés de s'en défaire à quelque prix que ce fût, et par l'imprudence et l'avidité des acheteurs : sa majesté a jugé qu'il était d'autant plus instant d'y pourvoir, qu'il est reconnu par l'expérience de tous les temps, qu'il n'y a pas de moyens plus assurés pour arrêter les progrès d'un mal si nuisible à la culture, et si préjudiciable aux habitans de la campagne, que d'empêcher toute espèce de communication, non seulement entre les bestiaux sains et malades, mais encore entre les villes et paroisses où la maladie s'est manifestée, et les paroisses circonvoisines. A quoi voulant pourvoir : Vu les réglemens précédemment faits à ce sujet , et notamment l'arrêt de son conseil du 19 juillet 1746 : ouï le rapport, et tout considéré ; le roi étant dans son conseil , a ordonné et ordonne ce qui suit :

Art. 1er. Ceux qui se trouveront avoir des bêtes à cornes, attaquées ou soupçonnées de ladite maladie, seront tenus d'en avertir , sur-le-champ, les officiers municipaux de la ville, ou le syndic de la paroisse , lesquels feront aussitôt renfermer lesdits bestiaux dans des étables séparées et en instruiront le sieur intendant et commissaire départi dans la province ou son subdélégué.

2. En cas que l'une desdites bêtes vienne à périr de ladite maladie , le propriétaire qui aura fait ladite déclaration le premier dans la ville ou paroisse , sera payé de la valeur de ladite bête , ainsi qu'il sera réglé par le sieur intendant , et si ladite déclaration a été faite par un autre , le propriétaire sera condamné en cent livres d'amende, dont moitié appartiendra au dénonciateur.

3. Dans toutes les villes ou paroisses où la maladie se sera manifestée , les habitans seront tenus de renfermer leurs bêtes à cornes, et ce aussitôt que l'ordonnance qui aura été rendue à cet effet par le sieur intendant, aura été notifiée aux officiers municipaux ou syndics, le tout à peine de confiscation des bêtes non renfermées , et de vingt livres d'amende par tête de bétail.

4. Dans les vingt-quatre heures de la notification de ladite ordonnance , les officiers municipaux ou syndics seront tenus de faire procéder par ceux qui auront été préposés par le sieur intendant, à la visite de toutes les bêtes à cornes dudit lieu ; et s'il s'en trouve quelques unes atta-

quées de la maladie, elles seront marquées d'un fer chaud où sera empreinte la lettre M et la lettre initiale du nom de la ville ou de la paroisse; et les bêtes saines, de la lettre S.

5. Les bêtes malades seront renfermées et ne pourront être menées à la pâture ou à l'abreuvoir commun, ni avoir communication avec les autres bestiaux du lieu; et en cas de contravention, lesdites bêtes seront confisquées, même tuées, s'il y a lieu, et le propriétaire condamné en vingt livres d'amende par tête de bétail.

6. Lorsque lesdites visites et marques auront été faites, il sera sur-le-champ, à la diligence des officiers municipaux ou syndics, attaché à la porte principale des maisons où il y aura des bêtes malades, et aux principales avenues de la ville ou village, des signaux suffisans pour faire connaître que la maladie y règne. Fait défenses, sa majesté, d'enlever lesdits signaux, jusqu'à ce qu'il en ait été autrement ordonné par le sieur intendant, et ce à peine de cent livres d'amende.

7. Seront tenus en outre les officiers municipaux ou syndics, de faire publier et afficher dans tous les lieux voisins, que la communication est interdite avec ledit lieu, et de faire boucher les avenues et chemins détournés par où l'on pourrait y entrer.

8. Aussitôt après lesdites publications, il ne sera plus permis de faire entrer dans le territoire de ladite ville ou paroisse, ni d'en laisser sortir aucunes bêtes à cornes; veut, sa majesté, que les bestiaux qui seraient pris en contravention, soient confisqués, même tués s'il y échet, et les propriétaires ou conducteurs condamnés en cent livres d'amende.

9. En cas que la pâture de ladite paroisse soit commune

à d'autres paroisses, elle demeurera interdite aux bêtes à cornes du lieu où la maladie s'est manifestée , et ce sous les peines portées par l'article précédent.

10. Les bêtes malades, ou soupçonnées telles , ne pourront sortir des étables où elles auront été renfermées , qu'après parfaite guérison, et après avoir été marquées de la lettre G, en présence des officiers municipaux ou syndics, et ce aux peines portées en l'article 8.

11. Fait , sa majesté , très-expresses défenses de laisser entrer dans les maisons, cours et étables, où seront gardées les bêtes malades , aucunes bêtes à cornes, chevaux, cochons ou moutons , et même les chiens; enjoint à ceux qui auront soin des bêtes malades , de prendre les précautions qui leur seront indiquées pour prévenir toute communication avec les bêtes.

12. Les bêtes qui seront mortes de la maladie seront portées avec leurs peaux , dans des fosses de huit pieds de profondeur , sans qu'elles puissent être brûlées, ou qu'il puisse être mis de la chaux vive dans lesdites fosses ; enjoint , sa majesté , auxdits officiers municipaux ou syndics, de veiller à ce que les bêtes mortes soient portées auxdites fosses, sans y être traînées, comme aussi, à ce que les voitures , harnois et généralement tout ce qui aura approché des bêtes malades, soit lavé et purifié à peine de cinquante livres d'amende pour chaque contravention.

13. Seront pareillement purifiées les étables où lesdites bêtes seront mortes , et leurs fumiers seront enterrés dans les mêmes fosses, sans qu'ils puissent être brûlés ni employés à aucun usage.

14. Il sera pourvu , par le sieur intendant , aux frais né-

cessaires pour l'exécution du présent arrêt, sur les fonds qui seront à ce destinés par sa majesté.

15. Fait, sa majesté, très-expresses inhibitions et défenses aux habitans des villes ou paroisses de la campagne, dans lesquelles la maladie se sera manifestée, de vendre aucun bœuf, vache ou veau ; et à tous particuliers des autres paroisses, ou étrangers, d'en acheter, à peine de confiscation, et de cent livres d'amende, même de plus grandes peines, s'il y échet, tant contre le vendeur que contre l'acheteur, et ce par chaque tête de bétail vendu ou acheté en contravention de la présente disposition.

16. Les amendes portées par le présent réglement, seront payables par corps, et elles seront augmentées suivant l'exigence, sans qu'elles puissent être modérées pour quelque cause et sous quelque prétexte que ce soit.

17. Enjoint, sa majesté, au lieutenant général de police, et aux sieurs intendans et commissaires départis, de tenir la main à l'exécution du présent arrêt, qui sera imprimé, publié et affiché partout où besoin sera, et de rendre pour l'exécution du présent arrêt toutes ordonnances à ce nécessaires, lesquelles seront exécutées nonobstant toutes oppositions ou appellations quelconques dont, si aucunes y a, sa majesté a réservé la connaissance à soi et à son conseil ; et seront tenus les officiers et cavaliers de maréchaussée, d'exécuter les ordres qui leur seront adressés par lesdits sieurs intendans pour l'exécution du présent arrêt.

Fait au conseil d'état du roi, sa majesté y étant, tenu à Versailles, le 31 janvier mil sept cent soixante-onze.

Arrêt du conseil du 18 décembre 1774.

Le roi s'étant fait rendre compte de l'état et des progrès de la maladie contagieuse qui s'est répandue depuis plus de huit mois sur les bêtes à cornes, dans les généralités de Bayonne, d'Auch et de Bordeaux, et qui commence à se communiquer dans celles de Montauban et de Montpellier ; informé par les commandans et intendans desdites provinces, que la maladie se répand de plus en plus par la communication des bestiaux ; qu'elle n'a épargné qu'un très-petit nombre d'animaux dans les villages où elle a pénétré ; que tous les remèdes qui ont été tentés pour en arrêter le progrès, soit par les médecins du pays, soit par des élèves des écoles vétérinaires que sa majesté a fait passer dans lesdites provinces pour les secourir, n'ont eu jusqu'à présent que peu de succès, et qu'ils laissent peu d'espérance de pouvoir guérir les animaux infectés de cette contagion, qui s'annonce avec les caractères d'une maladie putride, inflammatoire et pestilentielle ; qu'il est important et pressant de recourir aux moyens les plus efficaces pour empêcher que ce fléau, en continuant de s'étendre de proche en proche, ne se répande en peu de temps dans d'autres provinces du royaume ; que dans les états étrangers limitrophes qui ont été infectés de la même maladie pendant les années précédentes, on n'est parvenu à conserver la plus grande partie du bétail, qu'en sacrifiant un petit nombre d'animaux malades, dès qu'ils ont eu les premiers symptômes de cette maladie ; que ce parti, tout rigoureux qu'il est, est cependant le seul qui reste à prendre pour prévenir les progrès d'une contagion ruineuse pour les propriétaires des bestiaux et destructive de l'agriculture dans les provinces exposées à ses ravages. Dans ces circonstances : ouï le rapport du sieur Turgot, conseiller ordinaire au conseil royal, contrôleur général des finances, le roi étant en son conseil, en renouvelant les ordres les plus précis pour faire exécuter exactement dans toutes les provinces infectées, et dans celles qui sont limitrophes, l'arrêt du conseil du 31 janvier 1771, a ordonné et ordonne ce qui suit :

Art. 1er. Toutes les villes, bourgs et villages voisins de ceux où la contagion est présentement établie, seront visités par les artistes vétérinaires, les maréchaux, ou autres experts qui auront été pour ce commis par les intendans desdites provinces, à l'effet de reconnaître et de constater l'état de santé ou de maladie de toutes les bêtes à cornes dans lesdits villages et bourgs.

2. Dans le cas où quelques animaux se trouveraient attaqués de la maladie contagieuse annoncée par des symptômes non équivoques, il en sera dressé procès-verbal par lesdits artistes, maréchaux ou experts, en présence du syndic de la communauté dans lesdits villages, et en celles des officiers municipaux, dans les villes ou dans leurs faubourgs; et il sera constaté en même temps par ledit procès-verbal, ou par un acte de notoriété y joint, qu'aucun animal dans ladite ville, bourg ou village, n'est mort précédemment de la contagion.

3. Aussitôt après la confection des procès-verbaux, lesdites bêtes malades seront tuées et enterrées avec leurs cuirs, jusqu'à concurrence des dix premières seulement,

à la diligence desdits syndics et officiers municipaux , dans chaque ville , bourg ou village où ladite contagion commencera à se déclarer.

4. Les sieurs intendans et commissaires départis dans les provinces , feront payer à chaque propriétaire , le tiers de la valeur qu'auraient eu les propriétaires des animaux qui auront été sacrifiés , s'ils eussent été sains ; et ce sur l'estimation qui en sera faite par lesdits artistes , maréchaux et experts , à la suite de leurs susdits procès-verbaux , laquelle indemnité sera imputée sur les fonds à ce destinés par sa majesté.

5. Lesdits sieurs intendans enverront à la fin de chaque mois , au sieur contrôleur général des finances , l'état des villes , bourgs et villages où la maladie aura pénétré ; ensemble l'état du nombre et qualité des bêtes malades qui auront été tuées dans lesdits lieux de leur généralité, et des sommes qui leur auront été payées en indemnité , à raison du tiers de la valeur de chaque animal , ainsi que des autres dépenses nécessaires pour l'exécution du présent arrêt.

6. Fait, sa majesté , très-expresses inhibitions et défenses à tous propriétaires de bestiaux , de cacher ou recéler aucune bête saine ou malade , lors des visites qui seront faites, en exécution du présent arrêt à peine de cinq cents livres d'amende , payable par corps et sans pouvoir être modérée.

7. Enjoint , sa majesté , aux lieutenans et officiers de police dans les villes , aux sieurs intendans et commissaires départis, de tenir la main à l'exécution du présent arrêt , qui sera publié et affiché partout où besoin sera , et de rendre à cet effet , toutes les ordonnances nécessaires ,

lesquelles seront exécutées nonobstant oppositions ou appellations quelconques, sa majesté se réservant d'en connaître, en son conseil ; et seront tenus les officiers et cavaliers de maréchaussée, d'exécuter les ordres qui leur seront adressés par lesdits sieurs intendans, pour assurer l'exécution du présent arrêt. Fait au conseil d'état du roi, sa majesté y étant, tenu à Versailles, le dix-huit décembre mil sept cent soixante-quatorze. *Signé* BERTIN.

Arrêt du conseil du 8 janvier 1775.

Le roi étant informé de la continuité des ravages que la maladie épizootique a faits dans quelques unes des provinces méridionales de son royaume, nonobstant les précautions qui ont été prises par ses ordres, soit pour en diminuer la cause soit pour en arrêter les progrès ; et sa majesté, voulant, en même temps qu'elle prend toutes les mesures possibles pour en prévenir les progrès ultérieurs, en diminuer les mauvais effets et prévenir le tort que la perte de tant d'animaux aratoires pourrait faire à la culture, elle aurait jugé de sa sagesse et de ses vues de bienfaisance et d'amour pour ses peuples, d'encourager l'importation des mulets et chevaux propres au labour dans les provinces privées, par la maladie des bêtes à cornes, de leurs ressources accoutumées pour la préparation et l'ensemencement de leurs terres. A quoi voulant pourvoir : ouï le rapport du sieur Turgot, conseiller ordinaire au conseil royal, contrôleur général des finances : le roi étant en son conseil, a ordonné et ordonne ce qui suit :

Art. 1er. Il sera payé une gratification ou prime de vingt-

quatre livres par chaque mulet ou cheval propre à la char-
rue, qui sera vendu dans les marchés de Libourne, Agen et
Condom, dans la généralité de Bordeaux, avant le 20 du
mois de février prochain, au vendeur desdits chevaux et
mulets, en rapportant, par ledit vendeur, un certificat de
l'acheteur, visé du subdélégué des petites villes, de la vente
dudit animal, lequel contiendra les noms, qualités et
demeure dudit acheteur, et en justifiant devant le subdélégué que les animaux qui seront vendus viennent d'une autre
province que de celles qui composent les généralités de
Guyenne, Auch, Navarre, Béarn et généralité de Bayonne ;
et, pour éviter tout abus, les animaux qui auront été vendus,
et dont la gratification sera payée, seront marqués, à la
cuisse, de la lettre P.

2. Il sera payé, aux mêmes époques et conditions, une
prime ou gratification de trente livres par chaque mulet ou
cheval propre au labour, qui auront été vendus dans les
marchés de Dax, Mont-de-Marsan, Auch, Bayonne, Orthès,
Pau, Tarbes, Mirande, Saint-Sever, Oleron, en rapportant
un certificat de la vente, dans la forme expliquée en l'article précédent, et observant les mêmes formalités pour
la marque.

3. Passé le 20 du mois de février prochain, il ne sera
donné pour gratification ou prime pour la vente desdits
animaux, aux conditions mentionnées aux articles ci-dessus,
que seize livres de gratification dans les villes spécifiées en
l'article premier, et vingt livres dans celles énoncées en
l'article 2.

4. Passé le 20 mars, et jusqu'au 20 avril inclusivement,
ladite prime ou gratification, aux conditions ci-dessus,

sera, pour les marchés énoncés en l'article premier, de dix livres seulement, et pour ceux mentionnés en l'article 2, de quinze livres; et après le 20 avril, il n'y aura plus lieu à aucune desdites primes ou gratifications.

5. Lesdites primes ou gratifications seront payées sur les certificats des subdélégués, en vertu des ordonnances du sieur intendant de la généralité, sur les fonds de la recette générale. Sera le présent arrêt, publié, imprimé et affiché partout où besoin sera ; enjoint aux sieurs intendans et commissaires départis dans les généralités, d'y tenir la main. Fait au conseil d'Etat du roi, sa majesté y étant, tenu à Versailles, le 8 janvier 1775. *Signé* BERTIN.

Arrêt du conseil du 1ᵉʳ novembre 1775. — Extrait des registres du conseil d'Etat.

Sur le compte qui a été rendu au roi, étant en son conseil, des ravages que la maladie épizootique continue de faire dans les provinces méridionales, et des progrès qu'elle a continué de faire par la négligence des propriétaires de bestiaux à se conformer aux précautions ordonnées, sa majesté a jugé à propos de prendre de nouvelles mesures pour prévenir les suites funestes de cette négligence, et préserver ces provinces et tout son royaume des malheurs que cette contagion peut lui occasioner. Rien ne lui a paru plus pressant que de faire connaître ses intentions sur l'autorité qui doit procéder à l'exécution de ses ordres; et comme les circonstances présentes sont hors de l'ordre commun, et que sa majesté espère que les mesures qu'elle prend, les feront cesser dans peu de temps, elle a pensé qu'elle devait, tant que ces circonstances subsisteront, confier exclusivement l'exécution de ces mesures aux commandans et officiers de ses troupes et aux intendans et commissaires départis dans ses provinces. Quels que soient le zèle et l'activité, tant de ses cours de parlement que de ses juges ordinaires pour le bien de ses sujets, sa majesté a cru que le concours de plusieurs autorités, sur un même objet, pourrait porter du trouble et de la confusion dans le service, et servir de prétexte à ceux qui voudraient se soustraire à ses ordres; sa majesté a aussi jugé à propos de faire connaître de nouveau ses intentions sur l'exécution des arrêts de son conseil, précédemment rendus, et de prescrire d'une manière précise les précautions qu'elle veut qui soient prises à l'avenir. A quoi voulant pourvoir : ouï le rapport du sieur Turgot, conseiller ordinaire en son conseil royal, contrôleur général des finances; le roi, étant en son conseil, a ordonné et ordonne ce qui suit :

Art. 1er. Les commandans en chefs, chargés des ordres du roi, pour l'extinction de l'épizootie, et les intendans et commissaires départis dans les provinces, ou ceux qui en seront chargés par eux, donneront seuls les ordres relatifs à cette opération importante; veut en conséquence, sa majesté, que, sans s'arrêter aux dispositions de l'arrêt de sa cour de parlement de Toulouse, du 27 septembre dernier, ni à tous autres pareils qui auraient été rendus, ou pourraient l'être à l'avenir, les officiers municipaux ou syndics de paroisses ne puissent assembler leurs communautés, autrement que par les ordres desdits commandans en chef ou intendans; leur fait pareillement, sa majesté, très-expresses inhibitions et défenses de reconnaître pour ledit service aucune autre autorité.

2. Les arrêts du conseil d'État du roi, des 18 décembre 1774 et 30 janvier dernier, seront exécutés selon leur forme et teneur, concernant l'assommement des bestiaux dans les lieux où il sera ordonné, conformément aux instructions qui seront adressées par le roi auxdits commandans et intendans, et aux ordres qu'ils donneront en conséquence.

3. Dans tous les lieux dans lesquels l'assommement des animaux malades aura été ordonné en vertu de ladite autorité, seront tenus tous propriétaires de bestiaux, de dénoncer ceux qui seront tombés malades, dans les vingt-quatre heures, du moment où les premiers symptômes se seront manifestés, sous peine de cinq cents livres d'amende ; et il sera fait', par les troupes, des visites et perquisitions dans toutes les étables, écuries, granges et autres bâtimens, à l'effet de découvrir les contraventions.

4. Les animaux qui auront été dénoncés seront visités par experts ; et, dans le cas où ils auraient été reconnus attaqués de la maladie épizootique, ils seront sur-le-champ assommés et enterrés conformément aux arrêts du conseil rendus, et aux instructions imprimées et publiées sur cet objet, sans que les propriétaires puissent les conserver, sous le prétexte de les faire traiter par des méthodes dont l'expérience a démontré l'illusion, sans s'arrêter aux dispositions de l'arrêt du 2 septembre 1775, rendu par sa cour de parlement de Toulouse, qui paraît autoriser ledit traitement, ni à tous autres arrêts rendus ou à rendre, dont les dispositions seraient contraires à celles du présent arrêt.

5. Il sera payé par les ordres de l'intendant et commissaire départi, à ceux dont les bestiaux auront été assommés, le tiers du prix des bestiaux, sur l'estimation qui en sera faite,

conformément aux dispositions des arrêts du conseil d'état du roi, des 18 décembre 1774, et 30 janvier 1775, dans le cas seulement où la déclaration en aura été faite par le propriétaire, dans le temps prescrit par l'article précédent. Dans le cas où ladite dénonciation n'aurait pas été faite, lesdits propriétaires, outre l'amende à laquelle ils seront condamnés, seront privés de cette indemnité.

6. Dans le cas où la nécessité de conserver les provinces saines, obligerait de faire passer les bestiaux sains ou malades, d'un lieu dans un autre, il y sera procédé par les ordres du commandant en chef, ou de l'intendant et commissaire départi; et il sera pris, par ledit intendant, les mesures nécessaires pour en assurer le prix aux propriétaires, dans le cas où lesdits animaux résisteraient à la contagion.

7. Fait, sa majesté, très-expresses inhibitions et défenses à tous propriétaires de bestiaux, de quelque qualité et condition qu'ils soient, de faire refus d'exécuter ou de laisser exécuter les ordres du roi qui leur seront notifiés par les officiers ou soldats, à peine de cinq cents livres d'amende; et dans le cas de rébellion, à peine d'être poursuivis extraordinairement selon la rigueur des ordonnances.

8. Il est pareillement fait défenses à tous propriétaires de bestiaux, ou autres, de conduire d'un lieu à un autre, ou de transporter des peaux ou des cuirs, ou autres matières capables de répandre la contagion, qu'ils ne soient porteurs de permission par écrit des officiers qui commanderont dans le lieu, ni de contrevenir à aucune des ordonnances qui seront données par les commandant ou intendant, sous peine de cinq cents livres d'amende, ou telle autre peine portée par lesdites ordonnances.

9. Sa majesté attribue toute cour et juridiction, en dernier ressort, aux intendans et commissaires départis, pour prononcer les amendes qui seront encourues, même pour procéder extraordinairement contre ceux qui auront fait rebellion ; les autorisant, sa majesté, pour les affaires criminelles, à prendre avec eux le nombre de gradués requis par les ordonnances, et de nommer telles personnes capables, et qu'ils jugeront à propos, pour remplir les fonctions de procureur du roi et de greffier : les autorisant pareillement à subdéléguer pour rendre tous jugemens d'instruction, même de réglement à l'extraordinaire et autres, en se conformant par eux aux règles et ordonnances du royaume, sur la matière criminelle, et notamment à celle de 1670 ; et sa majesté interdit à toutes ses cours et autres juges, la connaissance desdits cas, ainsi que de tous ceux relatifs aux précautions ordonnées pour arrêter les progrès de la contagion. Enjoint, sa majesté, aux commandans dans les provinces, commandans et officiers de ses troupes, aux intendans et commissaires départis, aux officiers et cavaliers de maréchaussée, de tenir la main chacun en droit soi à l'exécution du présent arrêt, qui sera imprimé, lu, publié et affiché partout où besoin sera. Fait au conseil d'état du roi, sa majesté y étant, tenu à Fontainebleau le premier jour de novembre mil sept cent soixante-quinze. Signé de Lamoignon.

Ordonnance du roi du 1ᵉʳ novembre 1775.

De par le roi : Il est ordonné à tous sujets du roi, de quelque qualité et condition qu'ils soient, dans l'étendue des provinces de Guyenne, Gascogne, Languedoc et autres, ravagées par la maladie épizootique, de se conformer aux arrêts du conseil d'état du roi, qui ont été publiés sur cet objet, et d'obéir à tous ordres et instructions qui seront donnés par le maréchal de Mouchy et le comte de Périgord, ou par ceux qu'ils en auront chargés en leur absence, chacun dans l'étendue de leur commandement. Il est ordonné à tous maires, lieutenans de maires, jurats, échevins, et autres officiers municipaux, de se conformer aux ordres qui leur seront donnés par lesdits commandans, ou par les intendans et commissaires départis, sans reconnaître en cette partie aucuns autres ordres.

Les troupes du roi feront dans les métairies, étables, écuries, granges et autres lieux où les bestiaux pourraient être renfermés, toutes visites et perquisitions qui seront jugées nécessaires, ainsi qu'il leur sera ordonné par les commandans en chef, ou officiers qu'ils en auront chargés. Il est fait défense à toutes personnes de quelque qualité et condition qu'elles soient, de leur faire refus ou de les troubler, à peine de cinq cents livres d'amende.

Il est expressément ordonné à tous officiers, soldats, cavaliers ou dragons, de rendre compte des contraventions, et d'emprisonner ceux qui feront résistance, pour, lesdits contrevenans, être jugés par l'intendant sur les cas dont ils seront coupables.

Il est ordonné aux troupes d'employer la force en cas de résistance ; et ceux qui auraient fait résistance seront jugés selon la rigueur des ordonnances, par l'intendant et commissaire départi, conformément à l'arrêt du conseil d'état du roi de ce jour.

Il est expressément défendu à tous les sujets du roi, de

conduire aucuns bestiaux d'un lieu à un autre, ou de transporter aucuns cuirs, peaux, ou autres choses capables de porter la contagion, à moins qu'ils ne soient porteurs de permissions par écrit de l'officier qui commandera dans le lieu le plus proche de celui dont ils seront partis, et visées par les officiers dans les districts desquels ils passeront, sous peine de confiscation et de cinq cents livres d'amende ; et en cas de contravention, il est ordonné à tous officiers, soldats, cavaliers ou dragons, ainsi qu'à tous officiers ou cavaliers de maréchaussée, et autres qui les rencontreront, de les arrêter, et de les conduire devant le subdélégué le plus proche du lieu où ils auront été arrêtés, pour y être fait droit.

Dans le cas où les commandans en chef ou les officiers chargés de leurs ordres, jugeraient à propos de faire conduire les bestiaux sains et malades, d'un lieu à un autre, conformément aux instructions données par le Roi, ou à ce qu'ils jugeraient nécessaire dans la circonstance, lesdits ordres seront exécutés, sous peine de confiscation des bestiaux et de cinq cents livres d'amende en cas de refus, et d'être, les refusans, poursuivis extraordinairement devant l'intendant et commissaire départi, en cas de résistance et rébellion.

Lesdits commandans en chef pourront seuls, ainsi qu'il est d'usage, faire assembler les communautés et leur faire prendre les armes en cas de besoin, pour aider au service des troupes, et leur prêter main forte pour l'exécution des ordres du roi.

La présente ordonnance sera imprimée, publiée et affichée partout où besoin sera, dans toute l'étendue des provinces où la maladie s'est manifestée, à ce que personne n'en ignore. Fait à Fontainebleau, le premier jour de Novembre

mil sept cent soixante quinze, Signé LOUIS. Et plus bas,
DE LAMOIGNON.

Arrêt du Conseil du 8 janvier 1775. -- Extrait des Registres
du Conseil d'Etat.

Le roi s'étant fait représenter, en son conseil, l'arrêt
rendu en icelui le 8 janvier de la présente année, portant
qu'il sera payé différentes primes d'encouragement pour les
chevaux et mulets vendus dans différentes époques, dans
les marchés y désignés ; et sa majesté ayant reconnu que
les circonstances qui l'avaient porté à accorder ces encou-
ragemens subsistent encore, et qu'il ne pourrait être que
très-utile au bien de ses provinces méridionales, dévastées
par la maladie des bestiaux, de continuer le même encouragement, et de proroger les époques fixées par ledit arrêt
et qui sont expirées : ouï le rapport du sieur Turgot, conseiller ordinaire au conseil royal, contrôleur général des finances ; le roi étant en son conseil, ordonne que l'arrêt du
8 janvier 1775 sera exécuté selon sa forme et teneur : veut
en conséquence, sa majesté, que les époques fixées par ledit arrêt soient prorogées, savoir : celle fixée au 20 du mois
de février par les articles I et II dudit arrêt, au 1er février
1776 ; celle fixée par l'article III au 20 mars dernier, au
1er mars prochain ; et celles fixées par l'article IV au 20
avril, au 1er avril 1776. Veut au surplus, sa majesté, que
les formalités prescrites par ledit arrêt soient observées selon leur forme et teneur, par ceux qui désireront recevoir
lesdites gratifications. Fait au conseil d'état du Roi, sa majesté
y étant, tenu à Fontainebleau, le vingt-neuf octobre mil sept
cent soixante-quinze. Signé BERTIN.

Ordonnance (1) *du 10 janvier 1776.*

Les mesures prises par sa majesté pour arrêter les progrès de l'épizootie, nous ont déterminé à renouveler et à réunir dans une seule ordonnance, les dispositions anciennes des différens arrêts, réglemens et ordonnances, ainsi que celles à faire en vertu des derniers ordres à nous adressés. En conséquence, nous avons ordonné et ordonnons ce qui suit :

Art. 1er. Aussitôt qu'il se manifestera quelque maladie dans une étable, parc ou écurie, les propriétaires des bestiaux qui en seront attaqués, leurs fermiers, métayers, bordiers, économes, valets ou autres habitans qui en auront connaissance, seront tenus de les dénoncer sur-le-champ à l'officier commandant le poste le plus voisin, et aux maires, jurats, consuls ou syndics des paroisses, à peine de trois cents livres d'amende et de prison contre chaque contrevenant, et de privation de toute espèce de dédommagement.

2. Les officiers municipaux, ainsi avertis, feront procéder sur-le-champ et sans perdre de temps, à l'examen et visite de la bête malade, par l'artiste vétérinaire ou le maréchal expert le plus prochain ; et s'il est reconnu et constaté qu'elle soit attaquée de l'épizootie, elle sera, sur-le-champ, estimée et assommée suivant les règlemens ; à moins que la pa-

(1) M. de Journet, intendant d'Auch, étant mort, M. de Clugny, maintenant contrôleur-général et alors intendant de Bordeaux, le devint en même temps de ces deux généralités où régnait l'épizootie. Il publia différentes ordonnances, soit pour modifier, soit pour interpréter le présent mémoire, soit pour ajouter à ses dispositions. J'ai cru qu'il était d'autant plus à propos de les publier à sa suite, que c'est à leur heureuse exécution et aux précautions sagement concertées par ce ministre, que ces provinces, qui béniront à jamais sa mémoire, doivent la destruction de ce fléau.

roisse attaquée ne se trouve dans l'arrondissement que nous prescrirons pour y tolérer le traitement. Et seront tenus, lesdits officiers municipaux, de prévenir sur-le-champ et par un exprès, notre subdélégué et l'officier commandant le poste le plus voisin, de ce qui se sera passé, à peine d'en répondre en leur propre et privé nom.

3. Les bêtes assommées ou mortes de la maladie dans les lieux où le traitement sera permis, seront enterrées tout de suite dans des fosses de dix pieds de profondeur, et exactement recouvertes de terre bien battue.

4. Aussitôt qu'une bête aura été reconnue malade, on retirera les autres de l'étable où la contagion se sera manifestée, et on les placera dans d'autres étables ou dans des barraques qui seront établies à cet effet, de manière qu'il n'y ait aucune communication entre elles.

5. Toutes les bêtes d'une métairie attaquée seront aussitôt renfermées, ainsi que celles des métairies voisines, sans qu'il soit permis de les laisser sortir qu'au bout de quarante jours de la cessation totale de la maladie. Faisons défenses de laisser approcher aucunes bêtes à cornes des métairies infectées pendant quatre mois, à compter du jour que la maladie y aura cessé, à peine de deux cents livres d'amende et de prison contre chacun des contrevenans.

6. Faisons défenses, sous quelque prétexte que ce soit, de mettre les bestiaux attaqués de l'épizootie, au piquet et à l'air libre, soit pour les y traiter, soit pour les laisser mourir sur le bord de leur fosse, à peine de deux cents livres d'amende pour chaque bête, et de prison contre les contrevenans; et seront les officiers municipaux responsables des contraventions, en cas de négligence de leur part.

7. Aussitôt après l'assommement des bêtes malades, il sera procédé à la désinfection des étables qui auront été attaquées, suivant la forme prescrite par les réglemens et ordonnances ; que tout ce qui aura servi à l'usage des bestiaux assommés ou morts de la maladie, sera brûlé, et que les fumiers seront enterrés à deux pieds de profondeur, et recouverts d'une quantité suffisante de terre, à peine, contre les propriétaires qui recèleront quelques uns desdits effets, de deux cents livres d'amende et de prison.

8. Les fumiers des métairies, granges, parcs et étables où l'épizootie s'est fait sentir, et que l'on aura laissés sur la place, seront pareillement incessamment enterrés ; et les bestiaux qui subsisteront dans lesdits parcs et étables, seront éloignés pendant qu'on remuera et qu'on transportera les fumiers, sans pouvoir y rentrer qu'après une désinfection complète. Enjoignons aux officiers municipaux des paroisses, de tenir la main à l'exécution du présent article, et d'y faire procéder aux frais de ceux qui s'y refuseraient, qui seront en outre condamnés en cent livres d'amende.

9. Conformément aux ordres du roi, il sera incessamment procédé au reflux des bestiaux sains de la rive gauche de la Garonne, depuis la Bayse jusqu'à Cazères, soit pour être placés dans l'intérieur du pays infecté, soit pour être salés aux ateliers à ce destinés suivant les arrangemens particuliers et les formalités qui seront prescrites à cet égard.

10. Le reflux opéré, on ne pourra repeupler de bêtes à cornes, jusqu'à nouvel ordre, les lieux évacués, à peine de confiscation et d'assommement de celles qui seraient introduites et de cinq cents livres d'amende, dont un tiers au dénonciateur. On ne pourra pas non plus faire passer dans les vuides

qui auront été formés, aucunes bêtes à cornes, ni transporter des lieux infectés aucunes laines en suin, ni cuirs non tannés, à peine de cinq cents livres d'amende. Les laines lavées et les cuirs tannés ne pourront être transportés, sous la même peine, sans une permission par écrit de l'officier commandant le plus prochain. Enjoignons aux maires et consuls de tenir exactement la main à l'exécution du présent article, à peine, en cas de négligence, d'en répondre en leur propre et privé nom.

11. L'assommement des bestiaux attaqués de l'épizootie et le paiement du tiers de leur valeur, continueront d'avoir lieu dans les paroisses situées le long des cordons de troupes établis pour couvrir les pays sains et empêcher la communication.

12. Dans le cas où l'épizootie viendrait à attaquer quelques paroisses situées au centre d'un pays sain, et éloignées de tout endroit infecté, les bestiaux attaqués, et tous ceux qui auront communiqué avec eux, seront, sur-le-champ, assommés et enterrés, et sera payé aux propriétaires le tiers du prix des bêtes malades, et la totalité des saines, d'après les procès-verbaux d'estimation qui en seront dressés.

13. Il sera permis aux propriétaires et communautés situées dans l'intérieur du pays infecté, compris dans l'enceinte des cordons de troupes, et qui seront désignées par nos ordonnances particulières, de traiter, jusqu'à ce qu'il y ait été autrement pourvu, leurs bestiaux attaqués, et de suivre les méthodes curatives qui leur seront indiquées par les médecins et autres que nous préposerons à cet effet, à la charge néanmoins de séparer sur-le-champ les bestiaux

sains d'avec les malades, à peine de deux cents livres d'amende, dont les officiers municipaux des communautés seront responsables, en cas de négligence à en prévenir.

14. Tous les bestiaux des paroisses qui ont été attaqués de l'épizootie, ou qui pourront l'être par la suite, seront marqués à la cuisse droite de la lettre E, par l'empreinte d'un fer chaud. Enjoignons aux officiers municipaux d'y faire procéder sans délai, à peine d'amende et de punition.

15. Tous les bestiaux ainsi marqués de la lettre E, ne pourront être introduits dans les paroisses saines, à peine de confiscation, de cinq cents livres d'amende, et d'êtreprocédé extraordinairement contre les conducteurs.

16. Tous les bestiaux qui auront été guéris, seront marqués sur la cuisse de la lettre G, par l'empreinte d'un fer chaud, à la diligence des officiers municipaux des paroisses où ils auront été traités. Défendons de les laisser sortir de leurs étables, qu'au bout de quarante jours à compter de celui de leur guérison.

17. Les propriétaires des bêtes assommées ou mortes de la contagion, ne pourront les faire écorcher qu'après en avoir obtenu notre permission par écrit, à la charge de se conformer aux conditions qui seront par nous prescrites; et les cuirs qui en proviendront ne pourront être transportés que sur la permission de l'officier commandant, suivant l'article 10.

18. Renouvelons, en tant que de besoin, les défenses ci-devant faites aux habitans de la campagne, aux meuniers, bouchers et tous autres, de laisser vaguer leurs chiens, à peine de dix livres d'amende, d'être lesdits chiens tués par la maréchaussée et autres à ce préposés, auxquels nous

mandons de tenir la main à l'exécution du présent article.

19. Faisons défense à tous marchands pourvoyeurs et autres particuliers, d'acheter des bestiaux dans les lieux infectés ou suspects, et de les faire conduire dans d'autres, à peine de confiscation et de cinq cents livres d'amende, dont un tiers au dénonciateur, un tiers à ceux qui les auront arrêtés, et l'autre tiers ainsi qu'il sera par nous ordonné.

20. Défendons à tous mendians étrangers de vaguer dans toute l'étendue des généralités de Bordeaux et d'Auch, sous peine d'être arrêtés et conduits en prison; enjoignons aux officiers municipaux d'empêcher ceux de leurs paroisses d'en sortir et de leur procurer les secours nécessaires pour les empêcher de vaguer; et renouvelons, en tant que de besoin, les défenses de recevoir les mendians et vagabonds dans les écuries et étables.

21. Les maires et consuls des communautés saines, voisines des lieux infectés, feront faire la garde de leurs paroisses par les habitans, lorsqu'il n'y aura point une quantité suffisante de troupes réglées pour ce service, et empêcheront toute introduction et communication avec les endroits suspects, et seront les dépenses desdites gardes ainsi que celles relatives à l'épizootie, dans chaque paroisse, payées sur les revenus des communautés, ou imposées par des rôles particuliers qui seront par nous arrêtés.

22. L'entrée des bestiaux sera interdite dans toute l'étendue des paroisses saines, lorsque les conducteurs desdits bestiaux ne seront pas porteurs d'un certificat de santé délivré par les officiers municipaux, contenant le nombre et le signalement desdits bestiaux suivant le modèle ci-après annexé; lequel certificat sera visé sur tous les lieux de passage

par l'officier commandant des troupes ; et à défaut ou absence, par un officier municipal ou le curé de la paroisse , à peine de confiscation des bestiaux qui seraient introduits sans certificats, ou sur des certificats supposés, et de prison, et poursuite extraordinaire contre les contrevenans.

23. Faisons très-expresses inhibitions et défenses à tous maîtres de bateaux de passage, et autres conducteurs de barque sur la Garonne , dans les intendances de Bordeaux et d'Auch, de faire passer des bêtes à cornes, sous quelque prétexte que ce puisse être , soit pour les faire entrer dans les lieux infectés , soit surtout pour les en faire sortir. Enjoignons aux officiers municipaux de faire planter des poteaux aux passages où toutes les barques ou bateaux seront attachés pendant la nuit avec des chaînes ou des cadenats , dont la clef sera remise au commandant du port le plus prochain , pendant lequel temps personne ne pourra passer, à moins qu'il ne soit accompagné par un homme de la garde qui fera ensuite rattacher le bateau ; le tout à peine contre les contrevenans de deux cents livres d'amende et de confiscation des bestiaux passés en fraude.

24. Faisons pareillement défense de tenir aucunes foires ou marchés de bestiaux à grosses cornes dans l'étendue des subdélégations de Nérac, Agen , Villeneuve-d'Agenois, Castelgaloux, Saint-Sever, Dax, Bayonne, Mont-de-Marsan, dépendantes de la généralité de Bordeaux , et dans toute l'étendue de l'intendance d'Auch , ainsi que dans les villes et paroisses de celle de Bordeaux, qui ne seront pas à dix lieues de distance des endroits attaqués de l'épizootie, jusqu'à ce qu'il y ait été autrement statué.

25. Ordonnons aux consuls des paroisses dépendantes des

intendances de Bordeaux et d'Auch, de dresser, huitaine après la publication de ladite ordonnance, un dénombrement exact de tous les bestiaux existans dans leurs juridictions, et un état de tous ceux qui ont péri par l'épizootie, et de les adresser à nos subdélégués pour nous les faire passer.

26. Nos subdélégués nous adresseront, tous les huit jours, un état des bestiaux morts, de ceux guéris et de ceux qui n'auront pas été attaqués, conformément au modèle qui leur sera adressé.

27. Le mouvement des troupes devant être déterminé sur-le-champ, suivant la situation de l'épizootie, pour en arrêter les progrès, les consuls des communautés où il en sera envoyé, leur feront fournir le logement et l'ustensile, sur la réquisition par écrit de l'officier commandant, sans qu'il soit besoin d'ordres plus exprès de notre part.

28. Sera la présente ordonnance, lue, publiée et affichée : ordonnons aux officiers municipaux de veiller à son exécution, et à nos subdélégués d'y tenir la main.

Par M. de Clugny, intendant des généralités de Bordeaux et d'Auch.

Modèle du certificat.

<table>
<tr><td>

SUBDÉLÉGATION

d

—————————

Remplir ce blanc du mot bœufs ou vaches, en désignant le nombre.

Remplir ce blanc du signalement exact de chaque bœuf ou vache, c'est-à-dire son âge, sa taille, la couleur de son poil, la couleur et la figure de ses cornes.

</td><td>

Nous sousignés   de la paroisse d   certifions que les   du nommé habitant de la présente paroisse, au lieu de   sont sains; qu'ils ont resté dans ladite paroisse plus de quarante jours, y étant depuis le   du mois d   et qu'il ne règne aucune maladie parmi les bestiaux de ladite paroisse; lesquels bœufs (ou vaches) sont de l'âge d'environ   ans.

En foi de quoi avons signé.

A   ce

</td></tr>
</table>

Ordonnance du 15 janvier 1776.

Sa majesté ayant ordonné, pour prévenir les progrès de la maladie épizootique, que l'on dépeuplerait de bestiaux différens cantons, nous avons cru devoir régler les formalités à suivre, et les précautions à prendre pour cette opération.

Art. 1er. Le dépeuplement des bestiaux sera fait incessamment dans la communauté de   , généralité de   , élection de   , subdélégation de   , conformément à l'état qui en sera arrêté.

2. L'état des bestiaux sera divisé en trois classes, savoir : ceux reconnus attaqués de la maladie ; ceux qui, ayant communiqué avec les premiers, en sont soupçonnés ou fortement menacés, et ceux qui, n'ayant pas communiqué, sont sains et ne doivent donner aucune inquiétude.

3. Pour l'exacte formation de cet état, les propriétaires, fermiers, métayers, bordiers, ou autres qui ont des bestiaux à leur garde, seront tenus de déclarer dans laquelle desdites classes se trouvent leurs bestiaux, et en cas de fausse déclaration de leur part, ils seront condamnés à cinq cents livres d'amende ; enjoignons aux consuls de vérifier attentivement lesdites déclarations.

4. Les bestiaux reconnus atteints de l'épizootie, seront assommés et enterrés sur-le-champ, conformément aux réglemens, et les propriétaires seront payés du tiers de leur valeur, suivant l'estimation qui en sera faite dans la forme prescrite ci-après.

5. Les bestiaux qui auront communiqué avec les malades, en se trouvant dans les mêmes écuries ou étables, seront

également assommés et enterrés, après une juste estimation de leur valeur, et, quoique pour l'ordinaire, aucun des bestiaux d'une métairie n'échappe à la contagion quand quelques uns d'entre eux en ont été atteints, sa majesté veut bien assurer aux propriétaires l'entière valeur de ceux-ci, et leur en faire payer la moitié sur-le-champ.

6. A l'égard de ceux qui sont reconnus sains, on les fera refluer dans l'intérieur du pays infecté, en les conduisant par les chemins et dans les endroits qui seront indiqués, ou aux ateliers des salaisons, suivant ce qui sera prescrit; cette migration se fera par troupeaux et non tout à la fois, si le nombre est trop considérable. Chaque propriétaire fournira environ dix livres de foin pour la nourriture de chacun des bestiaux par jour de marche, jusqu'à l'arrivée au lieu de leur destination. Le fourrage sera bottelé, et chaque bête en portera elle-même la quantité nécessaire pour sa subsistance; il sera choisi et payé par la communauté un nombre convenable de conducteurs.

7. Les bestiaux qui devront être émigrés seront marqués sur-le-champ sur l'épaule droite, avec un fer chaud, de la première lettre de la communauté, et d'un numéro; il sera ensuite procédé à leur estimation pas des experts entendus, nommés par notre subdélégué, en présence des consuls, dont il sera dressé un état quadruple, contenant le nom des propriétaires, l'espèce et le signalement par numéro desdits bestiaux; un de ces états nous sera adressé; le second sera gardé par les officiers municipaux; le troisième, déposé au greffe de la subdélégation; et le quatrième remis au conducteur principal, pour être délivré aux officiers municipaux des paroisses où ces bestiaux devront être placés. Il sera en

outre remis à chaque propriétaire un extrait dudit état, certifié des officiers municipaux.

8. La moitié de la valeur des bestiaux émigrés sera payée aux propriétaires, suivant l'estimation qui en aura été faite, en vertu de l'ordonnance que nous expédierons au bas de l'état général de la communauté ; lequel sera émargé des quittances des propriétaires ou des consuls et greffiers ; si les propriétaires sont illettrés, sa majesté veut bien garantir auxdits propriétaires l'autre moitié du prix, pour leur être par elle payée, si dans le cours d'une année, à compter du jour de la migration, lesdits bestiaux venaient à périr de la contagion.

9. Dès que les bestiaux émigrés seront arrivés dans la paroisse qui sera désignée, la distribution en sera faite aux particuliers qui se seront présentés pour les recevoir, à la charge d'en payer la valeur ; si dans un an ces bestiaux ne sont pas morts de la maladie épizootique, il sera pareillement dressé un état quadruple de la remise desdits bestiaux, contenant le nom des paroisses d'où la migration proviendra, le nom des particuliers qui en étaient propriétaires, la qualité, le prix et le numéro des bestiaux, le nom de la paroisse où ils seront placés, celui des particuliers qui s'en chargeront, au bas duquel seront les soumissions de ces derniers, ou le certificat de remise des consuls ; l'un de ces états nous sera adressé ; le second, déposé au greffe de la subdélégation où se fera le placement ; le troisième remis aux consuls de la paroisse d'où proviendra l'émigration ; et le quatrième aux consuls de celle où se fera le placement.

10. Si les bestiaux émigrés sont destinés aux salaisons, les états ci-dessus seront signés de ceux préposés aux ate-

liers desdites salaisons , qui certifieront de la remise desdits bestiaux.

11. Si , pendant la route , quelqu'un de ces bestiaux venait à mourir , sa mort sera constatée par un procès-verbal
qui sera dressé par les consuls du lieu le plus prochain , en
présence de deux habitans au moins , et du principal conducteur, et enterré sur-le-champ , conformément aux réglemens ; le procès-verbal fera mention du nom du propriétaire,
de l'espèce de l'animal , et du prix auquel il avait été estimé.

12. Sa majesté , en obligeant les propriétaires à se priver
de leurs bestiaux, a pensé qu'il était juste et nécessaire de
leur procurer les moyens d'y suppléer pour tous les besoins de la culture et du commerce ; et en conséquence ,
elle veut bien accorder des gratifications à ceux qui feront passer et qui vendront des chevaux ou mulets dans
l'intérieur des pays dévastés. Ces secours, que nombre
de citoyens seront hors d'état de se procurer par la médiocrité de leur fortune ; pourront leur être offerts par la
spéculation de quelques particuliers qui acheteront des chevaux et des mules , dans la vue de les louer à différens propriétaires ou bien de labourer leurs terres à forfait ; ou enfin par des personnes bienfaisantes, qui , d'après les exemples connus, acheteront des chevaux pour leur propre
compte , et les emploieront à faire travailler celles des
pauvres habitans , à quoi nous exhortons les personnes considérables et aisées de la paroisse.

13. Aussitôt que le dépeuplement sera fait , les granges
et écuries seront désinfectées, suivant les ordres qui seront
donnés à cet égard.

14. Défendons aux habitans de faire venir aucunes bêtes

à cornes dans leurs métairies ou possessions, jusqu'à nouvel ordre, à peine de confiscation desdites bêtes, pour être sur-le-champ assommées en pure perte pour eux, et de cinq cents livres d'amende en cas de contravention; ordonnons aux consuls de dénoncer, dans les vingt-quatre heures, ceux qui seront dans ce cas; et déclarons que, faute par eux d'y satisfaire, ils seront condamnés à ladite amende de cinq cents livres.

Enjoignons à nos subdélégués et aux préposés, de tenir exactement la main à l'exécution de la présente ordonnance, qui sera imprimée, publiée et affichée dans ladite communauté, afin que personne n'en prétende cause d'ignorance.

Par M. de Clugni, intendant des généralités de Bordeaux et d'Auch.

Ordonnance du 14 février 1776.

Etant informé qu'on a abusé des dispositions contenues en l'article 22 de notre ordonnance du 10 janvier dernier, pour opérer des introductions frauduleuses de bestiaux suspects, qui pourraient renouveler la contagion, nous avons cru devoir y remédier jusqu'à ce que les circonstances permettent de pourvoir au repeuplement des paroisses où la maladie aura cessé depuis un temps assez long pour n'avoir plus rien à craindre pour leur salubrité. D'ailleurs, le traitement que nous nous étions réservé de permettre par l'article 13 de la même ordonnance, dans les communautés qui seraient désignées par nos ordonnances particulières, ne pouvant avoir lieu par rapport à l'exécution des nouveaux ordres que le roi nous a fait adresser, nous avons cru devoir expliquer notredite ordonnance sur ces deux objets ; en conséquence :

Art. 1er. Nous avons fait et faisons très-expresses inhibitions et défenses à toutes sortes de personnes, d'introduire, sous quelque prétexte que ce puisse être, jusqu'à nouvel ordre, aucuns bestiaux dans les paroisses du pays de Labour, de l'élection de Lannes, de celles de Condom et des pays et bastilles de Marsau, Tursau et Gabardau, dépendans de la généralité de Bordeaux, et dans celles situées dans toute l'étendue de la généralité d'Auch, à peine, contre les conducteurs, de cinq cents livres d'amende, payable par corps et de la confiscation des bestiaux introduits, lesquels seront, en cas de la plus légère suspicion de maladie, assommés et enterrés sur-le-champ, à la diligence des officiers municipaux, qui en seront personnellement responsables en cas de négligence.

2. Il ne sera pas permis de faire traiter aucun des bestiaux reconnns attaqués de l'épizootie, à peine, contre les propriétaires, de trois cents livres d'amende et d'être déchus de toute indemnité, et de cent livres d'amende contre ceux qui s'ingèreront de leur administrer des remèdes, payables par corps, dont le tiers appartiendra au dénonciateur, et le surplus appliqué ainsi qu'il sera par nous ordonné.

3. Toutes les bêtes reconnues atteintes de la maladie épizootique seront estimées sur-le-champ, assommées et enterrées, et le tiers payé aux propriétaires. Les bêtes saines qui auraient communiqué avec les malades, quand même lesdites bêtes saines auraient passé par la maladie épizootique, seront estimées, assommées et enterrées à la diligence des officiers municipaux, dans des fosses de la profondeur prescrite par les réglemens, et la totalité de leur valeur payée

aux propriétaires ; savoir, moitié comptant et l'autre moitié au bout d'un an ; mais lesdits propriétaires seront privés de toute indemnité, s'ils apportent le moindre retard à déclarer leurs bêtes malades.

4. Sera, au surplus, notre ordonnance du 10 janvier dernier, exécutée pour ce qui n'y est point contraire à la présente, qui sera imprimée, publiée et affichée. Mandons à nos subdélégués de tenir la main à son exécution, et ordonnons aux maires, consuls, jurats et syndics des communautés, de s'y conformer.

Par M. de Clugny, intendant des généralités de Bordeaux et Auch.

1er MÉMOIRE INSTRUCTIF *publié en janvier 1775, relativement à la maladie des bestiaux de la Guyenne.*

L'expérience a fait voir que toutes les précautions prises jusqu'à présent pour arrêter les progrès de la maladie épizootique en Guyenne, sont insuffisantes ; et que, malgré les cordons de troupes qui ont été formés, malgré la vigilance des officiers qui les commandent, réunie à celle des administrateurs, l'on n'a pu empêcher que l'imprudence ou l'avidité de quelques particuliers, soit en conduisant, par des chemins détournés, des bestiaux suspects, soit en transportant en fraude des cuirs d'animaux morts de la contagion, ne lui aient fait franchir la barrière qu'on avait cru y opposer ; en sorte que la maladie s'est montrée tout à coup à des distances très-éloignées et au milieu de provinces qui se croyaient à l'abri du danger. Dans plusieurs endroits on est parvenu à l'étouffer sur-le-champ par la célérité avec laquelle on a fait tuer toutes les bêtes malades, séparer toutes les bêtes saines et désinfecter les étables. On ne saurait trop louer l'ardeur et l'unanimité avec lesquelles toutes les autorités se sont concertées pour garantir le Languedoc de ce fléau. Cependant, malgré le zèle des états, la vigilance de M. le comte de Périgord et celle de M. de Saint-Priest, la maladie a pénétré dans plusieurs endroits de cette province, et n'a pu y être étouffée que par des mesures prises avec une activité et une célérité vraiment admirables, et que par là même on ne peut pas espérer de trouver dans toutes les provinces, surtout dans celles où la maladie peut se montrer tout à coup, sans que personne s'y soit attendu, et sans qu'on y soit instruit d'avance des précautions à prendre.

Tant que la maladie subsistera dans un pays aussi vaste que celui qu'elle embrasse aujourd'hui, on doit toujours craindre qu'elle ne gagne les provinces voisines, et que de proche en proche elle n'infecte la totalité du royaume.

On ne peut se flatter de prévenir une aussi grande calamité, qu'en attaquant le mal dans toutes les parties qu'il a déjà désolées, et en éteignant, s'il est possible, tous les germes de la contagion. Ce parti est d'autant plus pressant à prendre, qu'on peut encore espérer de sauver par là un très-grand nombre de paroisses et même plusieurs cantons très-étendus où la maladie n'a point encore pénétré, par la vigilance des habitans et des administrateurs à intercepter toute communication avec les lieux infectés. Mais toute leur vigilance court, à chaque instant, risque de devenir inutile, puisque, aussi long-temps qu'ils seront environnés de toutes parts des foyers de la contagion, la plus légère imprudence suffit pour déconcerter toutes leurs mesures, et les rendre tôt ou tard victimes de la négligence de leurs voisins.

Il y a d'autres cantons où les paysans, trompés par les fausses espérances que leur ont données les charlatans, s'obstinent à garder les bestiaux malades jusqu'à ce qu'ils meurent ; à les laisser confondus avec les bestiaux sains, dans les mêmes pâturages ; à ne prendre aucune précaution pour purifier les étables où la maladie a régné, avant d'y mettre d'autres bestiaux. Rien n'a pu vaincre l'opiniâtreté des paysans du Condomois sur tous ces points, et c'est à cette cause surtout qu'on doit attribuer la violence avec laquelle la maladie a ravagé cette partie de la Guyenne. Tant qu'on laissera subsister de pareils foyers du mal, jamais ce fléau ne cessera de menacer les parties saines : la contagion deviendra éternelle ; elle ne finira pas même par la destruction de tous les animaux existans dans les lieux attaqués, parce que les étables et les râteliers infectés feront renaître la maladie, lorsqu'au bout de quelque temps on les aura repeuplés de nouveaux bestiaux. Ce sera donc un levain toujours subsistant dans le royaume, toujours prêt à infecter la masse entière, et à produire de temps en temps des épizooties générales.

Ces considérations ont fait penser à sa majesté qu'il était indispensable de s'occuper sans délai à détruire entièrement cette maladie, et à en déraciner tous les germes dans tous les lieux où elle a pénétré jusqu'à présent.

Sa majesté s'est convaincue que ce projet n'a rien que de très-praticable : en effet, il est constaté par le rapport de tous les gens de l'art, de tous ceux qui ont observé la nature de cette maladie et la marche de ses progrès, et en particulier par les expériences multipliées qu'a faite M. Vicq d'Azyr, médecin de l'académie des sciences, envoyé par le roi sur les lieux, que le mal ne se répand que par la communication médiate ou immédiate du bétail sain ; en sorte, que dans les lieux mêmes où la contagion déploie le plus sa fureur, les bestiaux qu'on a tenus enfermés et isolés de toute communication, ont été préservés du mal. Ce fait, qui est constant, donne lieu de se flatter que cette peste est étrangère au royaume, et qu'elle y a été introduite par des cuirs arrivés par mer à Bayonne, et apportés, dit-on, de la Guadeloupe.

Il suit de là que, si dans une paroisse où la contagion a pénétré, l'on tue, sans exception, toutes les bêtes malades, qu'on les brûle et qu'on les enterre avec leurs cuirs et leurs cornes, de façon à empêcher que leurs cadavres ne deviennent une nouvelle source de contagion; si l'on éloigne de toute communication les troupeaux où il n'y a pas eu de bêtes malades; si l'on tient renfermées dans des étables particulières les bêtes encore saines, retirées des étables où il y a eu des bêtes malades, et qu'on les tienne ainsi séparées des autres bêtes saines, jusqu'à ce qu'on se soit assuré, par un temps assez long, qu'elles n'ont point contracté la maladie ; si l'on purifie les étables où il y a eu des bêtes malades, avec les précautions les plus sûres et dont l'efficacité est reconnue en pareil cas, l'on parviendra à éteindre entièrement le mal dans cette paroisse, au point qu'on pourra la repeupler de bestiaux sains, sans craindre d'exposer ces nouveau-venus à la contagion.

L'expérience a confirmé ce raisonnement : la maladie s'est montrée dans plusieurs provinces du Périgord, où elle a été éteinte tout de suite par la sage précaution qu'on a prise de tuer, sur-le-champ, toutes les bêtes malades', et de désinfecter les étables. De même, la contagion n'a fait aucun progrès en Languedoc, quoiqu'elle se soit montrée dans plusieurs paroisses assez éloignées les unes des autres; et cela, parce qu'on n'y a pas perdu un moment à prendre toutes les précautions nécessaires pour en éteindre tous les germes.

Il est donc clair qu'en faisant à la fois, dans le plus grand nombre de paroisses qu'il sera possible, toutes les opérations exécutées avec succès pour désinfecter quelques paroisses du Languedoc et du Périgord, et en continuant d'opérer ainsi successivement sur toutes les paroisses qui sont ou qui ont été infectées dans l'étendue des paroisses affligées de la maladie, l'on peut se flatter de purger entièrement le royaume de ce fléau.

C'est le but des mesures que sa majesté a prescrites et qui vont être expliquées.

Le cordon de troupes qui a été formé, sous les ordres de différens commandans pour circonscrire les provinces affligées jusqu'à présent de la maladie, et garantir, s'il est possible, de la communication les provinces intactes, doit subsister pour continuer à remplir le même objet.

Outre ce premier cordon, il en sera établi d'intérieurs à quelques distances, pour couper la communication entre des villages renfermés dans l'intervalle des deux cordons et infectés, afin qu'on puisse désinfecter le centre des provinces et à la fois tous les villages compris dans cet intervalle, sans avoir à craindre qu'une contagion nouvellement introduite ne vienne croiser les opérations.

Voici comme on procédera à cette désinfection :

Il sera envoyé dans chacune des paroisses comprises dans l'intervalle qu'on aura entrepris de purifier, un détachement de soldats suffisant pour, avec les paysans qui pourront être commandés, exécuter toutes les opérations prescrites par l'instruction composée par le sieur Vicq d'Azyr, et imprimée par ordre du roi, pour la purification des paroisses. Ce détachement sera accompagné d'une personne experte, soit élève de l'école Vétérinaire, soit chirurgien, soit maréchal suffisamment instruit pour reconnaître les bêtes malades et exécuter tous les procédés indiqués par le sieur Vicq d'Azyr. Il sera nécessaire qu'il y ait aussi une personne chargée des instructions de l'intendant ou du subdélégué, pour donner les ordres convenables aux officiers municipaux et pour faire payer sur-le-champ, aux propriétaires, le tiers de la valeur des bestiaux qu'on sera obligé de sacrifier.

On visitera toutes les étables et tous les bestiaux de la paroisse, sans exception, avec les précautions indiquées pour n'occasioner aucune communication entre les bêtes saines et les bêtes malades.

On fera tuer sans délai tous les animaux attaqués; on les fera enterrer sur-le-champ après avoir fait taillader les cuirs, dans des fosses assez profondes pour que non seulement les animaux voraces ne puissent entreprendre de les déterrer pour en emporter les chairs, mais encore pour que les émanations putrides qui s'en exhaleraient ne puissent répandre la contagion.

On aura soin de faire séparer les bêtes saines, de faire enfermer à part celles qui auront communiqué avec les malades, pour être gardées en quarantaine, jusqu'à ce qu'on soit assuré qu'elles n'ont pu gagner la maladie; et l'on purifiera toutes les étables suivant la méthode décrite dans l'instruction de M. Vicq d'Azyr.

Il est indispensable de mettre la plus grande exactitude et la plus grande fermeté dans l'exécution de ces ordres, et de vaincre, par toute la force de l'autorité, la résistance de ceux qui refuseraient de s'y prêter.

Le sacrifice des bestiaux attaqués, bien loin d'être onéreux aux propriétaires, leur devient très-avantageux, puisque, malgré les recettes multipliées qu'on a répandues de tous côtés, malgré les espérances illusoires dont une foule de charlatans ont flatté des paysans aveuglés, une expérience trop malheureuse a constaté qu'aucun remède connu n'avait pu triompher de cette maladie. Tous les soins des élèves des écoles vétérinaires, ceux des plus habiles médecins du pays, ceux de M. Vicq d'Azyr, et les différentes tentatives qu'il a faites, n'ont servi qu'à constater cette triste vérité, qu'il n'y a contre cette maladie aucun remède sûr ; que, s'il n'est pas absolument impossible de sauver quelques individus, ce ne peut être que par un traitement commencé dès les premiers instans du mal, et suivi méthodiquement avec une attention dont il n'y a que les médecins les plus expérimentés qui soient capables ; qu'il serait insensé d'attendre ces soins assidus et réfléchis, des personnes auxquelles sont nécessairement livrés les bestiaux des campagnes ; que les individus mêmes qu'on sauverait, infecteraient, pendant la durée du traitement, d'autres animaux ; qu'on ne sauverait jamais un animal sur vingt, peut-être sur cinquante animaux attaqués ; que, quand on aurait une espérance raisonnable d'en sauver un sur trois, le propriétaire serait exactement indemnisé du sacrifice des bestiaux tués, en recevant le tiers de leur valeur ; et que si l'espérance est presque nulle, comme il n'est que trop notoire, le paiement de ce tiers est un pur acte de bienfaisance du roi envers ses sujets.

Enfin, il n'y a d'armes contre cette contagion que de tuer et de séparer. Il serait indispensable de tuer tout ce qui est infecté, pour sauver l'état entier menacé d'un fléau destructeur. Combien ce sacrifice nécessaire ne doit-il pas devenir facile, quand le propriétaire y trouve encore son avantage ! Se relâcher sur cette précaution, ce serait une condescendance funeste : ce ne serait pas céder à une juste pitié ; ce serait se rendre complice de l'aveuglement d'une populace aussi ennemie d'elle-même que du bien public.

Quand toutes les paroisses comprises dans le canton qu'on aura d'abord entrepris de purifier, seront entièrement désinfectées, on fera avancer le cordon intérieur, de façon à embrasser un nouveau district à peu près de la même étendue ; et l'on fera dans toutes les paroisses de ce nouveau district, les mêmes opérations que dans le premier, toujours avec la même rigueur, jusqu'à ce qu'elles soient entièrement désinfectées : mais il sera prudent de laisser, dans quelques lieux principaux du premier canton déjà purifié, de forts détachemens commandés par un officier intelligent, qui se fera instruire de la première apparition de la maladie, dans les paroisses où elle pourrait se rencontrer, soit par quelque omission dans les premières opérations, soit par quelque communication nouvelle avec le pays encore infecté. Au premier avis, il se transportera sur le lieu, pour étouffer le mal dans sa naissance, et faire de nouveau tout purifier.

Lorsque le premier canton désinfecté aura été quelque

temps sans que le mal y reparaisse, et que les bêtes séparées des bêtes malades, seront restées saines assez long-
temps pour qu'on ne craigne plus qu'elles portent dans leur
sang le germe de la maladie, il sera convenable de rapprocher le cordon extérieur, afin de pouvoir pousser de plus en
plus en avant les cordons intérieurs et les détachemens
chargés de visiter et de désinfecter les paroisses.

Le cordon extérieur peut être composé, en partie, de cavalerie : ce genre de troupe est même très-avantageux, soit
pour courir après les conducteurs de bestiaux ou les marchands de cuirs qui auraient trompé la vigilance des gardes,
pour en introduire du pays infecté dans le pays sain, soit
pour se transporter rapidement dans les paroisses éloignées,
où la contagion peut se montrer tout à coup au milieu des
provinces jusqu'alors intactes. L'infanterie est plus convenable pour les cordons intérieurs et pour les détachemens
chargés de désinfecter les paroisses.

Le roi a donné ses ordres pour faire marcher, dans la
Guyenne, sur différens points, les troupes nécessaires pour
suivre toutes ces opérations, et les divers commandans recevront, ainsi que les intendans, les ordres nécessaires pour
que tous agissent de concert pour suivre cette opération.

Il y a peu de paroisses attaquées en Roussillon ; et il sera
facile à M. le comte de Mailly de faire purifier toutes les paroisses qui ont pu être infectées dans son département.

Quant au Languedoc, au Quercy et à la partie de la généralité d'Auch qui avoisine le Languedoc, M. le comte de
Périgord sera autorisé à y faire agir toutes les troupes qui
sont ou seront mises à ses ordres, pour entamer les opérations de ce côté, par autant de points qu'il le jugera néces-

saire, d'après la quantité de troupes qu'il pourra employer, et les connaissances qu'il aura du local.

M. le comte de Fumel, avec les troupes qui sont et qui seront mises à sa disposition, commencera par faire désinfecter tout ce qui peut avoir été attaqué de la maladie, soit dans la Saintonge, soit dans le Périgord, et surtout dans les environs de Libourne, afin de circonscrire d'abord la maladie derrière la Dordogne et d'y replier ses postes. La cavalerie répandue dans la Saintonge et dans le Périgord suffira pour veiller sur les points où la contagion pourrait reparaître, et s'y porter pour l'étouffer. Il faudra ensuite nettoyer l'entre-deux-mers afin de donner à la maladie la Garonne pour limites.

M. le comte de Fumel jugera ensuite, par les connaissances qu'il a de l'état des lieux, du nombre de points par lesquels il attaquera la maladie, et la repoussera en resserrant toujours ses limites. Sans doute il s'attachera à nettoyer le Médoc et les environs de Bordeaux, pour ne rien laisser derrière lui. Il serait à désirer qu'on pût attaquer, le plus tôt possible, le Condomois. Il paraît, par les rapports de M. Vicq d'Azyr, que c'est le foyer de contagion le plus actif et le plus permanent, parce que c'est le canton où l'aveugle crédulité dans des recettes de charlatans et l'obstination à laisser communiquer les bêtes saines avec les bêtes malades a mis le plus d'obstacles aux précautions qui pouvaient seules ralentir les progrès du mal.

M. le comte d'Amon, de son côté, peut, avec les troupes des garnisons de Bayonne et Saint-Jean-de-Luz, travailler à désinfecter le pays de Labour, et pousser ensuite ses cordons et ses détachemens, soit dans l'intérieur de la Guyenne, soit vers les vallées qui peuvent avoir été infectées, soit du côté des Landes.

Le roi a cru convenable de ne point circonscrire les pouvoirs de ces trois commandans aux limites de leurs commandemens respectifs ; il a jugé nécessaire, au contraire, qu'ils suivissent chacun les opérations des troupes qu'ils auraient commencé à mettre en mouvement, qu'ils poussassent chacun devant eux l'ennemi commun, en concertant ensemble leur marche et leurs opérations jusqu'à ce qu'ils l'eussent resserré de tous côtés ,en se rapprochant au point de vaincre entièrement et d'anéantir ce fléau.

Sa majesté a pensé que, dans une circonstance aussi pressante et aussi intéressante pour le bien de ses peuples, il fallait s'élever au dessus des règles ordinaires, et ne consulter que la célérité du service, qui certainement gagnera à ce que chaque commandant puisse ordonner partout où il pourra porter les forces dont il dispose.

Elle connaît trop les sentimens dont sont animés ceux qu'elle charge de cette opération importante, pour ne pas se tenir assurée qu'ils répondront, par le plus grand concert, à la confiance qu'elle leur témoigne.

Il est superflu d'observer que la maréchaussée doit partout concourir, avec les troupes, aux opérations qui seront ordonnées.

MM. les intendans recevront de leur côté, les instructions les plus précises pour se concerter avec MM. les commandans dans les ordres qu'ils auront à donner pour concourir au même but.

Ils sont chargés de faire payer sur-le-champ aux propriétaires le tiers de la valeur des bestiaux qu'il faudra sacrifier.

Ils pourvoiront pareillement aux dépenses qu'exigera la purification des étables.

Le roi les a aussi autorisés à faire payer une gratification ou supplément de paie de deux sous par jour aux soldats et bas-officiers employés à toutes les opérations, soit des cordons, soit de la visite des paroisses.

A l'égard des officiers, le roi se réserve de leur donner des marques de sa satisfaction, sur le compte qui lui sera rendu de leur conduite, par les commandans sous les ordres desquels ils auront été employés.

Le roi croit possible, avec le nombre de troupes qu'il fait marcher pour cette opération, de la consommer entièrement et d'éteindre absolument la contagion dans l'espace d'environ deux mois ; et il désire très-vivement qu'on puisse y parvenir avant le retour des chaleurs, qui, rendant les levains pestilentiels plus actifs et plus pénétrans, rendraient peut-être l'exécution des précautions prescrites moins sûre et moins efficace.

Il sera bien essentiel, quand l'opération sera entièrement terminée, de veiller encore quelque temps avec la plus grande attention, pour être averti de tous les retours de la maladie, et pour être en état de se porter, avec la plus grande célérité, dans les lieux où elle pourrait se rencontrer, afin de l'y éteindre sur-le-champ.

Une autre attention non moins importante est de s'assurer, par les informations les plus exactes, si cette maladie à pénétré en Espagne, et si elle y subsiste encore ; car, dans ce cas, il serait indispensable de conserver un cordon sur la frontière, pour empêcher toute introduction de bestiaux et de cuirs venant d'Espagne.

Second mémoire (1).

Le roi avant d'adopter le plan auquel il s'est déterminé, pour tâcher d'éteindre entièrement la maladie qui règne sur les bestiaux dans les provinces méridionales de la France, avait ordonné qu'on fît des recherches pour en constater la nature et la curabilité. Le résultat de ces expériences, tentées par M. Vicq d'Azir en 1774 dans les mois de novembre et de décembre, et en 1775 pendant l'hiver, a été qu'il n'existait dans ces provinces aucune cause à laquelle on pût attribuer la naissance et les progrès d'une maladie aussi grave, si ce n'est la communication. Il a été vérifié, par les expériences de ce même académicien, qu'il est très-facile de faire passer cette maladie d'un individu dans un antre par de certaines voies, et que par d'autres on ne le fait que difficilement ou point du tout ; que les remèdes les mieux indiqués et administrés le plus sagement, n'ont guéri qu'un très-petit nombre de bestiaux ; que la nature n'était alors soulagée par aucune crise ; que l'épizootie suit dans ses progrès les gorges des montagnes, les vallées, les pâturages qui communiquent les uns avec les autres et les grands chemins ; qu'elle a été plus d'une fois arrêtée par une rivière, sans aucun secours étranger (2); et qu'enfin les bestiaux que l'on a tenus renfermés et éloignés de tout contact suspect,

(1) J'ai ajouté quelques notes qui apprennent les bons ou mauvais effets des moyens indiqués et prescrits dans ce mémoire.

(2) Outre la barrière presque impénétrable que fournit une rivière bien gardée dans ses passages, il est très-possible que l'évaporation aqueuse, qui forme une espèce de traînée au dessus et tout le long de son trajet, soit encore un rempart contre la communication.

ont été préservés de la contagion, au milieu même des pays où elle régnait avec le plus de fureur.

Vu l'insuffisance des remèdes et le danger extrême de la communication, sa majesté pensa qu'il serait contraire au bien de ses peuples de s'obstiner à combattre l'épizootie par les secours de l'art, et qu'il ne restait plus d'autre ressource que de chercher à en arrêter les progrès par tous les moyens que peut produire une administration active et ferme. Elle ordonna en conséquence, par un arrêt rendu le 30 janvier 1775, qu'on assommerait toutes les bêtes attaquées de l'épizootie dès les premiers symptômes, en payant aux propriétaires le tiers de leur valeur, et que l'on désinfecterait les étables suivant les procédés qui furent alors indiqués par les personnes de l'art. Pour faire connaître plus en détail ses intentions, sa majesté fit publier en même temps un mémoire instructif sur le plan qu'elle avait adopté, et une instruction sur la manière de désinfecter les étables et les paroisses entières. La marche des troupes qui devaient se réunir à un centre commun en partant de quatre endroits différens, la position des cordons intérieurs pour préserver les cantons sains et protéger les pays désinfectés, les procédés de la désinfection elle-même, tout était détaillé dans cette instruction.

Le roi s'était flatté que l'on pourrait, par la juste combinaison et l'exécution exacte de ces mesures, arriver au but si désirable de l'extinction totale des foyers de la contagion. Le succès de ces mesures dans plusieurs cantons où elles ont été rigoureusement suivies, prouve assez combien elles sont partout utiles et nécessaires. Malheureusement ce succès n'a pas été général, et la maladie paraît s'être non seulement conservée dans plusieurs cantons qu'elle avait attaqués, mais elle a même fait des progrès dans des lieux qui, jusqu'à présent en avaient été préservés, et d'où elle menace l'intérieur du royaume.

Tout prouve qu'en effet l'extinction de la maladie dans certains cantons, et ses nouveaux progrès dans d'autres ne doivent être attribués qu'à la différente conduite qui a été tenue. Partout où l'on a suivi scrupuleusement ce que l'instruction du mois de janvier 1775 avait prescrit, on a vu le fléau cesser absolument. L'obéissance et la confiance des peuples ont été récompensées par la conservation d'une grande partie de leurs bestiaux ; leurs granges et leurs étables sont maintenant remplies et leurs champs sont cultivés. Les provinces méridionales fournissent un grand nombre d'exemples de pareils succès : c'est ainsi que l'épizootie a été éteinte dans la Saintonge, dans le Périgord et dans l'entre-deux-mers. Le port et les boucheries de Bordeaux, dont les faubourgs ont été infectés, les environs de cette ville, le Médoc et une grande partie de l'Agenois, doivent la conservation de leurs bestiaux à l'exécution exacte de l'arrêt du conseil d'état, rendu le 30 janvier 1775. Le Comminge, le Conserans, le Nébouzau, un grand nombre de vallées voisines des montagnes ; la Navarre, le Labour, la Soule, et une partie de la Chalosse, ont été désinfectées en suivant les mêmes procédés. Enfin la Normandie a été préservée l'hiver dernier par ces mêmes moyens (1). Les pays étrangers pourraient fournir une multitude d'exemples qui viendraient à l'appui de ce qui vient d'être avancé. D'après ces détails, on

---

(1) Depuis ce temps, on en a vu les heureux effets dans beaucoup d'autres provinces, et on en est venu au point de pouvoir regarder l'épizootie comme totalement détruite dans le royaume.

ne peut douter de l'utilité des moyens indiqués, et l'on doit les regarder comme démontrés par l'expérience.

On en trouve de nouvelles preuves au sein même de la contagion, et dans les endroits où elle paraît avoir jeté les racines les plus profondes. Le Condomois a été sain pendant trois mois, et il a dû cet intervalle heureux à l'assommement et à la désinfection pratiquée avec activité. La maladie a été également suspendue dans le Languedoc, pendant quelque temps; et les états de Bigorre, par des soins assidus, et par un assommement rigoureux, ont conservé leur province intacte pendant plusieurs mois; ceux du Béarn, l'ont éteinte en plusieurs endroits.

Si la même confiance eût régné partout, et se fût constamment soutenue; si, à mesure qu'un canton était désinfecté, l'on eût formé de nouveaux cordons pour désinfecter successivement les nouveaux cantons qu'on y aurait enfermés, on eût pu espérer de vaincre enfin l'ennemi redoutable que l'on combattait : mais, différens dérangemens arrivés dans la disposition des troupes, par des circonstances étrangères, ont donné ouverture à la maladie, qui a franchi de nouveau les limites qu'on était parvenu à lui donner. D'un autre côté, la confiance aveugle des propriétaires dans une multitude de remèdes dont on racontait avec exagération les succès, a fait naître parmi eux la plus grande résistance aux ordres donnés de sacrifier tous les animaux attaqués, et en même temps un esprit de mollesse et d'indulgence parmi ceux qui étaient chargés de l'exécution du plan adopté par le roi, et qui, par une commisération mal entendue, ont fermé les yeux sur tous les moyens que l'on prenait pour éluder la loi.

Cette condescendance coupable a été portée jusqu'à tolérer que des propriétaires qui avaient caché la maladie de leurs bestiaux, et qui avaient épuisé toutes les vaines recettes de la charlatanerie, vinssent les déclarer pour les faire assommer au moment où il ne restait plus aucune espérance de les sauver, et reçussent impudemment pour prix d'un sacrifice qu'ils n'avaient pas voulu faire, le tiers d'une valeur qui n'existait plus. Par-là les sommes destinées par le roi à arrêter les progrès de la contagion, n'ont plus servi qu'à l'alimenter en fournissant au paiement des drogues prescrites par la nature même du bienfait, et en encourageant l'abus des traitemens longs et secrets, qui, quand même ils auraient réussi à sauver un animal attaqué, exposaient à la contagion tous les animaux sains du voisinage. Ainsi les ressources de la libéralité du roi, et les finances des provinces ont été épuisées et dissipées en pure perte. Des sommes immenses ont été dispersées, et les foyers du mal, en redoublant d'activité, ont de plus en plus étendu leurs ravages.

A une confiance mal entendue dans les remèdes, s'était joint un préjugé encore plus dangereux. Malgré les exemples les plus frappans de la communication de l'épizootie par la cohabitation et la compascuité, la plupart des habitans ont refusé de croire à cette contagion, et n'ont pas voulu séparer les bestiaux sains d'avec les malades. Au milieu de ces abus, il n'est pas surprenant que la maladie ait fait des progrès rapides, et qu'elle ait franchi la Garonne, son ancienne barrière, en plusieurs points, surtout en Agenois et dans le diocèse de Toulouse, d'où elle menace les montagnes qui touchent à l'Auvergne et au Limousin, et par conséquent le centre du royaume.

Malgré la continuité du mal, et l'obstination des préjugés qui en fomentent l'activité, le roi ne veut point abandonner le projet (1) qu'il a formé de parvenir à en arrêter le cours, et à l'éteindre totalement. Sa majesté a de nouveau fait examiner en sa présence les moyens qu'exige la circonstance actuelle, et qu'elle permet d'employer; elle a vu, par le compte qu'elle s'est fait rendre des expériences et observations tentées de nouveau par M. Vicq d'Azyr, conformément à ses ordres, dans les mois de septembre, octobre et novembre de la présente année, que, dans plusieurs cantons où la maladie est ancienne, elle semble avoir pris un caractère plus doux et moins meurtrier; en sorte que l'on peut, par les secours de l'art, administrés avec intelligence, guérir un assez grand nombre de bestiaux attaqués; mais elle est instruite en même temps que cette espèce d'adoucissement, purement local, n'a rien diminué, ni de la rapidité avec laquelle la contagion se propage, toutes les fois qu'elle trouve les voies de communication libres, ni de la fureur avec laquelle elle ravage les lieux où elle arrive pour la première fois.

Sa majesté a conclu de ces faits,

1° Qu'il ne fallait rien diminuer de la vigilance ni de la rigueur des précautions à prendre pour empêcher la maladie de s'étendre dans les parties ou encore intactes, ou désinfectées et repeuplées de bestiaux sains, et surtout pour mettre entièrement à l'abri de ses ravages, l'intérieur du royaume;

2° Que le trop petit nombre de troupes, et la difficulté de les faire opérer partout avec une égale activité dans la sai-

(1) Ce projet a en effet réussi.

son pluvieuse, sans les exposer à des fatigues destructives, ne permettant pas d'entreprendre dans cette saison la désinfection totale des pays attaqués, il convenait de se borner à contenir, pendant l'hiver, la maladie dans des limites qu'elle ne puisse passer, en formant autour d'elle une espèce d'enceinte ; et qu'à l'égard de l'intérieur de cette enceinte, on pourrait y suspendre l'assommement, et par conséquent le paiement du tiers dont on a trop long-temps abusé, en même temps que l'on tolérerait l'usage des remèdes, qui peuvent y être administrés avec plus de succès, et n'avoir pas le même danger que sur les limites qui séparent le pays infecté du pays sain.

Toujours cependant en se réservant, lorsque la saison le permettra, de rassembler plus de troupes, de les faire manœuvrer avec plus d'activité, de reprendre alors le plan de désinfection générale suspendu, et de le suivre jusqu'à ce que la maladie soit entièrement bannie du royaume.

C'est d'après ce nouveau plan, dicté par la circonstance, que le roi a jugé à propos de faire connaître à toutes les personnes chargées de ses ordres, ce qu'elles ont à faire pour remplir ses vues.

Pour en assurer d'autant plus l'exécution, et pour établir des rapports plus combinés dans les mesures qu'il convient de prendre, sa majesté a pensé que le concours de plusieurs autorités sur le même objet, ne pourrait que porter du trouble et de la lenteur dans un service dont la célérité et l'entière uniformité de principes et de vues, peuvent seules assurer le succès.

En conséquence, elle a jugé à propos de confier exclusivement l'exécution de ses ordres à M. le maréchal duc de

Mouchy, et à M. le comte de Périgord, auxquels elle a conféré, chacun dans leur partie, la plénitude des pouvoirs de général d'armée, et à MM. les intendans, qu'elle a autorisés à prononcer en dernier ressort sur tout ce qui concerne l'épizootie ; c'est ce qu'elle a ordonné par l'arrêt du conseil d'état, rendu le premier novembre 1775.

Cette instruction se divise naturellement en trois parties ; elle doit indiquer :

1° Les précautions à prendre pour empêcher la maladie de s'étendre dans l'intérieur du royaume, et pour la repousser, à cet effet, derrière la Garonne, sur la rive gauche de cette rivière.

2° Les mesures nécessaires pour garantir les parties saines qui se trouvent au delà de la Garonne, tant du côté des Landes et de la mer, que du côté des vallées qui sont au pieds des Pyrénées ;

3° Ce qu'il convient de faire pendant l'hiver dans l'intérieur du pays infecté, pour y diminuer, autant que possible, les ravages de la contagion, et veiller à ce que du moins l'on ne néglige pas les précautions compatibles avec la circonstance.

PREMIÈRE PARTIE. *Précautions à prendre pour empêcher la maladie de pénétrer dans l'intérieur du royaume.*

La Garonne est la seule barrière que l'on puisse opposer avec quelque certitude aux progrès de l'épizootie ; il faut donc déterminer les mesures qui doivent être prises sur la rive gauche de cette rivière, et enfin celles qu'il convient de prendre sur la Garonne elle-même.

Opération sur la rive droite de la Garonne.

Premier cas. Si la maladie passe sur la rive droite de la Garonne, comme elle a fait dans l'Agenois, et qu'il n'y ait que quelques métairies infectées, et situées d'ailleurs assez près de la ligne, alors on assommera, avec la plus grande célérité, les bestiaux malades; on les enterrera suivant l'ordonnance. On désinfectera les granges, et on fera passer les bestiaux sains dans ces mêmes métairies, dans l'intérieur de la ligne, c'est-à-dire sur la rive gauche de la Garonne, au moins à une lieue de distance de cette rivière : on aura soin, en les conduisant, de ne les faire passer que par des lieux infectés; on emploiera, pour leur trouver de nouvelles habitations, quelques uns des moyens qui seront expliqués ci-après (1).

Mais, de quelque manière qu'on s'y prenne, l'intention de sa majesté est qu'on ne laisse subsister sur la rive droite de la Garonne, sous quelque prétexte que ce puisse être, aucunes bêtes attaquées de l'épizootie, ni même aucune de celles qui ont habité avec elles dans la même métairie : or l'assommement des bêtes malades, et la migration des bêtes saines (2), sont les seuls moyens auxquels on puisse avoir

______

(1) La migration des bestiaux, faite en petit, a souvent réussi ; mais lorsqu'on l'a faite en grand, on y a trouvé mille inconvéniens, parmi lesquels les trois suivans sont les plus considérables : 1° le labour du pays dont on déplace les bestiaux devient fort difficile; 2° il n'est pas aussi facile qu'on pourrait le croire de trouver des propriétaires qui veuillent les recevoir ; 3° la plus grande partie de ces bestiaux meurt de l'épizootie peu de temps après être arrivée à sa destination.

(2) On s'est convaincu depuis, par expérience, que le meilleur parti est d'assommer aussi les bêtes saines qui ont communiqué.

recours dans cette circonstance ; il sera même d'autant plus facile de faire passer ces dernières dans l'intérieur de la ligne, que, dans ce premier cas, on a supposé peu de distance entre la Garonne et les pays infectés.

Second cas. Si la maladie se déclare sur la rive droite, assez loin de la ligne pour que l'on ne puisse faire refluer les bestiaux malades, sans leur faire faire un long trajet dans les pays sains, où ils pourraient porter la contagion; alors on fera assommer les bestiaux malades dès les premiers symptômes, et l'on paiera le tiers. On assommera également les bestiaux sains qui auront vécu avec les premiers; et après une juste estimation, sa majesté veut bien en payer la totalité : ce qui doit être regardé dès à présent comme un acte de bienfaisance, puisqu'il résulte des observations faites jusqu'à ce jour, que, pour l'ordinaire, aucun des bestiaux d'une métairie n'échappe à la contagion, aussitôt que quelques uns d'entre eux en ont été frappés, à moins que l'on ne prenne de très-bonne heure des précautions auxquelles, jusqu'ici, les habitans des campagnes n'ont pas voulu s'assujettir. MM. les intendans publieront, en conséquence, des ordonnances par lesquelles tout particulier sera tenu de déclarer une bête aussitôt qu'elle sera attaquée d'une maladie douteuse : alors on y enverra un artiste vétérinaire ou un expert; et si c'est l'épizootie, on fera ce qui est dit ci-dessus.

Troisième cas. Le cas le plus embarrassant est, sans doute, celui dans lequel la maladie a fait sur la rive droite de la Garonne des progrès assez rapides pour embrasser un grand nombre de paroisses, surtout si c'est dans un pays riche en bestiaux ; c'est le cas dans lequel se trouvent actuellement une partie du diocèse et la ville même de Toulouse. Les progrès de la maladie ont infecté un très-grand nombre de paroisses dans un pays riche en bestiaux ; et la ville de Toulouse, où il y en a beaucoup, ajoute encore aux difficultés de la circonstance.

Le seul parti qu'il y ait à prendre dans une circonstance aussi fâcheuse, est de dépeupler absolument de bestiaux la partie infectée du diocèse de Toulouse (1), soit en les employant aux salaisons, soit en les consommant dans les boucheries, soit en les faisant passer sur la rive gauche de la Garonne, au moins à une grande lieue de cette rivière, et de désinfecter en même temps, avec le plus grand soin, les étables. Alors il restera, sur la rive droite, un vide nécessaire à la conservation de toute la France.

Cette migration des bestiaux de la rive droite à la rive gauche de la Garonne, a déjà été exécutée en petit dans deux provinces de l'Agenois, situées sur la rive droite. M. l'intendant de Bordeaux a fait payer le tiers des bestiaux, en les enlevant à leurs propriétaires ; ensuite il les a fait passer sur la rive gauche, où ces animaux ont été remis à des particuliers qui se sont engagés à en payer la valeur, si pendant un an ils se conservaient sains et saufs ; les deux tiers de cette somme devaient alors rentrer au premier propriétaire, et l'autre tiers au roi qui en fait l'avance, et qui répond de toute la valeur, si les bêtes meurent de l'épizootie avant l'époque susdite.

(1) Si cependant ce dépeuplement était trop coûteux, alors on se contenterait de faire un vuide d'une ou deux lieues sur la lisière du pays infecté, entre Revel et Toulouse. Des gardes très-serrées empêcheraient alors la communication le long de ce vide et le repeuplement.

Ce moyen pourrait être employé pour le reflux total du Languedoc ; il suffirait même de fixer l'époque à quatre mois (1) , étant impossible qu'une bête conserve plus long-temps le germe de la maladie. Il paraît qn'en Languedoc on a pensé que le paiement du tiers , au moment du reflux , ne suffirait pas pour mettre les cutlivateurs qui se privent de leurs bestiaux sains , en état de se pourvoir des chevaux ou mulets nécessaires à leurs besoins ; et qu'en conséquence il convenait de porter ce paiement, au moment du reflux , à la moitié de la valeur. Le roi ne peut, sur cela que s'en rappor-ter à la prudence des personnes chargées de l'exécution de ses ordres ; mais elles doivent veiller avec la plus grande attention à ce que les estimations ne soient pas portées au-delà de leur véritable valeur ; elles doivent se souvenir que toute profusion en ce genre amène l'impossibilité de subve-nir aux dépenses nécessaires.

Puisque le roi , en obligeant les propriétaires de se dé-faire de leurs bestiaux sains, leur avance une portion du prix, et leur en garantit le reste ; il est très-important de trouver des moyens de placer ces bestiaux de façon à en faire rentrer la valeur entière , afin que les propriétaires re-çoivent le restant du prix , et que le roi recouvre l'avance qu'il a faite avec le moins de frais possible.

Le premier moyen qu'on a employé en Agenois , consiste à chercher dans les cantons où l'on se propose de faire trans-migrer les bœufs , des particuliers qui, ayant besoin de bestiaux pour exploiter leurs terres ou pour consommer leurs fourrages , consentent de gré à gré , à recevoir les bes-

____

(1) On a été obligé de la fixer à six.

tiaux amenés de la rive droite de la Garonne, pour s'en servir à leur usage, à la charge d'en payer la valeur entière au bout du terme de quatre mois, terme assez long pour qu'on ne puisse croire que ces bestiaux eussent apporté avec eux le germe de la maladie. Si les bestiaux mouraient avant ce terme, la perte tomberait à la charge du roi, qui répondrait du prix aux propriétaires. Le soin de chercher des particuliers de bonne volonté pour recevoir ces bestiaux, ne peut regarder les anciens propriétaires, à qui on ôte leurs bestiaux, et qui d'ailleurs sont trop éloignés du lieu où ils doivent être transportés. Il est donc nécessaire que les intendans se chargent, par le moyen de leurs subdélégués, de faire cette recherche dans les paroisses limitrophes de celles qui doivent rester vides.

Il faut avouer que cette recherche n'est pas sans quelque embarras, et que d'ailleurs les bestiaux les plus sains, portés ainsi dans l'intérieur des provinces dévastées par la maladie, seront fort exposés à en contracter le germe : s'ils viennent à périr avant les quatre mois, la perte entière de leur valeur retombe à la charge du roi, qui en est resté garant vis-à-vis du propriétaire.

On pourrait éviter ce risque en prenant un second moyen de placer ces bestiaux. Ce moyen consiste à les conduire dans les cantons où l'on sait que le besoin en est le plus grand, et là, de les vendre à l'enchère : il est possible qu'ils soient vendus un peu au dessous de la valeur à laquelle ils auraien été estimés ; il y aurait dans ce cas une perte réelle pour le roi ; mais cette perte serait moins forte que celle qui résulterait de la mort des bestiaux enlevés par la contagion avant quatre mois, et dont il faudrait que le roi payât la totalité

On trouve d'ailleurs, dans ce second moyen, l'avantage d'une rentrée plus prompte du prix de la vente, soit au profit du roi, soit au profit du premier propriétaire.

Il se présente un troisième moyen, qui paraît même préférable aux deux premiers, en ce que non seulement il assure une rentrée plus sûre de la valeur des bestiaux, mais encore en ce qu'il arrête peut-être encore plus sûrement le cours de la contagion.

Ce moyen est de tuer les bestiaux, même sains, de tout le pays qu'on veut dépeupler, soit en vendant aux bouchers ce qu'ils en peuvent consommer, soit en faisant saler ce qui ne peut pas être consommé sur-le-champ, et faisant débiter les salaisons dans les ports pour les besoins de la navigation et du commerce.

Pour faciliter d'autant plus l'usage de ce moyen, il vient d'être donné ordre aux munitionnaires de la marine d'établir un atelier de salaison de bœufs à Grenade, à trois lieues au dessous de Toulouse, sur la rive gauche. Il sera très-aisé d'y faire passer les bœufs sains qu'on aura tirés de la rive droite, de les y faire tuer et saler, d'y faire faire en même temps la désinfection des cuirs par la chaux, sous les yeux des troupes et des préposés les plus vigilans, avec toutes les précautions les plus rigoureuses pour qu'il n'en puisse résulter aucun foyer nouveau de contagion.

L'intendant ferait également payer au propriétaire la moitié de la valeur, et prendrait un terme pour faire payer l'autre moitié sur les fonds qni rentreraient par le débit des salaisons.

Si quelque particulier voulait entreprendre pour son compte un commerce de salaison, il serait libre d'établir de pareils ateliers, pourvu que ce fût dans des lieux désignés par les personnes chargées de l'autorité, et en se soumettant à toutes les précautions qui leur seraient prescrites. Ils pourraient acheter pour leur compte les bestiaux des propriétaires, qui, par ce moyen, en toucheraient sur-le-champ la valeur.

Un médecin, ou un vétérinaire, sera présent lorsque l'on tuera les bœufs pour les saler ensuite, et il constatera par l'examen extérieur de l'animal et par l'inspection des viscères, que l'on peut sans danger en faire cet emploi.

Quoique ce dernier moyen paraisse le plus avantageux de tous, ils peuvent être tous utiles, et même nécessaires ; car il se peut que le nombre des bestiaux à faire refluer soit trop considérable pour qu'on puisse les employer tous en salaisons (1). C'est sur quoi le roi ne peut que s'en rapporter à la sagesse des administrateurs chargés de l'exécution de ses ordres.

Cette opération du dépeuplement des cantons attaqués sur la rive droite de la Garonne, demande, pour être exécutée avec un plein succès, une marche prompte, mais non précipitée. On doit toujours laisser subsister un cordon entre le pays sain et celui où régnait la contagion. On commencera l'opération par les endroits les plus éloignés de la Garonne, et on désinfectera soigneusement toutes les étables, à mesure que l'on fera retirer les bestiaux. Après avoir évacué une certaine étendue de pays et n'avoir rien laissé d'infecté,

(1) Ce dernier moyen n'est pas sans difficulté. Outre les embarras qui accompagnent l'établissement d'un pareil atelier, il est nécessaire que les bœufs soient en bon état et que la salaison soit convenable ; conditions qu'il n'est pas toujours au pouvoir des administrateurs de réunir

on avancera, en suivant la même marche, et l'on s'approchera successivement de la Garonne, en laissant partout derrière soi un vide exact et entièrement désinfecté. La migration des bestiaux se fera ainsi par troupeaux et non toute à la fois ; leur distribution et la désinfection des granges deviendront en même temps plus faciles et plus assurées. Enfin on ne laissera rien de suspect sur la rive droite de la Garonne, à quelque distance que ce soit ; la moindre négligence ferait manquer le succès d'une opération difficile et dispendieuse.

Précautions particulières pour la ville de Toulouse.

Inutilement on prendrait les mesures les plus sages et les mieux concertées ; tout ce qu'il en aurait coûté au roi et aux particuliers pour leur exécution serait absolument perdu, si on laissait subsister dans Toulouse un foyer d'autant plus dangereux, que les habitans des provinces voisines, appelés sans cesse dans cette ville par leurs besoins et par leurs affaires, ne manqueraient pas d'y prendre la contagion et de la propager ainsi dans les pays les plus éloignés. Pour éteindre entièrement ce foyer, il est indispensable de ne souffrir aucune bête à corne dans la ville ni dans les faubourgs de Toulouse, de faire sortir celles qui y sont, soit pour les faire placer sur la rive gauche de la Garonne, soit pour les faire tuer et saler ainsi qu'il a été expliqué ci-dessus, et de défendre rigoureusement qu'il en entre aucune, sous quelque prétexte que ce puisse être, si ce n'est pour être consommée dans les boucheries, qui auront leurs dépôts hors la ville, et auxquelles les bestiaux seront conduits à mesure qu'on en aura besoin. A l'égard des denrées que les paysans des en-

virons apportent journellement pour l'approvisionnement de
la ville, il sera indiqué au dehors deux ou trois places ou
abords, dans lesquels seuls il sera permis d'apporter les
denrées qui arriveront par des voitures attelées de bœufs.
On ne laissera demeurer les voitures dans ces lieux que le
temps nécessaire pour y décharger les denrées et marchandises qui doivent être mises en vente, et les voituriers seront
obligés de retourner tout de suite chez eux.

On ne permettra à aucune des voitures venant de la rive
gauche de la Garonne, de passer cette rivière, et pour cet
effet, on assignera une place particulière du côté de la rive
gauche, à l'entrée du faubourg, où arriveront toutes les denrées venant de la Guyenne. Il est essentiel de désinfecter
avec le plus grand soin toutes les étables de la ville et des
faubourgs de Toulouse, afin que, lorsque la circulation des
bestiaux redeviendra libre, la maladie ne puisse y renaître.

Opérations sur la rive gauche de la Garonne.

Il est si important, pour garantir l'intérieur du royaume, de
rendre la Garonne une barrière insurmontable à la contagion,
qu'il ne faut pas se borner à chasser la maladie de tous les
lieux situés sur la rive droite ; il est encore nécessaire de la
reculer le plus qu'il sera possible et de la tenir éloignée de
la rive gauche par le même moyen qui a été adopté pour la
bannir des lieux qu'elle occupe sur la rive droite, c'est-à-
dire par le dépeuplement absolu d'une lisière d'une lieue de
large le long de la rive gauche, dans toutes les parties du
cours de cette rivière où cette rive est infectée, c'est-à-dire
depuis l'embouchure de la Bayse, jusqu'à Carbone ou Cazères,
et plus haut encore si la maladie y a pénétré.

Ce dépeuplement se fera par les mêmes moyens qui ont été expliqués ci-dessus, en parlant du refluement des bestiaux des cantons attaqués sur la rive droite. On commencera par les paroisses les plus voisines de la Garonne; mais on n'y commencera cette opération qu'après qu'elle aura été complétement faite sur la rive droite.

2° Un second cordon, moins serré que le premier, occupera la ligne de démarcation qui sépare le pays évacué d'avec le pays infecté.

3° Le pays où l'on aura fait le vide, restera absolument dépourvu de bestiaux jusqu'à nouvel ordre, et les troupes y feront des patrouilles pour empêcher le repeuplement et pour prévenir les abus qui pourraient s'y glisser.

Des moyens de pourvoir aux besoins de la culture dans les lieux d'où l'on aura fait refluer les bestiaux.

En obligeant les propriétaires à se priver de leurs bestiaux, il est également juste et nécessaire de leur procurer les moyens d'y suppléer pour tous les besoins de la culture et du commerce. C'est un des objets dont il importe le plus de s'occuper ; cependant il faut observer que ces pays étant, lors de l'invasion de la maladie, très-fertiles en bestiaux, et en ayant beaucoup plus qu'il ne leur en fallait pour leur labour, ils n'auront pas besoin, après l'opération du reflux, d'une aussi grande quantité de bestiaux ou de mulets, et qu'un nombre beaucoup moindre de ces animaux pourra leur suffire. Pour en faciliter l'achat, le roi continue les gratifications accordées à ceux qui feront passer et vendront des chevaux ou mulets dans l'intérieur des provinces dévastées. Le paiement de la moitié de la valeur des bestiaux que l'on enlevera, fait sur-le-champ, et celui de la seconde moitié qui ne sera pas long-temps attendu, donneront aux différens particuliers de grandes facilités pour profiter de cette faveur accordée par le gouvernement. Déjà dans plusieurs parties des provinces méridionales dont l'épizootie a infecté tous les bestiaux et où l'on n'a payé qu'une partie de leur valeur, on s'est pourvu d'ânes et de mulets dont la nécessité a su tirer un parti avantageux pour la culture.

Ces secours, que beaucoup de citoyens ne pourront obtenir qu'avec peine de leurs épargnes et de la médiocrité de leur fortune, pourront leur être plus facilement offerts par la spéculation de quelques particuliers qui achèteraient des chevaux et des mulets dans la vue de les louer à différens propriétaires, ou même de labourer leurs terres à forfait, ce qui ferait, par cet arrangement, une ressource précieuse pour ceux qui ne seraient pas en état d'avancer le prix des chevaux dont ils auraient besoin. Enfin, cette même spéculation peut être faite par des personnes bienfaisantes qui, achetant des chevaux pour leur propre compte, les emploieraient, après avoir fait cultiver leurs terres, à faire travailller celles des habitans de leurs paroisses, qui, sans ce secours, ne pourraient les faire cultiver. On a vu plusieurs exemples de ce genre de charité vraiment éclairée, dans l'intérieur des provinces dévastées et en particulier dans le Languedoc. Plusieurs seigneurs ont réuni leurs aumônes pour acheter une certaine quantité de chevaux et de mulets qu'ils ont alternativement prêtés aux pauvres métayers de chaque communauté. MM. les intendans ne peuvent mieux faire que d'indiquer et faire indiquer aux personnes considérables de chaque paroisse , ce moyen de bienfaisance. Le roi ne peut assez leur recommander cet objet de lenr attention. Le roi attend aussi du zèle des états des provinces affligées de l'épizootie , qu'ils se porteront à tout ce qui pourra tendre au soulage-ment des peuples , et surtout à assurer les moyens de culti-ver les terres.

Opérations sur la Garonne elle-même.

1° Il sera défendu à tous maîtres de bateaux de passage et autres conducteurs de barques sur la Garonne , de faire pas-ser les bêtes à cornes, sous quelque prétexte que ce puisse être , soit pour les faire entrer dans les lieux infectés , soit surtout pour les faire sortir. Afin d'assurer davantage le suc-cès de cette défense, on fera planter des poteaux à tous les passages, où toutes les barques quelconques seront attachées la nuit avec chaînes et cadenas , dont on remettra la clé au commandant du port le plus voisin, pendant lequel temps per-sonne ne pourra passer, à moins qu'il ne soit accompagné par un homme de la garde qui aura soin que le bateau soit en-suite attaché comme il est dit ci-dessus.

2° On établira une ligne de troupes le long de la Garonne , depuis son embouchure jusqu'à sa source. Les postes seront surtout très-serrés depuis l'embouchure de la Bayse jusqu'au-delà de Carbone ou même de Cazères : s'il est nécessaire, on fera construire à cet effet des baraques entre les maisons ou villages qui bordent cette rivière et qui ne sont pas assez nombreux pour servir au logement des postes ainsi rappro-chés. On placera entre eux, pour les fortifier, des gardes de paysans; en un mot, on portera de ce côté le plus de troupes qu'il sera possible, afin de former, d'une manière sûre, toutes les avenues par lesquelles la contagion pourrait pénétrer. Les troupes de M. le maréchal duc de Mouchy seront employées à garder les bords de la Garonne, depuis Castel-Sarrazin jusqu'à son embouchure, et surtout à désinfecter et à garantir l'Agenois. Celles de M. le comte de Périgord garderont la Garonne depuis Castel-Sarrazin jusqu'à sa source ; surtout elles repousseront la maladie de la rive droite sur la rive gauche, et l'y maintiendront.

SECONDE PARTIE. *Mesures à prendre pour garantir les pays sains placés entre la Garonne, la mer et les Pyrénées.*

L'objet de repousser la maladie au-delà de la Garonne, pour en garantir l'intérieur du royaume, est certainement le premier et le plus important dont on doive s'occuper ; mais il n'est pas le seul. Dans la vaste étendue de pays comprise entre la Garonne, les Pyrénées et la mer, il existe de très-grands espaces entièrement exempts de la maladie, soit qu'elle n'y ait point encore pénétré, soit qu'on soit parvenu à l'y détruire et à les désinfecter entièrement ; tels sont le Bazadois et toutes les Landes jusqu'à Bayonne, où la maladie ne s'est montrée que dans les petits cantons de Born et du Mareusin, qui sont à présent parfaitement sains et désinfectés. Le pays de Labour est entièrement désinfecté. La plus grande partie des vallées au bas des Pyrénées et de la Bigorre est encore intacte ; du côté du Languedoc, le Conserans, le pays de Foix, le Comminge, sont entièrement sains après une parfaite désinfection. Les pays qui forment, en quelque sorte, une chaîne continue autour du pays infecté, sont d'autant plus précieux à conserver, qu'ils sont actuellement remplis d'une immense quantité de bestiaux, et que par là ils sont la ressource la plus assurée pour le repeuplement des pays dévastés.

La conservation de ces cantons est donc, après le repoussement de la maladie derrière la Garonne, l'objet le plus pressant. Pour y parvenir, il paraît indispensable de former sur leur limite des cordons de troupes chargées d'empêcher toute communication entre le pays sain et le pays infecté. Ces cordons paraissent devoir être placés; savoir, un pour garantir les Landes, depuis Bazar jusqu'à Dax, appuyé sur la Garonne et sur l'Adour; un second pour couvrir les vallées des Pyrénées, surtout employé à garder les gorges de ces vallées : enfin un troisième depuis l'embouchure des deux Nester, à peu près jusqu'au Gers, pour couvrir les pays sains voisins du Languedoc. Ce sera aux commandans à se déterminer par les circonstances locales, sur la position plus ou moins avancée de ces cordons; il faut aussi qu'ils demandent la quantité de troupes nécessaire pour les former; et si les troupes ne suffisent pas, il faut qu'ils tâchent de les faire seconder par des patrouilles exactes de paysans, qui ont le plus grand intérêt à se garder contre la contagion.

Il serait trop dispendieux d'entreprendre de former sur toute la longueur de ces cordons, un vide pareil à celui qui a été prescrit ci-dessus pour le bord de la Garonne : mais, par cette raison-là même, il est indispensable que l'on y continue d'assommer, sans aucune rémission, tous les animaux attaqués dès les premiers symptômes, et de faire désinfecter scrupuleusemeut toutes les étables, en continuant de faire payer le tiers de la valeur des bestiaux assommés; mais en veillant à ce que l'estimation n'en soit pas exagérée, et à ce que l'on ne paie rien pour les bestiaux qui n'auront pas été déclarés le premier jour.

Comme l'intention du roi n'est pas que pendant l'hiver on continue d'assommer ni de payer le tiers dans l'intérieur du pays infecté, il sera nécessaire, pour ne rien laisser d'arbitraire, et pour ôter aux habitans des lieux par la connaissance exacte de la loi qui leur est imposée; tout prétexte de résistance, que les intendans fassent publier et afficher des ordonnances contenant le nom de tous les lieux situés sur la limite du pays sain et du pays infecté, où l'assomme-ment sera continué. Ils se concerteront avec les commandans militaires pour déterminer ces lieux d'après la connaissance du local.

Il n'est pas moins nécessaire d'établir dans toutes les pa-roisses limitrophes du pays infecté, une police très-exacte, d'après laquelle on puisse s'assurer qu'il n'y entre ni n'en sort aucuns bestiaux. Pour cela il convient d'ordonner que tous les bestiaux soient marqués, et qu'ils portent à la corne la première et la dernière lettre du nom de leur paroisse; qu'il en soit fait un dénombrement exact, et qu'ils soient à peu près signalés. Les maires, consuls, jurats, syndics ou préposés, chargés de visiter tous les jours les granges et métairies qui leur seront assignées, s'apercevront aisément s'il est entré ou sorti de nouveaux bestiaux. Il y a des pa-roisses situées au milieu des cantons infectés, qui doivent à l'observation de cette police la conservation de leurs bes-tiaux.

Les troupes qui formeront ces cordons, ne doivent laisser passer aucuns bestiaux étrangers, et doivent faire rétrograder les mendians et gens sans aveu qui, n'ayant d'autre asile que les granges où l'on tient les bestiaux, prennent dans l'une sur leurs habits, le venin qu'ils vont ensuite porter dans d'autres.

Tous ceux qui, malgré les défenses, entreprendraient de conduire des bestiaux du pays infecté dans le pays sain, doivent être arrêtés et mis en prison. L'intention du roi est que leur procès soit instruit, pour être condamnés à des peines afflictives sur lesquelles le roi fera connaître incessamment sa volonté.

TROISIÈME PARTIE. *Mesures à prendre dans l'intérieur des pays infectés.*

L'impossibilité d'entreprendre dans la saison de l'hiver la désinfection totale de l'intérieur des provinces attaquées par la maladie, et le peu de succès que l'on obtiendrait en n'entreprenant cette désinfection que dans un petit nombre de lieux, ont déterminé le roi à remettre à un autre temps cette grande opération (1), et par conséquent à abandonner à lui-même l'intérieur du pays dévasté par la maladie. C'est par une suite de cet abandon, que le roi tolère dans ces cantons, pendant cet hiver, le traitement des animaux attaqués.

La suite de cette tolérance est la suspension absolue, partout où elle s'étendra, du paiement du tiers de la valeur

(1) On a été obligé d'y revenir plus tôt qu'on ne l'avait pensé. Malgré l'étendue du foyer, M. de Clugny, alors intendant de Bordeaux, a eu assez de courage pour entreprendre de le détruire. Il a fait assommer, non seulement les bestiaux malades, mais encore ceux avec lesquels ils avaient communiqué; et le succès le plus complet a été le fruit de ce sacrifice.

des bestiaux, puisque ce paiement n'était que le prix du sacrifice exigé pour la sûreté publique.

Il est à souhaiter, puisque la circonstance permet qu'on se livre aux tentatives pour guérir cette maladie, que l'on ne néglige rien pour perfectionner les méthodes curatives et pour sauver le plus grand nombre d'animaux qu'il sera possible. A cet effet, messieurs les intendans demanderont un certain nombre de médecins ou d'artistes vétérinaires qu'ils distribueront dans les chefs-lieux du pays infecté, afin qu'ils s'y occupent du soin de traiter et d'observer la maladie, ainsi que d'essayer les méthodes les plus sûres pour préserver les bestiaux sains de la contagion. Ces artistes répéteront les expériences et les méthodes déjà indiquées par M. Vicq d'Azyr. Il est nécessaire qu'ils s'astreignent à tenir un état exact de leurs tentatives et de leurs succès, et qu'ils en rendent compte toutes les semaines à l'intendant, afin qu'on puisse connaître la situation actuelle de la maladie et les variations qu'elle peut éprouver dans ses symptômes et dans ses divers degrés de malignité.

Il sera ordonné au subdélégué d'envoyer toutes les semaines à l'intendant un état en plusieurs colonnes des bestiaux morts, des bestiaux guéris, et de ceux qui n'auront point encore essuyé la maladie dans chaque paroisse. Cet état, joint à celui des artistes vétérinaires, fera connaître les progrès et la curabilité de l'épizootie.

Les intendans auront soin que ces éclaircissemens parviennent toutes les semaines régulièrement au ministre.

Il sera prononcé une amende contre ceux chez lesquels les préposés, en faisant leur tournée, trouveraient des bestiaux sains confondus avec des animaux malades.

Tous les bestiaux guéris seront marqués de la lettre *G*; on ne les laissera sortir de leurs étables qu'au bout de quarante jours. Les boutons dont ils sont couverts et l'humeur dont leurs naseaux sont remplis, ne manqueraient pas d'infecter les pâturages et de communiquer la maladie aux autres bestiaux sains qui communiqueraient avec eux.

Sous quelque prétexte que ce soit, on ne mettra jamais les bestiaux attaqués de l'épizootie au piquet et à l'air libre, soit pour les y traiter, soit pour les laisser mourir sur le bord de leur fosse, et s'épargner la peine de les y conduire après leur mort.

Les intendans donneront les ordres les plus précis pour que ces détails de police intérieure soient exactement suivis par les officiers municipaux des communautés, sous l'inspection de leurs subdélégués.

Le peu d'opérations à faire dans ces cantons, permettra aux commandans de retirer une partie des troupes qui y sont actuellement éparses, et qui seront plus utilement employées à fortifier les cordons destinés à empêcher la communication du pays infecté avec le pays sain (1).

Il est cependant nécessaire qu'ils laissent dans l'intérieur du pays infecté une quantité suffisante de troupes pour veiller à ce que les fosses soient faites et entretenues avec les précautions prescrites, c'est-à-dire à ce qu'elles soient suffisamment profondes, et recouvertes d'une assez grande épaisseur de terre pour ne pas laisser passage aux éma-

---

(1) L'expérience a appris qu'il aurait été dangereux de retirer les troupes de l'intérieur, et que les paysans n'étant alors arrêtés par aucun frein, se seraient livrés à tous les dangers de l'indiscipline ; en conséquence on n'a point exécuté cet article de l'instruction.

nations putrides des cadavres. Cet article est de la plus grande importance, pour ne pas augmenter et perpétuer la contagion.

Il ne faut pas renoncer à préserver les petits cantons, même les paroisses isolées qui, se trouvant entourées de tous les côtés de lieux infectés, ont cependant réussi jusqu'à présent à éloigner la contagion. Il serait impraticable d'employer le moyen des cordons de troupes ; il en faudrait une immense quantité pour former cette multitude de petites enceintes. La seule chose qu'il y ait à faire, est d'employer la vigilance d'une police locale très-exacte, par laquelle les habitans puissent se garder eux-mêmes. Il est vraisemblable que c'est par ce moyen seul, que plusieurs communautés ont réussi, jusqu'à présent, à se garantir du fléau commun, et l'on peut assurer que le même moyen suivi avec constance, continuera d'avoir le même succès.

Les personnes chargées de l'exécution des ordres du roi, ne peuvent s'occuper avec trop d'activité, d'éclairer les habitans des différentes communautés sur leur intérêt, de les engager à se concerter, pour prendre toutes les mesures convenables aux circonstances, de leur indiquer, de leur faciliter les moyens d'y parvenir, et de les autoriser à répartir entre eux les dépenses qu'exigera l'intérêt commun, pour procurer aux paysans qui font la garde, un dédommagement de leurs peines.

Quant aux détails de cette police intérieure, ils paraissent devoir être à peu près les mêmes que ceux qui ont été indiqués ci-dessus, pour préserver de la communication les paroisses limitrophes du pays infecté. La seule différence est que, dans ce dernier cas, les troupes concourent avec les

habitans à ce but, et que , dans l'intérieur du pays, la garde,
faute de troupes , ne peut être faite que par les habitans
eux-mêmes. Le soin le plus essentiel est de ne souffrir l'introduction d'aucune bête étrangère dans la paroisse saine ;
et pour cela le denombrement , la marque et le signalement
de tous les bestiaux existans dans la paroisse, et leur re-
censement journalier par les officiers ou préposés à la visite des granges et métairies, sont de la plus grande nécessité.

De la désinfection des cuirs dans l'intérieur du pays infecté.

Parmi tant de malheurs, l'humanité, la justice, l'avantage de l'état exigent qu'on fasse au moins tous ses efforts
pour sauver la dépouille de l'animal que l'épizootie fait périr. La chaux offre un moyen de désinfecter , sûr, facile et
peu coûteux. Pour faire sentir tous les avantages de ce procédé , il suffira d'observer que ce moyen est le seul que l'on
emploie , dans les tanneries du Béarn et des pays voisins ,
pour la préparation des cuirs : que si on défend cette désinfection , les bestiaux morts de l'épizootie seront forcément
écorchés , los cuirs seront mis en tas et vendus , comme on
faisait avant cette époque ; que les cuirs verts ne sont pas
aussi dangereux qu'on le croit ordinairement ; comme il résulte des expériences tentées par M. le marquis de Courtivron, en 1745 , dans la Bourgogne ; et par M. Vicq d'Azyr ,
en 1774, dans la Guyenne ; enfin que, malgré les abus qui
se sont nécessairement glissés à ce sujet, et malgré les
plaintes qui ont été portées , il n'a suivi, de cette opération,
aucun inconvénient manifeste , aucune communication marquée. En conséquence , elle sera permise, seulement aux
conditions suivantes , sans le concours desquelles les cuirs

seront lacérés et enterrés en même temps, et aussi profondément que la bête, comme il a été ordonné ci-devant.

Dans tous les endroits où il y aura un assez grand nombre de troupes, cette désinfection se fera sous leurs yeux,
et par les ordres de l'officier-commandant du poste.

Dans l'intérieur des pays dévastés, où il n'y aura de troupes que ce qu'il en faut pour veiller aux fosses et aux étables, on exécutera ce qui suit (1) :

1° Les jurats, syndics ou préposés nommés à cet effet par
les intendans, dans les lieux où la chaux est peu commune,
commenceront par en faire provision, soit aux dépens de la
communauté infectée, qui, s'il est possible, en fera les avances, soit par un autre moyen, auquel l'intendant pourvoira.

2° Ils indiqueront un ou deux endroits isolés où se fera la
désinfection des cuirs, suivant l'instruction publiée par ordre du roi.

3° Ils nommeront un nombre suffisant de personnes qui,
habillées en toile, seront chargées d'écorcher les bestiaux
immédiatement après leur mort, sans qu'il soit permis de
différer, sous quelque prétexte que ce puisse être, et qui
porteront les cuirs aux endroits désignés par les préposés.

4° Les personnes commises par eux à l'écorchement des
bêtes mortes de l'épizootie, leur rendront compte de leurs
opérations, et surtout du nombre des cuirs désinfectés. Les
préposés les compareront avec ceux des bêtes mortes, dont
par d'autres ordonnances, ils doivent être instruits, ce qui
éloignera tout danger de fraude.

5° Ils seront chargés du soin de surveiller et d'inspecter

(1) Pour plus de sûreté, on a pris presque partout le parti de l'y défendre.

les écorcheurs, et ils appliqueront sur la peau, convenablement désinfectée, la marque qui sert aux bestiaux de la
paroisse.

6° Les préposés auront sur chaque peau un droit qui sera
fixé par les intendans. En les intéressant ainsi, ils auront
plus de zèle et plus d'activité. Ils feront également payer aux
propriétaires la valeur de la chaux qui y sera employée, et
cette somme restera à la paroisse ou à la communauté qui
en aura fait les avances.

7° Les tanneurs qui achèteront les peaux, s'adresseront
aux préposés, et ne pourront les enlever qu'après avoir
reçu d'eux un certificat par écrit, qui porte le nombre des
peaux désinfectées et le nom de la communauté d'où elles
viennent ; certificat qu'ils seront obligés de représenter
toutes fois et quantes, ainsi que la marque du cuir, sous
peine d'une amende qui sera fixée par les intendans.

En établissant cette police, à laquelle tout le monde trouvera son profit, la désinfection des cuirs se fera sans danger.

Telles sont les dispositions nouvelles que sa majesté a cru
devoir prescrire dans la circonstance présente. Elle ordonne
à toutes les personnes qui seront chargées de leur exécution, d'y procéder avec exactitude et rigueur ; et elle attend
de la part de ses peuples une confiance et une soumission
qu'ils doivent à ses bienfaits et à ses ordres.

*Lettre pastorale de monseigneur l'archevêque de Toulouse,
au sujet de la maladie épizootique, à Montpellier, le 25
décembre 1774 (1).*

La funeste contagion qui commence à menacer ce diocèse

(1) Parmi les pièces relatives à l'épizootie, aucune ne mérite plus

et peut-être votre paroisse, a excité, monsieur, comme vous le savez, l'attention du gouvernement et de tous ceux qui ont part à l'administration de la province.

Comme une fâcheuse expérience a fait voir que les remèdes n'avaient jusqu'à présent produit aucun effet, et que la maladie a parcouru avec rapidité un espace immense, que les secours de l'art n'ont pu préserver, sa majesté a jugé qu'il n'y avait d'autre parti à prendre que celui de tuer les bêtes infectées, et de garantir par ce sacrifice apparent les parties saines et où la contagion n'a pas encore pénétré.

Ce parti, rigoureux en apparence, mais juste au fond et nécessaire, a été employé dans ces derniers temps pour la Flandre autrichienne, et en particulier, dans la châtellenie de Courtrai, où la perte de cent vingt-huit bêtes en a sauvé plus de vingt-cinq mille. Ce même parti a été employé au commencemeut de ce siècle, en Italie. Une maladie semblable y fit périr un nombre infini de bestiaux, et elle ne put être arrêteé que par l'ordre de tuer, sans exception et indistinctement, toutes les bêtes qui se trouvèrent attaquées.

Quelque juste que soit la rigueur d'un pareil ordre, la bienfaisance de notre monarque a cru qu'elle devait être adoucie par une indemnité en faveur des propriétaires des bêtes infectées. Si la lueur d'espérance qui reste toujours malgré l'excès de la maladie, ne peut être prolongée sans danger, elle ne doit pas non plus leur être ravie sans quelque compensation, et cette compensation sera pour eux un

d'être conservée que la lettre pastorale écrite à ce sujet par monseigneur l'archevêque de Toulouse à MM. les curés de son diocèse. C'est un monument à jamais respectable d'éloquence et de patriotisme. Il uous aurait été impossible de trouver ailleurs rien de comparable pour terminer cette collection.

secours dans le malheur qui les accable , et une raison de faire à l'intérêt public le sacrifice qu'il demande.

Les états de la province se sont empressés , par leur délibération du 22 de ce mois , de seconder les vues du gouvernement , en offrant cette indemnité sans délai et sans restriction , à tous ceux qui se trouveront avoir le malheureux droit d'y prétendre.

M. le comte de Périgord a donné les ordres les plus précis pour qu'un cordon de troupes, formé sur les frontières de la province, la préserve, s'il est possible , de la communication de ce fléau ; car il n'est que trop certain que cette maladie semblable à la peste est, comme elle , non seulement portée par les animaux qui y sont sujets, mais encore par tout autre animal, par l'homme même , et par les objets inanimés.

M. de St-Priest s'est en même temps transporté à Toulouse et dans les parties de la province les plus menacées, pour être à portée de donner sur les lieux les ordres nécessaires et d'en assurer l'exécution.

Le parlement , guidé par les mêmes vues, a aussi ordonné des précautions qui tendent également à empêcher toute communication ; et si les mesures autorisées par le gouvernement, et secondées par l'administration , rendent inutiles quelques unes de ces précautions, vous devez remarquer que tous ceux qui, sous quelque rapport, sont chargés de veiller à l'intérêt public , sont convaincus que les tentatives de la médecine n'ont rien produit , et que le seul remède est la séparation des parties saines d'avec les parties infectées, tant par la destruction des bêtes malades que par l'éloignement de tout ce qui peut amener la contagion.

Ce n'est pas que l'espoir des remèdes et des guérisons doive être entièrement abandonné ; les états ont ordonné des recherches auxquelles la faculté de Montpellier se livre avec succès ; mais vous sentez que des expériences de cette nature ne doivent être tentées qu'avec réserve et par des personnes avouées du gouvernement. Si chacun voulait faire des essais, un espoir chimérique alimenterait la contagion, et l'avarice d'un particulier, rendant toutes les mesures inutiles, causerait peut-être la ruine de la province et celle du royaume.

Les charlatans et tous les distributeurs de remèdes non avoués doivent donc être évités avec soin : ils porteraient avec eux un double danger ; celui-ci de traîner la contagion en visitant les bêtes, et celui de la perpétuer, sous le prétexte de la guérir. Mais si les remèdes curatifs doivent être laissés à la prudence de l'administration, qui ne négligera rien pour parvenir à des découvertes utiles, et pour les faire connaître aux peuples ; il n'en est pas de même des remèdes préservatifs, que chacun peut employer avec succès. Le plus certain est la séparation des bêtes saines, et l'éloignement de tout ce qui peut apporter ou communiquer la contagion.

La meilleure précaution que chaque particulier puisse prendre, c'est de tenir ses bêtes renfermées dans des étables où l'air soit souvent renouvelé et purifié par des fumigations, et de les tenir tellement renfermées qu'elles n'aient aucune communication, ni avec d'autres bêtes, quelles qu'elles soient, ni même avec d'autres hommes que ceux qui sont préposés pour en avoir soin. Les pâtures publiques, les abreuvoirs communs, tout ce qui réunit les bestiaux, doit être évité. C'est presque toujours par quelque négligence sur ces précautions que la maladie a été apportée dans les lieux où on en a éprouvé les ravages ; et l'animal est comme à l'abri de ses atteintes, s'il est sequestré de ce qui peut la répandre.

J'ai jugé à propos, monsieur, d'entrer avec vous dans ces détails. Malheur à celui qui regarderait comme étranger à notre ministère un soin quelconque utile au peuple ! et qui peut mieux que vous, à l'aide de la confiance que vous avez dû inspirer aux habitans de votre paroisse, les faire entrer dans les vues sages et bienfaisantes du gouvernement? qui peut mieux que vous les convaincre qu'une rigueur apparente est un bienfait réel; que, loin d'être alarmé de la perte de quelques bêtes que la maladie ne leur permettrait pas de conserver, l'ordre de les tuer est le seul moyen de garantir ce qui leur reste ; qu'ils doivent non seulement y souscrire et se porter avec zèle à l'exécution des ordres qui leur sont donnés, mais que chacun d'eux doit entretenir, autant qu'il est en lui, la séparation totale sans laquelle il n'est pas d'espérance à concevoir ; et qu'enfin si par la dissimulation du mal, par l'ouverture imprudente d'une communication qui doit être interrompue, ou par toute négligence qu'ils auraient pu éviter, la contagion allait franchir les barrières qu'on cherche à lui opposer, ils seraient coupables devant Dieu et devant leurs frères, et responsables de tous les maux qu'il aurait été en leur pouvoir de prévenir ?

Mais, monsieur, si j'ai dû vous instruire, pour la consolation des habitans de votre paroisse, des secours proposés contre le malheur qui les menace, et de la manière dont ils doivent eux-mêmes se conduire pour s'en préserver, il est d'autres soulagemens qui tiennent particulièrement à notre ministère, et qui en font la douceur au milieu des cruelles circonstances qui les exigent.

Le gouvernement et la province ont assuré aux propriétaires des bêtes infectées une indemnité proportionnée à la perte qu'il font en les dévouant à la mort ; mais il est une classe de malheureux pour qui cette indemnité même serait une faible ressource. Le pauvre qui n'avait pour subsister que l'animal qui lui est ravi, a besoin de secours particuliers; et ce sont ces secours que je lui dois et que vous me mettrez à même de lui procurer, en me rendant compte de ses besoins, des pertes qu'il aura faites, et du soulagement qui lui sera nécessaire.

Si votre paroisse est située dans la Guyenne, elle aurait peut-être, au cas qu'elle n'eût pas été épargnée par la maladie, à réclamer encore des secours plus pressans et plus déterminés. J'ignore quelle police y est suivie, et si l'ordre de tuer les bêtes y est accompagné d'une indemnité telle que la peuvent espérer les peuples du Languedoc. Je me ferai un devoir d'en solliciter pour les habitans aisés de votre paroisse : mais c'est de moi que les pauvres en doivent attendre directement. Je vous prie donc de me mander sans délai s'il y a dans la Guyenne ordre de tuer les bêtes infectées, si cet ordre est accompagné d'une indemnité, et si ces indemnités sont accordées sans réserves ; et en cas qu'elles n'existent pas, ou qu'elles soient trop restreintes, quel serait le moyen de les étendre aux pauvres de votre paroisse.

Il me serait pénible de ne pas voir tous les pauvres de ce

diocèse espérer la même consolation. Notre bien leur est consacré ; et quel meilleur usage puis-je faire de celui que je possède , que de le répandre dans leur sein pour adoucir leur malheur !

Si j'ai, sous ce rapport , quelques considérations ou ménagemens à vous demander , c'est de rendre ces secours inutiles par votre zèle et par votre prévoyance. La charité soulage le malheur, la vigilance le prévient ; elle est le premier des actes de la charité et le plus utile, puisqu'elle rend les autres superflus. En éclairant les habitans de votre paroisse sur leurs propres intérêts ; en les préservant d'une confiance dangereuse pour des remèdes inutiles : en engageant chaque particulier à ne rien négliger de ce qui est en son pouvoir, vous parviendrez à garantir votre paroisse , ou du moins à diminuer l'effet du mal. s'il y a pénétré ; et c'est là la partie de l'administration qui vous est confiée, celle à laquelle vous donne droit le ministère que nous exerçons , puisque, sous tous les rapports d'instructions, d'exhortations et de conseils, il nous dévoue au salut et au bonheur des peuples.

Je ne vous ai parlé jusqu'ici, monsieur, que des moyens que la sagesse humaine peut proposer, et des secours que la charité peut répandre. Il en est d'un ordre supérieur qui peuvent seuls donner de la valeur à nos faibles tentatives, et rendre nos mesures efficaces. Eh ! que peuvent les conseils des hommes , si la main du Très-Haut ne les seconde pas ? Prosternons-nous donc aux pieds de ses autels , et demandons-lui par des prières réitérées, que, si nous l'avons offensé par nos péchés , il soit fléchi par notre repentir et par nos malheurs ; qu'il n'étende pas sur nous le fléau destructeur dont les provinces voisines sont affligées ; que, si quelques parties de ce diocèse en ont été atteintes, il daigne épargner au moins et le reste de la province et le royaume entier qui peuvent en être les victimes. Mais, en excitant votre paroisse à obtenir du ciel les salutaires effets de sa miséricorde, je ne doute pas que vous ne soyez attentif à les éloigner de ces pratiques superstitieuses auxquelles le peuple, dans de semblables occasions, n'est que trop porté à avoir recours. Quelques uns, pour obtenir une bénédiction qu'ils ne craignent pas souvent de confondre avec des remèdes humains, exposeraient par des sorties indiscrètes, ou par la seule réunion, leur bestiaux à la contagion. D'autres, contens de l'avoir obtenue, négligeraient tous les préservatifs qui leur sont offerts, et manqueraient ainsi à la Providence, qui n'aide l'homme qu'autant qu'il s'aide lui-même par son travail et par son industrie. Il faudrait à d'autres des processions, des pélerinages, qui, les détournant du soin de leurs ménages et de leurs occupations habituelles, ajouteraient encore à leur misère, et les exposeraient à ramener la contagion des lieux qu'ils auraient fréquentés pour s'en garantir.

C'est à vous, monsieur, à éclairer la dévotion du peuple, et à la diriger de manière que, sans rien perdre de sa ferveur, elle n'aille pas, par des pratiques superstitieuses, contrarier les vrais principes du christianisme, ou par un éclat indiscret, ajouter encore aux alarmes publiques. Je vous annonce, en conséquence, que je ne me déterminerai qu'avec la plus grande réserve, à permettre les processions qui me sont demandées.

C'est dans nos églises, c'est aux pieds des autels que Dieu

veut être fléchi ; c'est au milieu de nos saints mystères, et dans les jours particulièrement consacrés au Seigneur, qu'il veut être prié. Vous aurez soin, en conséquence, de dire tous les jours à la messe la collecte pour demander à Dieu la conservation des bestiaux. Si votre paroisse était menacée par la maladie, je vous autorise à exposer tous les jours de fête et de dimanche, le saint sacrement, et à en donner le soir la benédiction. Je vous autorise même à donner cette bénédiction quelques uns des jours de la semaine, mais le soir, lorsque les habitans sont revenus de leurs travaux, et à condition, s'il y avait des bêtes infectées, que ceux à qui elles appartiendraient, ou qui les visiteraient, ne pourraient se réunir dans le lieu saint avec leurs frères, qu'après les plus grandes précautions, pour ne pas porter avec eux la contagion ; car je ne puis trop vous répéter que les hommes et leurs vêtemens la répandent.

En exhortant les habitans de votre paroisse à se présenter devant le Seigneur afin de fléchir sa colère, vous ne man-querez pas sans doute de leur rappeler que Dieu veut être touché par notre repentir, pour exaucer nos prières ; qu'il ne suffit pas de l'honorer des lèvres, qu'il faut l'adorer de cœur et d'esprit, expier nos fautes plus par des vertus que par des offrandes, et devenir meilleurs pour qu'il ne continue pas à nous punir.

Puissent nos exhortations ramener cette foi vive et éclairée que J. C. est venu apporter sur la terre ! Puisse cette circons-tance malheureuse, mise à profit par notre zèle, être l'époque d'un renouvellement glorieux à la religion et salutaire aux peuples ! Lorsque Dieu punit, sa miséricorde n'est point é-puisée ; c'est à nous à faire usage pour notre salut du mal dont il nous afflige, comme à ne pas abuser du bien qu'il nous accorde.

Que ne m'a-t-il été possible dans les premiers momens, d'aller à votre secours et seconder votre zèle? Dieu a permis que les premières nouvelles de la contagion nous soient parvenues pendant l'assemblée des états.

Les secours en seront plus prompts et plus assurés, et par là, la cause de mon absence en diminuera le regret. Mais cette absence ne durera pas long-temps. A peine aurez-vous reçu cette lettre que je serai rendu à Toulouse, et prêt à recevoir les éclarcissemens que je vous demande ; ou si l'état de votre paroisse vous permet de vous absenter, vous me trouverez toujours empressé de conférer avec vous sur les secours de tout genre qui lui sont nécessaires. Si même il pouvait être utile que je m'y transportasse, je vous prie de me le marquer. Notre devoir est de nous sacrifier au bien des peuples qui nous sont confiés, et en me mettant à portée d'y contribuer, vous acquerrez des droits à ma reconnaissance.

Et. Ch. Archevêque de Toulouse.

Ordonnance du Roi concernant l'épizootie. — Du 27 janvier 1815.

LOUIS, etc., à tous ceux qui ces présentes verront, salut.

Sur le rapport qui nous a été fait par notre ministre secrétaire-d'état de l'intérieur, de l'épizootie désastreuse qui enlève journellement un grand nombre de bœufs et de vaches, et qui paraît avoir été apportée dans plusieurs parties du royaume par les animaux amenés à la suite des armées étrangères ;

Touché des pertes qui en résultent pour nos sujets, nous nous sommes fait rendre compte des efforts de l'administration dans cette circonstance, et nous avons eu la satisfaction de reconnaître que rien n'avait été négligé pour arrêter les progrès de ce fléau ;

Voulant compléter les mesures prises précédemment, et donner à nos sujets propriétaires et cultivateurs des preuves de notre vive sollicitude, en prévenant, autant qu'il est en nous, les suites funestes de l'épizootie, et en procurant des indemnités à ceux qui auraient éprouvé des dommages par l'exécution des dispositions rigoureuses que commande l'intérêt général de l'État ;

Nous avons ordonné et ordonnons ce qui suit :

Art. 1er. Dans tous les lieux où a pénétré l'épizootie et dans ceux où elle pénétrera par la suite, les préfets continueront de faire exécuter strictement les dispositions des arrêts des 10 avril 1714, 24 mars 1745, 19 juillet 1746, 18 décembre 1774, 30 janvier 1775 et 16 juillet 1784, et de l'arrêté du Directoire exécutif du 27 messidor an v, concernant les épizooties.

2. Sur la demande des autorités administratives, les gardes nationales, la gendarmerie, les gardes champêtres, et au besoin les troupes de ligne, seront employés pour assurer l'exécution des dispositions rappelées et indiquées dans le précédent article, et notamment pour former des cordons et empêcher la communication des animaux suspects avec les animaux sains.

3. Dans les départemens où la maladie n'a pas encore pénétré, les préfets ordonneront la visite des étables aussi souvent qu'ils le jugeront utile ; ils exerceront une surveillance

active et feront les dispositions nécessaires pour que l'on puisse exécuter, sur-le-champ et partout où besoin sera, toutes les mesures propres à arrêter les progrès de l'épizootie, si elle venait à se manifester.

4. A la première apparition des symptômes de contagion dans une commune, il y sera envoyé des vétérinaires chargés de visiter les bestiaux et de reconnaître ceux qui doivent être abattus, aux termes des règlemens cités en l'article 1er. L'abattage aura lieu, sans délai, sur l'ordre des maires ou des commissaires délégués par les préfets.

5. Il sera dressé des procès-verbaux à l'effet de constater le nombre, l'espèce et la valeur des animaux qui ont été ou qui seront abattus pour arrêter les progrès de la contagion. Les extraits de ces procès-verbaux seront transmis par les préfets à notre directeur général de l'agriculture et du commerce, qui fera établir l'état des indemnités auxquelles les propriétaires de ces animanx auront droit, d'après les bases déterminées par les arrêts du conseil des 18 octobre 1774 et 30 janvier 1775.

6. Nos ministres secrétaires d'état de l'intérieur et des finances se concerteront pour nous soumettre un projet de loi sur les moyens de pourvoir à ces indemnités. Ce projet sera présenté aux chambres à leur prochaine session.

7. Ils nous proposeront ultérieurement les mesures propres à assurer, en tout temps, des ressources suffisantes pour indemniser les propriétaires de bestiaux des pertes qu'ils éprouveront, soit par l'effet direct des épizooties contagieuses, soit par l'exécution des dispositions prescrites pour en arrêter les progrès.

8. Nos ministres secrétaires d'état de l'intérieur, des fi-

nances et de la guerre sont chargés, chacun en ce qui le concerne, de l'exécution de la présente ordonnance.

Donné en notre château des Tuileries, le 27 janvier de l'an de grâce 1815, et de notre règne le vingtième.

Signé Louis. — Par le roi, signé l'abbé de Montesquiou. — Pour ampliation : Le ministre secrétaire d'état de l'intérieur, signé l'abbé de Montesquiou. — Pour expédition conforme : Le directeur général de l'agriculture et du commerce, conseiller d'état, Becquey.

Direction générale de l'agriculture, du commerce, et des arts et manufactures. Paris, le 1er février 1815.

Monsieur le   les maux causés par l'épizootie qui s'est manifestée dans le courant de l'année dernière sur plusieurs points du royaume, ont excité l'attention et la sollicitude du roi. Sa majesté, vivement affectée des détails qui lui ont été soumis à ce sujet, et pénétrée de la necessité d'employer les moyens les plus prompts et les plus efficaces pour mettre un terme à ce fléau, s'est fait représenter les différens arrêts, arrêtés et ordonnances rendus sur cette matière.

Elle a reconnu la sagesse des dispositions qui y sont contenues ; en conséquence, elle a jugé à propos de les remettre en vigueur et d'en prescrire formellement l'exécution ponctuelle.

C'est un des objets de l'ordonnance du 29 janvier dernier, dont j'ai l'honneur de vous transmettre ci-joint un exemplaire.

Aussitôt que cette ordonnance vous sera parvenue, vous voudrez bien la faire insérer, sans délai, dans le Journal de votre département, et la faire réimprimer, afficher et publier partout où vous le jugerez nécessaire ou utile.

Les fonctionnaires publics, les propriétaires et les cultivateurs ne verront pas sans reconnaissance cet acte émané de l'autorité souveraine; sa majesté ne s'y est pas bornée à ordonner les mesures qu'elle a jugées les plus propres à prévenir les progrès de l'épizootie ou à en arrêter le cours, elle a, dans sa bonté paternelle, cherché les moyens de soulager ses sujets, en les indemnisant d'une partie de leurs pertes.

Pour remplir les intentions du roi, MM. les préfets des départemens où règne l'épizootie, doivent sur-le-champ charger les vétérinaires de se transporter dans les diverses communes; de se concerter avec les maires, adjoints ou commissaires délégués; de visiter, en leur présence, toutes les bêtes à cornes, et de marquer celles qui, étant atteintes, devront être abattues immédiatement, et enfouies, conformément aux dispositions de l'article 5 de l'arrêt du parlement, de 1745, et de celui du conseil, de 1784. Ces deux opérations seront constatées par un procès-verbal signé des maire, adjoint ou commissaire délégué, du vétérinaire et du propriétaire des bestiaux abattus. Cette pièce indiquera la date de l'ordre d'abattage, le jour où il aura eu lieu, ainsi que l'enfouissement, les noms, qualités, domicile du propriétaire; le nombre, l'âge, le sexe, l'espèce des bestiaux abattus, le prix total d'évaluation et le même prix réduit au tiers. Le maire de chaque commune réunira ces procès-verbaux pour les adresser au sous-préfet, qui en vérifiera avec soin la validité, donnera son avis sur les évaluations, et adressera le tout au préfet.

Ces procès-verbaux seront dépouillés avec soin à la préfecture, et serviront à former, tous les trois mois, l'état qui me sera adressé conformément au modèle joint à la présente circulaire.

Les mêmes documens seront recueillis avec exactitude, pour le temps écoulé depuis l'invasion de la maladie jusqu'au 1er janvier dernier, et me seront transmis dans la même forme.

Dans les lieux qui, jusqu'à présent, ont été préservés de la contagion, MM. les préfets ordonneront de fréquentes visites, et les vétérinaires qui en seront chargés désigneront aux sous-préfets les communes qui seraient suspectées de recéler des germes de maladie épizootique, et dans lesquelles, suivant la nature des symptômes, la circulation des animaux devra être interdite, au moyen de cordons de troupes ; les sous-préfets en instruiront les préfets, qui appliqueront la même mesure aux arrondissemens des préfectures, s'il y a lieu ; le tout en exécution de l'article 2 de l'ordonnance du roi.

Vous remarquerez, en lisant cette ordonnance, qu'il n'est accordé d'indemnité, pour le moment, qu'aux propriétaires dont les animaux ont été ou seront abattus par ordre de l'autorité administrative, et par mesure de préservation. Il est en conséquence de la dernière importance d'examiner avec soin les procès-verbaux d'abattage, afin de prévenir toute espèce d'abus dans l'emploi des fonds que sa majesté est dans l'intention d'affecter aux indemnités.

Mais, suivant l'invitation que je vous ai adressée dans ma circulaire du 5 décembre, vous étudierez les moyens d'offrir aussi quelques dédommagemens aux propriétaires des bestiaux morts par l'effet naturel de la maladie, et vous me ferez part de vos vues.

Vous concourrez aussi aux intentions bienfaisantes exprimées dans l'article 7 de l'ordonnance du roi.

En attendant que vous me communiquiez le résultat de vos réflexions à ce sujet, et que vous me proposiez le système que vous aurez conçu; comme il importe, pour asseoir des calculs applicables à tous les temps, de recueillir le plus de données possibles sur l'étendue des pertes, soit réelles, soit probables, vous me ferez connaître, pour le passé, le montant en nombre et en prix des animaux que votre département a été dans le cas de perdre jusqu'à ce moment par l'effet de l'épizootie actuelle, s'il en a été frappé; et à l'avenir vous m'adresserez aussi tous les trois mois un état des pertes de cette espèce, en vous rapprochant, autant qu'il est possible, du cadre tracé pour les animaux abattus par mesure de police.

Je terminerai la présente, monsieur, en citant ici les principales dispositions des arrêts et réglemens rappelés dans l'ordonnance du roi. Elles pourront entrer dans les instructions et indications que vous aurez à donner, soit aux agens de l'autorité civile, soit aux commandans des troupes qu'il serait utile d'employer. Je ne doute pas que dans ce dernier cas vous n'ayez à vous louer du concours et du zèle de MM. les généraux chargés d'un commandement dans votre département, et qui vraisemblablement recevront à cet égard des ordres de son excellence le ministre secrétaire d'état de la guerre.

« Il est défendu aux habitans des communes atteintes de » l'épizootie de vendre aucuns bœufs, vaches ou veaux, et

» à tous particuliers d'en acheter, sous peine de cent francs
» d'amende contre le vendeur et l'acheteur. » (*Article* 5 *de*
l'arrêt du 19 *juillet* 1746.)

« Il est défendu à tous particuliers, soit propriétaires de
» bêtes à cornes ou autres, de conduire aucuns des bestiaux
» *sains* et *malades* des communes où l'épizootie se sera ma-
» nifestée dans aucune foire ou marché, à peine de 500 fr.
» d'amende. » (*Article 6 de l'arrêt du conseil, du* 19 *juil-*
let 1746.)

«Il ne sera pas admis dans les foires et marchés de bes-
» tiaux provenant des lieux où règne l'épizootie. » (*Article* 13
de l'arrêt du 19 *juillet* 1746.)

« Tous les animaux reconnus atteints de l'épizootie seront
» tués sur-le-champ et enfouis avec les formalités et précau-
» tions prescrites. Il sera tenu compte aux propriétaires du
» tiers de la valeur que ces bestiaux auraient eue s'ils avaient
» été sains. » (*Arrêt du conseil, du* 30 *janvier* 1775.)

« Il sera établi des cordons de troupes autour des com-
» munes, cantons et provinces où règne la maladie, pour
» prévenir et arrêter la circulation des bestiaux. » (*Extrait*
du mémoire instructif publié en janvier 1775, *sur l'exécution*
du plan adopté par le roi, pour parvenir à détruire l'épizoo-
tie contagieuse.)

Le directeur général, conseiller d'état.

PARTIE MÉDICALE.

Nous avons accumulé un si grand nombre de faits, d'observations, d'expériences et de raisonnemens, qu'on sera
convaincu que la cachexie varioleuse est de la même fa-

mille de maladies que la petite-vérole des enfans, la clavelée des moutons, que c'est enfin la picote des bœufs. Si cette proposition était démontrée à tous les yeux comme elle l'est aux nôtres, il en résulterait que chaque espèce d'animal domestique aurait sa clavelée. Nous avons observé une maladie claveléiforme chez le cheval ; Bourgelat avait reconnu cette maladie. Nous avons rapporté un passage de son mémoire publié en 1770, qui ne laisse aucun doute sous ce rapport. Il affirme qu'une fois guéri, le cheval ne peut plus la contracter ; c'est le caractère principal, le plus important de cette maladie varioleuse. Le cheval aurait aussi sa picote. Vibourg l'a décrite dans le porc ; Gilbert admet qu'elle existe chez les poules et chez les dindes sous le nom de dindonnade. Barrier dit l'avoir observée dans l'espèce du chien et du singe. (*Voyez* Clavelée.)

S'il en était ainsi, tout ce qui a trait à la thérapeutique de cette épizootie changerait totalement de face. En l'envisageant comme une peste du gros bétail, on se trouve conduit à employer tous les moyens usités dans la peste de l'homme. La preuve, c'est que Vicq d'Azyr a fait cette question : l'épizootie est-elle une vraie peste ? Il répond : la grande mortalité dans une maladie régnante est le caractère le plus généralement adopté pour déterminer l'existence de la peste. La maladie qui attaque les bêtes à cornes dans les provinces méridionales est donc une vraie peste, puisqu'elle en enlève la plus grande partie, et que cette mortalité surpasse de beaucoup celle des hommes dans les épidémies les plus meurtrières. Nous ne balançons donc point, dit Vicq d'Azyr, à l'appeler de ce nom déjà donné par Lancisi à l'épizootie de 1711. (Vicq d'Azyr se trompe ; il n'y avait ni charbon ni bubon.) Les premiers rapports en supposent d'autres dont la connaissance doit jeter beaucoup de jour sur le traitement qui doit être mis en usage contre l'épizootie. Voilà donc les rapports bien établis quant au genre entre les maladies pestilentielles des hommes et celles des bestiaux.

Ces connaissances, ajoute plus loin Vicq d'Azyr, que l'on pourrait présenter d'une manière plus frappante et plus détaillée, indiqueront assez les sources où il convient de puiser pour trouver les moyens curatifs propres aux épizooties. Leurs symptômes, leur crise, leur durée et leur communication ont tant de rapports, que la cure de la peste de l'homme doit beaucoup ressembler à celle des bestiaux. Les moyens curatifs, d'après d'aussi graves autorités, ont donc été les mêmes que ceux employés contre la peste de l'homme. Cependant on tombait dans l'erreur en suivant une pareille direction; on devait être conduit à employer des mesures administratives semblables. Il suffit pour s'en convaincre de parcourir les arrêts, ordonnances concernant les épizooties depuis 1714 jusqu'à nos jours. On voit que leur ensemble constitue une branche de l'hygiène publique qu'on a appelée dans ces derniers temps *police sanitaire*. Mais que deviendra tout cet appareil prétendu scientifique si c'est une maladie varioleuse ? Il faut l'avouer, dit Paulet ; la conduite qu'on tient est, à la vérité, le triomphe des moyens politiques de l'administration, mais fait la honte de l'art et ne donne aucune espérance.

Il en est des parfums employés pour désinfecter les demeures des animaux, comme des remèdes; on n'a réussi que comme par hasard, parce qu'on a agi à tâtons. On a partout essayé, dit Paulet, les fumigations; pour les faire, on a mis presque tous les corps de la nature à contribution ; les trois règnes ont à peine suffi pour désinfecter une étable ; ce que l'un a approuvé, l'autre l'a condamné ; enfin, quand on a vu l'insuffisance de tous les parfums, on a pris le parti de tout brûler, de tout détruire, de tout renouveler.

Nous ne serons pas plus heureux dans nos recherches si nous passons en revue les remèdes proposés et conseillés par les auteurs.

Columelle, Végèce et plusieurs anciens recommandent les sétons et les cautères, le vin, le marc d'huile, l'huile elle-même, les plantes mucilagineuses en décoction, les saignées sous la queue, la séparation des bestiaux sains d'avec les malades. Fracastor, au rapport de Ramazzini, attendait beaucoup des dépôts formés vers la partie antérieure du corps.

Lancisi commence, pages 158, 159 de son ouvrage, par indiquer les remèdes qu'il faut éviter : dans cette classe il range les purgatifs : il blâme surtout une formule très-compliquée qui était en usage alors, dans laquelle l'aloès, la coloquinte et le concombre sauvage étaient employés. Il regarde aussi la saignée comme étant mortelle.

Les acides joints aux aromatiques ont mérité ses éloges. Dans la vue de débarrasser le troisième estomac des alimens qui l'obstruent, il conseille une livre de figues grasses dans du vin blanc. On a vanté, près de Mantoue, l'usage des plantes céphaliques : scordium, menthe, calament, romarin, avec soufre, baies de genièvre et thériaque.

Lancisi blâme l'emploi des forts sudorifiques, tels que l'esprit-de-vin et le sel ammoniac ; il recommande beaucoup les sétons, les cautères et les boutons de feu appliqués le long de l'épine dorsale. Il faut supposer que ces moyens n'ont pas été efficaces, puisque le même Lancisi a conseillé l'assommement le plus rigoureux ; mais cette mesure n'a pas été adoptée.

Ramazzini regarde aussi comme très-utile le cautère actuel. Il conseille l'usage de l'antimoine diaphorétique, les remèdes anthelmintiques, attribuant à des vers les maladies pestilentielles. Il recommande le camphre et le quinquina. Il dit que les animaux à qui on n'a pas ouvert la veine sont morts très-promptement. Il ne voit pas pourquoi on s'obstinerait à leur refuser ce secours. Il recommande l'eau de farine d'orge , la décoction de foin et les fumigations de baies de genièvre.

Les médecins de Genève sont du même avis que Ramazzini sur la saignée. Ils adoptent la dose de quinquina prescrite par lui, et sa formule ; ils rejettent les purgatifs violens et les forts cordiaux ; ils conseillent de placer deux cautères , un à chaque côté du cou.

Herment croit que l'eau ferrée, celle de gui de chêne, les herbes fraîches sont utiles. Il avait coutume de passer un séton au fanon avec une tige de viorne ; de faire laver la bouche avec un mélange de sel, de poivre et de vinaigre ; le docteur Cogrossi donne les mêmes conseils.

Drouin employait l'infusion de safran, faisait appliquer deux sétons au cou et un troisième à la queue.

Cogrossi et Valisnieri disent avoir employé les préparations mercurielles avec succès.

Chirac et le parlement de Rouen insistent sur la saignée, l'usage des purgatifs et les boissons émollientes ou légèrement vulnéraires ; ils blâment la thériaque, l'orviétan et autres préparations de ce genre. Enfin le même traitement que celui en usage contre les fièvres malignes de l'homme.

Goëlicke se montre contre la saignée et les purgatifs, ainsi que Lancisi. Le petit-lait lui paraît une boisson convenable, et les infusions de scordium et de sauge sont regardées par lui comme très-utiles. Il recommande aussi le quinquina et les parfums aromatiques.

Les professeurs de la faculté de Montpellier, et en particulier Sauvages, admettent la saignée faite de bonne heure, avec la thériaque, les cordiaux et les purgatifs; le pain trempé dans le vin, l'infusion de baies de genièvre, des sétons au fanon. Sauvages loue l'écorce de cassis qu'on passe en séton au fanon. Il convient cependant qu'on ne trouva point de remède efficace contre cette maladie, et que les bestiaux qui en furent attaqués en moururent presque tous.

Clerc est de l'avis de Ramazzini sur la nécessité de la saignée. Il ne craint pas de conseiller une troisième saignée. Il a fait avec un succès marqué deux saignées dans le même jour : il faisait donner l'huile de lin en boisson et en lavement. Il recommande encore des breuvages avec nitre, crême de tartre, camphre. Il dit que dans tous les temps de la maladie, il est nécessaire de frotter à sec et long-temps la peau de la bête malade; enfin il a vu des cautères, des incisions produire les meilleurs effets. Il avoue qu'on n'a rien trouvé d'efficace contre les venins contagieux.

D'après Bourgelat, on doit distinguer deux temps dans ces maladies : dans le premier, la saignée, les boissons acidules et nitrées conviennent beaucoup, les lavemens émolliens sont utiles; dans le deuxième temps, les stimulans et les antiseptiques sont indiqués. Délayez une once de racine d'angélique dans une demi-livre de vin rouge; donnez-en deux fois dans le même jour. Ailleurs il dit d'administrer le quinquina à la dose de deux gros.

Vitet insiste beaucoup sur les avantages des sétons et des cautères. Il regarde les saignées copieuses comme nuisibles. Il permet tout au plus deux saignées. Il conseille l'eau blanche avec nitre, crême de tartre, décoction de guimauve, laitue, chicorée, décoction d'orge avec suc de pommes a-cides. Plus tard il emploie le camphre, le quinquina, le vinaigre thériacal, l'extrait de génièvre, de gentiane, les boissons amères et aromatiques.

Enfin Paulet a publié à son tour un traitement contre l'épizootie.

Cet auteur croit que la saignée est nuisible. Les boissons doivent être vinaigrées; la décoction d'orge, les lavemens émolliens avec vinaigre seront administrés jusqu'au quatrième jour: il accorde la thériaque à l'habitude. Paulet propose les mastigadours, les injections stimulantes dans la bouche et dans les narines, les égouts artificiels de toute espèce, les frictions répétées et l'application des couvertures sur le dos de l'animal.

Cette pratique est entièrement conforme à celle des grands maîtres.

On voit, par cet exposé des traitemens employés et conseillés contre cette maladie, que la plus grande différence consiste dans la saignée. En effet, les uns l'admettent sans réserve, les autres ne l'admettent que dans le principe, enfin des troisièmes la rejettent absolument.

Vicq d'Azyr assure avoir vu la saignée produire quelquefois les meilleurs effets dans quelques cantons, et dans quelques autres c'était le contraire qu'on observait.

En général, il y a, suivant lui, deux régimes sur lesquels il faut, dans toute épidémie, que l'expérience prononce. L'un est l'échauffant, l'autre est le rafraîchissant.

Le moyen le plus victorieux que l'on ait employé contre la peste, est sans contredit l'ouverture d'un égout artificiel. Les succès de cette méthode sont trop universels pour être révoqués en doute.

C'est aux sétons, qui font presque toujours partie du traitement des vétérinaires dans les maladies épizootiques, que Gilbert attribue les succès constans qu'ils ont obtenus depuis un assez grand nombre d'années ; il ajoute : surtout dans les maladies charbonneuses. Cet objet important sera traité avec détail lorsque nous nous occuperons des maladies ou cachexies charbonneuses. Nous avons prouvé, dans un grand nombre de passages, combien la cachexie charbonneuse était d'une nature différente ; nous renvoyons à cette monographie et à la monographie claveleuse pour compléter tout ce qui concerne la clavelisation ou l'inoculation. Quelle méthode peut soutenir la comparaison! Ainsi, en quelques heures, deux tout au plus, nous avons clavelisé ou inoculé six cents moutons de la clavelée sans en perdre un seul ; surtout il faut éviter l'*encombrement* des animaux. Il survient souvent le 14e et le 15e jour des tumeurs furonculaires qu'on regarde à tort comme de nature charbonneuse. On en obtient la résolution en les onctionnant avec le liniment ammoniacal composé d'huile dix parties, ammoniaque cinq. La suppuration se manifeste promptement, et l'animal guérit.

N'a-t-on pas lieu de s'étonner que, tandis que l'administration dans sa sollicitude redouble de rigueur pour ordonner l'assommement des bestiaux attaqués de la cachexie varioleuse, elle ne fasse rien pour diminuer les chances funestes, désastreuses. On dirait que la dignité de l'administration ne saurait s'abaisser jnsqu'à de tels détails. On lui a assuré que pour détruire, extirper cette épizootie, il fallait deux choses, de l'argent et des troupes pour faire exécuter les mesures d'isolement, de cantonnement, d'assommement. L'administration a fourni l'un et l'autre. On aime ce qui est simple, ce qui est expéditif : toute la question se réduit à deux points principaux, de l'argent, des soldats. Ces moyens sont sous sa main, elle les emploie avec constance et rigueur. Mais, si l'on observe que ces mesures désastreuses, terribles, n'ont jamais été exécutées contre les maladies charbonneuses tout aussi contagieuses que la cachexie varioleuse, qu'aura-t-on à répondre ? Invoquera-t-on l'usage en faveur de l'assommement ! Consultez la partie de l'ouvrage où cette question de l'assommement est discutée, vous resterez convaincu que c'est une mesure désastreuse. Si on prouvait que l'inoculation sauve au moins la moitié des bestiaux, ce qui est le résultat des expériences de Camper, l'avantage serait encore assez grand pour attirer l'attention de ceux qui traitent de l'économie politique.

Ainsi Paulet affirme que l'épizootie de 1745 a enlevé trois millions de têtes de bêtes bovines. Or, quinze cent mille têtes de bêtes à cornes conservées, forment une valeur assez forte pour n'être pas dédaignée, et les trois cent mille peaux enfouies avec les bêtes en 1774 d'après Dufau, sont aussi un objet important.

S'il est vrai, comme on l'avance dans un avis au public, que depuis 1713, à différentes époques, en France, en y comprenant la Belgique, cette maladie a fait périr dix millions de bêtes à cornes ; cinq millions de têtes que l'inoculation aurait conservées auraient diminué de moitié cette perte é-norme qui a ruiné l'agriculture.

Si l'on continue à employer ces mesures, la réforme ne pourra s'établir ni l'inoculation s'introduire, et ses bienfaits seront méconnus. S'arrêtera-t-on donc toujours à la surface des objets des maladies? L'homme d'état induit en erreur ne pourra remplir sa tâche honorable d'être utile, de faire le bien de son pays. Turgot avait tellement senti la triste position où le défaut de connaissance sur cette maladie l'a-vait placé, qu'en signant d'une main le massacre, l'assomme-ment des bestiaux, de l'autre il instituait la société royale de médecine de Paris, qui était destinée à étudier tout ce qui regardait les épidémies et les épizooties.

Si l'on veut conserver ces mesures, ces rigueurs, au lieu d'assommer les bestiaux, pourquoi n'ordonnerait-on pas une inoculation générale des animaux qui sont exposés à contracter naturellement la maladie?

N'en sauverait-on qu'un tiers, on aurait bien mérité du pays, on serait indemnisé par la valeur d'animaux qui ne pourraient plus être attaqués une seconde fois.

L'assommement offre-t-il ces avantages? Il ne laisse au-cune espérance ; il augmente la perte d'une somme assez forte employée à payer les troupes, ceux qui massacrent, ceux qui font les fosses, qui parfument. On tuerait un petit nombre, il est vrai, d'animaux qui par la force de leur cons-titution auraient échappé à l'épizootie : ces animaux auraient multiplié.

On s'égare tellement sur ces matières, que Vicq d'Azyr, médecin célèbre, s'est vu forcé d'admettre qu'il existe une sorte d'équilibre entre les différentes peuplades du globe. Il admet qu'une puissance sévère et meurtrière s'*occupe* à détruire l'excédant aussitôt qu'il est trop considérable.

L'épizootie qui a ravagé les provinces méridionales ne les a-t-elles pas trouvées dans un état de richesse dont quelques vallées offrent encore le tableau et qu'il est difficile de concevoir, sans en avoir été le témoin ? La terre était riche en productions de toutes espèces : *les prairies étaient couvertes de bestiaux et ne suffisaient qu'à peine à leurs subsistance.* On n'y voit à présent que des campagnes désertes. Vicq d'Azyr vient d'indiquer sans nul doute la cause de la mortalité, le défaut d'aliment pour la grande quantité de bestiaux qui se trouvait sur les prairies ; la disette a été cette puissance cruelle et meurtrière admise par Vicq d'Azyr. Etait-il besoin d'avoir recours au fatalisme pour rendre raison de l'événement? Nous ne pouvons admettre cette cause. Résumons-nous : La cachexie varioleuse des bêtes bovines sera déterminée par une cause toute spécifique qui a de l'analogie si elle n'est pas identique à celle qui donne lieu à la petite-verole, à la clavelée des moutons, à la picote des vaches, aux cowpox. Les bœufs auraient aussi leur clavelée ainsi que les chevaux ; voyez Cachexie claveleuse pour les moutons et claveléiforme pour les chevaux.

Une autre cause serait attribuée à une trop grande proportion d'animaux, comparée à la quantité de la matière alimentaire qu'on peut leur distribuer dans une étable, dans un canton, dans une contrée plus étendue.

Une troisième cause, qui n'est pas assez appréciée, c'est celle qui proviendrait des animaux détériorés ; parvenus à un tel état d'abâtardissement, il arriverait que les modificateurs ordinaires seraient suffisans pour occasioner une grande mortalité de bestiaux, surtout étant gras, si on les conserve au-delà de la durée que comportait leur organisation, et du point de maturité où ils sont parvenus.

En envisageant ce qui concerne la cachexie varioleuse, nous n'avons pas encore trouvé un spécifique pour en préserver le animaux, ou pour substituer une maladie sans danger, nullement meurtrière, à une qui l'est à l'excès. Telle la vaccine relativement à la petite-vérole ; ce préservatif est d'autant plus précieux, que la vaccine n'est pas contagieuse par simple contact, ni par voie d'épidémie ; mais seulement par l'application du fluide vaccin en dessous de l'épiderme.

Ne pouvant employer un aussi précieux préservatif contre la variole ou la picote des bœufs, nous devons, dans l'état actuel de la science vétérinaire, mettre en pratique l'inoculation comme dans la clavelée.

Nous ne reviendrons plus sur ce que nous avons dit plus haut relativement au virus à préférer pour inoculer. Layard a fort bien établi qu'il y avait une très-grande différence entre se servir, pour inoculer, du mucus des narines, de la bouche, de la matière qui découle des yeux, et du fluide qui se trouve dans les pustules qui surviennent sur les mamelles ou sur d'autres parties de l'animal affectée de la cachexie varioleuse.

Le procédé sera le même que celui suivi pour l'inoculation de la clavelée. Pour la clavelisation, il consiste à charger une lancette à saigner l'homme, de virus, ayant soin de tenir le manche de l'instrument en haut et la pointe en bas pour que la matière reste à l'extrémité de l'instrument : on introduira la pointe chargée de virus sous l'épiderme de la peau de la région de la queue, et des mamelles chez les femelles ; on fera trois ou quatre piqûres à quelques pouces de distance les unes des autres.

On choisira de préférence des bêtes qui ne seront pas dans l'étable où la maladie s'est manifestée, mais les bêtes d'étables voisines. On en conçoit la raison : les bêtes qui se trouvent dans une étable infectée ne paraissent pas malades quoiqu'ayant cohabité avec des bêtes attaquées ; cependant elles peuvent être atteintes, le virus étant chez elles en incubation. Les bêtes inoculées qui sont dans ces dernières circonstances, peuvent périr. Pourrait-on raisonnablement imputer le non-succès à l'inoculation ? ces bêtes étaient malades au moment où elles ont été inoculées. C'est ce qui arrive lorsqu'on vaccine un enfant qui a contracté le germe de la petite-vérole. Dans ce cas la vaccine ne préserve plus. La variole naturelle est quelquefois confluente et mortelle.

L'exemple de Layard est là pour répondre à ceux qui prétendent, comme Vicq d'Azyr, que l'inoculation s'est communiquée avec tout le danger que comporte l'épizootie.

En rendant compte des expériences faites à l'école d'Alfort, nous avons rapporté le fait de vaches qui ont guéri quoique les inoculations eussent été pratiquées avec de la matière qui découlait des yeux et des narines. Cette matière pouvait être altérée, décomposée, et la maladie qui se serait développée aurait pu être de nature charbonneuse et non varioleuse. Dans cette supposition, la bête n'aurait pas été à l'abri d'une récidive, la maladie n'étant pas varioleuse. On connaît l'inutilité des préparations dans le cas d'inoculation de la petite-vérole, et lorsqu'on clavelise les moutons. Quelle

meilleure préparation qu'une bonne santé ? On mettra les
animaux dans les étables où l'air circulera librement, sans les
exposer à ses courans. La nourriture sera de bonne qualité ;
la boisson sera de l'eau blanchie avec de la farine d'orge,
de seigle, des décoctions de foin, d'herbes émollientes. On
donnera du sel, qui est du goût de ces animaux. On pourra,
vers la fin, administrer des amers, tels que les racines d'aunée, de gentiane, de benoîte, de bistorte, de tormentille ;
mais il est rare, dans le claveau inoculé, qu'on ait recours à
ces remèdes. La maladie guérit d'elle-même sans aucun médicament. Camper avance que la maladie inoculée sur les
veaux en Hollande était si bénigne, il se manifestait si peu
de symptômes, qu'on les inoculait de nouveau pour s'assurer s'ils avaient contracté une première fois la maladie.

On ne doit pas perdre de vue, comme l'a observé Camper,
que le mucus nasal, la salive, la bile, le lait, se décompo-
saient au bout de quatre jours, même renfermés dans des
vases bouchés, en douze jours s'ils avaient été privés d'air,
et si le temps était froid. Ces humeurs doivent être dans un
état frais lorsqu'on les emploie pour inoculer.

Nous nous sommes servi des matières provenant des narines d'un bœuf âgé de deux ans, attaqué de l'épizootie
depuis trois jours ; des matières de la bouche d'un autre
bœuf, âgé de deux ans, malade depuis cinq jours. L'inocu_
lation de ces humeurs a eu lieu le troisième jour, sans aucun
résultat. Elles exhalaient, il est vrai, une odeur fétide lorsqu'on les a introduites sous la peau des vaches en expérience.
On conçoit, d'après ces faits, que ces excrétions perdent
très-promptement la propriété de communiquer la maladie.
En lisant l'observation de la vache n° 7, on s'assurera qu'elle

a été guérie de l'épizootie, contractée par cohabitation, en lui faisant administrer des breuvages composés avec l'acétate d'ammoniaque, l'esprit de Menderérus, et du bouillon de viande. On a été même obligé de pratiquer la trachéotomie, pour éviter l'asphyxie dont elle se trouvait menacée. Cette vache, guérie par ces moyens simples, n'a pu contracter une deuxième fois la maladie : il en a été de même de plusieurs autres vaches. Malgré des inoculations répétées, la cohabitation avec des vaches attaquées qui avaient communiqué la maladie à d'autres vaches qui en sont mortes, nous n'avons pu, sur les bêtes guéries, la déterminer une seconde fois. Tous les auteurs sont unanimes sur ce point d'une très-haute portée. On peut avancer que, lorsque les résultats ont été différens, c'est que les animaux avaient contracté une affection charbonneuse ; maladie, nous ne cesserons de le répéter, très-différente de la cachexie varioleuse.

Ces considérations suffisent pour établir les principes thérapeutiques qui doivent diriger dans les indications curatives, et sur l'emploi des moyens à mettre en usage.

D'ailleurs la thérapeutique comparée se trouve complétée, après avoir décrit chaque monographie particulière.

Il sera facile de prouver que chacun traite d'une maladie différente dans ses causes, dans ses symptômes, dans sa durée, dans sa marche, et caractérisée par les désordres intérieurs, observés à l'ouverture des animaux.

Chaque maladie, étant d'une nature différente, réclame une thérapeutique particulière ; ce qui est vrai pour l'une, ne l'est plus pour une autre.

Les matériaux de ces monographies sont rassemblés, coordonnés ; elles paraîtront successivement ainsi : la ca-

chexie claveleuse sera un heureux complément à la cachexie
varioleuse du bœuf. La monographie de la cachexie claveléiforme du cheval et des autres animaux, donnera une idée
de tout ce qui appartient à cette famille de maladies éruptives, de picote, qui présente dans l'état actuel de la science
un si haut intérêt. La cachexie charbonneuse qui attaque tous
les animaux est d'une tout autre nature. Les maladies charbonneuses ont des rapports avec les cachexies hémorrha-
giques des animaux ; les cachexies catarrhales inflammatoires n'offrent pas moins d'importance ; elles sont souvent
confondues avec les charbonneuses.

La cachexie adipeuse, graisseuse, étant l'objet d'un
grand commerce, sera traitée en détail. On fera connaître
les différentes méthodes suivies pour engraisser les bestiaux
destinés à la consommation, à la boucherie.

La cachexie aqueuse, vermineuse, hydatideuse, occasione dans certaines contrées de grandes mortalités. Elle
sera étudiée avec exactitude.

La cachexie strumeuse, tuberculeuse, nommée chez le
cheval vulgairement morve, est le sujet d'une monographie
pariculière dont la publication paraîtra incessamment ; nous
avons rassemblé un grand nombre de matériaux précieux
sur cette affection, qui occasione des pertes énormes.

Concluons qu'un nombre assez grand de maladies peuvent
s'expliquer par les principes des sciences physiques.

Dans les animaux un très-petit nombre peut se rapporter
aux névroses, aux névropathies, qu'on ne peut que décrire
et observer, mais sur lesquelles nous ne pouvons donner
aucune bonne explication.

Enfin nous terminerons ce grand travail par les maladies

qui peuvent s'expliquer par les lois si claires du choc, celles occasionées par des violences extérieures, commotion, distension, contusion, etc.

Cet ensemble de monographies composera le Traité historique et pratique des maladies des animaux, divisé en monographies, que nous avons entrepris dans l'intérêt de la médecine comparée.

Honneur à MM. Bourgeois, de Rambouillet, et à M. Girard, qui viennent de faire une heureuse application de la vaccine aux moutons.

L'expérience a complétement réussi. Nous avons vérifié par nous-même le fait, que nous ne pouvons qu'annoncer, notre travail étant terminé. Nous dirons seulement qu'ils auront substitué une maladie légère, non contagieuse, à la clavelée, maladie très-meurtrière et très-contagieuse ; bienfait qui augmente nos richesses agricoles.

FIN.

TABLE DES MATIÈRES.

FIN DE LA TABLE DES MATIÈRES.